PyTorch
深度学习实战
从新手小白到数据科学家

张敏 编著

电子工业出版社
Publishing House of Electronics Industry
北京·BEIJING

内 容 简 介

PyTorch 作为深度学习领域逐渐崛起的新星,其易用性及 Python 友好性深受广大算法爱好者的喜爱,无论是在学术领域还是在工业领域,PyTorch 都已经成为算法研究的首选。

本书以深度学习为核心,详细讲解 PyTorch 技术堆栈,力求使用最直白的语言,带领更多的小白学员入门直至精通深度学习。本书包括 10 章,前 5 章主要讲解深度学习中的基本算法及概念,通过使用 PyTorch 实现经典的神经网络并辅以"加油站"补充数学知识,力求使每个知识点、每个章节、每个实验都能在小白学员脑海中留下深刻的印象,做到看了能做、做了能会、会了能用。后 5 章作为 PyTorch 的进阶,主要介绍使用 PyTorch 构建深度神经网络、使用 HMM 实现中文分词、训练对话机器人等实验。

本书引入了当下非常流行的自然语言预训练模型,如 ELMo、BERT 等,使读者能够使用自然语言利器 AllenNLP 及高层框架 FastAI。最后讲解当下非常流行的大型图嵌入技术,对知识图谱感兴趣的读者可以做深入研究。

未经许可,不得以任何方式复制或抄袭本书之部分或全部内容。
版权所有,侵权必究。

图书在版编目(CIP)数据

PyTorch 深度学习实战:从新手小白到数据科学家 / 张敏编著. —北京:电子工业出版社,2020.8
ISBN 978-7-121-38829-3

Ⅰ. ①P… Ⅱ. ①张… Ⅲ. ①机器学习 Ⅳ.①TP181

中国版本图书馆 CIP 数据核字(2020)第 047563 号

责任编辑:高洪霞　　特约编辑:田学清
印　　刷:北京盛通商印快线网络科技有限公司
装　　订:北京盛通商印快线网络科技有限公司
出版发行:电子工业出版社
　　　　　北京市海淀区万寿路 173 信箱　　邮编:100036
开　　本:787×980　1/16　印张:25　字数:538 千字
版　　次:2020 年 8 月第 1 版
印　　次:2023 年 7 月第 6 次印刷
定　　价:109.00 元

凡所购买电子工业出版社图书有缺损问题,请向购买书店调换。若书店售缺,请与本社发行部联系,联系及邮购电话:(010)88254888,88258888。
质量投诉请发邮件至 zlts@phei.com.cn,盗版侵权举报请发邮件到 dbqq@phei.com.cn。
本书咨询联系方式:010-51260888-819,faq@phei.com.cn。

前　言

近年来，随着大数据、机器学习、深度学习等技术的发展，以及物理硬件性能的提升，越来越多优秀的大数据人工智能项目落地，为社会带来巨大便利的同时也为从事该行业的技术人员带来了前所未有的机遇。越来越多的公司和个人开始关注并学习 AI 知识，各大厂商也在 AI 技术及人才培养上投入巨资，纷纷抢占战略高地。笔者所在的公司也成立了 AI 研究室，从事算法及大数据相关的研究及落地工作，在此过程中会涉及很多开源的框架及技术，由于笔者有教育行业的从业经历，所以想通过出版图书的途径帮助更多的学生及普通的程序员学习 AI 技能。时势造英雄，希望更多的人可以把握当前的时势，蓄势待发，冲刺人生的高峰。

为了迎合各个层次读者的需求，笔者在编写过程中既兼顾内容的质量，也注重趣味性。鉴于此，笔者采用项目驱动的方式编写本书，部分章设有"实验室小试牛刀"环节，以项目实战的形式总结该章所学知识，并引出下一章的内容。"实验室小试牛刀"环节是实验性质的实战项目，兼顾趣味性，主要培养读者的动手能力。"加油站"部分回顾必要的数学知识，在学习新知识的同时，使读者可以夯实数学基础，为走得更轻松、更长远积蓄能量。

本书分为 10 章，内容循序渐进，由浅入深。

第 1 章首先介绍 AI 发展简史、主流的深度学习框架和框架的演变；其次介绍安装 PyTorch 环境及开发工具；再次介绍核心概念，包括 PyTorch 核心模块、自动微分等，在"实验室小试牛刀"环节，使用 PyTorch 进行科学计算和薪酬预测，读者可以由此了解 PyTorch 关于科学计算的知识及初探使用 PyTorch 构建算法模型；最后补充数学知识，为读者学习第 2 章的内容奠定基础。

第 2 章是机器学习基础章节，讲述机器学习的分类、常见概念，扫清读者学习途径上的认知障碍，帮助读者更好地理解机器学习与深度学习。本章还会引出机器学习和神经网络算法，使读者对算法发展史有清晰的认识，同时引出神经网络的概念。神经网络的灵感来自人类对大脑神经的生物学发现，通过模拟人类大脑的工作原理，构建出能拟合任意复杂度的深度神经网络。神经网络的训练需要借助 BP 算法，该算法会涉及微分、导数、偏导数等数学知识，读者可以在"加油站之高等数学知识回顾"部分再次进行复习和巩固。

第 3 章详细介绍 PyTorch 中的 Tensor 及科学计算算子，通过详细地介绍每个算子的用法及功能，读者可以掌握使用 PyTorch 的法宝。本章还介绍了 PyTorch 中的变量 Variable，Variable 是 Tensor 的包装类型，为 PyTorch 进行深度学习的训练提供支持。PyTorch 中的算子和 Python 科学计算库 NumPy 提供的算子非常相似，实际上，PyTorch 中的 Tensor 和 NumPy 能够进行高效互转，在本章的"实验室小试牛刀之轻松搞定图片分类"环节，读者可以使用 PyTorch 构建神经网络，探索 PyTorch 构建神经网络的简捷性及调试的方便性。

第 4 章主要介绍激活函数、损失函数、优化器及数据加载等相关知识点。PyTorch 可以提供高层次的 API 封装，在 torch.optim、torch.nn 等模块中，提供了更加简捷的方法调用。torch.optim 模块封装了常用的优化算法，如随机梯度下降（Stochastic Gradient Descent，SGD）算法、Momentum 梯度下降算法等。torch.nn 模块提供了常见的神经网络层，如线性层、一维卷积、二维卷积、长短期记忆（Long Short-Term Memory，LSTM）和门控循环单元（Gated Recurrent Unit，GRU）等。所有网络的学习，最终的输出结果都要使用一个度量的函数测评效果，这个函数通常称为损失函数。通过损失函数及 BP 算法，可以将损失进行逆向传播，每步传播都会计算各个特征权重的偏导数，进而更新特征权重，达到训练的目的。本章会详细讲解各种损失函数及其应用场景，相信读者会有所领悟。所有模型在构建完成后，都将传入数据进行训练，而数据的加载有时是很麻烦的，PyTorch 提供了 DataLoader 等接口，这些接口实现了生成器模式，因此适用于大数据量的加载，不会出现内存溢出的问题。在"实验室小试牛刀"环节，会探索第一个深度神经网络 VGG-16，并且使用 PyTorch 计算机视觉库简化网络的构建过程，在构建过程中会冻结 VGG-16 的网络层权重，更改 VGG-16 最后的输出层，使其适用于特定的应用场景，而这种技术被称为迁移学习。通过实践迁移学习，读者可以掌握复用预训练模型并用于特定应用场景的核心技巧。

第 5 章主要讲计算机视觉，本章介绍典型的计算机视觉模型，包括 DCGAN、ResNet、Inception、DenseNet 等；除此之外，LSTM 和 GRU 也是深度神经网络序列模型中经常出现的结构。本章通过 TensorBoard 和 Visdom 可视化训练过程，帮助读者理解网络内部正在发生什么。

第 6 章安排的内容和自然语言处理相关。自然语言处理是人工智能最后需要解决的难题，被誉为"人工智能皇冠上的明珠"。自然语言处理的内容包括语义理解、文本分类、分词、词性标注、语义消歧等。每个问题都有亟须解决的难题，如中文分词、自然语言理解等。虽然自然语言领域出现了很多优秀的算法和思路，如 BERT、LSTM、TextRank 等，但是效果仍然欠佳，因此这是一个需要持续被关注的研究领域。本书关注的是如何带领读者使用 PyTorch 进行自然语言处理，使用 PyTorch 已经实现的算法和工具解决业务中遇到的问题。本章不仅简单介绍了自然语言的发展及现在所处的阶段，还介绍了 TextRank 算法、HMM 在分词等方面的应用，并使用 HMM 实现中文分词算法。在"实验室小试牛刀之对话机器人"环节，我们会创建一个对话机器人，希望读者可以用自己的语料训练出一个有趣的对话机器人。

第 7 章是自然语言处理技术的扩展章节，主要介绍当前非常流行的自然语言预训练模型，包括词嵌入、ELMo、GPT、BERT 等。通过对比各个模型框架的演变，读者可以了解自然语言处理技术的发展方向，为深入研究自然语言处理奠定基础。

第 8 章主要介绍 AllenNLP。AllenNLP 是构建在 PyTorch 之上的高层架构，提供了常见且丰富的自然语言处理功能。从事自然语言处理工作的读者都应该关注 AllenNLP，因为其提供的接口方便、灵活。

第 9 章主要介绍 FastAI 高层深度学习框架，用 10 行代码解决深度学习难题，其底层基于 PyTorch 实现。本章在 FastAI 框架中使用 BERT 中文预训练模型完成中文文本分类任务，相信读者会喜欢其编码。

第 10 章介绍 PyTorch Big Graph 嵌入，带领读者领略图挖掘的前沿思想。"知识图谱"的概念悄悄地走进了人们的视野，各大公司和实验室都在使用深度学习技术构建各个领域的知识图谱，而基于知识图谱的知识挖掘无疑成了下一个研究的热点。

本书涉及的内容不仅包括计算机视觉、自然语言处理等深度学习应用的前沿技术，还涉及基本数学公式的推导，使读者不仅会用，还知其原理，知其然也知其所以然。本书内容丰富，涉及面广，难免有疏忽遗漏之处，望广大读者批评指正。

另外，本书涉及的公式，若不做特殊说明，则对数 log 的底数默认为自然常数 e。

目 录

第1章 初识 PyTorch ... 1
1.1 神经网络发展简史 ... 1
1.1.1 神经网络的前世今生 ... 1
1.1.2 深度学习框架对比 ... 3
1.2 环境安装 ... 6
1.2.1 Python 环境的选择及安装 ... 6
1.2.2 PyTorch 1.2 的安装 ... 8
1.2.3 开发环境 IDE ... 10
1.3 PyTorch 的核心概念 ... 11
1.3.1 PyTorch 的基本概念 ... 11
1.3.2 自动微分 ... 16
1.3.3 PyTorch 的核心模块 ... 19
1.4 实验室小试牛刀 ... 20
1.4.1 塔珀自指公式 ... 20
1.4.2 看看你毕业了能拿多少 ... 22
1.5 加油站之高等数学知识回顾 ... 39
1.5.1 函数基础知识 ... 39
1.5.2 常见的导数公式 ... 45

第2章 机器学习快速入门 ... 49
2.1 机器学习的分类 ... 49
2.1.1 监督学习 ... 49
2.1.2 半监督学习 ... 51
2.1.3 无监督学习 ... 51
2.1.4 强化学习 ... 52
2.2 机器学习的常见概念 ... 54
2.2.1 缺失值处理 ... 54

2.2.2　数据标准化与数据正则化 56
　　2.2.3　交叉验证 59
　　2.2.4　过拟合与欠拟合 61
2.3　神经网络 62
　　2.3.1　神经网络的生物学发现与编程模拟 62
　　2.3.2　人工神经网络的核心思想 69
2.4　实现线性回归、多项式回归和逻辑回归 70
　　2.4.1　PyTorch 实现线性回归 70
　　2.4.2　PyTorch 实现多项式回归 73
　　2.4.3　PyTorch 实现逻辑回归 77
2.5　加油站之高等数学知识回顾 82
　　2.5.1　方向导数和梯度 82
　　2.5.2　微分及积分 84
　　2.5.3　牛顿-莱布尼兹公式 87

第 3 章　PyTorch 与科学计算 89

3.1　算子字典 89
　　3.1.1　基本方法 89
　　3.1.2　索引、切片、连接和换位 91
　　3.1.3　随机抽样 95
　　3.1.4　数据持久化与高并发 97
　　3.1.5　元素级别的数学计算 98
　　3.1.6　规约计算 102
　　3.1.7　数值比较运算 104
　　3.1.8　矩阵运算 106
3.2　广播机制 110
　　3.2.1　自动广播规则 110
　　3.2.2　广播计算规则 111
3.3　GPU 设备及并行编程 112
　　3.3.1　device 和 cuda.device 的基本用法 112
　　3.3.2　CPU 设备到 GPU 设备 113

    3.3.3 固定缓冲区 115
    3.3.4 自动设备感知 117
    3.3.5 并发编程 118
  3.4 实验室小试牛刀之轻松搞定图片分类 121
    3.4.1 softmax 分类简介 123
    3.4.2 定义网络结构 126
  3.5 加油站之高等数学知识回顾 133
    3.5.1 泰勒公式及其思想 133
    3.5.2 拉格朗日乘子法及其思想 138

第 4 章 激活函数、损失函数、优化器及数据加载 140
  4.1 激活函数 140
    4.1.1 Sigmoid 141
    4.1.2 tanh 143
    4.1.3 ReLU 及其变形 145
    4.1.4 MaxOut 148
  4.2 损失函数 150
    4.2.1 L1 范数损失 150
    4.2.2 均方误差损失 151
    4.2.3 二分类交叉熵损失 152
    4.2.4 CrossEntropyLoss 和 NLLLoss 计算交叉熵损失 152
    4.2.5 KL 散度损失 154
    4.2.6 余弦相似度损失 155
    4.2.7 多分类多标签损失 156
  4.3 优化器 157
    4.3.1 BGD 157
    4.3.2 SGD 158
    4.3.3 MBGD 159
    4.3.4 Momentum 160
    4.3.5 NAG 161
    4.3.6 Adagrad 161

4.3.7　Adadelta ... 162
　　4.3.8　Adam ... 163
4.4　数据加载 ... 164
　　4.4.1　Dataset 数据集 ... 164
　　4.4.2　DataLoader 数据加载 ... 167
4.5　初探卷积神经网络 ... 169
　　4.5.1　知识科普：卷积过程及物理意义 ... 169
　　4.5.2　卷积神经网络 ... 173
　　4.5.3　stride 和 padding ... 179
　　4.5.4　膨胀卷积神经网络 ... 180
　　4.5.5　池化 ... 182
4.6　实验室小试牛刀 ... 184
　　4.6.1　设计卷积神经网络 ... 184
　　4.6.2　定义卷积神经网络 ... 185
　　4.6.3　模型训练 ... 186
　　4.6.4　理解卷积神经网络在学什么 ... 189

第 5 章　PyTorch 深度神经网络 ... 201

5.1　计算机视觉工具包 ... 201
5.2　训练过程的可视化 ... 204
　　5.2.1　TensorBoard ... 204
　　5.2.2　Visdom ... 210
5.3　深度神经网络 ... 212
　　5.3.1　LeNet ... 212
　　5.3.2　AlexNet ... 214
　　5.3.3　ZF-Net ... 217
　　5.3.4　VGG-Nets ... 219
　　5.3.5　GoogLeNet ... 222
　　5.3.6　ResNet ... 224
　　5.3.7　DenseNet ... 226
5.4　循环神经网络 ... 228

		5.4.1 循环神经网络基础模型	229
		5.4.2 LSTM	233
		5.4.3 GRU	238
	5.5	实验室小试牛刀	240
		5.5.1 数据准备	241
		5.5.2 GRU 网络设计	242
		5.5.3 模型训练	244
		5.5.4 模型预测	245
	5.6	加油站之概率论基础知识回顾	246
		5.6.1 离散型随机变量和连续型随机变量	246
		5.6.2 概率论常用概念	251
		5.6.3 二维随机变量	253
		5.6.4 边缘分布	255
		5.6.5 期望和方差	257
		5.6.6 大数定理	258
		5.6.7 马尔可夫不等式及切比雪夫不等式	259
		5.6.8 中心极限定理	260

第 6 章 自然语言处理 261

	6.1	自然语言基础	261
		6.1.1 自然语言发展史	261
		6.1.2 自然语言处理中的常见任务	264
		6.1.3 统计自然语言理论	266
		6.1.4 使用隐马尔可夫模型实现中文分词	278
	6.2	提取关键字	281
		6.2.1 TF-IDF	281
		6.2.2 TextRank	283
		6.2.3 主题模型	284
	6.3	Word2vec 和词嵌入	285
		6.3.1 N-Gram 模型	286
		6.3.2 词袋模型	287

6.3.3　Word2vec 词向量的密集表示 288
　　6.3.4　使用 Word2vec 生成词向量 297
　　6.3.5　Word2vec 源码调试 299
　　6.3.6　在 PyTorch 中使用词向量 300
6.4　变长序列处理 302
　　6.4.1　pack_padded_sequence 压缩 304
　　6.4.2　pad_packed_sequence 解压缩 306
6.5　Encoder-Decoder 框架和注意力机制 307
　　6.5.1　Encoder-Decoder 框架 308
　　6.5.2　注意力机制 309
6.6　实验室小试牛刀之对话机器人 312
　　6.6.1　中文对话语料 313
　　6.6.2　构建问答词典 313
　　6.6.3　DataLoader 数据加载 315
　　6.6.4　Encoder 双向多层 GRU 318
　　6.6.5　运用注意力机制 320
　　6.6.6　Decoder 多层 GRU 321
　　6.6.7　模型训练 323
　　6.6.8　答案搜索及效果展示 324
6.7　加油站之常见的几种概率分布 326
　　6.7.1　二项分布 326
　　6.7.2　正态分布 327
　　6.7.3　均匀分布 328
　　6.7.4　泊松分布 330
　　6.7.5　卡方分布 332
　　6.7.6　Beta 分布 333

第 7 章　自然语言的曙光：预训练模型 336
7.1　预训练模型的应用 336
7.2　从词嵌入到 ELMo 337
　　7.2.1　词嵌入头上的乌云 337

| 7.2.2 ELMo 338

7.3 从 ELMo 模型到 GPT 模型 341
| 7.3.1 GPT 模型 341
| 7.3.2 使用 GPT 模型 342

7.4 从 GPT 模型到 BERT 模型 344

第 8 章 自然语言处理利器：AllenNLP 349

8.1 中文词性标注 349
| 8.1.1 DatasetReader 数据读取 350
| 8.1.2 定义 Model 模型 352
| 8.1.3 模型训练 354
| 8.1.4 模型预测 355
| 8.1.5 模型保存和加载 356

8.2 AllenNLP 使用 Config Files 356
| 8.2.1 参数解析 357
| 8.2.2 注册数据读取器和模型 357
| 8.2.3 定义 Jsonnet 配置文件 357
| 8.2.4 命令行工具 359
| 8.2.5 特征融合 360
| 8.2.6 制作在线 Demo 362

第 9 章 FastAI 高层深度学习框架 364

9.1 FastAI 框架中的原语 364

9.2 在 FastAI 框架中使用 BERT 模型完成中文分类 365
| 9.2.1 分词器 365
| 9.2.2 定义字典 368
| 9.2.3 数据准备 368
| 9.2.4 构建 Databunch 和 Learner 370
| 9.2.5 模型训练 371
| 9.2.6 模型保存和加载 371
| 9.2.7 模型预测 372

9.2.8　制作 Rest 接口提供服务 372

第 10 章　PyTorch Big Graph 嵌入 374
10.1　PyTorch Big Graph 简介 374
10.1.1　PBG 模型 375
10.1.2　模型的表示 376
10.1.3　正样本、负样本及损失函数 377
10.1.4　分布式训练 377
10.1.5　批量负采样 379
10.2　PBG 实践应用 379
10.2.1　模型配置文件 380
10.2.2　划分训练集和测试集 381
10.2.3　模型训练和验证 382
10.2.4　图嵌入向量及应用 384

第 1 章

初识 PyTorch

PyTorch 是一个经过市场上无数从业者筛选的深度学习框架，提供了健全的神经网络接口，其动态网络结构及 Python 友好性，获得了大量深度学习从业人员的青睐。本章将简述深度学习及其框架的发展史，而后动手搭建 PyTorch 环境，讲解 PyTorch 核心概念、自动微分、核心架构，在"实验室小试牛刀"环节使用 PyTorch 完成复杂的科学计算，搭建能预测薪酬的回归模型，"加油站之高等数学知识回顾"部分补充介绍了一部分数学知识，为读者学习后续内容奠定基础。

1.1 神经网络发展简史

神经网络的发展同人类发展一样，经历了各种起伏和挫折、淘汰和进化。正是发展过程中的一些意外成就了人工神经网络今天的辉煌，正如人类进化过程中所遇到的意外一样，充满了不确定的意外和惊喜。正是有了不确定才出现了另外一个词，叫希望。

1.1.1 神经网络的前世今生

人工智能的起源可能要追溯到第二次世界大战，其间涌现出很多优秀的科学家，包括神经学家格雷·沃尔特和数学家艾伦·图灵。其中，沃尔特制造了人类历史上的第一个机器人；图灵则提出了一种测试，这种测试旨在验证机器是否可以达到真正的智能，而这种测试后来被称为图灵测试。图灵测试的思想是测试者在与被测试者（一个人和一台机器）隔开的情况下，通过一些装置（如键盘）向被测试者随意提问，进行多次测试后，如果有超过 30% 的测试者不能确定被测试者是人还是机器，那么这台机器就通过了测试，并且被认为具有人类智能。

1956 年，在美国达特茅斯大学举行了两个月的学术讨论会，从不同学科的角度探讨用机器模拟人类智能等问题，并且首次提出了人工智能（AI）的术语，同时出现了最初的成就和最早的一批研究者，这一事件被看作 AI 诞生的标志。由于计算机的产生与发展，人们开始了具有真正意义的人工智能的研究。

1957 年，罗森·布拉特基于神经感知科学的背景提出并设计出第一个计算机神经网络模型，这个模型模拟了人类大脑的生物学特性，被称为感知机（Perceptron）。

1960 年，维德罗首次将 Delta 学习规则用于感知机的训练步骤，这种方法后来被称为最小二乘方法。最小二乘法和感知机的结合创造了一个良好的线性分类器。

1968 年，马文·明斯基将感知机推到顶峰。他提出了著名的异或（XOR）问题和感知机数据线性不可分的情形，在数学上证明了单层或多层网络的堆叠无法解决数据线性不可分的问题（后来人们通过引入激活函数来解决线性不可分的问题）。此后，神经网络的研究长期处于休眠状态。

1970 年，林纳因马提出反向传播（Back Propagation，BP）神经的概念，并将其称为自动分化反向模式，但是并未引起足够的关注。

1980 年，在美国的卡内基梅隆大学召开了第一届机器学习国际研讨会，标志着机器学习研究已在全世界兴起。此后，机器归纳学习进入应用。经过一些挫折后，多层感知机（Multilayer Perceptron，MLP）由伟博斯在 1981 年的神经网络 BP 算法中具体提出。有了反向传播的新思想，神经网络的研究进程逐渐加快。

1983 年，J. J. Hopfield 和 D. W. Tank 建立了互相连接的神经网络模型，被称为霍普菲尔德神经网络，并用它成功地探讨了旅行商（TSP）问题的求解。

1986 年，D. E. Rumelhart 等人实现了多层网络 BP 算法，把学习结果反馈到中间层次的隐藏单元中，改变它们的联系矩阵，从而达到预期的学习目的。迄今为止，它仍是应用最广泛的神经网络训练更新算法。

20 世纪 90 年代，统计学习出现并迅速占领了历史舞台，支持向量机（Support Vector Machine，SVM）就是这一时代的产物，SVM 在数据分类、图像压缩等应用领域取得了非常好的成绩。

2006 年，Hinton 及其学生发表了利用（Restricted Boltzmann Machine）自编码的深层神经网络的论文——Reducing the Dimensionality of Data with Neural Networks，目前这篇论文的实用性并不强，它的作用是把神经网络又拉回人们的视线中，利用单层的 RBM 自编码预训练使深层的神经网络训练变成可能，但那时候深度学习（Deep Learning）的争议很多。

2016 年被称为人工智能的元年。在这一年，AlphaGo 在围棋比赛中赢了专业棋手李世石，打破了人类自尊的最后的堡垒。

目前，深度学习在不经意间就会出现在我们的日常生活中——它是 Google 的声音和图像识别，是 Netflix 和 Amazon 的推荐引擎，是 Apple 的 Siri，是电子邮件和短信的自动回复，是智能聊天机器人，是百度的智能导航，是阿里巴巴的自动风险感知，是字节抖动的智能推荐。神经网络的发展史如图 1.1 所示。

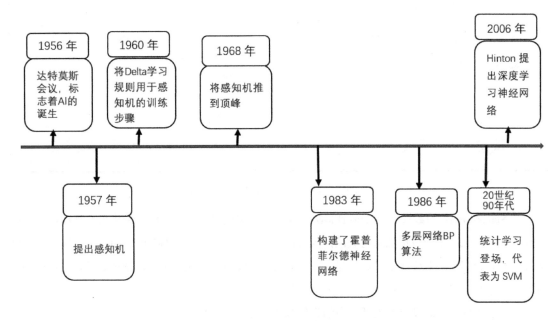

图 1.1　神经网络的发展史

1.1.2　深度学习框架对比

深度学习框架发展迅速，各种语言实现的框架层出不穷，最广为人知的是 TensorFlow，但最好用且 Python 友好又便于调试的首推 PyTorch。TensorFlow 是使用人数最多的深度学习框架，但其是基于静态图定义的框架，使用和调试都非常困难。因为静态图首先需要定义，定义好之后就不能修改。要定义静态图涉及很多特殊的语法及概念，提升了学习门槛，对于初学者来说，无异于学习一门新的语言。而 PyTorch 是基于动态图构建的，可以使用 Python 一般的语法，如 If/Else/While/For 等，天然的 Python 友好且便于调试，熟悉 Python 的人们可以快速上手。

测试一个框架热门程度的最直接方式就是搜索指数。通过对比 GitHub 统计指数，可以直观地发现一个框架的流行程度，如图 1.2 所示是最常用的几个深度学习框架 TensorFlow、Keras、PyTorch、Theano 的 GitHub 统计指数，通过对比可以发现一些趋势。

框架	2018年和2019年GitHub增长率		2019年7月		2017年9月		发布时间	公司	开发语言
	Star	Fork	Star	Fork	Star	Fork			
PyTorch	303%	394%	29635	7186	7361	1456	2016	Facebook	C++和Lua
TensorFlow	87%	121%	130540	75829	69781	34355	2015	Google	C++
PaddlePaddle	71%	72%	9246	2484	5405	1447	2016	Baidu	C++
MXNet	56%	47%	17316	6145	11127	4179	2017	Apache	C++
DL4J	53%	31%	10966	4697	7175	3590	2014	Eclipse	Java
Caffe2	50%	73%	8458	2130	5628	1233	2017	Facebook	C++
Caffe	41%	39%	28495	17204	20155	12371	2014	Berkeley Vision	C++
CNTK	31%	35%	16258	4318	12366	3190	2016	Microsoft	C++
Theano	28%	9%	8834	2493	6902	2290	2007	MILA	Python
Keras	-	-	42504	16187	-	-	2015	Google	Python
Chainer	-	-	4887	1294	-	-	2015	Chainer	Python

图 1.2 深度学习框架 GitHub 统计指数变化趋势

在 Star 和 Fork 的数量上，TensorFlow 在深度学习领域用得最多，但从趋势来看其地位是否能在接下来继续保持第一位仍然值得关注，因为排名靠后的 PyTorch、PaddlePaddle、MXNet 等深度学习框架的影响度正在逐年上升。深度学习框架已经变成 TensorFlow 和 PyTorch 之争，也是动态图与静态图之间的"斗争"。PyTorch 能否登顶非常值得期待。

下面笔者以各个深度学习框架出现的先后顺序进行对比分析。

分析各个框架出现的时间会发现一个很有意思的规律，在 2015—2016 年，不管是深度学习框架还是其他大数据框架（如 Spark 等），都呈现爆发式增长。这与 2015 年和 2016 年大数据及 AI 市场得到资本青睐息息相关，被投资的团队开始集中攻克技术难点及开源技术产品，所有的读者都是开源的受益者。

2008 年 1 月，Theano 诞生于蒙特利尔大学的 LISA 实验室。它是一个 Python 库，结合计算机代数系统 CAS 和编译器的优化，可以达到与 C 语言媲美的速度，可以用于定义、计算数学表达式，尤其是计算多维数组。Theano 中的多维数组类似于 NumPy 中的 Ndarray。因为 Theano 诞生于研究机构，具有浓厚的学术气息，并且很难调试，图的构建非常困难，缺乏文档，以及疏于宣传等缺点，所以使用的人很少。2017 年 9 月，LISA 实验室负责人 Yoshua Bengio 宣布"Theano is Dead"，在 Theano 1.0 正式发布后将不再进行维护。但是 Theano 作为第一个 Python 深度学习框架，其退出历史舞台时已完成了它的历史使命，为其他深度学习框架指明了设计方向：以计算图为核心，采用 GPU 设备加速。后来出现的深度学习框架（如 TensorFlow、PyTorch、Caffe/Caffe2 等）都采用计算图的方式来定义计算的 Pipeline。

2012年1月，Torch项目诞生于纽约大学，Torch采用的是Lua语言，但是使用Lua语言的人不多，因此Torch这个深度学习框架在市场上应用得很少。但是Torch的幕后团队在2017年基于Python语言对Torch的技术架构进行了全面的重构，于是诞生了当下非常流行的动态图框架PyTorch。

2013年12月，使用Java语言开发的深度学习框架Deeplearning4j诞生，Deeplearning4j是使用Java语言开发的深度学习框架，同时支持Clojure接口和Scala接口，由开源科学计算库ND4J驱动，可选择在CPU设备或GPU设备上运行。Deeplearning4j还可以运行在Hadoop/Spark集群中，可以提高运行速度及大数据处理能力。

2013年9月，加利福尼亚大学伯克利分校的贾扬清博士在GitHub上首度发布Caffe，它的全称是Convolutional Architecture for Fast Feature Embedding，是一个清晰、高效的深度学习框架，核心语言采用C++，支持命令行、Python、MATLAB接口，可以选择在CPU设备或GPU设备上运行。Caffe使用简单，代码也易于扩展，运行速度得到了工业界的认可，社区也非常庞大。2017年4月发布的Caffe2是Caffe的升级优化版。

2015年3月诞生的Keras是一个高层的神经网络API，使用纯Python语言编写。它并不是独立的深度学习框架，后端采用TensorFlow、Theano及CNTK作为支持。Keras为实验室而生，能够将想法快速转换为结果，高层的API非常易于使用，因此是所有深度学习框架中最易上手的一个。Keras并不独立，是在其他框架上的层层封装。层层封装导致Keras运行速度慢，扩展性也不好，很多时候BUG被隐藏在封装之中，因此缺少灵活性，使用Keras很快将遇到瓶颈。

2015年5月MXNet诞生了。虽然由一群学生开发，但是MXNet拥有超强的分布式支持，对内存及显存的优化也非常好。2016年11月，MXNet被AWS正式选择为云计算官方深度学习平台。2017年1月MXNet进入Apache基金会，成为Apache孵化器项目。但是MXNet一直不温不火，主要是因为文档维护缓慢而代码更新过快，让老用户面对新接口也不知道如何使用，另外一个原因要归结于推广不力。MXNet是中国人开发的项目，笔者希望它能越来越好。

2015年11月，Google官宣TensorFlow开源。TensorFlow的开源确实在业界引起了不小的轰动，TensorFlow的大火得益于Google在深度学习领域巨大的影响力及强大的推广能力。目前，TensorFlow是用户数最多的深度学习框架，支持Python及C++编程接口，并且采用C++的Eigen库，所以可以在ARM架构上编译和优化。用户可以在各种服务器和移动设备上部署训练模型而无须执行单独的解码器或Python的解释器。业界对TensorFlow的褒贬不一，其中最大的问题是频繁变动的接口；另外一个问题是复杂的系统设计，TensorFlow源码超过百万行，想通过阅读源码弄懂底层的运行机制是非常痛苦的事情。

2016 年 1 月 Microsoft 发布的 CNTK 支持在 CPU 设备和 GPU 设备上运行，并且把神经网络描述成一个计算图结构，这一点与其他的深度学习框架是一致的。CNTK 的性能比 Caffe、Theano、TensorFlow 的都好，但是其文档设计晦涩难懂，推广也不给力，因此用户较少。

2016 年 8 月，百度开源 PaddlePaddle 深度学习框架，PaddlePaddle 的前身是百度于 2013 年自主研发的深度学习平台，并且一直被百度内部工程师研发使用。全球各大科技巨头开源的深度学习平台都极具各自的技术特点，对于百度，由于其自身具有搜索、图像识别、语音语义识别理解、情感分析、机器翻译、用户画像推荐等多领域的业务和技术方向，所以 PaddlePaddle 的表现更加全面，是一个功能相对较全的深度学习框架。

总之，在这个发生翻天覆地变化的年代，只有不断地学习和进步才能赶上时代的步伐，只有抓住机遇才能更好地迎接挑战。

1.2 环境安装

工欲善其事，必先利其器。道路千万条，环境是第一条，环境是学习的第一步。本节主要介绍 Python 环境的选择及安装、PyTorch 1.2 的安装、开发环境 IDE。

1.2.1 Python 环境的选择及安装

PyTorch 既支持 Python 2.7 也支持 Python 3.5+，由于 Python 2 在 2020 年 1 月 1 日停止更新，所以笔者推荐使用 Python 3 以上版本。

安装 Python 其实有不同的方法，最简单直接的方式是在 Python 官网上选择合适的版本下载并且安装。本节选择 Python 3.6.5，读者也可以根据需求自行选择。可供选择的 Python 版本如图 1.3 所示。

下载好之后，直接单击安装。安装时注意勾选"Add Python 3.6 to PATH"选项，如图 1.4 所示，这样 Python 安装好之后将被添加到环境变量中，而不用手动添加。

单独安装 Python 比较简单，但安装常见的库（如 Pandas、NumPy 等）比较麻烦。最常见的安装方式是通过第三方打包好的软件统一安装，如通过 Anaconda。它将常见的 Python 包打包发布，解决了独立安装时所遇到的版本冲突问题，唯一的麻烦就是安装包较大，约为 700MB。在 Anaconda

官网下载区根据不同的平台选项选择不同的安装包。本书统一使用 Windows 平台，Anaconda 目前提供的最新的 Python 版本是 Python 3.7，如图 1.5 所示。

Release version	Release date	Click for more	
Python 3.7.2	2018-12-24	Download	Release Notes
Python 3.6.8	2018-12-24	Download	Release Notes
Python 3.7.1	2018-10-20	Download	Release Notes
Python 3.6.7	2018-10-20	Download	Release Notes
Python 3.5.6	2018-08-02	Download	Release Notes
Python 3.4.9	2018-08-02	Download	Release Notes
Python 3.7.0	2018-06-27	Download	Release Notes
Python 3.6.6	2018-06-27	Download	Release Notes
Python 2.7.15	2018-05-01	Download	Release Notes
Python 3.6.5	2018-03-28	Download	Release Notes

图 1.3　可供选择的 Python 版本

图 1.4　勾选 "Add Python 3.6 to PATH"

图 1.5 下载 Anaconda

选择下载 64-bit 的安装包，等待下载完成后直接单击安装。安装过程中需要勾选"Add Anaconda to the system PATH environment variable"，如图 1.6 所示，这样 Anaconda 中的 Python 就能够在计算机中任意位置被访问到。

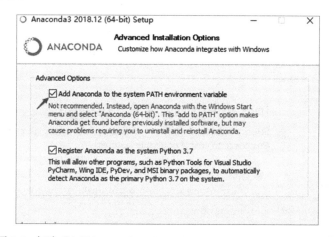

图 1.6 勾选"Add Anaconda to the system PATH environment variable"

安装完成之后，在 CMD 命令行中输入"Python"查看 Python 版本号。

```
Python 3.7.1 (default, Dec 10 2018, 22:54:23) [MSC v.1915 64 bit (AMD64)] :: Anaconda, Inc. on win32
Type "help", "copyright", "credits" or "license" for more information.
```

采用 Anaconda 的安装方式，NumPy、Pandas 等这些常见的包都已经装好，接下来安装 PyTorch。

1.2.2 PyTorch 1.2 的安装

基于 Python 提供的 pip 工具或使用 Anaconda 提供的 Conda 命令，可以非常方便地安装其他

Python 库。PyTorch 官网上提供了安装的选择，可以选择不同的操作系统，采用不同的安装方式，选择不同的 PyTorch/Python 版本，以及是否选择 CUDA 提供的 GPU 设备支持。PyTorch 安装选项卡如图 1.7 所示。

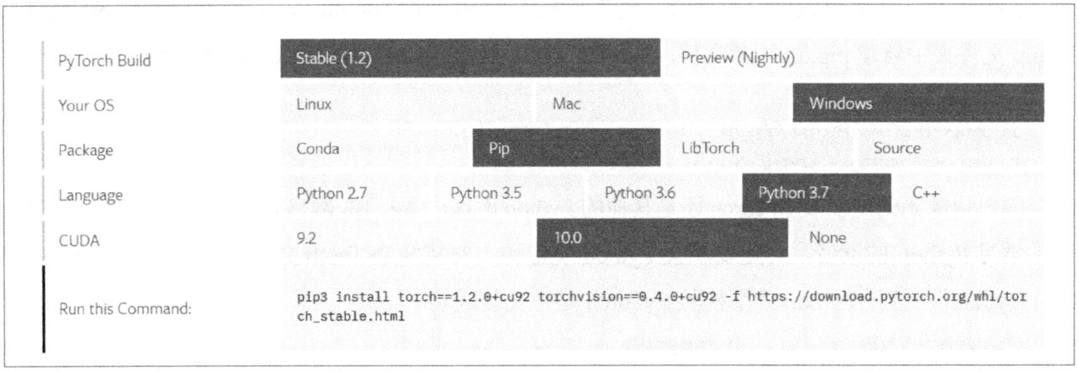

图 1.7 PyTorch 安装选项卡

在选项卡中选好配置后，选项卡下面的"Run this Command"栏中就会生成相应的安装命令，将其复制到 CMD 命令行中运行即可完成 PyTorch 的安装。使用 pip3 可能会报错，可以将 pip3 改为 pip，到 CMD 命令行中执行即可。下面 CMD 命令行中的第二个 pip 安装的是 PyTorch 实现并训练好的一些关于计算机视觉处理的模型，如 VGG-16、DCGAN 等，可以基于这些模型进行微调，通过迁移学习技术快速满足业务需求。

```
C:\Users\Administrator>pip install https://download.pytorch.org/whl/cpu/torch-1.0.1-cp37-cp37m-win_amd64.whl
    Looking in indexes: http://pypi.douban.com/simple/
    Collecting torch==1.0.1 from https://download.pytorch.org/whl/cpu/torch-1.0.1-cp37-cp37m-win_amd64.whl
      Downloading https://download.pytorch.org/whl/cpu/torch-1.0.1-cp37-cp37m-win_amd64.whl (73.6MB)
        100% |████████████████████████████████| 73.6MB 229kB/s
    Installing collected packages: torch
    Successfully installed torch-1.0.1
C:\Users\Administrator>pip install torchvision
    Looking in indexes: http://pypi.douban.com/simple/
    Collecting torchvision
      Downloading http://pypi.doubanio.com/packages/ca/0d/f00b2885711e08bd71242ebe7b96561e6f6d01fdb4b9dcf4d37e2e13c5e1/torchvision-0.2.1-py2.py3-none-any.whl (54kB)
```

```
         100% |████████████████████████████████| 61kB 722kB/s
Installing collected packages: torchvision
Successfully installed torchvision-0.2.1
```

pip 默认使用国外的镜像，速度较慢，通常推荐使用国内的豆瓣镜像。要使用豆瓣镜像需要配置 pip.ini 文件。首先进入用户根目录，笔者这里是"C:\Users\Administrator"，然后新建 pip 文件，在 pip 文件夹中新建 pip.ini 配置文件，在配置文件中配置国内的豆瓣镜像，具体配置如下。

```
[global]
index-url = http://pypi.douban.com/simple/
trusted-host = pypi.douban.com
```

国内镜像无论是安装 PyTorch 还是其他的 Python 库速度都很快，网络好时速度可以达到 5MB/s。对于学习 Python 的读者，一定要配置 Python 镜像源。安装好 PyTorch 之后，在 CMD 命令行中输入"ipython"，打开 Python 终端检验 PyTorch 是否安装成功。

```
C:\Users\Administrator>ipython
In [1]: import torch
In [2]: torch.Tensor(3,3)
Out[2]:
tensor([[1.3733e-14, 6.4069e+02, 4.3066e+21],
        [1.1824e+22, 4.3066e+21, 6.3828e+28],
        [3.8016e-39,        nan, 9.0595e-14]])
```

至此，PyTorch 已安装好，但要完成程序的开发，通常会借助一些 IDE 环境，这样做的好处很多，如断点调试、语法纠错、自动提示等，因此好的 IDE 环境可以减少潜在的开发效率。下面为读者推荐几款比较好用的编程环境。

1.2.3 开发环境 IDE

第一个是网页版交互式的编辑工具 Jupyter Notebook，其支持自动补全、内嵌图表等，不仅可以编辑 Python 代码，还支持 MarkDown 语法，是非常理想的教学实验工具。基于 Anaconda 的安装方式，实际上已经安装好 Jupyter。如果没有安装好，可以直接使用 pip install jupyter 来完成安装。在 CMD 命令行中输入"jupyter notebook"就可以启动一个网页版的编辑器。其常见的使用技巧请参考随书代码 chapter1 文件夹中的课件 IDE- introduce-xxx .html。

IDE 环境有很多，如果读者已经有了熟悉的 Python 编辑环境，可以直接略过本节。但本节主要介绍本书所使用的 IDE 环境"Wing IDE 6.1"，这是一款小巧但功能强大的编辑环境，笔者非常喜欢它的断点调试功能，可以在其官网上下载。Wing IDE 的常见使用技巧参见 chapter1 文件夹中的课件 IDE-introduce-xxx.html。

另一个比较常用的 IDE 环境就是 PyCharm，它拥有强大的插件选择和断点调试功能。读者可以自行在 PyCharm 官网下载，本节不再赘述。

IPython 是一个交互式的 Python 执行环境，支持 Tab 自动补全，可以非常方便地进行代码的快速尝试和验证。通过安装 Anaconda 已经自动安装好 IPython。如果没有安装好，可以使用 pip install ipython 进行安装，其提示效果如下。

```
In [3]: a = torch.Tensor(3,3)
In [4]: a.
 abs()       addcmul()    any()      atan2()
 abs_()      addcmul_()   apply_()   atan2_()
 acos()      addmm()      argmax()   atan_()
```

1.3 PyTorch 的核心概念

本节主要介绍 PyTorch 的基本概念（如 Tensor 和 Variable）、自动微分和 PyTorch 的核心模块。

1.3.1 PyTorch 的基本概念

和其他深度学习框架一样，PyTorch 在实现过程中也提出了自己的概念，包括张量。PyTorch 中的张量用 Tensor 表示。初学者可能不知道张量是什么。其实，张量可以简单地理解为一个多维数组，类似于 NumPy 中的 ndarray 对象。

多维数组可以用相册来形象地解释。假设小米有相册 A，相册 A 包含 N 张图片，每张图片的宽度为 W、高度为 H。由于是彩色图片，在计算机中用 RGB 三通道表示（所有颜色都可以用红、绿、蓝三原色按照不同的比例调配出来，红、绿、蓝三通道不同的像素亮度值叠加在一起就呈现出不同的颜色，所以整张图片呈现出彩色），所以通道数为 3。

PyTorch 采用四维数组表示这个相册，形如[N,W,H,C]，其中 C 表示通道数。这种多维数组表示的好处可以从计算机组成原理说起，现代计算机都是多核多处理器的，支持多线程和多进程，非常适合矩阵的并行计算，而且计算一批数据和计算一个数据的调度时间是差不多的，因此科学计算往往都是基于矩阵的计算，并且会指定一个适当的 Batch。例如，PyTorch 视觉处理中通常将 Batch 指定为 64、128 或 256，这也是为了充分利用计算机资源而考虑的。基于张量的乘法运算如图 1.8 所示。

张量就是多维数组，并且提供了 CPU 设备和 GPU 设备的支持。如果机器上有 GPU 设备，就可以在 Tensor 上调用 cuda 方法，将 Tensor 数据加载到 GPU 设备中运行，提升运行速度。张量上提供了很多有用的方法，这些方法和 NumPy 中的方法类似，使用过 NumPy 的读者肯定会觉得这些方法既眼熟又亲切。Torch 上的算子多达上百个，对于如此多的算子，读者没有必要全部记住，只需要在使用的时候查字典即可。借助 help(function)即可快速查看常用方法的定义及使用。

图 1.8　基于张量的乘法运算

Tensor 可以和 NumPy 进行无缝转换，在 Tensor 上可以使用 numpy 方法将 Tensor 转换为 NumPy 中的 ndarray 对象；ndarray 对象也可以通过 Torch 提供的 form_numpy 方法转换成 Tensor 对象。如图 1.9 所示，Tensor 多维数组上常用的算子也很多，读者学会查字典即可。

clamp_max_()	diagonal()	expm1_()	half()	is_same_size()
clamp_min()	digamma()	exponential_()	hardshrink()	is_set_to()
clamp_min_()	digamma_()	fft()	histc()	is_shared()
clone()	dim()	fill_()	ifft()	is_signed()
coalesce()	dist()	flatten()	index_add()	is_sparse()
contiguous()	div()	flip()	index_add_()	isclose()
copy_()	div_()	float()	index_copy()	item()
cos()	dot()	floor()	index_copy_()	kthvalue()
cos_()	double()	floor_()	index_fill()	layout
cosh()	dtype	fmod()	index_fill_()	le()
cosh_()	eig()	fmod_()	index_put()	le_()
cpu()	element_size()	frac()	index_put_()	lerp()
cross()	eq()	frac_()	index_select()	lerp_()
cuda()	eq_()	gather()	indices()	lgamma()
cumprod()	equal()	ge()	int()	lgamma_()
cumsum()	erf()	ge_()	inverse()	log()
data	erf_()	gels()	irfft()	log10()
data_ptr()	erfc()	geometric_()	is_coalesced()	log10_()
dense_dim()	erfc_()	geqrf()	is_complex()	log1p()
det()	erfinv()	ger()	is_contiguous()	log1p_()

图 1.9　Tensor 多维数组上常用的算子

创建张量需要借助 Torch 提供的 Tensor 方法或 from_numpy 方法，理论上可以创建任意维度的多维数组，但最常用的 Tensor 不超过五维，常见的多维数组如图 1.10 所示。

除了维度，还可以指定每个维度上的 SIZE，如 a = torch.Tensor(3,4,5,8)，表示创建了一个四维数组，因为 Tensor 有 4 个参数，每个参数表示对应维度的大小，第一维度的大小为 3，第二维度的大小为 4，以此类推。因此，变量 a 可以表示 Batch 数为 3、宽度为 4、高度为 5、通道数为 8 的特征图(Feature Map,图像卷积运算产生的中间特征)。

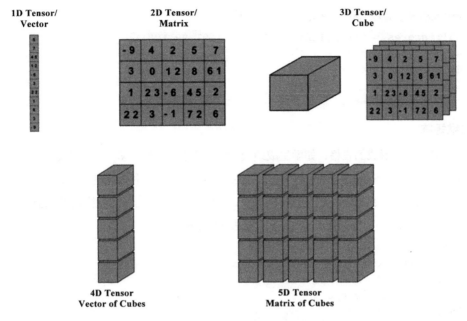

图1.10 常见的多维数组

```
In [1]: import torch
In [2]: a = torch.Tensor(3,4,5,8)
In [3]: a.shape
Out[3]: torch.Size([3, 4, 5, 8])
```

在一个 Tensor 上可以使用 shape 方法获取该张量的维度及每个维度的 Size。下面依次介绍零维到五维 Tensor 及其使用场景。

1. 零维标量

物理学中对标量的解释是只有大小没有方向,如温度、质量、湿度等。PyTorch 中将只包含一个元素的变量称为标量。

```
In [31]: a = np.random.rand(1)
In [32]: a
Out[32]: array([0.52096887])
In [33]: b = torch.Tensor(a)
In [34]: b
Out[34]: tensor([0.5210])
In [35]: b.size()
Out[35]: torch.Size([1])
```

2. 一维向量

数学中表示既有大小又有方向的量为一维向量。PyTorch 中用 Array 数组表示向量，如 scores = torch.Tensor([88,89,91,91,99,100])，表示考试分数的集合。

```
In [43]: scores = torch.Tensor([88,89,91,91,99,100])
In [44]: scores.size()
Out[44]: torch.Size([6])
In [45]: scores
Out[45]: tensor([ 88.,  89.,  91.,  91.,  99., 100.])
```

3. 二维矩阵

矩阵表示多条记录形成的表格，如学生成绩表。它的特点是多行、多列。矩阵是科学计算中最常见的数据结构。例如，Sklearn 中的鸢尾花数据集是 150 条不同品种鸢尾花的数据记录，包含 4 个特征，分别是花瓣的长度、宽度，以及花萼的长度、宽度。这是一个典型的表格数据，通过 load_iris 方法可以导入该数据集，可以使用 from_numpy 方法创建 Tensor。

```
In [65]: from sklearn import datasets
In [66]: iris = datasets.load_iris()
In [67]: iris_data = iris["data"]
In [68]: iris_data.shape
Out[68]: (150, 4)
In [69]: iris_tensor = torch.from_numpy(iris_data)
In [71]: iris_tensor.size()
Out[71]: torch.Size([150, 4])
In [72]: iris_tensor[:4,]
Out[72]:
tensor([[5.1000, 3.5000, 1.4000, 0.2000],
        [4.9000, 3.0000, 1.4000, 0.2000],
        [4.7000, 3.2000, 1.3000, 0.2000],
        [4.6000, 3.1000, 1.5000, 0.2000]], dtype=torch.float64)
```

4. 三维立方体

将多个二维矩阵叠加在一起就可以形成三维立方体。三维 Tensor 常用于表示图片数据 [width,height,channel]，如图 1.11 所示。

5. 四维多立方体

四维 Tensor 常见于批量的图片数据，如之前介绍的相册就是多张图片的叠加，最常见的形式为 [batch,width,height,channel]。

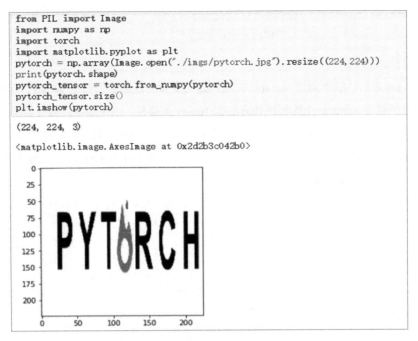

图 1.11 图片的张量表示

6. 五维表示多个四维 Tensor 的叠加

五维 Tensor 常见于视频数据,视频按帧数划分,如 50fps(帧/秒),如果一个视频的时长为 1 min,每个单位时间有 50 张图片,共有 60 个这样的单位时间,frames=60,那么其表现形式为 [frames,batch,width,height,channel]。

PyTorch 中另外一个和 Tensor 相关的概念是 Variable 变量。Variable 是对 Tensor 的封装,是一种特殊的张量,位于 torch.autograd 自动微分模块中,是为实现自动微分而提出的一种特殊的数据结构。在 PyTorch 0.4.1 之前的版本中,Variable 的应用非常广泛。但是到 PyTorch 1.0 之后,这个数据结构被标注为 deprecated,表示已经过时,并且 Variable 中的 grad 和 grad_fn 等属性也被转移到 Tensor 中,这个改变进一步精简了接口。由于市面上还存在大量老版本的代码,所以本书也对 Variable 进行简单介绍。创建 Variable 需要借助 torch.autograd 中提供的 Variable 方法,它接收 Tensor 类型的参数。下面通过 FloatTensor 创建 Variable。

```
In [6]: from torch.autograd import Variable
In [7]: a = torch.FloatTensor(3,3)
In [8]: b = Variable(a)
In [10]: b.data
Out[10]:
tensor([[0.0000e+00, 0.0000e+00, 1.7139e-38],
```

```
            [4.5912e-41, 1.4013e-45, 0.0000e+00],
            [    nan,        nan, 1.6816e-43]])
In [11]: b.grad
In [12]: b.grad_fn
```

PyTorch 1.0 之后的版本通过 Variable 方法创建的变量的返回值仍然是 Tensor，这说明 Variable 已经被弃用，所有在 Variable 上的属性和方法在 Tensor 上都有。这是版本升级后需要注意的地方。截至目前，对 Variable 仍然是兼容的。Variable 上的方法和 Tensor 类似，也非常丰富，多达数百个，因此在使用这些算子时要学会查字典，弄不明白的算子可以使用 Python 中的 Help 命令查看文档。Variable 上常见的算子如图 1.12 所示。

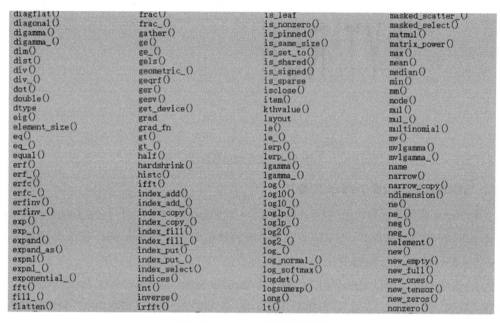

图 1.12　Variable 上常见的算子

1.3.2　自动微分

神经网络计算优化的过程大体上可以分为前向传播计算损失和反向传播更新梯度。如果没有自动微分的支持，就需要手动计算偏导数，然后更新权重参数。这对于数学基础较差的读者来说可能太难。而 PyTorch 基于 Aten 构建的自动微分系统能为我们完成这一切，因为梯度的计算对于调用者来说是透明的，这大大降低了手写梯度函数带来的高门槛。

假设有一份房价数据，我们打算通过 $Y=WX+b$ 的方式拟合房价。在这个线性方程中，W 和 b 是需要计算的参数，而 X 和 Y 由训练数据提供。训练开始时我们随机初始化 W 和 b，当输入 X 训练数据后，可以通过 $WX+b$ 这样的线性方程计算出一个 Y^* 值。Y^* 值和真正的 Y 值存在明显的误差，因为随机初始化 W 和 b，所以可以用 Y^* 和 Y 计算出一个损失值 Loss。根据该损失值对 W 和 b 计算偏导数，而偏导数正好可以表示 W 和 b 对误差的贡献程度，因此可以使用计算出来的偏导数更新权重参数 W 和 b，使它们向着误差减小的方向靠近。经过几次迭代之后，W 和 b 就被更新到足够能拟合数据的程度，这时停止迭代。此时我们的模型就学习到了 $Y=WX+b$ 的权重参数，而在该过程中，PyTorch 自动微分系统自动完成了偏导数的计算。

实际上，PyTorch 自动微分系统比上面的例子要复杂得多，它需要适配所有的函数类型，而函数类型是非常多的，但有了自动微分系统之后，大部分函数偏导数的计算都可以自动完成，包括计算复杂的矩阵偏导数。只有在少数情况下需要扩展 Function。

在 PyTorch 中，为了能够支持有向无环图（Directed Acyclic Graph，DAG）的构建和反向传播的链式法则，引入了一种特殊的数据结构，这个数据结构正是 Tensor。在 PyTorch 0.4.1 之前，这个数据结构是 Variable。例如，$y=\sin(a \times X+b) \times X$ 的计算图，在计算图中所有的输入表示叶子节点，而输出则是根节点。当计算拓扑沿着有向无环图进行计算得出 output 后，通过 output 计算出损失值，由链式法则可以将梯度传回叶子节点，从而更新权重参数。在 PyTorch 的底层实现中，除了输入、输出，所有的节点都是一个 Function 对象。在这个对象中实现了从 in 到 out 的计算逻辑，并且可以通过 apply() 执行。从输入到输出的前向传播过程中，自动微分系统一边执行前向计算，一边搭建 graph 计算图，而图的节点是用于计算梯度的函数，这些函数保存在 Tensor 的 .grad_fn 中。当反向传播时，会用 Tensor 中记录的 .grad_fn 来计算相应的梯度。有向无环图的计算拓扑图如图 1.13 所示，该拓扑图展示了方程式 $\sin(a \times X+b) \times X$ 的计算过程，计算节点为 Function 对象，图中的*表示乘号。

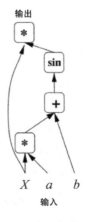

图 1.13　有向无环图的计算拓扑图

Tensor 中有 requires_grad 属性，代表是否需要计算梯度，这个属性的默认值为 False。可以通过 requires_grad 参数显式地指定 Tensor 需要计算梯度。

```
In [11]: a = torch.randn(2,3)
Out[11]:
tensor([[-0.5716, 0.9657, 0.4198],
        [-0.0681, 0.5246, -1.2040]])
In [12]: a.requires_grad
Out[12]: False
In [14]: b = torch.rand((2,3),requires_grad=True)
In [15]: b
Out[15]:
tensor([[0.9934, 0.5768, 0.2326],
        [0.8457, 0.8326, 0.8241]], requires_grad=True)
In [16]: b.requires_grad
Out[16]: True
```

在有向无环图计算图的构建过程中，Tensor 是否需要计算梯度应遵循以下几个原则。

- 如果计算拓扑中的输入有一个 Tensor 是需要计算梯度的，则依赖该 Tensor 所计算出来的 Tensor 也是需要计算梯度的。
- 如果所有的输入都不需要计算梯度，则使用输入计算出的 Tensor 也不需要计算梯度。

```
In [17]: x = torch.randn(2,3)
In [18]: y = torch.randn(2,3)
In [19]: w = x + y
In [20]: w.requires_grad
Out[20]: False
In [21]: z = torch.randn((2,3),requires_grad=True)
In [22]: e = a + z
In [23]: e.requires_grad
Out[23]: True
```

requires_grad 属性在迁移学习中进行模型微调的时候特别有用，因为在迁移学习中我们需要冻结学习好的参数，而对于需要微调的参数则指定 requires_grad 为 True，使其在迭代过程中更新和学习。例如，使用 ResNet18 预训练模型进行迁移学习，通过模型上的 parameters 方法获取所有计算拓扑中的 Parameter 对象，设置 requires_grad 属性为 False，这样在训练时这些参数就会被冻结，不会在反向传播过程中更新。我们只需要修改最后的 FC（Full Connection），使其适合自己的业务需求，在进行二分类时将 FC 输出层的神经单元更改为 2 即可。Linear() 函数单元的 Parameter 对象的 requires_grad 属性的默认值为 True，因此这个模型就变为二分类模型。

```
In [32]: resnet18_model = torchvision.models.resnet18(pretrained=True)
In [33]: for param in resnet18_model.parameters():
```

```
     ...:      param.requires_grad = False
In [34]: resnet18_model.fc = torch.nn.Linear(512,2)
In [35]: optimizer = torch.optim.SGD(resnet18_model.fc.parameters(),lr=1e-2,
momentum=0.9)
```

1.3.3 PyTorch 的核心模块

任何好的软件系统必定是经过精心设计和抽象的，PyTorch 脱胎于 2012 年使用 Lua 语言编写的 Torch 项目，该项目无论是计算架构设计还是扩展性都是一流的，特别是动态图更是让人耳目一新。PyTorch 将系统的实现抽象为不同的模块，最核心的模块是 Tensor，它是整个动态图的基础，自动微分及反向传播都需要借助该模块。Torch 为创建 Tensor 提供了多种方法，如 torch.randn、torch.randint 等。Tensor 上实现了大量的方法，如 sum、argmin、argmax 等。Tensor 也是 torch.nn 模块构建网络的核心，网络构建好之后通过网络的 parameters 方法可以获取网络的所有参数，并且可以通过遍历这些参数对象改变 requires_grad 属性来达到冻结参数的目的，这在迁移学习中特别有用。torch.nn 模块通过 functional 子模块提供了大量方法，如 conv、ReLU、pooling、softmax 等。这些方法在网络的 forward 中调用，结果输出值由 torch.nn.xxxLoss 损失函数计算损失。torch.nn 模块中提供了很多可选的损失函数，如 MSELoss、CrossEntropyLoss 等，将损失传递给优化模块，优化模块提供了大量的优化器，常见的有 SGD、Adam 等。优化器会根据损失计算并更新梯度，达到优化的目的，最终将更新 parameters。PyTorch 的核心模块如图 1.14 所示。

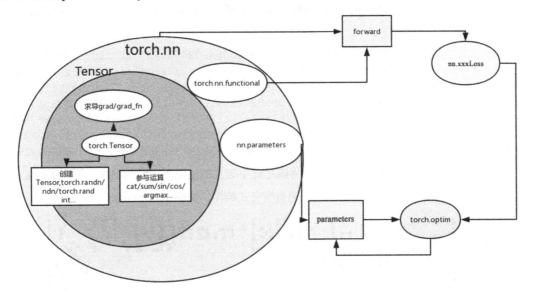

图 1.14　PyTorch 的核心模块

除了这些核心模块，PyTorch 还提供了 JIT 模块，在运行时动态编译代码；multiprocessing 并行处理模块实现数据的并行处理；torch.utils.data 模块提供数据的加载接口，这些模块在后续章节中会进行介绍。

1.4 实验室小试牛刀

实践是检验真理的唯一标准，设置"实验室小试牛刀"环节正是为了检验学习的成果。通过将学习的理论和方法应用到实际问题中，加深对理论和方法的理解，巩固学习到的知识。这里设置了两个小项目：第一个是使用 PyTorch 中的 Tensor 完成复杂的科学计算；第二个是使用 PyTorch 完成线性拟合的项目。涉及的数据请在随书代码 chapter1 文件夹的 datas 文件夹中查找。

1.4.1 塔珀自指公式

PyTorch 中的 Tensor 对标的是 NumPy 科学计算库，提供了和 NumPy 类似的接口，并且支持 CPU 和 GPU 计算。我们要完成的科学计算叫作塔珀自指公式。塔珀自指公式是杰夫·塔珀（Jeff Tupper）发现的自指公式，此公式的二维图像与公式本身的外观一样。塔珀自指公式如下：

$$\frac{1}{2} < \left\lfloor \mathrm{mod}\left(\left\lfloor \frac{y}{17} \right\rfloor 2^{-17\lfloor x \rfloor - \mathrm{mod}(\lfloor y \rfloor, 17)}, 2\right) \right\rfloor$$

式中，符号 $\lfloor x \rfloor$ 代表向下取整，如 $\lfloor 4.2 \rfloor = 4$；$\mathrm{mod}(a,b)$ 表示 a 除以 b 得到的余数，如 $\mathrm{mod}(11,6)=5$。现在取一个常数 k，具体如下。

```
k=960939379918958884971672962127852754715004339660129306651505519271702802
3952664246896428421743507181212671537827706233599923728087414430789132596394133
7723487857735749823926629715517173716995165232890538221612403238855866184013235
5851360488286933379024914542292886670810961844960917051834540678277315517054053
8162738096760256562501698148208341878316384911559022561000362351370343874461848
3787372381982248498634650331594100549747005931383392264972494617515457283667023
6974546101465599793379853748314378684180659342222798938872298000074840471
```

在 $0 \leq x \leq 106$ 和 $k \leq y \leq k+16$ 范围内会将满足此不等式的值用黑点绘制出来，不满足的就保持空白，这样许多组 x 和 y 的取值绘图就是塔珀自指公式绘图，如图 1.15 所示。

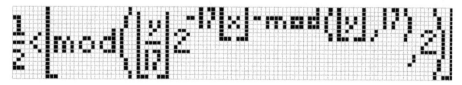

图 1.15　塔珀自指公式绘图

此时出现了一个表示它本身的点图图像，当然只是取了 y 轴正半轴很小的一块区域。我们还可以沿 y 轴上下移动，就会看到塔珀自指公式能画出几乎所有的图形，如数学最基础的算式 1+1=2，就是在 k 为如下所示的值时在 $k \leq y \leq k+16$ 范围内出现的，如图 1.16 所示。

> k=3596885241211235301799390604472124986246273036006916367300002769785413807978373500903964431807567135453401389370106292445945414450427681485131578549859312107233051224237061204430549471393409704644479678722842672876077539316285189726329179204736156245558639290003081129459134708707909326566832572887653212571275122711026434902293574106566352702601247428272242391252992

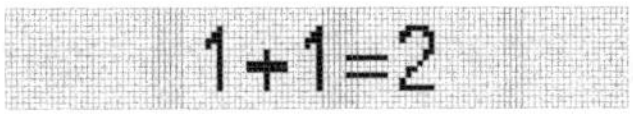

图 1.16　用塔珀自指公式绘制"1+1=2"

反之，如果已经有一张 106px×17px 的小图片，能找到相应的 k 值吗？应如何找到？其实这个过程并不复杂，按照下面几个步骤操作即可。

（1）从小图片最左下角的像素开始，如果空白则记为 0，如果有着色则记为 1。然后向上移动一行，按此规则计算出相应的 0 或 1。

（2）第一列处理完后，向右移动再从第二列底部向上开始照此计算。然后计算第三列、第四列、第五列，直至处理完整个 106×17 范围内的像素。

（3）按照整个顺序将这串 1802 位的"0/1"字符，从二进制数转成十进制数，并且乘以 17，得到就是 k 的值。

关于塔珀自指公式，国外已经做成了 JS 交互的工具，直接通过网页就可以访问。读者可以自行尝试。

对于任意的 x 和 y，输入塔珀自指公式并判断等式是否成立。这实际上就是考验读者对 Tensor 上算子的使用和学习能力。虽然不是每个算子都有讲解，但是通过查字典及 Help 命令，完全可以完成上述任务。下面提供了样例代码，可以做完了再看。

```
a = torch.DoubleTensor([106])
b = torch.DoubleTensor([98767778954322])
def tupper(x,y):
    assert isinstance(x,torch.DoubleTensor)
    assert isinstance(y,torch.DoubleTensor)
    return  1/2<torch.floor((torch.floor(y/17)*torch.pow(2,(-17*torch.floor(x)-torch.floor(y)%17)))%2)
tupper(a,b)
```

这其实就是堆砌公式而已，您做出来了吗？

1.4.2　看看你毕业了能拿多少

在很多为应届毕业生服务的微信公众号上可以看到"毕业薪酬预测""职业生涯预测"等趣味性预测。这些预测实际上就是简单的回归模型，通常会让测试者输入毕业学校信息、专业信息、熟练使用的技能或做选择题，提交后就可以预测自己的薪酬。实际上，这些趣味性测试是有根据的。笔者了解到，一家教育行业公司所做的模型基于收集到的大量特征（如学校、区域及薪酬分布等信息），然后进行模型训练，最终能够做出比较符合实际的预测。

本节使用一份脱敏的数据来完成"迷你"版的"毕业薪酬预测"，该项测试会使用回归模型，并使用 PyTorch 完成模型搭建、模型训练及预测。本次实验的数据包含"专业""城市""薪酬""综合能力"等字段，如图 1.17 所示。

	专业	学历编码	专业编码	高薪专业	热门专业	纬度	经度	专科	本科	双一流	211	C9	Top2	985	地区	地区编码	城市	薪酬	综合能力
0	其他	2	1703	0	0	41.0	123	1	0	0	0	0	0	0	辽宁省	24	大连市	5531.999	21.700512
1	轮机工程	11	517	0	0	31.0	121	0	2	0	0	0	0	0	NaN	33	NaN	20783.795	79.545020
2	中药学	2	57	0	1	31.0	121	0	3	0	0	0	0	0	北京市	31	北京市	5902.643	25.959380
3	艺术设计	2	9	0	1	42.0	86	0	0	0	0	0	0	0	四川省	27	成都市	9718.143	61.326324
4	统计学	2	297	0	1	45.0	126	1	0	0	0	0	0	0	黑龙江省	15	哈尔滨市	11063.998	67.979126

图 1.17　数据样本

这份脱敏的数据共有 19 个特征：专业、学历编码、专业编码、是否是高薪专业、是否是热门专业、工作所在地的纬度、工作所在地的经度、是否是专科、是否是本科、是否是"双一流"学校、是否是"211"学校、是否是"C9"名校、是否是"Top2"学校（指北京大学和清华大学）、是否是"985"学校、地区、地区编码、所在城市、薪酬、综合能力指标。有效数据共有 255 516 条记录，该数据已经脱敏，现在的业务需求是，"请设计一个趣味测试，学生输入专业、学历、毕业院校这 3 个维度的信息，就可以预测应届毕业生毕业后的薪酬水平"。

先分析业务，工作中业务优先，鲁莽的开始必定会影响到手的年终奖。显然，薪酬预测是一个连续的结果，因此属于回归问题。我们要做的是使用专业、学历和毕业院校等信息建立一个如下所示的方程：

$$薪酬 = w_1 \cdot 专业 + w_2 \cdot 学历 + w_3 \cdot 毕业院校 + \cdots$$

使用数据集训练模型可以得到 $w_1, w_2, w_3, \cdots$ 的权重，训练好之后便可以在测试数据集上测试。首先需要考虑的是影响薪酬的因素，最重要的莫过于行业，不同的行业之间存在巨大的薪酬差别。而在学校学什么专业在很大程度上会决定学生毕业后从事的行业，专业的优势实际上就是毕业后行业的优势，并且数据集中有"专业"这一特征，这个点可以满足。影响薪酬的另一个因素是学历，从大样本分布来看，学历越高薪酬也就越高，这是当前的普遍事实，低学历者当老板而高学历者上街讨饭的例子毕竟很少见，学历可以作为薪酬预测的依据。另外，与稍差的学校毕业的学生相比，好学校毕业的学生更容易找到高薪的工作，学校的影响力不容忽视，因此也用于薪酬预测的依据。中国地大物博，区位差异很明显，同样性质的工作在东部发达地区和西部欠发达地区，薪酬的差异是很大的，因此在做模型的时候需要考虑区位差异，训练数据中的"经度""纬度""城区""城市"等体现了区位的特征，可以考虑用于模型中。而从输入的"学校信息"能够扩展获取到学校的等级，如是否是"985/211"等，也可以获取到学校所在的区位信息，该区位信息正好可以用来提供"地区差异"特征，从而能够代入方程中进行薪酬的预测。

经过上述分析读者应该会有清晰的思路，由于篇幅有限，本实验只提供模型训练及测试的代码；模型的部署读者可自行完成，或许可以在微信公众号中实现这样一个有趣并且是有一定数据依据的趣味测试。读者还可以拓宽思路，加入性格测试、工作态度测试、左右脑测试、思维灵敏度测试等。

即使确定了是回归模型，也不能使用 PyTorch 神经网络直接做回归分析，这可以当作入门神经网络的"Hello Word"程序。先了解神经网络的结构及基本用法，后面章节再继续深入阐述。

首先回顾数据，从图 1.17 中可以发现，对训练有用的特征中"学历编码""专业编码""纬度""经度""地区编码"这 5 个特征都是类别型数据，类别型数据只对有序的对象编码，其大小没有意义，所以不能认为东经 123°的薪酬比东经 102°的高。像这种类别型数据在回归处理中一般做 One-Hot 编码处理。下面先介绍什么是 One-Hot 编码。

以"学历编码"为例，该数据中学历编码为{1,2,3,4,5,…,10,11,12}，是一个从 1 到 12 的连续型序列。这里是脱敏的数据，我们完全可以认为"1"代表的是大学学历，"2"代表中学学历，因此编号的大小是不能作为高薪的依据的，需要对其做适当的编码。直观来说，One-Hot 就是有多少个状态就有多少个比特，而且只有一个比特为 1，其他全为 0 的一种码制。因此，"学历编码"的 One-Hot 编码如图 1.18 所示。

由图 1.18 可以看出，学历编码"10"的 One-Hot 编码为[0 0 0 0 0 0 0 0 0 1 0 0]，只有一个位置上的元素为 1，其余全部为 0。One-Hot 编码格式的转换可以借助 Pandas 等数据处理工具。

	0	1	2	3	4	5	6	7	8	9	10	11
1	1	0	0	0	0	0	0	0	0	0	0	0
2	0	1	0	0	0	0	0	0	0	0	0	0
3	0	0	1	0	0	0	0	0	0	0	0	0
4	0	0	0	1	0	0	0	0	0	0	0	0
5	0	0	0	0	1	0	0	0	0	0	0	0
6	0	0	0	0	0	1	0	0	0	0	0	0
7	0	0	0	0	0	0	1	0	0	0	0	0
8	0	0	0	0	0	0	0	1	0	0	0	0
9	0	0	0	0	0	0	0	0	1	0	0	0
10	0	0	0	0	0	0	0	0	0	1	0	0
11	0	0	0	0	0	0	0	0	0	0	1	0
12	0	0	0	0	0	0	0	0	0	0	0	1

图 1.18 "学历编码"的 One-Hot 编码

1. 类别型数据的 One-Hot 编码

借助 Pandas 可以快速实现 One-Hot 编码，下面分别处理"学历编码""专业编码""纬度""经度""地区编码"，调用 get_dummies 方法进行 One-Hot 编码。

```python
import pandas as pd
df = pd.read_csv("salarys.csv",encoding='utf8')
#删除"专业""地区""城市"这些暂时不用的特征
del df['专业']
del df['地区']
del df['城市']
#对"学历编码"运用 One-Hot 编码
df_xl = pd.get_dummies(df["学历编码"])
#对"专业编码"运用 One-Hot 编码
df_zy = pd.get_dummies(df["专业编码"])
#对"纬度"运用 One-Hot 编码
df_wd = pd.get_dummies(df['纬度'])
#对"经度"运用 One-Hot 编码
df_jd = pd.get_dummies(df['经度'])
#对"地区编码"运用 One-Hot 编码
df_sf = pd.get_dummies(df["省份编码"])
#将编码好的数据追加到 DataFrame 中
df = pd.concat([df,df_xl,df_zy,df_wd,df_jd,df_sf],axis=1)
#删除"学历编码""专业编码""纬度""经度""地区编码"
del df['学历编码']
del df['专业编码']
del df['纬度']
del df['经度']
del df['地区编码']
```

运行完成后得到的数据如图 1.19 所示。

	高薪专业	热门专业	专科	本科	双一流	211	C9	Top2	985	薪酬	...	23	24	25	26	27	28	29	30	31	33
0	0	0	1	0	0	0	0	0	0	5531.999	...	0	1	0	0	0	0	0	0	0	0
1	0	0	0	2	0	0	0	0	0	20783.795	...	0	0	0	0	0	0	0	0	0	1
2	0	1	0	2	3	0	0	0	0	5902.643	...	0	0	0	0	0	0	0	0	1	0
3	0	1	0	0	0	0	0	0	0	9718.143	...	0	0	0	0	1	0	0	0	0	0
4	0	1	1	0	0	0	0	0	0	11063.998	...	0	0	0	0	0	0	0	0	0	0

5 rows × 328 columns

图 1.19 对类别型数据运用 One-Hot 编码后的数据

经过 One-Hot 编码后，特征从 19 个上升到 328 个。特征工程在算法应用的整个过程中是非常关键的，消耗的时间也是最多的，一份好的特征决定了模型能达到的上限，所有的模型都是在尽量逼近这个上限。

2．特征的归一化

类别型数据运用 One-Hot 编码后，特征工程的下一步往往是缺失值的处理。缺失值，顾名思义，就是空缺的、没有的值。对于缺失值一般采用"均值填充"或"中位数填充"，甚至可以训练一个简单的模型来拟合缺失值。幸运的是，这份处理后的数据中没有缺失值，可以不用处理。

另外，特征工程中一个非常重要的操作步骤是特征的归一化，即将数据进行均值为 0、方差为 1 的转换。通常，特征的归一化处理有利于模型快速收敛，增加模型的稳定性。归一化的方法有 Min-Max 和 Z-Score，本节采用 Z-Score 做归一化处理。Z-Score 的计算方式如下：

$$y_i = \frac{x_i - \bar{x}}{S}$$

式中，

$$\bar{x} = \frac{1}{n}\sum_{i=1}^{n} x_i$$

$$S = \sqrt{\frac{\sum_{i=1}^{n}(x_i - \bar{x})^2}{n-1}}$$

$x_1, x_2, x_3, \cdots, x_n$ 表示特征的原始值，而转换后的结果 $y_1, y_2, y_3, \cdots, y_n$ 是均值为 0、方差为 1 的新特征。这里借助 Pandas 完成"综合能力"特征的归一化，因为这个特征相比其他特征"个头较大"。权重即便是很小的变化，当乘以一个"大块头"都将带来很大的变化，为模型带来较大的波动，因此选择"大块头"进行归一化处理。这实际上也是一个堆砌公式的过程，下面是归一化的实现。

```python
def z_score(series):
    #计算均值
    _mean = series.sum()/series.count()
    print(_mean)
    #计算标准差
    std = (((series-_mean)**2).sum()/(series.count()-1))**0.5
    print(std)
    new_series = (series-_mean)/std
    return new_series
z_score(dd)
mean:37.07904970227501
std: 21.75875929994074
```

定义方法 z_score，传入 series 对象，返回新的归一化之后的 series 对象，用该对象替换原来的"综合能力"特征即可。

```
#替换原来的"综合能力"
df["综合能力"] = new_series
#新的"综合能力"的均值
print(df["综合能力"].mean())
#新的"综合能力"的标准差
print(df["综合能力"].std())
4.523023905209313e-16
1.000000000000085
```

从输出结果来看，均值非常接近 0，而标准差非常接近 1，这正是 Z-Score 所要达成的目标。用新的"综合能力"替换原来的，即完成了对数据的处理。通过 to_csv 保存为新的文件 salary_handled.csv。数据预处理就到此为止，特征工程中有很多处理数据的小技巧，如多重共线性的分析、异常值的检测等。

下面先介绍神经网络结构，以及如何使用神经网络完成回归分析任务。神经网络包括输入层、隐藏层和输出层。现代神经网络的发展建立在早期的感知机模型上，涉及的几个关于感知机的概念如下。

（1）超平面。令 $w_1, w_2, w_3, \cdots, w_n$ 和 x_i 都是实数（**R**），至少有一个 w_i 不为 0，由所有满足线性方程 $w_1x_1 + w_2x_2 + w_3x_3 + \cdots + w_nx_n = y$ 的点 $X=[x_1, x_2, x_3, \cdots, x_n]$ 组成的集合称为空间 R 的超平面。超平面就是集合中的一点 X 与向量 $W=[w_1, w_2, w_3, \cdots, w_n]$ 的内积。如果令 $y=0$，对于训练数据中某个点 X 做如下分类：

$WX = w_1x_1 + w_2x_2 + w_3x_3 + \cdots + w_nx_n > 0$，则将 X 标记为正类。

$WX = w_1x_1 + w_2x_2 + w_3x_3 + \cdots + w_nx_n < 0$，则将 X 标记为负类。

(2)线性可分。对于数据集 $T=\{(X_1,y_1),(X_2,y_2),\cdots,(X_n,y_n)\}$，其中，$X_i \in R^n$，$y_i \in \{-1,1\}$，$i=1,2,\cdots,N$。若存在某个超平面 S 满足 $WX = 0$，能将数据集中的所有样本正确分类，则称数据集线性可分。所谓正确分类，就是 $WX_i>0$，则 X_i 对应的标签 $y_i=1$；若 $WX_i<0$，则 X_i 对应的标签 $y_i=-1$。因此，对于给定的超平面 $WX=0$，数据集 T 中任何一条数据 (X_i,y_i)，如果满足 $y_i(WX_i) > 0$，则这些样本被正确分类；如果某个点 (X_i,y_i) 使 $y_i(WX_i) < 0$ 则称超平面对该点分类失败。

(3)感知机模型。感知机模型的思想很简单，就是在 $WX+b$ 的基础上应用符号函数 sign，使正类的预测标签为 1，负类的预测标签为-1。其形式如下：

$$f(x)=\text{sign}(WX+b)$$

式中，W 是超平面的法向量，b 是超平面的截距向量，优化的目标就是找到 (W,b)，将线性可分数据集 T 尽量正确划分。找到 W 和 b 需要构建优化目标，该构建过程前面已有介绍，对于正确分类的点一定满足 $y_i(WX_i) > 0$，而对错误分类的点总是有 $y_i(WX_i) < 0$。我们将注意力集中在错误分类的点上，错误分类的点到超平面的距离可以表示为

$$d = -\frac{y_i(WX_i)}{\|W\|}$$

补充一个 "-" 是为了使距离 d 是正数。假设所有错误分类的点都在集合 E 中，于是得到整个数据集的损失函数：

$$L(W,b) = -\sum_{x_i \in E} y_i(WX_i)$$

最终将寻找 W 和 b 的问题转化为损失函数最小化，即一个最优化问题。最后采用梯度下降等优化算法便可以找出 W 和 b。

感知机模型如图 1.20 所示，$\text{output} = \text{sign}(w_1x_1 + w_2x_2 + w_3x_3 + w_4x_4)$。

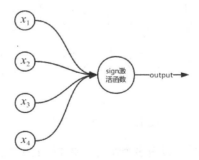

图 1.20 感知机模型

感知机采用单层线性方程加上 sign 作为激活函数，使它对线性不可分数据无能为力，上面提到的感知机模型只适合二分类任务，因此这也是感知机模型在工业界无法使用的原因。1968 年马

文·明斯基提出感知机无法解决线性不可分的问题（异或问题），使以感知机模型为代表的神经网络技术发展处于"休眠"状态。

对于单层感知机无法处理非线性的问题，科学家提出了不同的解决方案。第一种解决方案是增加感知机的层数，并且在数学上证明多层感知机能够解决任意复杂度的问题，即通过增加网络的层数解决线性不可分的问题，这也成为后来神经网络的基础。第二种解决方案是引入核函数，将低维不可分的数据映射到高维，在核空间进行分类。这一流派成为神经网络流行之前的"网红"算法，即 SVM。SVM 通过不同的核函数将低维数据映射到更加高维的空间中，使样本变得可分，但这会造成维数过高、计算量过于庞大等问题。

两种不同的解决方案都取得了巨大的成功。下面介绍的深度神经网络便脱胎于感知机模型的改进。

3．深度神经网络

深度神经网络的前身是感知机模型，对感知机模型做了如下几方面扩展。

（1）增加隐藏层。隐藏层是输入层与输出层中间的网络层，并且可以有多个隐藏层。这增加了网络的深度，丰富了网络的表达能力。图 1.21 所示的多层神经网络有两个隐藏层（hidden1 和 hidden2），输入层有 4 个神经元，hidden1 和 hidden2 各有 3 个神经元，最后的输出层也可以有多个输出，这样的改进使神经网络可以进行多分类任务，而感知机模型只适合二分类任务。

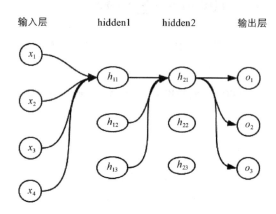

图 1.21　多层神经网络

（2）修改输出层。使神经网络可以有多个输出，如进行 100 种图片的分类，它就是 100 个类别的多分类任务，因此输出层有 100 个结果，每个结果中的数值代表的是对应类别的概率，利用 argmax 取概率最大的索引对应的类别作为预测的类别。

（3）扩展激活函数。单层感知机的激活函数是 sign 信号函数，这是一个分段函数，且不连续，因此处理能力有限。在神经网络中对 sign 信号函数进行了扩展,引入了很多有效且连续的激活函数,如 ReLU、tanh、Sigmoid、softmax 等,通过使用不同的激活函数进一步增强神经网络的表达能力。

4. 深度神经网络的数学表示

神经网络是一种模拟大脑神经元工作的数据结构,要参与到数据中进行计算,首先需要进行数学的表示。图 1.22 所示的深度神经网络可分为三大层,分别是输入层、隐藏层和输出层。层与层之间是全连接的,也就是说,第 i 层的任意神经元与第 $i+1$ 层任意神经元相连,连线表示的是神经元与神经元的权重。虽然神经元看起来很复杂,但是局部结构都是类似的,和前面的感知机一样,局部仍然是一个线性关系 $z=\sum w_i x_i + b$ 和一个激活函数 $\sigma(z)$。

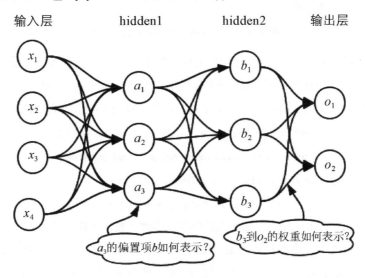

图 1.22 深度神经网络

以图 1.22 所示的深度神经网络神经元结构为例,b_3 到 o_2 的权重可以表示为 w_{23}^4,上标 4 表示第四层神经元,下标 23 表示第四层的第二个神经元与第三层的第三个神经元相连,将下标反过来表示(下标是 23 而不是 32)是为了便于线性代数的矩阵运算,否则权重需要求一次转置。

由此可知,w_{ab}^k 表示第 $k-1$ 层的第 b 个神经元到第 k 层的第 a 个神经元之间的权重,输入层没有权重。偏置项 b 的表示与权重的表示类似。a_3 的偏置项用 a_3^2 表示,上标是所在的网络层,下标是神经元在层中的索引,这里表示第二层的第三个神经元。

5. 深度神经网络前向传播的数学原理

下面以图 1.23 所示的神经网络结构为例说明神经网络前向传播的数学原理。

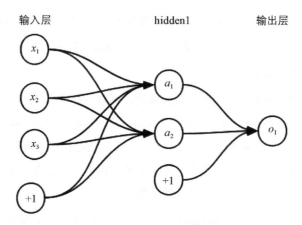

图 1.23 神经网络前向传播的数学原理

神经元的整体虽然很复杂，但是具有相同的局部特征，仍然是一个线性关系 $z=\sum w_i x_i + b$ 和一个激活函数 $\sigma(z)$ 的形式。神经网络的第一层没有权重，也没有偏置项，因此直接看第二层的权重与偏置项的计算过程。对于第二层中 a_1、a_2 神经元的输出，有如下所示的数学表达式：

$$a_1^2 = \sigma(z_1^2) = \sigma(w_{11}^2 x_1 + w_{12}^2 x_2 + w_{13}^2 x_3 + b_1^2)$$
$$a_2^2 = \sigma(z_2^2) = \sigma(w_{21}^2 x_1 + w_{22}^2 x_2 + w_{23}^2 x_3 + b_2^2)$$

而对于第三层的输出 o_1 而言，有如下所示的数学表达式：

$$o_1^3 = \sigma(z_1^3) = \sigma(w_{11}^3 a_1^2 + w_{12}^3 a_2^2 + b_1^3)$$

上面数学表达式中的输入是第二层输出的结果，因此 x 被 a 替换。从上面的数学表达式可以发现一些规律：偏置项 b 的上下标与输出是一致的；σ 激活函数的输入上下标和偏置项、输出值的上下标是一致的；每个数学表达式中 w 的上标保持一致，而下标对应上层每个神经元。将上面的数学表达式一般化，假设第 $L-1$ 层有 m 个神经元，第 L 层有 n 个神经元，则对于 L 层的第 j 个神经元的输出可表示为如下形式：

$$a_j^L = \sigma(l_j^L) = \sigma(\sum_{k=1}^{m} w_{jk}^{L-1} a_k^{L-1} + b_j^L)$$

上面的公式使用矩阵算法可以使表达式更加简捷。第 $L-1$ 层有 m 个神经元，第 L 层有 n 个神经元。将第 L 层的线性系数 w 组成一个 $n \times m$ 的矩阵 $\boldsymbol{W}^L$，第 L 层的偏置项 b 组成一个 $n \times 1$ 的向量 $\boldsymbol{b}^L$，第 $L-1$ 层的输出 a 组成一个 $m \times 1$ 的向量 $\boldsymbol{a}^{L-1}$，第 L 层未激活前的输入 z 组成一个 $n \times 1$ 的向量 $\boldsymbol{z}^L$，第 L 层的输出 a 组成一个 $n \times 1$ 的向量 $\boldsymbol{a}^L$。则用矩阵表示为如下形式：

$$\boldsymbol{a}^L = \sigma(\boldsymbol{z}^L) = \sigma(\boldsymbol{W}^L \boldsymbol{a}^{L-1} + \boldsymbol{b}^L)$$

有了上面的矩阵表示，接下来就可以给出深度神经网络前向传播算法。

输入：总层数 L，所有隐藏层和输出层对应的矩阵为 W，偏置项对应的向量为 b，输入值向量为 x。

输出：输出层输出结果向量 a^L。

初始化过程如下。

对于输入层 $a^1 = x$。

For $i=2$ to L do：

$$a^i = \sigma(z^i) = \sigma(W^i a^{i-1} + b^i)$$

计算最终的结果即为 a^L 向量。

6. 深度神经网络反向传播的数学原理

前向传播完成后会得到输出结果向量 a^L，通过与真实数据标签 y 进行对比可以构建损失函数，如常见的均方误差（Mean Squared Error，MSE）损失，由损失函数反向对各层 w 和 b 求偏导数，进而更新权重参数 w 和 b，完成训练和优化。

深度神经网络反向传播算法只需要流程上的理解，具体的算法推导过程读者可以根据自己的精力和时间深入研究与学习。这里只对反向传播算法的数学原理进行简单的推导（优化算法如梯度下降等，这里只需要知道是用来更新参数的方法即可，具体内容参见第 4 章）。

由前面的介绍可知，神经网络的输出结果为向量 a^L，和具体的标签值 y 进行对比可以得到该次前向传播的损失。损失函数有很多，如 MSELoss、CrossEntropyLoss 等。本节使用 MSE 来说明 BP 算法的原理。对于每个样本，我们期望损失值最小，MSE 损失函数如下：

$$J(W, b, x, y) = \frac{1}{2} \|a^L - y\|^2$$

有了损失函数，下面用梯度下降求解每层网络的权重矩阵 W 和偏置项向量 b。对于输出层 $a^L = \sigma(z^L) = \sigma(W^L a^{L-1} + b^L)$，代入损失函数有如下形式：

$$J(W, b, x, y) = \frac{1}{2} \|a^L - y\|^2 = \frac{1}{2} \|\sigma(W^L a^{L-1} + b^L) - y\|^2$$

现在只需要针对损失函数中的 W 和 b 求偏导数，然后更新权重和偏置项即可完成神经网络的训练。

7. 使用 PyTorch 构建神经网络

前面介绍了神经网络结构的基础知识，下面使用 PyTorch 构建神经网络。PyTorch 对神经网络中前向传播、反向传播、自动微分等复杂的操作进行了封装，并提供了简单的接口调用。下面先介绍 PyTorch 的 nn 模块，快速搭建神经网络。

PyTorch 的 nn 模块提供了两种快速搭建神经网络的方式。第一种是 nn.Sequential，将网络层以序列的方式进行组装,每个层使用前面层计算的输出作为输入,并且在内部会维护层与层之间的权重矩阵及偏置项向量。使用 nn.Sequential 方式定义模型非常简单,如下所示的代码片段定义了一个三层的神经网络。

```
In [1]: import torch
In [2]: model=torch.nn.Sequential(
   ...:     torch.nn.Linear(10,20),
   ...:     torch.nn.ReLU(),
   ...:     torch.nn.Linear(20,2),
   ...: )
In [3]: model
Out[3]:
Sequential(
  (0): Linear(in_features=10, out_features=20, bias=True)
  (1): ReLU()
  (2): Linear(in_features=20, out_features=2, bias=True)
)
```

输入层的维度为 10,中间隐藏层的维度为 20,输出层的维度为 2。中间使用 ReLU 作为激活函数,与单层感知机中的 sign 符号函数一样,ReLU 是激活函数的一种,后面章节会详细介绍各种不同的激活函数。

另一种常见的搭建神经网络的方式是继承 nn.Module,需要实现 __init__ 和 forward 前向传播两个方法。同样,实现上面的三层神经网络,可以采用继承 nn.Module 的方式,具体如下。

```
In [1]: import torch
In [5]: class SimpleLayerNet(torch.nn.Module):
   ...:     def __init__(self, D_in, H, D_out):
   ...:         super(SimpleLayerNet, self).__init__()
   ...:         self.linear1 = torch.nn.Linear(D_in, H)
   ...:         self.relu = torch.nn.ReLU()
   ...:         self.linear2 = torch.nn.Linear(H, D_out)
   ...:     def forward(self, x):
   ...:         h_relu = self.relu(self.linear1(x).clamp(min=0))
   ...:         y_pred = self.linear2(h_relu)
   ...:         return y_pred
   ...: model=SimpleLayerNet(10,20,2)
In [6]: model
Out[6]:
SimpleLayerNet(
  (linear1): Linear(in_features=10, out_features=20, bias=True)
  (relu): ReLU()
  (linear2): Linear(in_features=20, out_features=2, bias=True)
)
```

采用继承 nn.Module 的方式，需要我们自己实现 forward 方法，forward 方法接收输入网络的数据 x，经过网络中不同层函数的处理，最后返回线性函数 linear2 的处理结果作为最终的预测输出值。

8. 定义神经网络结构

前面处理好的数据共有 328 列，其中"薪酬"为标签。将"薪酬"单独列出，并从数据集 DataFrame 中删除，混洗打乱后划分出训练集和测试集，使用前 20 万条数据作为训练集，剩下的数据作为测试集。

```
##将数据混洗打乱
import numpy as np
np.random.seed(1314)
index = np.random.permutation(np.arange(size))
index.size
#使用前200000条数据作为训练集，剩下的数据作为测试集
train_X = df.iloc[index[:200000]]
test_X = df.iloc[index[200000:]]
train_Y = target.iloc[index[:200000]]
test_Y = target.iloc[index[200000:]]
```

现在训练集中特征数量为 327，则对应的输入神经元为 327 个，借助神经网络可以将过多的特征进行压缩，因此设计第一个隐藏层的神经元为 100 个，第二个隐藏层的神经元为 20 个，输出层的神经元为 1 个（因为是回归任务，输出只有一个值）。薪酬预测神经网络模型结构如图 1.24 所示。

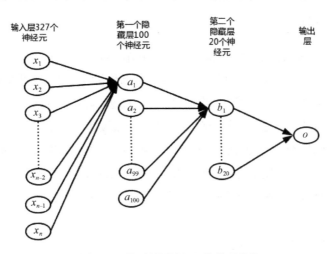

图 1.24　薪酬预测神经网络模型结构

神经网络实际上是线性方程的组合，相比直接使用 327 个特征作为线性方程的变量，神经网络使用多个隐藏层将特征进行压缩，压缩后的特征拥有 20 个维度，维度更低，便于线性方程的求解。

下面使用 PyTorch 中基于 Module 的神经网络的方式搭建该神经网络，代码实现如下。

```
import torch
class SalaryNet(torch.nn.Module):
    def __init__(self,in_size,h1_size,h2_size,out_size):
        super(SalaryNet,self).__init__()
        self.h1 = torch.nn.Linear(in_size,h1_size)
        self.relu = torch.nn.ReLU()
        self.h2 = torch.nn.Linear(h1_size,h2_size)
        self.out = torch.nn.Linear(h2_size,out_size)
    def forward(self,x):
        h1_relu = self.relu(self.h1(x))
        h2_relu = self.relu(self.h2(h1_relu))
        predict = self.out(h2_relu)
        return predict
```

四层神经网络搭建好之后直接使用 SalaryNet 便可以实例化一个模型，使用方式为 salaryModel = SalaryNet(327,100,20,1)。

有了模型还需要定义损失函数，因为 PyTorch 优化的依据是使损失函数的值最小。这里我们使用 MSE 损失函数，PyTorch 中已经定义好该损失函数，按如下方式使用即可。

```
#定义损失函数
criterion = torch.nn.MSELoss()
```

有了损失，还需要根据损失进行优化，PyTorch 实现了很多优化器，如梯度下降、Adam 等，下面使用 Adam 优化器进行优化。

```
#定义优化器
optimizer = torch.optim.Adam(salaryModel.parameters(), 0.001)
```

所有优化器的输入基本上都是一样的，即需要优化参数和学习率。这里直接通过 salaryModel 的 parameters 方法便可以获取网络层中所有需要优化的权重矩阵及偏置项，指定学习率为 0.001。学习率的设置是很关键的，学习率过大，优化过程容易出现波动，学习率过小，又会使模型收敛缓慢。学习率设置为 0.001 是最常见的技巧，后面章节会介绍其他方式的学习率的设置。

下面开始编写训练过程。模型需要多次迭代，而每次完整的迭代被视为一个 epoch。在迭代过程中，每次取一批数据进行训练，记录每次训练的损失，用于可视化展示。

训练过程的代码如下。

```
from torch.nn import init
import torch.nn as nn
import math
import time
if __name__ == '__main__':
    #定义批大小（每次传递512条记录给模型训练，充分利用矩阵计算的并行性能）
```

```python
batch_size = 512
#定义训练epoch
epoch = 100
#定义模型
model = SalaryNet(327,100,20,1)
#初始化权重参数
for layer in model.modules():
    if isinstance(layer, nn.Linear):
        init.xavier_uniform_(layer.weight)
#定义优化器
optimizer = torch.optim.Adam(model.parameters(), 0.001)
#定义损失函数
criterion = nn.MSELoss()
#定义损失数组,用于可视化训练过程
loss_holder = []
#一个epoch可运行多少个Batch
blocks = math.ceil(train_Y.count()/batch_size)
#损失值设置为无限大,每次迭代若损失值比loss_value小则保存模型,并将最新的损失值赋给loss_value
loss_value = np.inf
step = 0
for i in range(epoch):
    train_count = 0
    batchs = 0
    for j in range(blocks):
        train_x_data = torch.Tensor(train_X.iloc[j*batch_size:(j+1)*batch_size].values)
        train_x_data.requires_grad=True
        train_y_data = torch.Tensor(train_Y.iloc[j*batch_size:(j+1)*batch_size].values)
        #输出值
        out = model(train_x_data)
        #损失值
        loss = criterion(out.squeeze(1),train_y_data)
        #反向传播,先将梯度设置为0,否则该步的梯度会和前面已经计算的梯度累乘
        optimizer.zero_grad()
        loss.backward()
        #更新参数
        optimizer.step()
        #记录误差
        print('epoch: {} , Train Loss: {:.6f} , Mean: {:.2f} , Min: {:.2f} , Max: {:.2f} , Median: {:.2f} , Dealed/Records: {}/{}'. format(i, math.sqrt(loss / batch_size), out.mean(),out.min(), out.max(), out.median(), (j+1) * batch_size, train_Y.count()))
```

```
            if j%10 ==0:
                step+=1
                loss_holder.append([step,math.sqrt(loss / batch_size)])
            #模型性能有提升则保存模型,并更新loss_value
            if j% 10 == 0 and loss < loss_value:
                torch.save(model, 'model.ckpt')
                loss_value = loss
```

每训练 10 次,保留一次 Loss,并判断模型的性能是否有所提升,如果比之前模型的性能有所提升,则使用 torch.save 将模型保存到 model.ckpt 文件中,模型训练过程截图如图 1.25 所示。

```
epoch: 99 , Train Loss: 8.706360 , Mean: 7648.42 , Min: 4028.14 , Max: 26784.53 , Median: 6701.30 , Dealed/Records: 133120/200000
epoch: 99 , Train Loss: 7.613765 , Mean: 7598.32 , Min: 4040.53 , Max: 26311.56 , Median: 6378.94 , Dealed/Records: 133632/200000
epoch: 99 , Train Loss: 8.827359 , Mean: 7757.18 , Min: 4059.20 , Max: 26764.38 , Median: 6409.07 , Dealed/Records: 134144/200000
epoch: 99 , Train Loss: 10.480064 , Mean: 7764.11 , Min: 4069.57 , Max: 26375.27 , Median: 6776.86 , Dealed/Records: 134656/200000
epoch: 99 , Train Loss: 7.409556 , Mean: 7603.06 , Min: 4079.85 , Max: 26138.45 , Median: 6415.10 , Dealed/Records: 135168/200000
epoch: 99 , Train Loss: 11.401903 , Mean: 7882.48 , Min: 4088.80 , Max: 26208.20 , Median: 6801.44 , Dealed/Records: 135680/200000
epoch: 99 , Train Loss: 11.235555 , Mean: 7603.52 , Min: 3617.71 , Max: 25779.11 , Median: 6344.94 , Dealed/Records: 136192/200000
epoch: 99 , Train Loss: 8.344837 , Mean: 7630.09 , Min: 4097.92 , Max: 26030.08 , Median: 6710.98 , Dealed/Records: 136704/200000
epoch: 99 , Train Loss: 7.279218 , Mean: 7445.79 , Min: 4104.86 , Max: 25231.65 , Median: 6429.51 , Dealed/Records: 137216/200000
epoch: 99 , Train Loss: 11.021613 , Mean: 7624.12 , Min: 4087.48 , Max: 26170.49 , Median: 6717.25 , Dealed/Records: 137728/200000
epoch: 99 , Train Loss: 10.491108 , Mean: 7847.21 , Min: 4084.44 , Max: 25832.79 , Median: 6839.72 , Dealed/Records: 138240/200000
epoch: 99 , Train Loss: 13.598255 , Mean: 7782.10 , Min: 4031.42 , Max: 25519.15 , Median: 6440.85 , Dealed/Records: 138752/200000
epoch: 99 , Train Loss: 7.708297 , Mean: 7787.17 , Min: 4050.38 , Max: 25666.34 , Median: 6475.91 , Dealed/Records: 139264/200000
epoch: 99 , Train Loss: 9.152860 , Mean: 7618.47 , Min: 4034.42 , Max: 25925.46 , Median: 6414.40 , Dealed/Records: 139776/200000
epoch: 99 , Train Loss: 7.759599 , Mean: 7535.09 , Min: 4024.75 , Max: 25913.21 , Median: 6413.86 , Dealed/Records: 140288/200000
```

图 1.25　模型训练过程截图

模型训练完成后,变量 loss_holder 所保存的训练步骤及损失的数据可以用于训练过程的可视化,借助 Matplotlib 可以方便快速地进行数据可视化。

```
import matplotlib.pyplot as plt
fig = plt.figure(figsize=(20,15))
#x轴字体倾斜避免重叠
fig.autofmt_xdate()
loss_df = pd.DataFrame(loss_holder,columns=["time","loss"])
x_times = loss_df["time"].values
plt.ylabel("Loss")
plt.xlabel("times")
plt.plot(loss_df["loss"].values)
plt.xticks([10,100,400,700,1000,1200,1500,2000,3000,4000])
plt.show()
```

xticks 方法用于设置 x 轴上的刻度,整个训练过程的损失可视化结果如图 1.26 所示。

从可视化结果可以看出,大概迭代 30 000(3000×10,因为每隔 10 次保留一次 Loss)次,模型损失就趋于平缓,继续训练模型的性能已经没有太大的提升空间,这个时候其实就可以停止模型的训练。训练好的模型保存在 model.ckpt 文件中,接下来使用训练好的模型在测试数据集上进行测试,测试代码如下。

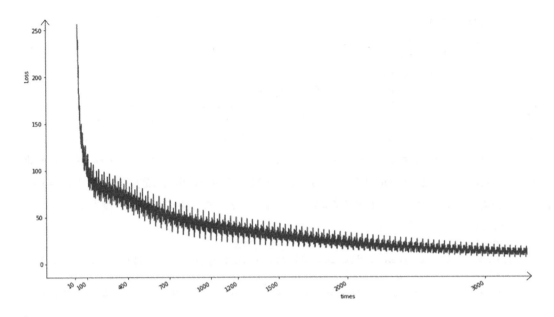

图 1.26 Loss 与训练步骤可视化

```
import torch
import torch.nn as nn
import matplotlib.pyplot as plt
import math
batch_size=512
#读取模型
model_path = 'model.ckpt'
model = torch.load(model_path)
#转化为测试模式
model.eval()
for layer in model.modules():
    layer.requires_grad=False
#损失函数
criterion = nn.MSELoss()
results = []
targets = []
batches = math.ceil(test_Y.count()/batch_size)
for i in range(batches):
    #前向传播
    test_x_data = torch.Tensor(test_X.iloc[i*batch_size:(i+1)*batch_size].values)
    out = model(test_x_data)
    target = torch.Tensor(test_Y.iloc[i*batch_size:(i+1)*batch_size].values)
```

```
#抽样用于可视化
if i % 20 == 0:
    results.append(out.squeeze(1))
    targets.append(target)
loss = criterion(out.squeeze(1), target)
print('Test Loss: {:.2f}, Mean: {:.2f}, Min: {:.2f}, Max: {:.2f}, Median: 
{:.2f}, Dealed/Records: {}/{}'.format(math.sqrt(loss/batch_size),out.mean(),
out.min(),out.max(), out.median(),(i+1) * batch_size, test_Y.count()))
```

将预测值与目标值分别保存在 results 和 targets 数组中,用于可视化。如果预测结果 results 和 targets 接近,则以 result 和 target 分别作为 x 轴与 y 轴对应的值,可视化的结果接近于直线 $y=x$。理论上,如果预测完全准确,所有的点都将落在直线 $y=x$ 上。首先进行可视化数据准备。

```
results_flatten = []
targets_flatten = []
[results_flatten.extend(result.detach().numpy().tolist()) for result in results]
[targets_flatten.extend(target.detach().numpy().tolist()) for target in targets]
```

借助 scatter 绘制散点图,代码如下。

```
plt.figure(figsize=(20,10))
plt.scatter(results_flatten,targets_flatten)
plt.ylabel("predict values")
plt.xlabel("target values")
plt.show()
```

预测值和目标值的可视化结果如图 1.27 所示。

从可视化结果可以看出,在薪酬为 20 000 之前的数据,预测值和目标值组成的点基本上在直线 $y=x$ 附近。超过 20 000 的薪酬预测出现了散乱和波动,而根据实际情况,超过 20 000 的数据是很少见的,甚至是异常数据,因此模型下一步要优化的目标可以放到训练数据中的"高薪"离群数据进行清洗及整理。这是一个负反馈过程,这个任务读者可自行尝试。

至此,"薪酬预测模型"已经全部完成,相信读者对神经网络的认识会更加清晰。1.5 节是轻松愉快的"补充营养时间"。

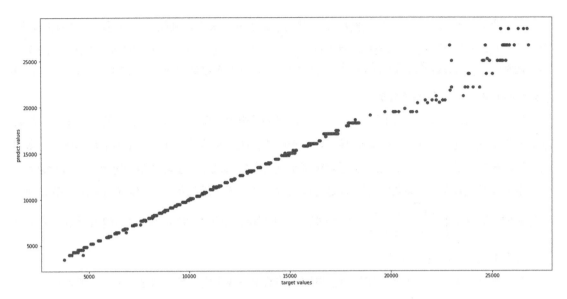

图 1.27　预测值和目标值的可视化结果

1.5　加油站之高等数学知识回顾

抛开课本多年，再次回头，重温数学知识，也许会有不一样的感悟！本书的主要目的不是讲解数学知识，而是帮助读者回顾已经遗忘的数学知识。如果读者要系统地复习或学习数学知识，建议找一本专业的数学书。

1.5.1　函数基础知识

1. 函数的定义

给定一个数据集 A（定义域），假设其中的元素为 x，现对数据集 A 中的元素 x 施加对应法则 f，记作 $f(x)$，得到另一个数据集 B（值域），假设数据集 B 中的元素为 y，则 y 与 x 之间的等量关系可以用 $y=f(x)$ 表示，我们把这个关系式称为函数关系式，简称函数。函数的映射关系如图 1.28 所示。函数概念包含 3 个要素：定义域 A、值域 B 和对应法则 f，其中核心是对应法则 f，它是函数关系的本质特征。

图 1.28　函数的映射关系

简单来看,函数就是一种从数据集 A 映射到数据集 B 的关系。例如,圆的面积公式为 $S=\pi r^2$,它表达的是面积和半径之间的关系,有了这种关系,就可以在知道任何半径的情况下计算出面积。函数通常使用 $y=f(x)$ 的形式来表达,其中 x 是自变量,y 是因变量,f 是映射关系。而 $y_0 = y|_{x=x_0} = f(x_0)$ 表示自变量在 x_0 处取得的函数值。

很多人不喜欢数学,不是因为学不会,而是因为数学太抽象。和学习外语一样,很多学不好数学的人都是缺乏对数学语言的理解,导致越学越困难,越学越费劲。其实,掌握了数学语言,学习数学还是很轻松的。数学就是由数学语言精确定义的科学或规则。学习数学一定要弄懂数学语言。

下面介绍几种常见的函数。第一种是分段函数,在其定义域的不同范围内有不同的映射法则,常见的形式为 $f(x)=\begin{cases} \sqrt[4]{x^3}, & x>0 \\ -\frac{1}{x}, & x<0 \end{cases}$,在不同的定义域内取不同的映射关系,这与国内使用人民币而美国使用美元一样,规则不同。

第二种是反函数。反函数是在知道值域取值的情况下找出定义域,这是一个相反的过程。一般来说,设函数 $y=f(x)$ ($x \in A$) 的值域是 C,若一个函数 $g(y)$ 在每处 $g(y)$ 都等于 x,这样的函数 $x=g(y)$ ($y \in C$) 叫作函数 $y=f(x)$ ($x \in A$) 的反函数,记作 $y=f^{-1}(x)$。反函数 $y=f^{-1}(x)$ 的定义域、值域分别是函数 $y=f(x)$ 的值域、定义域,最具有代表性的就是对数函数与指数函数。例如,原函数为 $y=6^x$,其反函数为 $x=\log_6 y$。

第三种是显函数与隐函数。解析式中明显地用一个变量的代数式表示另一个变量时称为显函数,显函数可以用 $y=f(x)$ 来表示。如果方程 $F(x,y)=0$ 能确定 y 是 x 的函数,那么称这种方式表示的函数是隐函数。隐函数与显函数的区别主要包括以下几点。

- 隐函数不一定能写成 $y=f(x)$ 的形式,如 $x^2+y^2=0$。
- 显函数是用 $y=f(x)$ 表示的函数,左边是一个 y,右边是 x 的表达式,如 $y=2x+1$;隐函数是 x 和 y 都混在一起,如 $2x-y+1=0$。
- 有些隐函数可以表示成显函数,叫作隐函数显化,但也有些隐函数是不能显化的,如 $e^y+xy=1$。

2. 函数的性质

(1) 函数奇偶性。该性质表述的是函数关于 X 轴或 Y 轴对称的性质,偶函数关于 Y 轴对称,因此有 $f(x)=f(-x)$;而奇函数关于原点对称,因此有 $f(x)=-f(-x)$。例如,$f(x)=x^2$ 有 $f(-x)=(-x)^2=x^2=f(x)$;而 $g(x)=x^5$ 有 $g(-x)=(-x)^5=-x^5=-g(x)$。函数奇偶性如图1.29所示。

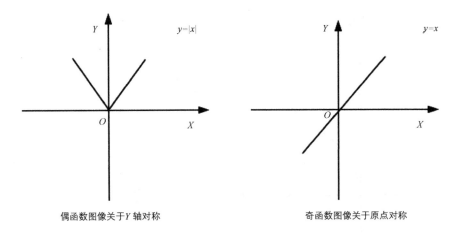

图 1.29 函数奇偶性

(2) 函数周期性,函数图像周期性重复出现的性质,如正弦波、余弦波等,通常表述为 $f(x)=f(x+T)$,T 表示周期。例如,$\sin(x)$ 的周期为 2π,因此可用 $f(x)=f(x+2\pi)$ 表示。图 1.30 是借助软件绘制的 $\sin(x)$ 和 $\tan(x)$ 的曲线,可以看出其周期性。FooPlot 是在线绘制函数图像的网站,读者可以在该网站尝试绘制各种函数的图像。

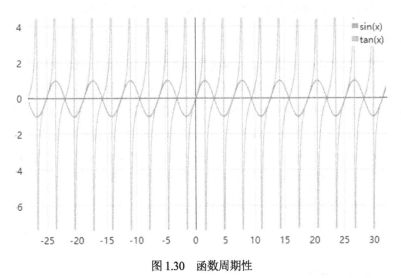

图 1.30 函数周期性

(3) 函数单调性。函数的单调性也可以叫作函数的增减性。当函数 $f(x)$ 的自变量在其定义区间内增大(或减小)时,函数值 $f(x)$ 也随着增大(或减小),则称该函数在该区间内具有单调性。具有单调性的函数,当 x 变大时 $f(x)$ 值也变大,当 x 减小时 $f(x)$ 值也减小,如图 1.31 所示。

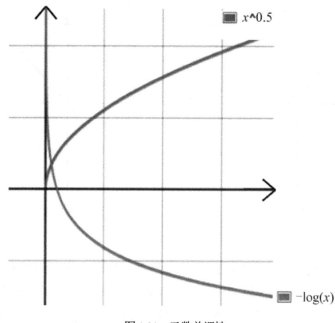

图 1.31　函数单调性

在 $x>0$ 的定义域内，$\sqrt{x}$ 是单调递增的，而 $-\log(x)$ 是单调递减的。

3．函数的极限

在《流浪地球》中，Moss 推算出了地球将突破木星的洛希极限，而该极限预示着地球将被木星巨大的引力撕碎，最后选择通过行星发动机的尾焰引爆飞船点燃木星，借助冲击波推离地球。而洛希极限就是通过刚体洛溪极限函数推导出来的。而函数的极限要从数列说起，数列是按照一定规律排列的一列数，如 $2,4,6,8,\cdots,2n,\cdots$。其中，$2n$ 被称为通项，因为只要知道了 n，就能由通项计算出该位置数值的大小。对于数列 $\{a_n\}$，当 n 无限增大时，其通项接近于一个常数 A，则称该数列以 A 为极限或收敛于 A，否则数列没有极限，为发散型数列。极限在数学中用 lim 表示，如 $\lim\limits_{n\to\infty} a_n = A$，表示当 n 趋于无限时 a_n 的极限等于 A。极限有如下几个性质。

- $x \to \infty$　表示 $|x|$ 无限增大。
- $x \to +\infty$　表示 x 无限增大。
- $x \to -\infty$　表示 x 无限减小。
- $x \to x_0$　表示 x 从 x_0 的两侧无限接近 x_0。
- $x \to x_0^+$　表示 x 从 x_0 的右侧无限接近 x_0。
- $x \to x_0^-$　表示 x 从 x_0 的左侧无限接近 x_0。

$\lim\limits_{n \to x_0} a_n = A$ 成立的充要条件是 $\lim\limits_{n \to x_0^-} a_n = \lim\limits_{n \to x_0^+} a_n = A$。例如，如下分段函数：

$$f(x) = \begin{cases} x - 1, & x < 0 \\ 0, & x = 0 \\ x + 1, & x > 0 \end{cases}$$

当 $x \to 0$ 时，$\lim\limits_{x \to 0^-} f(x) = 0$ 而 $\lim\limits_{x \to 0^+} f(x) = 2$，显然左极限不等于右极限，故 $x \to 0$ 时极限不存在。

极限的基本性质主要包括以下几点。

- 有限个无穷小的代数和仍为无穷小。
- 有限个无穷小的乘积仍为无穷小。
- 有界变量和无穷小的乘积仍为无穷小。
- 无穷个无穷小之和不一定是无穷小。

$$\lim_{n \to \infty} \left(\frac{1}{n^2} + \frac{2}{n^2} + \cdots + \frac{n}{n^2} \right) = \lim_{n \to \infty} \frac{\frac{n \times (n+1)}{2}}{n^2} = \lim_{n \to \infty} \frac{n \times (n+1)}{2n^2} = \lim_{n \to \infty} \frac{n+1}{2n} = \frac{1}{2}$$

- 无穷小的商不一定是无穷小。

$$\lim_{x \to 0} \frac{3x}{x} = 3 \ ; \ \lim_{x \to 0} \frac{x^2}{3x} = 0 \ ; \ \lim_{x \to 0} \frac{x^2}{x^3} = \infty$$

求极限的方法有很多，最常见的是洛必达法则。这里列举了几种常见的求极限的方法，供读者参考。

- 利用洛必达法则求极限。洛必达法则是在一定的条件下通过分子和分母分别求导再求极限来确定未定式值的方法。
- 利用函数的连续性求极限。若函数 $f(x)$ 在某去心邻域内连续，则在该去心邻域中任意一点的极限等于该点的函数值。
- 有理化分子或分母再求极限。

若分子或分母中含有 "$\sqrt{\ }$"，一般利用 $a^2 - b^2 = (a+b)(a-b)$ 去掉根号。

$$\lim_{x \to 0} \frac{\sqrt{x+1} - 1}{x} = \lim_{x \to 0} \frac{(\sqrt{x+1} - 1)(\sqrt{x+1} + 1)}{x(\sqrt{x+1} + 1)} = \lim_{x \to 0} \frac{x}{x(\sqrt{x+1} + 1)} = \lim_{x \to 0} \frac{1}{\sqrt{x+1} + 1} = \frac{1}{2}$$

若分子或分母含 "$\sqrt[3]{\ }$"，一般利用 $a^3 - b^3 = (a-b)(a^2 + ab + b^2)$ 和 $a^3 + b^3 = (a+b)(a^2 - ab + b^2)$ 去掉根号。

$$\lim_{x \to 1} \frac{1 - \sqrt[3]{x}}{1 - x} = \lim_{x \to 1} \frac{(1 - \sqrt[3]{x})(x^2 + x + 1)}{(1 - x)(x^2 + x + 1)} = \lim_{x \to 1} \frac{1 - x}{(1 - x)(x^2 + x + 1)} = \lim_{x \to 1} \frac{1}{(x^2 + x + 1)} = \frac{1}{3}$$

- 利用两个重要极限求极限，即 $\lim\limits_{x \to 0} \frac{\sin(x)}{x} = 1$ 和 $\lim\limits_{x \to \infty} (1 + x)^{\frac{1}{x}} = e$。

$$\lim_{x \to 0} \frac{1-\cos(x)}{x^2} = \lim_{x \to 0} \frac{2(\sin(\frac{x}{2}))^2}{x^2} = \lim_{x \to 0} \frac{1}{2}\left(\frac{\sin(\frac{x}{2})}{\frac{x}{2}}\right)^2 = \frac{1}{2}$$

$$\lim_{x \to \infty}\left(1 - \frac{1}{x}\right)^x = \lim_{x \to \infty}\left(1 + \left(-\frac{1}{x}\right)\right)^{-x \times (-1)} = e^{-1}$$

- 利用无穷小的性质求极限。
- 分段函数分点处的极限必须满足左极限等于右极限。
- 利用"大头准则"求极限。

$$\lim_{x \to \infty} \frac{a_0 x^m + a_1 x^{m-1} + \cdots + a_m}{b_0 x^n + b_1 x^{n-1} + \cdots + a_n} = \begin{cases} \frac{a_0}{b_0}, & n = m \\ 0, & n > m \\ \infty, & n < m \end{cases}$$

- 利用定积分的定义求极限。

$$\int_0^1 f(x)\,dx = \lim_{n \to \infty} \sum_{i=1}^n f\left(\frac{i}{n}\right)\frac{1}{n}$$

$$\lim_{n \to \infty} \sum_{i=1}^n \frac{n}{n^2+i^2} = \lim_{n \to \infty} \frac{1}{n}\sum_{i=1}^n \frac{1}{1+(\frac{i}{n})^2} = \int_0^1 \frac{1}{1+x^2}\,dx = \arctan(x)\big|_0^1 = \frac{\pi}{4}$$

4．函数的连续性

函数 $y = f(x)$ 在 x_0 的某邻域内有定义，如果当自变量的改变量 Δx 趋于 0 时，相应函数的改变量 Δy 也趋于 0，则称 $f(x)$ 在 x_0 处连续，如图 1.32 所示。函数的连续性需要满足如下条件。

- 函数在该点有定义。
- 函数在该点的极限 $\lim\limits_{x \to x_0} f(x)$ 存在。
- 极限值等于函数值。

$$\lim_{\Delta x \to 0} \Delta y = \lim_{\Delta x \to 0}[f(x_0 + \Delta x) - f(x_0)] = 0$$

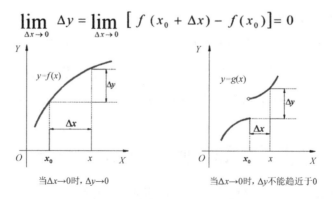

图 1.32　函数的连续性

1.5.2　常见的导数公式

1. 导数的定义

如果平均变化率的极限存在，即 $\lim\limits_{\Delta x \to 0} \frac{\Delta y}{\Delta x} = \lim\limits_{\Delta x \to 0} \frac{f(x_0+\Delta x)-f(x_0)}{\Delta x}$，则称该极限为函数 $y=f(x)$ 在 x_0 处的导数，表示 $f'(x_0)$ 或 $y'|_{x=x_0}$ 或 $\frac{dy}{dx}|_{x=x_0}$ 或 $\frac{df(x)}{dx}|_{x=x_0}$。

物理学中的瞬时速度就是一个典型的平均变化率极限的问题。瞬时经过的路程 $\Delta s = s(t_0+\Delta t)-s(t_0)$。在 Δt 时间内的平均速度 $u = \frac{s(t_0+\Delta t)-s(t_0)}{\Delta t}$，当 $\Delta t \to 0$ 时就变成瞬时速度。所有函数的导数的求取都可以用上面的平均变化率的思想求极限得到。

2. 常见的导数公式

常见的导数公式如表 1.1 所示。

表 1.1　常见的导数公式

$(C)'=0$	$(\arcsin(x))'=\frac{1}{\sqrt{1-x^2}}$	$(e^x)'=e^x$	$(\frac{u}{v})'=\frac{u'v-uv'}{v^2}$ ($v \neq 0$)
$(\sin(x))'=\cos x$	$(\arctan(x))'=\frac{1}{1+x^2}$	$(\ln x)'=\frac{1}{x}$	$(Cu)'=Cu'$
$(\tan(x))'=(\sec(x))^2$	$(x^u)'=ux^{u-1}$	$(\arccos(x))'=-\frac{1}{\sqrt{1-x^2}}$	$(\frac{C}{v})'=-\frac{Cv'}{v^2}$ (C 为常数)
$(\sec(x))'=\sec(x)\tan(x)$	$(\cos(x))'=-\sin(x)$	$(\text{arccot}(x))'=-\frac{1}{\sqrt{1+x^2}}$	牢记常见的求导公式
$(a^x)'=a^x \ln a$	$(\cot(x))'=-(\sec(x))^2$	$(u \pm v)'=u' \pm v'$	
$(\log_a x)'=\frac{1}{x \ln a}$	$(\csc(x))'=-\csc(x)\cot(x)$	$(uv)'=u'v+uv'$	

3. 用 PyTorch 求常见函数的导数

（1）对函数 $y=6x+b$ 求导数。

```
In [1]: import torch
In [2]: x = torch.ones((2,5),requires_grad=True)
   ...: b = 6
   ...: y = 6*x+b
   ...: holder_weights= torch.ones((2,5))
   ...: y.backward(holder_weights)
   ...: x.grad
Out[2]:
tensor([[6., 6., 6., 6., 6.],
        [6., 6., 6., 6., 6.]])
```

上面构建了一个一元一次方程 $y=6x+b$，其中，输入 x 的形状为 2 行 5 列的矩阵，b 为标量 6，

y 是由 x 在 "+" 运算下创建的。Tensor 的一条创建规则是，只要创建者中有一个 Tensor 的 requires_grad=True，则所创建的 Tensor 的 requires_grad 也为 True。因此，生成的变量 y 的 requires_grad=True，在应用 backward 方法后，PyTorch 的自动微分系统将自动计算导数，并将导数返回 holder_weights，它是一个和输出 y 拥有相同形状的 Tensor，可以将其视为带权重的偏导数接收器，它将计算得到的导数和自己相乘。由导数公式可知 $\frac{\Delta y}{\Delta x} = 6$，而 holder 的初始值都是 1，因此最终的结果为 holder_weights × $\frac{\Delta y}{\Delta x}$ = 1×6 = 6，结果 y 对 x 的导数值为 6，在 x 上使用 grad 属性可查看。

```
In [1]: import torch
In [3]: x = torch.ones((2,5),requires_grad=True)
   ...: b = 6
   ...: y = 6*x+b
   ...: holder_weights = torch.ones((2,5))+1
   ...: y.backward(holder_weights)
   ...: x.grad
Out[3]:
tensor([[12., 12., 12., 12., 12.],
        [12., 12., 12., 12., 12.]])
```

将 holder_weights 变为 2，最终结果则变成 12，但验证最终的 x.grad 所得到的导数是使用 holder_weights 与真正的导数相乘的结果。

（2）对 sin(x) 求导数。

```
In [1]: import torch
x = torch.ones((1,4),requires_grad=True)
   ...: y = torch.sin(x)
   ...: holder_weights = torch.ones((1,4))
   ...: y.backward(holder_weights)
   ...: x.grad
Out[4]: tensor([[0.5403, 0.5403, 0.5403, 0.5403]])
```

y=sin(x)，由导数公式得出结果 y 对输入 x 的导数为 $\frac{\Delta y}{\Delta x} = \cos(x)$，而 x 的值为 1，所以最终的结果 x.grad=holder_weights*cos(x) = 1*cos(1)=0.5403。

（3）对指数函数 $y = e^x$ 求导数。

```
In [1]: import torch
In [7]: import math
   ...: x = torch.Tensor([[1,3],[2,4]])
   ...: x.requires_grad=True
   ...: y = torch.pow(math.e,x)
   ...: holder_weights = torch.ones_like(x)
   ...: y.backward(holder_weights)
```

```
   ...: x.grad
Out[7]:
tensor([[ 2.7183, 20.0855],
        [ 7.3891, 54.5981]])
```

$y = e^x$ 的导数仍然为e^x，x.grad 的计算公式为 holder_weights× e^x，而 holder_weights=1，因此最终的结果为$[[e^1, e^3],[e^2, e^4]]$。

（4）对幂函数$y=x^e$求导。

```
In [1]: import torch
In [9]: import math
   ...: x = torch.Tensor([[1,3],[2,4]])
   ...: x.requires_grad=True
   ...: y = torch.pow(x,math.e)
   ...: holder_weights = torch.ones_like(x)
   ...: y.backward(holder_weights)
   ...: x.grad
Out[9]:
tensor([[ 2.7183, 17.9524],
        [ 8.9444, 29.4309]])
```

$y=x^e$的求导公式为$\frac{\Delta y}{\Delta x}=e \times x^{e-1}$，这里的 x.grad 是由 holder_weights× $e \times x^{e-1}$得到的，因此其结果为$[[e \times 1^{e-1}, e \times 3^{e-1}],[e \times 2^{e-1}, e \times 4^{e-1}]]$。

（5）对对数函数$y=\ln x$求导数。

```
In [1]: import torch
In [11]: import math
   ...: x = torch.Tensor([[1,3],[2,4]])
   ...: x.requires_grad=True
   ...: y = torch.log(x)
   ...: holder_weights = torch.ones_like(x)
   ...: y.backward(holder_weights)
   ...: x.grad
Out[11]:
tensor([[1.0000, 0.3333],
        [0.5000, 0.2500]])
```

对数函数$y=\ln x$的导数为$\frac{1}{x}$，因此最终的结果为$[[\frac{1}{1},\frac{1}{3}],[\frac{1}{2},\frac{1}{4}]]$。

（6）对 Sigmoid 函数$y=\frac{1}{1+e^{-x}}$求导数（导数公式为$y' = y(1-y)$）。

```
In [1]: import torch
In [15]: import math
   ...: x = torch.Tensor([[1,3],[2,4]])
   ...: x.requires_grad=True
   ...: y = 1/(1+math.e**-x)
   ...: holder_weights = torch.ones_like(x)
```

```
      ...: y.backward(holder_weights)
      ...: x.grad
Out[15]:
tensor([[0.1966, 0.0452],
        [0.1050, 0.0177]])
```

Sigmoid 公式的导数形式为 $y' = y(1-y)$，因此 x.grad 的计算公式是 holder_weights×y×(1−y)；这里 y 的取值为 $\frac{1}{1+e^{-x}}$。[[1× $\frac{1}{1+e^{-1}}$ × (1 − $\frac{1}{1+e^{-1}}$), 1× $\frac{1}{1+e^{-3}}$ × (1 − $\frac{1}{1+e^{-3}}$)],[1× $\frac{1}{1+e^{-2}}$ × (1 − $\frac{1}{1+e^{-2}}$), 1× $\frac{1}{1+e^{-4}}$ × (1 − $\frac{1}{1+e^{-4}}$)]]，和程序的计算结果一致。

Sigmoid 函数的导数形式在很多地方都会使用，所以需要牢记它。

第 2 章

机器学习快速入门

本章先介绍机器学习的基础知识及常见概念。各行各业都有丰富的专业术语，如程序设计中有"观察者模式""最小二乘法"等术语，气象行业有"风玫瑰""降雨量"等术语，医疗行业有"处方药""非处方药"等术语，金融行业有"软着陆""IPO"等术语。行业内部人员可以通过各种专业术语进行高效沟通，阅读文献资料也可以看到各种各样的专业术语及概念，因此要想快速进入一个行业或学习一门知识，弄懂概念是第一步，也是最重要的一步。下面先介绍机器学习中的各种概念，以及这些概念背后的重要思想。

2.1 机器学习的分类

在机器学习算法中，按照学习方式大致可以分为四大类，分别是监督学习、半监督学习、无监督学习和强化学习。

2.1.1 监督学习

监督学习利用一组带标签的数据，学习从输入到输出的映射关系 f，然后将学习到的映射关系 f 应用到未知的数据上，用于预测未知数据的类别或数值。例如，手写字体识别任务中识别出"1""2""3"；垃圾邮件识别任务中识别出"垃圾邮件"和"非垃圾邮件"；情感分类任务中预测出"积极"和"消极"；垃圾分类任务中识别出"可回收垃圾""厨余垃圾""有害垃圾""其他垃圾"，如图2.1所示，这类任务便属于监督学习中的分类任务，其特征是预测的标签属于离散的类别。

图 2.1　监督学习中的分类任务

和分类任务对应，如果预测的标签是连续数值类型的任务，则是回归任务，如股价预测、房价预测、体重预测等，这类任务的目标值是连续的数值而非类别。房价预测回归任务如图 2.2 所示。

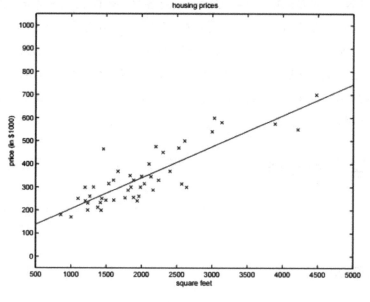

图 2.2　房价预测回归任务

监督学习任务的数据都带有明确的标签，因此学习更有目的性。在监督学习任务中，通过寻找目标函数输出值与标签值的差异，利用优化器不断进行优化，可以使目标函数逐渐接近标签值，从而达到学习的目的。

基于监督学习的过程，前辈们总结出了一句话："数据和特征决定了机器学习的上限，而模型和算法只是逼近这个上限而已。"好的数据和特征决定了机器学习任务，因此在机器学习任务中，算法工程师会在数据收集和特征处理方面花费大量时间。

2.1.2 半监督学习

半监督学习属于监督学习的延伸,这种学习方式的输入数据小部分有标签,而大部分没有标签。现实生活中缺乏的不是数据,而是带标签的数据。搜集数据并打上标签是非常耗时、耗力的,需要大量的人力成本,对于很多中小型公司来说是不现实的。这也是半监督学习兴起的原因,它利用少量带标签的数据进行学习,在未标记数据上进行预测,有时候需要通过人工的介入,对预测的结果进行审核和确认,并打上标签,确认通过的则认为预测正确,而没有通过的则认为预测错误,再次加入训练数据中进行模型训练,以滚雪球的方式逐渐优化和提升模型的性能。

半监督学习可进一步划分为纯(Pure)半监督学习和直推学习(Transductive Learning),如图 2.3 所示,前者假定训练数据中的未标记数据并非待测数据,而后者则假定学习过程中所考虑的未标记数据是待测数据,学习的目的就是在这些未标记数据中获得最优泛化性能。

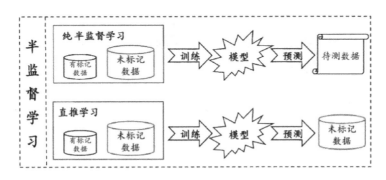

图 2.3 半监督学习

2.1.3 无监督学习

在无监督学习中,学习的数据没有任何标识,学习是为了标识出数据内在的结构和规律。常见的无监督学习包括关联规则分析、数据降维、聚类算法、词嵌入等。

著名的"尿不湿和啤酒"就是关联规则的应用,通过挖掘顾客购物车中尿不湿和啤酒销量的关系,找出这两种商品内在的规律。

常见的数据降维算法有主成分分析(Principal Component Analysis,PCA)、t-SNE、奇异值分解(Singular Value Decomposition,SVD)等,它们在最大限度地保留数据内部信息的同时,将数据从高维降到低维,便于数据的计算和可视化。

聚类算法也是无监督学习中比较常见的算法,如 K-Means 聚类、基于密度的 DBSCAN 聚类、层次聚类算法等,它们采用不同的度量依据(如轮廓系数等)进行算法训练,将数据划分为不同的簇，通常的应用场景是噪声异常数据识别、新闻聚类、用户购买模式（交叉销售）、图像与基因技术等。

在自然语言处理中，无监督学习的应用是非常成功的，如 Word2vec 及 GloVe 算法，它们通过神经网络语言模型，学习单词在隐藏层中的向量化表示，从而得到每个单词在低维空间中的向量，简化了自然语言处理模型输入数据的维度。手写字体 MNIST 数据集经过降维之后的聚类结果如图 2.4 所示。

图 2.4　手写字体 MNIST 数据集经过降维之后的聚类结果

2.1.4　强化学习

学习是智能体提高和改善其性能的过程，能够学习是计算机程序具有智能的基本标志。在诸多可以实现机器学习的方法和技术中，强化学习（Reinforcement Learning，RL）以其生物相关性和学习自主性在机器学习领域与人工智能领域引发了极大的关注，并在多个应用领域体现了其实用价值，最著名的就 AlphaGo 击败了专业棋手李世石。

强化学习的思想源于行为心理学（Behavioural Psychology）的研究。1911 年，Thorndike 提出了效用法则（Law of Effect）：在一定情境下让动物感到舒服的行为，动物就会与此情境加强联系，当此情境再现时，动物的这种行为也更容易再现；相反，让动物感觉不舒服的行为会减弱动物与此情境的联系，此情境再现时，此行为很难再现。换句话说，哪种行为会被记住取决于该行为产生的效用。例如，在主人扔出飞盘时，狗叼回飞盘给主人的行为获得了肉骨头，将会使"狗叼回扔出的飞盘"这个行为和"主人扔出飞盘"这个情境加强联系，"获得肉骨头"的效用将使狗记住"叼回扔出的飞盘"的行为。

在给定情境下，得到奖励的行为会被"强化"，而受到惩罚的行为会被"弱化"。这样一种生物智能模式使动物可以从不同行为尝试获得的奖励或惩罚，并学会在该情境下选择训练者最期望的行为。这就是强化学习的核心机制：用试错（Trail-and-Error）学会在给定情境下选择最恰当的行为。Sutton 对强化学习的定义如下：通过试错学习如何最佳地匹配状态（State）和动作（Action），以期获得最大的回报（Reward）；通过对环境的观察（Observation），决定下一个动作。强化学习的过程如图 2.5 所示。

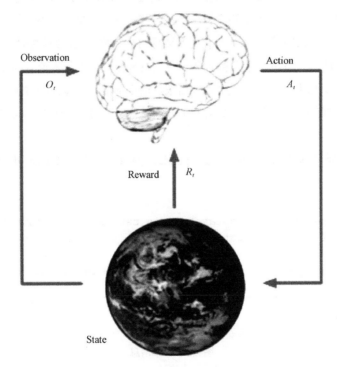

图 2.5　强化学习的过程

强化学习不仅直接模仿了生物学习的智能模式，而且也不像其他大多数机器学习方法，智能体需要被告知要选择哪种动作。使用强化学习的智能体能够通过尝试不同的动作，自主发现并选择产生最大回报的动作。正如 Tesauro 所描述的那样：强化学习使智能体可以根据自己的经验进行自主学习，既不需要任何预备知识也不依赖任何外部智能"老师"的帮助。Q-Learning 算法已经成为强化学习的代表，在工业机器人、教育培训、健康医疗领域都得到了应用。

2.2 机器学习的常见概念

本节主要介绍机器学习中的概念及数据的处理技术，具体包括缺失值处理、数据标准化与正则化、交叉验证、过拟合与欠拟合等。学习本节读者可以掌握不少数据处理的方法与小技巧。

2.2.1 缺失值处理

在特征工程中时常会看到缺失值，而缺失值是必须要处理的，否则会影响模型的性能。缺失值的处理大致分为两大类：第一类是直接删除特征中含有缺失值的数据，这种方式比较"粗暴"，适用于训练数据量较大并且缺失数据占总数据比例不超过 2%的情况，因为删除数据或多或少会带来信息的损失，在数据量较小的情况下不宜采用这种方式；第二类是通过不同的方式修复缺失值，这也是最常见的方式，可以尽量保留宝贵且有用的数据信息，特别是训练数据特别少的情况。

下面借助"泰坦尼克号乘员生存"数据集，分别讲解上面两类缺失值处理方式。由于泰坦尼克号沉没于 1912 年 4 月 15 日，历史比较久远，后来在进行乘员数据搜集的时候，有很多数据都是缺失的。整个数据集共有 1309 条记录，每条记录都弥足珍贵，因此对于缺失值需要谨慎细心地进行处理。

先看 train.csv 训练数据集中的数据，通过 pandas 加载数据，按照 Survived 分组并统计信息，基本信息如图 2.6 所示。

```
import pandas as pd
df = pd.read_csv("Titanic-dataset/train.csv",encoding='utf8')
df.groupby("Survived").count()
```

Survived	PassengerId	Pclass	Name	Sex	Age	SibSp	Parch	Ticket	Fare	Cabin	Embarked
0	549	549	549	549	424	549	549	549	549	68	549
1	342	342	342	342	290	342	342	342	342	136	340

图 2.6 基本信息

从上面的统计结果可以看出，训练数据集共有 891 条数据，其中"Age"列、"Cabin"列和"Embarked"列的特征都有缺失的情况。"Age"列的缺失率为 19.9%，而"Cabin"列的缺失率更是高达 77.1%，因此直接删除是不可行的。需要使用合理的方式对缺失值进行修复，最大限度地保留有用的信息。缺失值修复方式中，最常用的是使用均值或中位数进行填充。这里的"Age"列可以使用中位数进行填充，填充后的结果如图 2.7 所示。

```
df1 = df.fillna({"Age":df["Age"].median()})
```

```
df1.groupby("Survived").count()
```

	PassengerId	Pclass	Name	Sex	Age	SibSp	Parch	Ticket	Fare	Cabin	Embarked
Survived											
0	549	549	549	549	549	549	549	549	549	68	549
1	342	342	342	342	342	342	342	342	342	136	340

图 2.7 "Age"列的缺失值使用中位数填充

当然，也可以采用均值填充，只需要将上面代码中的 median 改成 mean 即可。除了简单地采用均值和中位数填充，还有一种比较常见的方式是用其他非空特征的数据训练一个模型，用模型预测缺失值的特征。这里的"Age"列是一个连续值，用"Age"列非空的数据训练一个回归模型，并用这个模型预测"Age"列为空的值，用预测值代替空值。这里的回归模型可以采用第 1 章的"薪酬预测"神经网络模型去做，也可以采用 Sklearn 等提供的方法进行数据的拟合。下面采用线性回归（Linear Regression）的方式拟合 NaN 的数据，用模型的预测值填充 NaN 数据。

```
from sklearn.linear_model import LinearRegression
df2 = df[["Survived","Pclass","Age","SibSp","SibSp","Fare"]]
df2.head()
df_na = df2[df2["Age"].isna()]
df_na = df_na.reset_index()
df_no_na = df2[-df2["Age"].isna()]
df_no_na = df_no_na.reset_index()
###创建模型
linreg = LinearRegression()
linreg.fit(df_no_na[["Survived","Pclass","SibSp","SibSp","Fare"]].values,
df_no_na["Age"].values)
###预测"Age"列为空的数据
na_predict = linreg.predict(df_na[["Survived","Pclass","SibSp","SibSp","Fare"]])
print(na_predict[na_predict<0])
print(na_predict[na_predict>0][:10])
##用模型预测的 NaN 值，有些是负数，而年龄至少大于或等于，因此对于是负数的设置为 1
def transformage(age):
    if(age<0):
        return 1
    else:
        return age
df_na_predict_age = [transformage(age) for age in linreg.predict ( df_na
[["Survived", "Pclass", "SibSp", "SibSp", "Fare"]].values)]
##用预测值替换 NaN 值
df_na['Age'] = pd.Series(df_na_predict_age)
df_na.info()
```

```
df_na.head()
```

"Cabin"列中的数据属于类别型数据，这样的数据虽然不能采用均值和中位数进行填充，但是可以借助该思想先统计非缺失值中"Cabin"列的统计信息，将出现最多的类别填充到缺失的"Cabin"列中，也可以采用非缺失值的数据训练一个分类模型，用分类模型的输出值填充缺失值。

2.2.2　数据标准化与数据正则化

数据的标准化与正则化是两个非常相似的概念，其目的都是对数据做相应的转换，便于提升模型的性能。接下来分别介绍数据标准化与数据正则化。

数据的标准化也叫归一化。常见的数据标准化方法有 Z-Score 和 Min-Max。Z-Score 标准化方法需要计算数据集的均值和标准差，利用均值和标准差将数据集转换为均值为 0、方差为 1 的分布，并且转换后的数据序列无量纲，无量纲这一点很重要，因为在很多数据集中不同量纲的数据要加入一起计算，如线性回归任务中的体重预测，输入特征是身高（m）、三围（cm）、体脂率（%）、血氧浓度（mmHg）等。每个特征都有自己的量纲，而不同量纲的物理量参与到同一个 $y=f(Wx)$ 的计算中存在解释上的困难，而且大的数据很容易左右 $f(Wx)$ 的规则。特征数据很小的变动通过 f 规则的计算也可能产生较大的波动，影响模型的泛化能力，并且使训练变得困难，不容易收敛。

Z-Score 的数学描述是，对序列 $x_1, x_2, \cdots, x_n$ 进行如下变换：

$$y_i = \frac{x_i - x'}{S}$$

式中，$x' = \frac{1}{n}\sum_{i=1}^{n} x_i$，$S = \sqrt{\frac{1}{n-1}\sum_{i=1}^{n}(x_i - x')^2}$。计算产生的新序列 $y_1, y_2, \cdots, y_n$ 服从均值为 0、方差为 1 的分布，并且没有量纲。需要注意的是，这里除以 $n-1$ 而不是 n，是因为使用样本对方差进行估计是有偏估计，除以 $n-1$ 是对这个偏差的修正，这个结论从数学上可以得到严格的证明。

下面使用 PyTorch 产生一个序列，然后用 Z-Score 进行归一化处理。

```
import torch
import matplotlib.pyplot as plt
#arange 方法产生二维矩阵并且每个维度100 个数据
data1 = torch.randint(10,100,(2,100)).float()
#用 Z-Score 进行归一化处理
data2 = (data1 - data1.mean()) / data1.std()
#对标准化后的数据进行可视化处理
plt.plot(data1[0].numpy(),data1[1].numpy(),"y*")
plt.plot(data2[0].numpy(),data2[1].numpy(),"r.")
```

原始数据的可视化结果如图 2.8 所示。

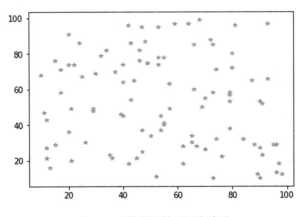

图 2.8 原始数据的可视化结果

Z-Score 方法处理后的数据分布如图 2.9 所示。

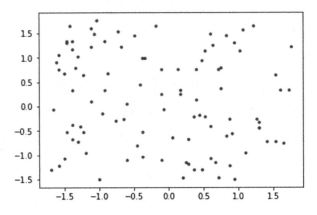

图 2.9 Z-Score 方法处理后的数据分布

另一种数据标准化的常用方法是 Min-Max，对序列 $x_1, x_2, \cdots, x_n$ 进行如下变换：

$$y_i = \frac{x_i - \min_{1 \leqslant j \leqslant n}\{x_j\}}{\max_{1 \leqslant j \leqslant n}\{x_j\} - \min_{1 \leqslant j \leqslant n}\{x_j\}}$$

计算产生的新序列为 $y_1, y_2, \cdots, y_n \in [0,1]$ 且无量纲。下面仍然运用上面的二维数据进行 Min-Max 的标准化，然后可视化展现。

```
#Min-Max 归一化处理
data3 = (data1 - data1.min()) /(data1.max()-data1.min())
plt.plot(data3[0].numpy(),data3[1].numpy(),"g.")
```

Min-Max 数据标准化的结果如图 2.10 所示。

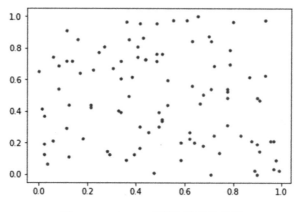

图 2.10 Min-Max 数据标准化的结果

特别容易和数据标准化混淆的概念是数据正则化，数据正则化与数据标准化最大的区别在于：数据标准化针对的是列数据，而数据正则化针对的是行数据。

为了更容易区分，这里将数据正则化叫作特征正则化，使用 p-norm 范数对每行数据进行相应的转换。通常 p 的取值为 2。p-norm 范数的计算公式为

$$||x||_p = \sqrt[p]{(|x_1|^p + |x_2|^p + \cdots + |x_n|^p)}$$

式中，$x_1, x_2, \cdots, x_n$ 为数据的 n 个特征序列，p-norm 范数实际上求的是每个特征的 p 次方之和的 p 次方根。求出每行数据的范数，用每个特征除以该范数便可以进行特征的正则化处理，计算公式为

$$y_i = \frac{x_i}{||x||_p}$$

这个公式很抽象，下面用一个简单的例子帮助读者理解特征的正则化处理。先构造一个 Tensor 变量，具体数据如下。

```
tmp_data = [
    [1.0, 0.5, -1.0],
    [2.0, 1.0, 1.0],
    [4.0, 10.0, 2.0]
]
data4 = torch.Tensor(tmp_data)
data4
tensor([[ 1.0000,  0.5000, -1.0000],
        [ 2.0000,  1.0000,  1.0000],
        [ 4.0000, 10.0000,  2.0000]])
```

运用上面的 $||x||_p$ 公式，这里设置 $p=2$。

```
data4/(data4.pow(2).sum(dim=1).pow(1/2).unsqueeze(1))
```

```
tensor([[ 0.6667,  0.3333, -0.6667],
        [ 0.8165,  0.4082,  0.4082],
        [ 0.3651,  0.9129,  0.1826]])
```

从正则化的结果来看，特征之间的差别性没有正则化之前那么大，而且正则化之后的数据无量纲。通常，进行特征的正则化处理会为模型带来性能上的提升。

2.2.3 交叉验证

模型有很多技巧，核心思想是用一部分数据训练模型，然后在另外一部分数据上进行验证，这种思想被称为交叉验证。

下面介绍 3 种常见的交叉验证方法。

（1）简单交叉验证（Hold-out Cross Validation），如图 2.11 所示。

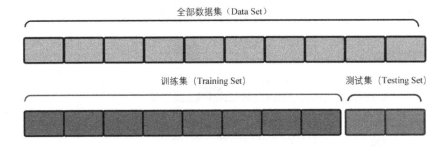

图 2.11　简单交叉验证

简单交叉验证从全部数据 S 中随机选择 s 个样本作为训练集 train，剩下的数据作为测试集 test。在训练集 train 上训练模型，并在测试集 test 上进行测试，预测每条测试数据的标签，最后通过预测标签和真实标签计算分类正确率。

虽然 PyTorch 没有提供划分测试集和训练集的方法，但是提供了 Dataset 接口和 DataLoader 接口，通过这两个接口可以实现任意数据的加载，PyTorch 数据加载在后面章节会详细介绍。当然，也可以通过 Sklearn 的 model_selection 模块定义的 train_test_split 方法方便快捷地划分测试集和训练集。这里以"泰坦尼克号乘员生存"数据集为例，简单介绍 train_test_split 方法的使用。

```
import numpy as np
import pandas as pd
from sklearn.model_selection import train_test_split
df = pd.read_csv("Titanic-dataset/train.csv",encoding='utf8')
df_X = df[['PassengerId','Pclass', 'Name', 'Sex', 'Age', 'SibSp','Parch',
'Ticket', 'Fare', 'Cabin', 'Embarked']]
df_Y = df["Survived"]
```

```
    train_X,test_X,train_Y,test_Y                                           =
train_test_split(df_X.values,df_Y.values,test_size=0.2,random_state=1314)
    print("train_X.count:{},test_X.count:{},train_Y.count:{},test_Y.count:{}".
format(len(train_X),len(test_X),len(train_Y),len(test_Y)))
```

输出结果为train_X.count:712,test_X.count:179,train_Y.count:712,test_Y.count:179。Train_test_split方法接收4个参数：特征数据X、标签数据Y、测试数据占总数据的百分比、random_state（是一个随机种子），相同的随机种子会得到相同的划分结果。

（2）K折交叉验证（K-fold Cross Validation），如图2.12所示。

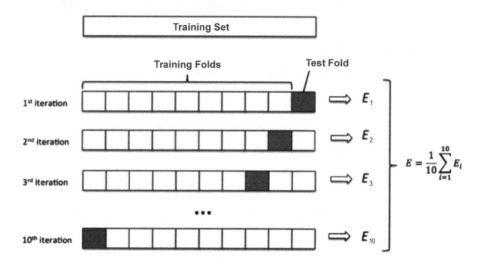

图2.12　K（$K=10$）折交叉验证

K折交叉验证将全部数据集划分成 K 个不相交的子集，每次从 K 个子集中选出一个作为测试集，剩下的作为验证集。K折交叉验证的好处是避免了简单交叉验证随机误差，将 K 次训练的结果取均值。从K折交叉验证执行的角度来看，共有$C_K^1=K$种划分情况。K 种情况的平均可最大限度地避免简单交叉验证一次划分所带来的随机误差，因为简单交叉验证有可能正好将异常离群数据划分到训练集中，从而给模型性能带来影响。K折交叉验证可以最小化经验风险。

PyTorch 训练过程中可以通过 Sklearn 提供的 KFold 方法进行 K 折交叉验证。下面仍然以"泰坦尼克号乘员生存"数据集为例简单介绍 KFold 方法的使用。

```
from sklearn.model_selection import KFold
kfold= KFold(n_splits=5,random_state =1314,shuffle=True)
for train_index,test_index in kfold.split(df_X.values):
    print(len(train_index),len(test_index))
```

输出结果如下。

```
712    179
713    178
713    178
713    178
713    178
```

可以看到,使用 KFold 方法设置 n_splits=5 会产生一个迭代 5 次的迭代器,参数 shuffle 指定是否每次切分打乱数据的顺序,random_state 则指定随机种子。KFold 方法的 split 方法将在 df_X 数据集上运作并返回切分好的数据的索引。由索引便可到原始数据中查找真实数据,然后放入模型中进行训练。

(3)留一法(Leave-one-out Cross Validation)。留一法就是每次只留一个样本作为测试集,其他样本作为训练集,如果有 k 个样本,则需要训练 k 次,并测试 k 次。留一法的计算最烦琐,但样本利用率最高,适用于小样本的情况。

2.2.4 过拟合与欠拟合

在数据科学中,有的模型效果好但是容易过拟合,有的模型效果差,学习不到数据之间的规律。本节主要介绍过拟合与欠拟合。

过拟合与欠拟合如图 2.13 所示。

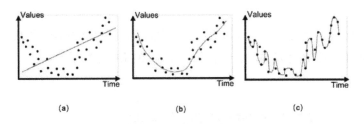

图 2.13 过拟合与欠拟合

图 2.13 是 3 个不同模型的拟合曲线,读者觉得哪个模型更好?为什么?细心的读者也许已经从图中的注解信息了解到,图 2.13(a)是欠拟合的,图 2.13(c)是过拟合的,只有图 2.13(b)是拟合得很好的。图 2.13(c)中也拟合到了每个数据点,为什么是过拟合?要解释这个问题需要引入偏差和方差的概念。前面提及,"数据和特征决定了机器学习的上限,而模型和算法只是逼近这个上限而已"。

可以基于"特征决定机器学习的上限"这一思路来理解欠拟合。如果一个模型对数据拟合得不好,则代表模型不够强大,无法学习到数据内在的规律,在新的数据上测试会遇到"每个都认识,但是连起来就懵"的状况,不能很好地在测试集上工作,泛化能力低下。就如同情侣闹分手经常说的"你不懂我"。

由欠拟合引出一个概念，叫高偏差，它表示模型不懂数据，无法学到数据之间内在的规律，忽略数据特征。如果要理性地理解偏差的概念，可以在图 2.13（a）上过每个点向拟合直线做垂线。点到拟合直线距离和的大小作为偏差的大小，仔细对比可知，图 2.13（a）中点到拟合直线的距离的和最大，因此偏差最大，"最不懂数据"；图 2.13（c）"最懂数据"，但是"迷失了自我"，在新数据上容易"失去自我"，导致泛化能力低下，这就是过拟合。

过拟合过度依赖训练数据，容易"近朱者赤，近墨者黑"，把训练数据中坏的特征或规律当成"真理"，把这些"真理"用到测试数据集上往往就会变成"歪理"。因此，过拟合和欠拟合都会使模型泛化能力降低。与过拟合相关联的一个概念是高方差，方差代表的是数据的离散程度，如果要理性理解方差，可以从图 2.13 中选出拟合曲线上的点，然后计算这些点的方差，方差越大表示越离散，拟合直线穿过的点越多，方差往往越大，越容易过拟合。

由此可知，偏差是指我们忽略了多少数据，而方差是指模型对数据的依赖程度。在建模过程中，总是在偏差和方差之间进行权衡，建立模型时，我们会尝试达到最佳平衡。偏差与方差适用于任何模型，从最简单到最复杂，是数据科学家应该理解的关键概念。

2.3 神经网络

人工神经网络无疑又到了春天，计算机视觉技术的突破、自然语言处理的进展、语音识别等都得益于人工神经网络的快速发展，本节主要介绍神经网络的生物学原理及人工神经网络的工作流程。

2.3.1 神经网络的生物学发现与编程模拟

亚里士多德曾说："在宇宙中人就相当于一粒沙子，但比沙子还小的人脑却在思考整个宇宙。"人类对大脑的认识还非常肤浅，现代人类的大脑与 1 万年前人类的大脑没有太大的区别，而人类在 120 万年前褪去了体毛，在 17 万年前才学会穿衣服。而到目前为止，人类对大脑潜能的开发还处于初级阶段，爱因斯坦大脑的开发量也仅仅达到了 10%，所以说"少年，你还有机会"。

现代神经科学研究表明，在人类和老鼠等其他哺乳动物的大脑中，数据的传输和处理都是通过突触与神经元之间的交互完成的。重要的是，数据的传输和处理是同步进行的，并不存在先传输后处理的顺序。在同样的时间和空间上，哺乳动物的大脑能够在分布式神经系统上交换和处理信息，这绝对是计算机难以望其项背的。

此外，人的记忆过程也不仅仅是数据存储的过程，还伴随着去粗取精的提炼与整合。记忆的过程在某种意义上更是忘记的过程，是保留精华去除糟粕的过程。一个聪明人也许会忘记知识中的大量细节，但一定会记住细节背后的规律。碳基大脑的容量恐怕永远也无法和硅基硬盘相比，但是其对数据的使用效率同样是硅基硬盘难以企及的。

1. 了解人类大脑的基本成分

阿兰·图灵将人脑外观形象地比喻成一坨"凉粥"，而这坨"凉粥"让我们有喜、怒、哀、乐、悲、欢、离、愁，让我们品尝酸、甜、苦、辣，体验人生百态，让我们研究科学、探索奥秘。正是这一坨"凉粥"，让我们产生无与伦比的智慧，研究高深莫测的哲学，探索宇宙的真谛。但正是因为智慧产生于这一坨"凉粥"，所以有人提出了相反的看法，认为万物皆空，太阳独占太阳系质量的99.8%，而原子核占整个原子质量的99.6%，原子核和电子、太阳和其他行星之间绝大部分都是空的，相同的结构无尽循环，这是巧合吗？这个问题留给你的那一坨"凉粥"思考。

现代解剖学发现，大脑的核心功能组织是大脑皮层，大脑皮层分为左、右两个半脑，两个半脑的基本材料都是神经元细胞，由细胞体和突触组成，神经信息可以通过突触传递给下一个神经元细胞。一个成年人的大脑皮层中神经元数量为百亿数量级到千亿数量级。大脑的神经网络结构如图2.14所示，由树突、细胞核和轴突等组成。

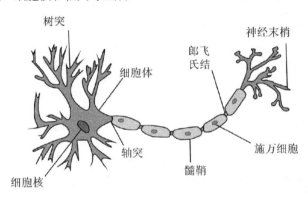

图2.14 大脑的神经网络结构

神经科学家对神经元进行电刺激实验，发现神经元有两种状态，即静默态和激活态。当神经元被激活时，电压升高，静默时电压恢复平稳，如图2.15所示。当其他神经元传入的信号满足特定条件时，神经元会从静默态进入激活态，从而改变对外输出的生物电压，释放频率信号，并将这个信号通过突触传递给下游的神经元。

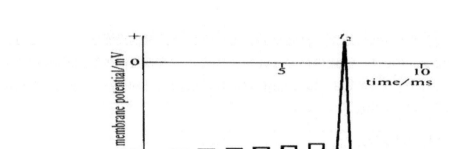

图 2.15 神经元激活电压

神经元可以通过生物电压改变相连接的突触的生物特性，而这种改变会像水波一样，在特定的神经区域传播。目前，科学家也是通过某种刺激来记录大脑活跃区域的，从而判断各个脑区的功能。下面模拟电刺激，通过指定程序的输入参数模拟"听"和"闻"信号，并进行相应的逻辑处理。

```
#模拟"听"和"闻"信号
signals = {"嗅觉信号":"闻","听觉信号":"听"}
class Neuron(object):
    def __init__(self,signal_type):
        #模拟神经元处理某种信号的能力，signal_type 为突触携带的参数
        self.signal_type = signal_type
    def active(self,x):
        #输入某种类型的信号，有可能激活神经元响应刺激
        if x.signal_type == self.signal_type:
            return signals[self.signal_type]+":"+x.data
        else:
            return signals[self.signal_type]+":"+" 什么都没有 "+signals[self.signal_type]+"到"
class SignalInput(object):
    #输入信号
    def __init__(self,signal_type,data):
        self.signal_type = signal_type
        self.data = data
test = SignalInput("嗅觉信号","臭豆腐好香呀！")
print(Neuron("嗅觉信号").active(test))
```

输出结果如下。

```
闻:臭豆腐好香呀！
```

```
test = SignalInput("视觉信号","那个小姐姐真漂亮！")
print(Neuron("嗅觉信号").active(test))
```

输出结果如下。

看：那个小姐姐真漂亮！

如果将视觉信号传递给处理嗅觉的神经元，那么输出结果为"闻：什么都没有闻到"。在生物神经元中，不同的神经元有不同的分工，嗅觉神经元不能处理输入的视觉信号。但也有例外情况，科学家发现，头脑皮层可以通过训练而被替换，通过观察大量大脑受到损伤的病人发现，虽然他们的大脑的局部遭到了破坏，但是其他脑区却变得更加强大和活跃。

2. 那坨"凉粥"也分不同的区

正如前面提到的，大脑在组织结构上有明确的功能划分，如额叶区主要负责精神功能、枕叶区主要负责视觉功能、顶叶区主要负责体觉功能等。大脑功能区划分如图2.16所示。那坨"凉粥"分工明确，这也是大脑为什么如此高效的原因，那些大脑混乱的人都去了哪里，他们过得如何？（提示：精神病人和癫痫病患者）

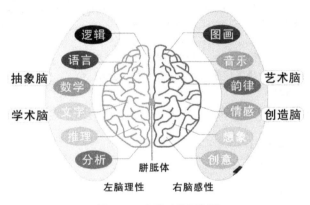

图2.16 大脑功能区划分

生物学家通过核磁共振等手段发现，大脑皮层不同的位置区域具有不同的功能，虽然个体与个体之间存在小的差异，但是大体上的分布是一致的。大多数人的左脑掌管语言、意念、逻辑、理性，而右脑负责形象化思维和情感。这些结论给我们的启发如下：相同的神经元按区域组成了不同功能的模块，下面用代码构造出嗅觉皮层和听觉皮层。

```
from collections import Counter
from random import randint
random.seed(1314)
class HearBrainArea(object):
    #听觉皮层脑区
    def __init__(self,num):
        self.neurons = [Neuron("听觉信号") for i in range(num)]
    def process(self,x):
```

```
            #处理传入的信号
            print("听觉皮层正在处理："+x.data)
class SmellBrainArea(object):
    #嗅觉皮层
    def __init__(self,num):
        self.neurons = [Neuron("嗅觉信号") for i in range(num)]
    def process(self,x):
        #处理信号
        print("嗅觉皮层正在处理："+x.data)
#构建器官，如嘴巴和耳朵，将接收的信号分配给专门的大脑皮层进行处理
class Brain(object):
    def __init__(self):
        #控制神经元的数量，随机初始化
        self.hear_area = HearBrainArea(randint(1000,10000))
        self.smell_area = SmellBrainArea(randint(1000,10000))
    def process(self,x):
        result = {"嗅觉信号":lambda x:self.smell_area.process(x),
                "听觉信号":lambda x:self.hear_area.process(x)}[x.signal_type](x)
brain = Brain()
hear = SignalInput("听觉信号","好美的歌！")
smell = SignalInput("嗅觉信号","臭豆腐真香，想吃！")
brain.process(hear)
brain.process(smell)
```

输出结果如下。

听觉皮层正在处理：好美的歌！
嗅觉皮层正在处理：臭豆腐真香，想吃！

3. "凉粥"产生算法

相同的神经元在不同的脑区中能完成不同的任务，这是因为不同功能的神经元细胞对于同样的输入信号会产生不同的响应，而这些响应被视为不同脑区功能不同的原因，被视为不同的函数算法，不同脑区的响应对应不同的电波输出，如图2.17所示。

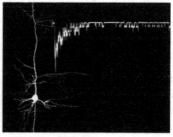

图2.17 特定脑区的神经元响应函数

研究发现，特定脑区产生的响应函数，除了一些干扰信息，相同功能的神经元对刺激的响应基本上是一致的，而且不同的皮层区域具有不同的响应函数。相同皮层形成的智能是由该皮层中所有神经元响应函数投票产生的结果。下面用代码模拟皮层中一群相同响应的神经元投票决定的输出信号。

```python
from collections import Counter
from random import randint
random.seed(1314)
class HearBrainArea(object):
    #听觉皮层脑区
    def __init__(self,num):
        self.neurons = [Neuron("听觉信号") for i in range(num)]
    def process(self,x):
        #处理传入的信号
        print("听觉皮层正在处理："+x.data)
        #所有神经元的动作集合
        actions = [neuron.active(x) for neuron in self.neurons]
        #从所有动作中投票决定最终响应
        final_action = Counter(actions).most_common(1)
        print("耳朵听【听觉皮层】："+final_action[0][0])
class SmellBrainArea(object):
    #嗅觉皮层
    def __init__(self,num):
        self.neurons = [Neuron("嗅觉信号") for i in range(num)]
    def process(self,x):
        #处理信号
        print("嗅觉皮层正在处理："+x.data)
        #所有神经元的动作集合
        actions = [neuron.active(x) for neuron in self.neurons]
        #从所有动作中投票决定最终响应
        final_action = Counter(actions).most_common(1)
        print("鼻子闻【嗅觉皮层】："+final_action[0][0])
#模拟器官接收的信号
brain = Brain()
hear = SignalInput("听觉信号","小黄鹂在唱歌")
smell = SignalInput("嗅觉信号","臭豆腐闻起来真臭")
brain.process(hear)
brain.process(smell)
```

输出结果如下。

```
听觉皮层正在处理：小黄鹂在唱歌
耳朵听【听觉皮层】：听:小黄鹂在唱歌
嗅觉皮层正在处理：臭豆腐闻起来真臭
```

鼻子闻【嗅觉皮层】：闻：臭豆腐闻起来真臭

4. "凉粥"的可替换性

不同的大脑皮层会产生不同的决策，从而处理响应的感官输入。但是对于整个大脑，所有脑区都是由神经细胞组成的，为什么听觉皮层神经元的响应和嗅觉皮层神经元的响应不同？嗅觉皮层是否可以处理听觉皮层接收的信号？

为此，科学家进行了一系列的实验，最著名的莫过于把小白鼠的听觉中心的神经元和耳朵的通路剪短，并将视觉通路接到听觉中心上进行观察，如图2.18所示。结果发现，几个月之后小白鼠居然可以通过听觉中心处理视觉信号。

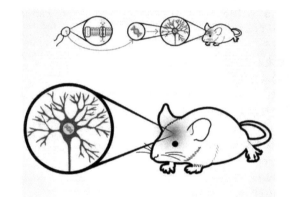

图2.18 可替换的大脑皮层模型

通过这个实验科学家得出一个结论：小白鼠的听觉皮层和视觉皮层其实并没有任何生理结构上的差异，在视觉信号下训练一段时间，听觉皮层也可以变成视觉皮层。

这个实验对我们的启发是，不同神经元细胞的响应函数是通过不同的数据训练演变而成的，不同的演变形成不同功能的皮层组织。从这个角度看，我们可以将大脑的各个脑区看作由神经元组成的学习模型，这些模型在持续的信息刺激下，不断地更新和学习，最终形成一个个功能独立的小单元，而我们的大脑就是由这些小单元组成的。

下面在程序中模拟神经元的可变性，假设每个神经元有5%的概率理解当前输入的信号。

```
class Neuron(object):
    def __init__(self,signal_type):
        #模拟神经元处理某种信号的能力，signal_type为突触携带的参数
        self.signal_type = signal_type
    def active(self,x):
        #输入某种类型的信号，有可能激活神经元响应刺激，假设有5%的概率被训练改变
        if(random.random() <= 0.05):
            self.signal_type = x.signal_type
```

```
            if x.signal_type == self.signal_type:
                return signals[self.signal_type]+":"+x.data
            else:
                return signals[self.signal_type]+":"+"什么都没有"+signals[self.signal_type]+"到"

#连续输入100次，看看神经元处理类型的变化
brain = Brain()
hear = SignalInput("听觉信号","小黄鹂在唱歌")
for i in range(100):
    brain.smell_area.process(hear)
```

输出结果如下。

```
鼻子闻【嗅觉皮层】：闻:什么都没有闻到
嗅觉皮层正在处理：小黄鹂在唱歌
鼻子闻【嗅觉皮层】：听:小黄鹂在唱歌
嗅觉皮层正在处理：小黄鹂在唱歌
鼻子闻【嗅觉皮层】：听:小黄鹂在唱歌
……
```

经过多轮训练之后，嗅觉皮层领略到了如何"听"。在这些简单的、海量的神经细胞上，经过不断地迭代和学习，就会产生智慧。

2.3.2 人工神经网络的核心思想

人工神经网络的灵感来自生物神经网络的研究，以简单并且重复的方式构建复杂的模型结构，正如史蒂芬·乔布斯所说："创新就是把各种事物整合到一起。"人工神经网络就是将这些简单的神经元结构组合到一起，创造出传统模型无法匹敌的辉煌成就，正是这些成就使 2019 年的图灵奖授予 3 位深度学习之父，即 Geoffrey Hinton、Yann LeCun 和 Yoshua Bengio。

距地球上第一个有机生命体的出现已经过去差不多 30 亿年，经过自然环境长时间的选择，那些携带低效、不能及时适应自然的神经元的生物逐渐退出历史舞台，现今留下来的生物，其神经元必定是高效的、适应性极强的。截至目前，虽然生物学家没有彻底破解生物神经中的奥秘，但是已经掌握了一些技巧，在工程上能够对神经元的工作原理及过程进行模拟。比较简单的人工神经元模型如图 2.19 所示，它拥有输入数据、激活函数及输出值，是对生物神经网络的模拟。神经网络的主要工作是建立模型和确定权值，一般有前向型和反馈型两种网络结构。通常，神经网络的学习和训练需要一组输入数据与输出数据对，选择网络模型和传递、训练函数后，使用神经网络计算得到输出结果，根据实际输出和期望输出之间的误差进行权值的修正，在网络进行判断时只有输入数据而

没有预期的输出结果。神经网络一个相当重要的能力是其网络能通过其神经元权值和阈值的不断调整从环境中进行学习,直到网络的输出误差达到预期的结果。

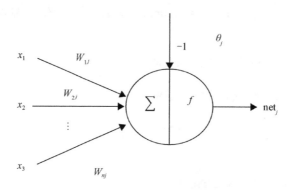

图 2.19　比较简单的人工神经元模型

2.4　实现线性回归、多项式回归和逻辑回归

2.4.1　PyTorch 实现线性回归

线性回归是机器学习算法中最简单、直观的算法,本节借助 PyTorch 实现这一算法。实现算法之前,有必要对线性回归算法的思想做简单介绍。假设数据集 $D = \{(x_1, y_1), (x_2, y_2), (x_3, y_3), \cdots, (x_n, y_n)\}$,由 n 个数据对组成,线性回归任务希望训练出一个函数 $f(x)$,使 $f(x_i) = Wx_i + b$ 与 y_i 的误差尽可能小。最关键的就是求取 W 和 b,其求取过程和前面讲的一样,需要找出一个合适的损失值,在线性回归中一般使用 MSE 作为损失函数,Loss $= \sum_{i=1}^{n}(f(x_i) - y_i)^2$,接下来要做的事情就是找出 W^* 和 b^*,使其满足:

$$(W^*, b^*) = \underset{w,b}{\mathrm{argmin}} \sum_{i=1}^{n}(f(x_i) - y_i)^2$$

求解方法也特别简单,因为要使误差最小化,实际上就是求上式的最小值,套用数学中的方法就是求偏导数,令 W 和 b 的偏导数等于 0,便可求出 W 和 b。

$$\frac{\partial \mathrm{Loss}(W, b)}{\partial W} = 2\left(W\sum_{i=1}^{n} x_i^2 - \sum_{i=1}^{n}(y_i - b)x_i\right) = 0$$

$$\frac{\partial \mathrm{Loss}(W, b)}{\partial b} = 2\left(nb - \sum_{i=1}^{n}(y_i - Wx_i)\right) = 0$$

通过上面的式子可以求出 W^* 和 b^*。在一般情况下，我们不使用这种直接计算的方式求 W^* 和 b^*，因为计算速度特别慢，而且有些情况根本无法求解，特别是基于矩阵计算的时候。因此，在做线性方程参数训练时，通常使用梯度下降等优化算法不断地迭代和优化，最终求解 W^* 和 b^*。

然后随机初始化一个二维数据集，数据中只包含 X 轴和 Y 轴坐标，然后使用 PyTorch 训练一个一元线性回归模型模拟这些数据集，使误差最小。

```
import numpy as np
import random
import matplotlib.pyplot as plt
x = np.arange(20)
y = np.array([5*x[i]+random.randint(1,20) for i in range(len(x))])
产生的 x: [0, 1, 2, 3, 4, 5, 6, 7, 8, 9, 10, 11, 12, 13, 14, 15, 16,17, 18, 19]
产生的 y: [5, 10, 18, 17, 27, 40, 49, 42, 55, 53, 64, 71, 79,67, 84, 86, 84, 95, 95, 111]
```

随机生成的二维数据可视化结果如图 2.20 所示。

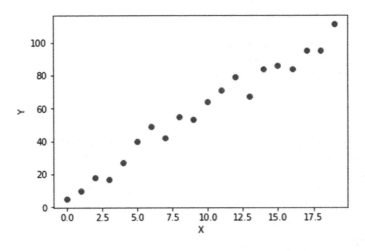

图 2.20　随机生成的二维数据可视化结果

现在要做的事情是找出一条直线，最大限度地逼近这些点，使误差最小。要达到这个目的需要借助 PyTorch 训练出一个一元线性模型，首先使用 from_numpy 方法将上面生成的数据转换成 Tensor。

```
import torch
x_train = torch.from_numpy(x).float()
y_train = torch.from_numpy(y).float()
```

然后借助 PyTorch 的 nn.Modlue 搭建线性模型，新建 LinearRegression 类继承 nn.Module。

```python
class LinearRegression(torch.nn.Module):
    def __init__(self):
        super(LinearRegression,self).__init__()
        #输入和输出都是一维的
        self.linear = torch.nn.Linear(1,1)
    def forward(self,x):
        return self.linear(x)
```

因为随机生成的输入数据 x 和输出数据 y 都是一维的，所以在 __init__ 方法中声明的 linear 模型的输入和输出都是 1。在 forward 方法中简单地调用 linear 模型，将 x 传入即可。下面开始创建模型，优化器采用 SGD，损失函数采用 MSELoss。

```python
#新建模型、误差函数、优化器
model = LinearRegression()
criterion = torch.nn.MSELoss()
optimizer = torch.optim.SGD(model.parameters(),0.001)
#开始训练
num_epochs = 10
for i in range(num_epochs):
    input_data = x_train.unsqueeze(1)
    target = y_train.unsqueeze(1)
    out = model(input_data)
    loss = criterion(out,target)
    optimizer.zero_grad()
    loss.backward()
    optimizer.step()
    print("Epoch:[{}/{}],loss:[{:.4f}]".format(i+1,num_epochs,loss.item()))
    if((i+1)%2==0):
        predict = model(input_data)
        plt.plot(x_train.data.numpy(),predict.squeeze(1).data.numpy(),"r")
        loss = criterion(predict,target)
        plt.title("Loss:{:.4f}".format(loss.item()))
        plt.xlabel("X")
        plt.ylabel("Y")
        plt.scatter(x_train,y_train)
        plt.show()
```

每迭代 5 个 epoch 打印出拟合的直线图，如图 2.21 所示。

从图 2.21 可以看出，随着迭代次数的增加，损失值越来越小，直线拟合得越来越好，至此就完成了简单的一元线性回归的任务。一元线性回归比较简单，2.4.2 节介绍的多项式回归比较复杂。在参考代码之前，请读者先独立思考如何实现多项式回归。

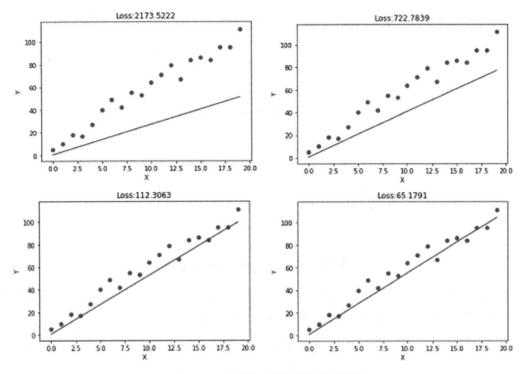

图 2.21 一元线性回归模型的优化过程

2.4.2 PyTorch 实现多项式回归

一元线性回归模型虽然能拟合出一条直线，但是精度仍然欠佳，如 2.4.1 节所示，拟合的直线并不能穿过每个点，对于复杂的拟合任务，我们可以采用多项式回归提高拟合的精度。多项式回归其实就是将特征的次数提高，如前面一元线性回归的 x 是一次的，实际上我们可以采用二次、三次，甚至更高的次数进行拟合，如采用 $y = x^2 + x^4$ 等更复杂的方式拟合数据。增加模型的复杂度必然会带来过拟合的风险，因此需要采用正则化损失的方式减少过拟合，提升模型的泛化能力。

接下来便实现一个多项式回归，用模型拟合一个复杂的多项式方程，方程如下：

$$f(x) = -1.13x - 2.14x^2 + 3.15x^3 - 0.01x^4 + 0.512$$

```
#多项式方程 f(x)=-1.13x-2.14x^2+3.15x^3-0.01x^4+0.512
###多项式回归数据准备
x = torch.linspace(-2,2,50)
y =-1.13*x-2.14*torch.pow(x,2)+3.15*torch.pow(x,3)-0.01*torch.pow(x,4)+ 0.512
plt.scatter(x.data.numpy(),y.data.numpy())
plt.show()
```

借助该公式随机产生 50 个数据点，可视化图像如图 2.22 所示。

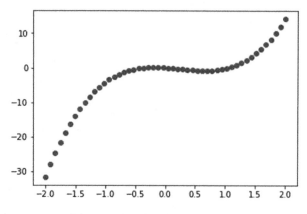

图 2.22　多项式回归的可视化图像

我们期望通过 PyTorch 多项式回归学习上面方程中的权重参数 w_1、w_2、w_3、w_4，现在输入不再是一元函数的一维，而是现在的四维。输入变成一个矩阵形式：

$$X = \begin{bmatrix} x_1^1 & \cdots & x_1^4 \\ \vdots & \ddots & \vdots \\ x_n^1 & \cdots & x_n^4 \end{bmatrix}$$

式中，x_n^4 表示第 n 个样本的第四个特征值。

下面编写一个辅助方法，将输入数据拼接成如上所示的矩阵形式。

```
#为了拼接上面的输入数据，需要编写辅助方法，输入一个标量x
#输入[x,x^2,x^3,x^4]向量组成的矩阵，使用torch.cat拼接
def features(x):
    #[x, x^2, x^3, x^4]
    x = x.unsqueeze(1)
    return torch.cat([x ** i for i in range(1, 5)], 1)
```

有了标准的输入矩阵 X，还缺少 y 的值，而 y 是使用 $f(x)$ 方程计算出来的，这里把它固定成一个方法，用输入数据 x 计算标准的 y 值。

```
#目标公式用于计算输入特征对应的标准输出
#目标公式权重
x_weights = torch.Tensor([-1.13,-2.14,3.15,-0.01]).unsqueeze(1)
b = torch.Tensor([0.512])
def target(x):
    #Tensor上的item方法用于获取标量Tensor中的数值
    return x.mm(x_weights)+b.item()
```

上面的代码使用了 Tensor 上的 mm 方法，表示矩阵相乘（Matrix Multiplication）。辅助方法都

构建好之后,就用上面的两个辅助方法批量生成训练数据,用生成的数据训练模型,然后用于预测上面生成的随机数据,了解模型与上面生成的数据的吻合程度。

```python
#新建一个随机生成输入数据和输出数据的函数,用于生成训练数据
def get_batch_data(batch_size):
    #生成batch个随机的x
    batch_x = torch.randn(batch_size)
    #对于每个x要计算[x,x^2,x^3,x^4],最终对一个batch将生成一个矩阵
    #直接调用上面的features方法生成矩阵
    features_x = features(batch_x)
    target_y = target(features_x)
    return features_x,target_y
```

下面创建多项式回归模型,其实实现起来很简单,仍然使用前面实现线性回归的方式,使用 torch.nn.Linear 模型,区别是输入为4,对应输入$[x^1,x^2,x^3,x^4]$向量。

```python
#新建模型,继承自nn.Module,在__init__方法中使用torch.nn.Linear模型,注意此时的输入
#数据是4,对应目标函数的4个变量[x,x^2,x^3,x^4]
class PolynomialRegression(torch.nn.Module):
    def __init__(self):
        super(PolynomialRegression,self).__init__()
        #输入维度为四维,输出维度为一维
        self.poly = torch.nn.Linear(4,1)
    def forward(self,x):
        return self.poly(x)
```

模型新建好之后就可以开始训练模型,为了动态地显示模型训练的效果,在程序中约定每训练 1000 个 epoch,就对测试数据进行一次预测,并将预测的误差及预测的输出值可视化展示。

```python
#开始训练模型,误差函数仍然使用MSELoss,使用SGD优化参数
epochs = 10000
batch_size = 32
model = PolynomialRegression()
criterion = torch.nn.MSELoss()
optimizer = torch.optim.SGD(model.parameters(),0.001)
for epoch in range(epochs):
    #生成训练数据
    batch_x,batch_y = get_batch_data(batch_size)
    out = model(batch_x)
    #计算误差
    loss = criterion(out,batch_y)
    #每次训练梯度清零
    optimizer.zero_grad()
    #反向传播计算梯度
    loss.backward()
```

```
        #更新梯度
        optimizer.step()
        if(epoch%100==0):
print("Epoch:[{}/{}],loss:[{:.6f}]".format(epoch+1,epochs,loss.item()))
        if(epoch%1000==0):
            predict = model(features(x))
            plt.plot(x.data.numpy(),predict.squeeze(1).data.numpy(),"r")
            loss = criterion(predict,y)
            plt.title("Loss:{:.4f}".format(loss.item()))
            plt.xlabel("X")
            plt.ylabel("Y")
            plt.scatter(x,y)
            plt.show()
```

多项式回归的拟合过程如图 2.23 所示。

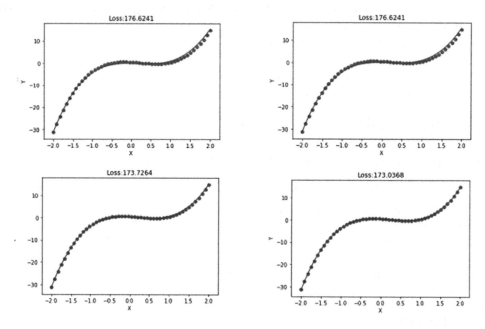

图 2.23　多项式回归的拟合过程

经过大量的迭代之后，模型能够非常好地拟合到测试数据，这说明多项式回归的拟合能力非常强。读者可以自行拟合如下所示的心形函数图像。

```
t = torch.linspace(-10,10,1000)
x = 16*torch.sin(t)**3
y = 13*torch.cos(t)-5*torch.cos(2*t)-2*torch.cos(3*t)-torch.cos(4*t)
```

心形函数图像如图 2.24 所示。

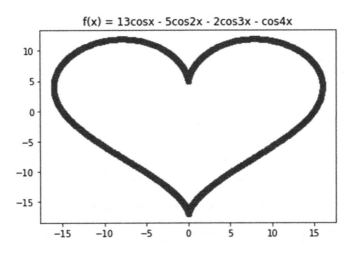

图 2.24　心形函数 $f(x) = 13\cos(x) - 5\cos(2x) - 2\cos(3x) - \cos(4x)$

下面介绍和神经网络具有千丝万缕联系的逻辑回归。

2.4.3　PyTorch 实现逻辑回归

逻辑回归是非常经典的分类算法，适用于分类任务，如垃圾分类任务、情感分类任务等都可以使用逻辑回归。

逻辑回归发展自 Logistic 分布，它的累积分布函数和密度函数如下：

$$F(x) = P(X \leqslant x) = \frac{1}{1+e^{-(x-\mu)/\gamma}}$$

$$f(x) = \frac{e^{-(x-\mu)/\gamma}}{\gamma(e^{-(x-\mu)/\gamma})^2}$$

μ 影响中心对称点的位置，γ 越小表示中心点附近的增长速度越快。通常，在机器学习和神经网络中用到的 Logistic 分布函数 μ 的取值为 0，而 γ 的取值为 1。Sigmoid 是一种特殊的函数（"S"形曲线函数），其图像如图 2.25 所示。

```
#Sigmoid 函数图像
import math
x = torch.linspace(-10,10,1000)
y = 1/(1+torch.pow(math.e,-x))
plt.plot(x.data.numpy(),y.data.numpy())
plt.show()
```

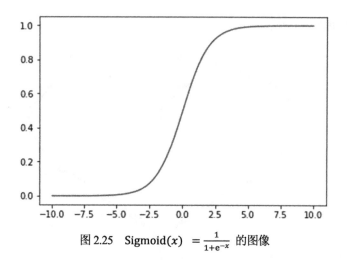

图 2.25　Sigmoid$(x) = \frac{1}{1+e^{-x}}$ 的图像

从图 2.25 可以看出，Sigmoid 函数的图像关于(0,0.5)中心对称，在中心点附近变化得较快，当 $|x| \geqslant 6$ 时，曲线基本上没有什么变化，以非常微小的速度无限接近 0.0 和 1.0。那么 Logistic 分布和 Logistic 回归究竟有什么联系？

以二分类为例，假设输入特征向量 $x \epsilon R^n$ 是线性可分的数据，我们总能找到一个超平面将两个类别的数据分开（可以通过移动截距项 b 及合适的权重 w 找出这个超平面），假设超平面方程为 $f(x) = \sum_1^n w_i x_i + b = \boldsymbol{WX} + \boldsymbol{b}$，对于这个超平面，令 $f(x) > 0$ 的为正类，$f(x) < 0$ 的为负类，这就形成了一个最简单的感知机模型，决策边界便是 $f(x)$，是否可以在表示出分类的同时还能表达其概率的大小？从超平面的角度来看，$f(x) > 0$ 越大，是正类的概率就越大；$f(x) < 0$ 越小，是负类的概率就越小。而 Sigmoid 函数正好可以映射到一个概率，并且 Sigmoid 函数的性质非常符合"数值越大，概率越大；数值越小，概率越小"，因此早期的研究人员便采用了 Sigmoid 分布的累积分布函数的特殊形式，即 Sigmoid 函数。

通过 Sigmoid 函数可以直接将输入特征 $x \epsilon R^n$ 与对应类别的概率直接联系起来，其表达形式如下：

$$p(y=0|x) = \frac{1}{1+e^{-(wx+b)}}$$

$$p(y=1|x) = \frac{e^{-(wx+b)}}{1+e^{-(wx+b)}}$$

这是通过 $p(y=0|x) + p(y=1|x) = 1$ 得到的。接下来引入一个叫作"几率"（Odds）的概念，表示一个事件发生的概率与不发生的概率的比值。例如，一个时间发生的概率为 p，则几率为 $\frac{p}{1-p}$，取对数便可得到对数几率 $\log\frac{p}{1-p}$。借助这个概念，可以得出 $p(y=0|x)$ 的几率：

$$\text{Odds}(y=0|x) = \frac{p(y=0|x)}{p(y=1|x)} = \frac{1}{e^{-(wx+b)}}$$

取对数几率为

$$\log \text{Odds}(y=0|x) = \log e^{wx+b} = wx+b$$

从对数几率表达式可以看出，输出数据 $Y=0$ 的对数几率是输入数据 x 的线性函数。线性函数是连续的回归函数，这就是 Logistic 逻辑回归名称的由来。Logistic 逻辑回归模型的思路是先拟合决策边界（不一定是线性函数，可以是其他非线性函数），再建立决策边界和概率之间的关系，从而得到不同分类的概率。

接下来使用逻辑回归模型完成一个二分类任务。首先构造训练数据，代码如下所示。

```
x1 = torch.randn(365)+1.5
x2 = torch.randn(365)-1.5
data = zip(x1.data.numpy(),x2.data.numpy())
pos = []
neg = []
def classification(data):
    for i in data:
        if(i[0] > 1.5+0.1*torch.rand(1).item()*(-1)**torch.randint(1,10,
(1,1)).item()):
            pos.append(i)
        else:
            neg.append(i)
classification(data)
#将正、负两类数据可视化
pos_x = [i[0] for i in pos]
pos_y = [i[1] for i in pos]
neg_x = [i[0] for i in neg]
neg_y = [i[1] for i in neg]
plt.scatter(pos_x,pos_y,c='r',marker="*")
plt.scatter(neg_x,neg_y,c='b',marker="^")
plt.show()
```

构造的正、负两类数据的可视化效果如图 2.26 所示。

同前面一样，接下来通过继承 nn.Module 创建 LogisticRegression 模型，并在模型中使用 Linear 构建线性模型。需要注意的是，这里 Linear 的输入数据为 2，表示数据的两个维度（$x^{(1)}$, $x^{(2)}$）；输出数据为 1，表示数据的标签，要么为 1，要么为 0。这些操作和线性回归类似，逻辑回归中多了一个 Sigmoid 函数，对 $wx+b$ 的结果做概率判断，这里以 0.5 为分界线，大于或等于 0.5 为正类，小于 0.5 为负类。

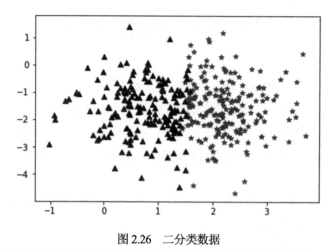

图 2.26　二分类数据

```
import torch.nn as nn
class LogisticRegression(nn.Module):
    def __init__(self):
        super(LogisticRegresion,self).__init__()
        self.linear = nn.Linear(2,1)
        self.sigmoid = nn.Sigmoid()
    def forward(self,x):
        return self.sigmiod(self.linear(x))
```

　　定义好模型之后就需要创建模型实例、定义损失函数及优化器。因为是二分类任务，所以这里采用 BCELoss 方法（PyTorch 中常见的损失函数及使用场景，在后面章节会详细介绍）和 SGD 优化算法。下面是训练的代码，为了便于可视化监测训练效果，约定每隔 100 次进行可视化展示，并绘制出分界线。

```
import torch.nn as nn
class LogisticRegression(nn.Module):
    def __init__(self):
        super(LogisticRegression,self).__init__()
        self.linear = nn.Linear(2,1)
        self.sigmoid = nn.Sigmoid()
    def forward(self,x):
        return self.sigmoid(self.linear(x))
model = LogisticRegression()
criterion = nn.BCELoss()
optimizer = torch.optim.SGD(model.parameters(),0.01)
epochs = 5000
features = [[i[0],i[1]] for i in pos]
features.extend([[i[0],i[1]] for i in neg])
```

```python
features = torch.Tensor(features)
label = [1 for i in range(len(pos))]
label.extend([0 for i in range(len(neg))])
label = torch.Tensor(label)
for i in range(500000):
    out = model(features)
    #将0.5作为划分标签：大于或等于0.5表示正类，标签为1；小于0.5为负类，标签为0
    loss = criterion(out,label)
    optimizer.zero_grad()
    loss.backward()
    optimizer.step()
    #分类任务准确率
    acc = (out.ge(0.5).float().squeeze(1)==label).sum().float()/features.size()[0]
    if(i%10000 == 0):
        plt.scatter(pos_x,pos_y,c='r',marker="*")
        plt.scatter(neg_x,neg_y,c='b',marker="^")
        weight = model.linear.weight[0]
        wo = weight[0]
        w1 = weight[1]
        b = model.linear.bias.data[0]
        #绘制出分界线
        test_x = torch.linspace(-10,10,500)
        test_y = (-wo*test_x - b) / w1
        plt.plot(test_x.data.numpy(),test_y.data.numpy(),c="pink")
        plt.title("acc:{:.4f},loss:{:.4f}".format(acc,loss))
        plt.ylim(-5,3)
        plt.xlim(-3,5)
        plt.show()
```

随着不断迭代，损失值不断降低，预测精度不断升高，经过 50 万次迭代后，最终预测精度为 0.9753（见图 2.27），简单的逻辑回归模型能够轻松地在线性不可分的数据集上达到这个精度，这说明了线性回归的有效性。

其实，逻辑回归和神经网络有很多类似的地方，借助神经网络超强的拟合能力，可以进一步提升上面数据的分类精度，甚至可以接近 100%的精度。使用神经网络可以对数据进行分类，对此感兴趣的读者可自行尝试完成。神经网络在后面还会不断出现，因为它是本书要重点讲解的内容。

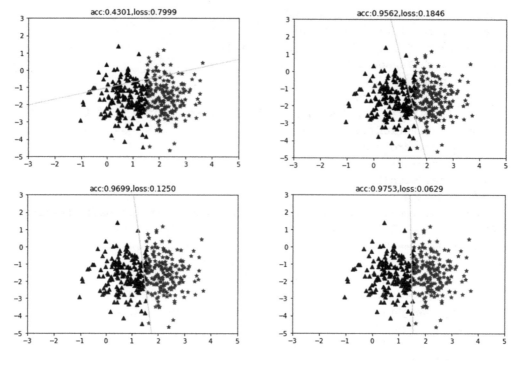

图 2.27　逻辑回归分类

2.5　加油站之高等数学知识回顾

又到了"补充营养"环节,持之以恒定有收获!

2.5.1　方向导数和梯度

在神经网络的迭代优化过程中需要求各个权重的偏导数,从而用更新公式的方式更新权重,达到优化的目的。本节主要回顾高等数学中的方向导数及梯度的概念,使读者更加清楚神经网络中的偏导数。

在数学中,一个多变量的函数的偏导数是它关于其中一个变量的导数而保持其他变量恒定。在一元函数中,导数就是函数的变化率;二元函数的变化率比较复杂,因为它多了一个自变量。如图 2.28 所示,在 XOY 平面内,当动点由 $P(x_0,y_0)$ 处沿不同方向变化时,函数 $f(x,y)$ 的变化速度一般来说是不同的,因此需要研究 $f(x,y)$ 在点 (x_0,y_0) 处沿不同方向的变化率。

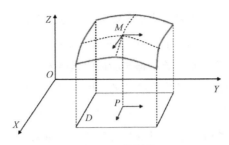

图2.28 偏导数

如图2.28所示,Z是关于x和y的函数,Z的变化受x和y的变化的影响,x的变化速度和y的变化速度对于Z的影响是不同的,如同下山,沿着水平方向移动和沿着垂直方向移动,对于达到下山目的的快慢是有不同影响的,沿着X轴和沿着Y轴的变化率就是偏导数。函数Z的偏导数只有两个,但是这两个偏导数产生的合向量却有无数个,并且方向是任意的,这两个偏导数的合向量被称为方向导数。

偏导数的数学定义如下:设函数$Z=f(x,y)$在点(x_0,y_0)的某个邻域内有定义,固定$y=y_0$,一元函数$f(x,y_0)$在点$x=x_0$处可导,则x的导数等于$x=x_0$处的极限,即

$$\lim_{\Delta x \to 0} \frac{f(x_0 + \Delta x, y_0) - f(x_0, y_0)}{\Delta x} = A$$

称A为函数$Z=f(x,y)$在点(x_0,y_0)处关于自变量x的偏导数,记作$f_x(x_0,y_0)$。从上面的定义可知,偏导数的几何意义为变量方向上的斜率,即对应方向上变化的快慢程度。

上面回顾了偏导数的定义,请据此求出$f(x,y)$在点(3,4)处的偏导数。

$$f(x,y) = x^3 + 2xy + y^3$$

x的偏导数为$f_x(x,y) = 3x^2 + 2y$。

y的偏导数为$f_y(x,y) = 2x + 3y^2$。

将点(3,4)代入即可求出$f(x,y)$的偏导数。参考结果为$f_x(3,4) = 3 \times 3^2 + 2 \times 4=35$,$f_y(3,4) = 2 \times 3 + 3 \times 4^2=54$。

下面以"蚂蚁远离火源"为例介绍方向导数,如图2.29所示。

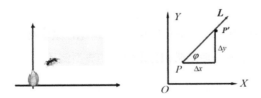

图2.29 蚂蚁远离火源与方向导数

在二维平面上，一只蚂蚁为了逃避大火的炙烤会选择远离火源，它可以沿着 X 轴向右撤离，也可以沿着 Y 轴向上撤离，还可以沿着 X 轴和 Y 轴的某一夹角的方向撤离。实际上，最聪明的方法是沿着 y=x 的方向远离火源，因为在这条直线撤离能最快远离火源。

在数学中，为了定义函数沿着某个方向变化的快慢，产生了方向导数的概念，如同下山，你可以有几百种下山的方式，不同的下山方向有不同的变化，但是最快捷的下山方式只有一种。如图 2.29 中的第二张图所示，X 轴方向的改变量Δx 和 Y 轴方向的改变量Δy 以φ为夹角组成方向向量 L，代表蚂蚁实际撤离的方向，在该方向撤离的变化速度就是其方向导数。

沿 L 方向的方向导数的定义如下：如果函数的增量$f(x + \Delta x, y + \Delta y) - f(x, y)$与 PP'的距离的比值存在（$|PP'|=p=\sqrt{(\Delta x)^2 + (\Delta y)^2}$），则将其称为 P 点沿 L 方向的方向导数。

$$\frac{\partial f}{\partial L} = \lim_{p \to 0} \frac{f(x + \Delta x, y + \Delta y) - f(x, y)}{p}$$

关于方向导数有如下这样一个定理：如果 $z=f(x,y)$在点 $P(x,y)$处可微分，那么在该点沿着任意方向的方向导数都存在，并且方向导数为

$$\frac{\partial f}{\partial L} = \frac{\partial f}{\partial x}\cos(\varphi) + \frac{\partial f}{\partial y}\sin(\varphi)$$

式中，φ为 X 轴到方向 L 的夹角。请读者尝试求函数$z = xe^{2y}$在点 $p(1,0)$处沿着 p 点到 $q(2,-1)$的方向导数。

参考答案如下：方向向量为$L = \overrightarrow{PQ} = \{1, -1\}$，X 轴到方向向量 L 的夹角为$\varphi = -\frac{\pi}{4}$；$\frac{\partial z}{\partial x} = e^{2y}|_{(1,0)} = 1$；$\frac{\partial z}{\partial y} = 2xe^{2y}|_{(1,0)} = 2$。所以，方向导数为$\frac{\partial z}{\partial L} = \cos(-\frac{\pi}{4}) + 2\sin(-\frac{\pi}{4}) = -\frac{\sqrt{2}}{2}$，你求对了吗？

方向导数和梯度的关系如下：在数学定义中，梯度表示最大的方向导数，并且梯度的方向和方向导数取得最大值时的方向一致。这也是梯度下降优化算法名称的由来，即梯度的方向是优化的最佳方向。

2.5.2 微分及积分

下面先回顾微积分的重要思想。微积分起源于 17 世纪，主要帮助人们解决各种速度、面积的求解等实际问题，图 2.30 所示就是使用微积分求面积的典型例子。

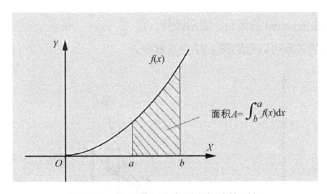

图 2.30　使用微积分求阴影部分的面积

在微积分出现之前,古人计算图 2.30 中阴影部分的面积的方法是"以直代曲",古人没有求取阴影部分的面积的工具和数学知识,于是采用近似计算的方式估计阴影部分的面积。具体的做法如下:将阴影部分划分成较小的矩形,利用矩形公式近似计算阴影部分的面积,如图 2.31 所示。

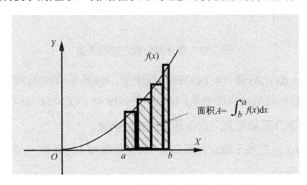

图 2.31　"以直代曲"求阴影部分的面积

将阴影部分划分成 4 个矩形,利用矩形面积公式计算每个矩形的面积,最后将 4 个矩形的面积累加即可得到阴影部分的面积,虽然不是很精确,但可以估算大概值。如果将矩形划分得足够小,对阴影部分面积的估计就会更加准确,这也是微分思想的雏形。假设在 a 和 b 之间插入若干个点,得到 n 个小的区间,每个小矩形的面积为 $A_i = f(\varepsilon_i)\Delta x_i$,于是近似得到阴影部分的面积:$A = \sum_{i=1}^{n} f(\varepsilon_i)\Delta x_i$,当 $n \to \infty$ 时,每个小矩形的边长 $\lambda \to 0$,于是可以得到阴影部分精确的面积:$A = \lim_{\lambda \to 0} \sum_{i=1}^{n} f(\varepsilon_i)\Delta x_i$。莱布尼兹在研究过程中为了体现求和(Sum)的感觉,将 S 拉长,于是出现了后来的简写符号"$\int$",因此上面的面积公式变成如下形式:

$$A = \lim_{\lambda \to 0} \sum_{i=1}^{n} f(\varepsilon_i)\Delta x_i = \int f(x)dx$$

式中，d 是英语单词 differential 的简写，表示微分。

微分和导数之间的关系可以借助图 2.32 进行解释。

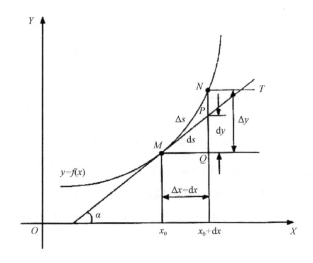

图 2.32　微分和导数之间的关系

在图 2.32 中，$\Delta x = \mathrm{d}x$，Δy 是 $y = f(x)$ 的曲线增量，$\mathrm{d}y$ 是 $\mathrm{d}x$ 的切线增量，$\Delta y = \mathrm{d}y + o(\Delta x)$，其中 $o(\Delta x) \to 0$。切线斜率就是该点的导数 $f'(x) = \dfrac{\mathrm{d}y}{\mathrm{d}x}$，$\mathrm{d}y = f'(x)\mathrm{d}x$。$\mathrm{d}y$ 和 $\mathrm{d}x$ 组成微分三角形。微积分实际就是将这些微分累积起来，这也是其名称的由来。

当 $\Delta x \to 0$ 时，总和 S 总是趋于确定的极限 I，所以称极限 I 为函数 $f(x)$ 在曲线 $[a,b]$ 上的定积分，定积分的表达如图 2.33 所示。

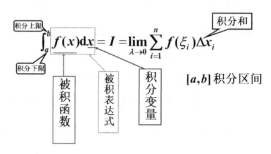

图 2.33　定积分的表达

下面利用定义计算定积分 $\int_0^1 x^2 \, \mathrm{d}x$。

首先将 $[0,1]$ 分为 n 等份，$n \to \infty$，分点为 $x_i = \dfrac{i}{n}$，$i = 1, 2, 3, \cdots, n$，每个小区间 $[x_{i-1}, x_i]$ 的长度

$\Delta x_i = \frac{1}{n}, i=1,2,\cdots,n$,取 $\xi_i = x_i, i=1,2,\cdots,n$,则 $\sum_{i=1}^{n} f(\xi_i)\Delta x_i = \sum_{i=1}^{n} \xi_i^2 \Delta x_i = \sum_{i=1}^{n} x_i^2 \Delta x_i = \sum_{i=1}^{n} (\frac{i}{n})^2 \frac{1}{n} = \frac{1}{n^3} \sum_{i=1}^{n} i^2 = \frac{1}{n^3} \cdot \frac{n(n+1)(2n+1)}{6} = \lim_{n\to\infty} \frac{n(n+1)(2n+1)}{6n^3} = \frac{1}{3}$。

定积分有以下几个性质。

- $\int_a^b [f(x) \pm g(x)]\mathrm{d}x = \int_a^b f(x)\mathrm{d}x \pm \int_a^b g(x)\mathrm{d}x$。

- $\int_a^b kf(x)\mathrm{d}x = k\int_a^b f(x)\mathrm{d}x$($k$ 为常数)。

- 设 $a<c<b$,则有 $\int_a^b f(x)\mathrm{d}x = \int_a^c f(x)\mathrm{d}x + \int_c^b f(x)\mathrm{d}x$。

- 设在区间 $[a,b]$ 上满足 $f(x)\geq 0$,则 $\int_a^b f(x)\mathrm{d}x \geq 0 (a<b)$。

除了这些性质,微积分中还有著名的第一中值定理,它的定义如下:如果 $f(x)$ 在区间 $[a,b]$ 上连续,则在区间 $[a,b]$ 上至少存在一个点 ξ 使 $\int_a^b f(x)\mathrm{d}x = f(\xi)(b-a)(a\leq \xi \leq b)$,如图 2.34 所示。

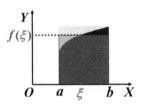

图 2.34 第一中值定理

2.5.3 牛顿-莱布尼兹公式

牛顿-莱布尼兹公式给出了求取定积分的简单方法,如果 $F(x)$ 是连续函数 $f(x)$ 在区间 $[a,b]$ 上的一个原函数,则满足:

$$\int_a^b f(x)\mathrm{d}x = F(b) - F(a)$$

一个连续函数在区间 $[a,b]$ 上的定积分等于它的任意一个原函数在区间上的增量,下面对其做几何解释。

把区间 $[a,b]$ 均分成 4 份,整体等于部分之和,所以 $f(b)-f(a)=\sum \Delta y$,如果再细分,将区间 $[a,b]$ 均分到最细的间隔 $\mathrm{d}x$,对应的 Δy 就变成 $\mathrm{d}y$,所以 $f(b)-f(a)=\sum \mathrm{d}y$,如图 2.35 所示。

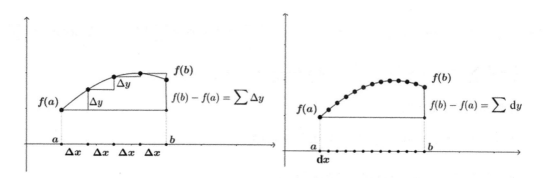

图 2.35 牛顿-莱布尼兹公式的几何解释

$f(b)-f(a)=\sum \mathrm{d}y$，由于 $\mathrm{d}y=f'(x)\mathrm{d}x$，所以 $f(b)-f(a)=\sum_a^b f'(x)\mathrm{d}x=\int_a^b f'(x)\mathrm{d}x$，这就是牛顿-莱布尼兹公式的由来。

在计算定积分时，通常采用牛顿-莱布尼兹公式。接下来用牛顿-莱布尼兹公式求曲线 $y^2=2x$ 和直线 $y=x-4$ 所围成的阴影部分的面积，如图 2.36 所示。

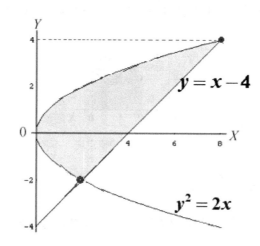

图 2.36 用牛顿-莱布尼兹公式求阴影部分的面积

先求出曲线 $y^2=2x$ 和直线 $y=x-4$ 的交点，分别为 $(2,-2)$ 和 $(8,4)$，选取 y 作为积分变量，$y \in [-2,4]$，由牛顿-莱布尼兹公式可得 $\mathrm{d}A=\int_{-2}^{4}\left(y+4-\frac{y^2}{2}\right)\mathrm{d}y$，被积函数 $f(x)=y+4-\frac{y^2}{2}$ 的原函数为 $F(x)$，$F(x)=\frac{y^2}{2}+4y-\frac{y^3}{6}$，$F(4)=24-\frac{32}{3}$，$F(-2)=-6+\frac{4}{3}$，所以 $F(4)-F(-2)=30-12=18$。

从第 3 章开始，笔者将带领读者从头到尾熟悉 PyTorch 中的各种算子。

第 3 章

PyTorch 与科学计算

3.1 算子字典

第 1 章已经对张量的概念进行了大致的介绍，读者也了解了一些常见算子及使用方法，本节主要罗列一些重要的算子及使用方法，在必要的时候读者可以将本节作为字典来查询。

为了方便读者理解，所有算子都以案例的形式给出，并结合实际的使用场景，使读者明白算子的含义及内在思想。

通过学习前面章节，读者对一些算子已经比较熟悉。本节主要列举 PyTorch 中重要的算子及使用案例，使读者可以更好地理解算子及其使用场景，做到心中有数，临阵不乱。下面先介绍 torch 模块中重要的算子。

torch 模块中包含创建张量的方法及基于多维数据结构的多种数学操作，同时提供了多种工具，如序列化、CUDA 支持等。3.1.1 节主要介绍 torch 模块中提供的基本方法。

3.1.1 基本方法

（1）如何判断一个对象是否为 Tensor？

```
obj = np.arange(1,10)
print(torch.is_tensor(obj))
obj1 = torch.Tensor(10)
print(torch.is_tensor(obj1))
False
True
```

（2）如何全局设置 Tensor 数据类型？

```
torch.set_default_tensor_type(torch.DoubleTensor)
print(torch.Tensor(2).dtype)
torch.float64
```

（3）如何判断一个对象是否为 PyTorch Storage 对象？

```
#torch.Storage is a contiguous, one-dimensional array of a single data type
print(torch.is_storage(obj))
storage = torch.DoubleStorage(10)
print(torch.is_storage(storage))
False
True
```

（4）如何获取 Tensor 中元素的个数？

```
a = torch.Tensor(3,4)
print(torch.numel(a))
12
```

（5）如何设置打印选项？

```
#precision=None, threshold=None, edgeitems=None, linewidth=None, profile=None
torch.set_printoptions(precision=5,threshold=100,linewidth=100,edgeitems=4)
print(torch.DoubleTensor(10,4))
tensor([[ 6.95231e-310,  6.95231e-310,  6.95229e-310,  4.52355e+257],
        [ 1.28626e+248,  2.43209e-152,  1.53250e-94,   2.14728e+243],
        ...
        [ 4.67352e+257,  1.30489e+180,  0.00000e+00,   0.00000e+00]])
```

（6）如何创建指定形状的单位矩阵？

```
torch.eye(3,3)
tensor([[1., 0., 0.],
        [0., 1., 0.],
        [0., 0., 1.]])
```

（7）如何从 NumPy 多维数组中创建 Tensor？

```
ta = np.arange(1,20,2)
print(torch.from_numpy(a))
b = np.ndarray((2,3))
print(torch.from_numpy(b))
tensor([ 1,  3,  5,  7,  9, 11, 13, 15, 17, 19], dtype=torch.int32)
tensor([[6.95232e-310, 6.95232e-310, 6.95232e-310],
        [6.95232e-310, 6.95232e-310, 6.95232e-310]])
```

（8）如何创建等差数列？

```
#start / end / step
print(torch.linspace(1,9,5,requires_grad=True))
```

```
tensor([1., 3., 5., 7., 9.], requires_grad=True)
```

（9）和 linspace 类似的 logspace 返回一维张量，包含在区间 10^{start} 和 10^{end} 中，以对数刻度均匀间隔的 steps 个点，输出一维张量的长度为 steps。

```
print(torch.logspace(1,5,5,requires_grad=True))
tensor([1.00000e+01, 1.00000e+02, 1.00000e+03, 1.00000e+04, 1.00000e+05],
requires_grad=True)
```

（10）如何创建单位矩阵？

```
print(torch.ones(2,3))
tensor([[1., 1., 1.],
        [1., 1., 1.]])
```

（11）如何创建均匀分布的随机矩阵？（形状根据需求指定。）

```
print(torch.rand(2,3))
tensor([[0.12264, 0.37531, 0.02611],
        [0.38838, 0.80195, 0.34111]], requires_grad=True)
```

（12）如何创建分布服从标准正态分布的随机矩阵？（形状根据需求指定。）

```
print(torch.randn(2,3))
tensor([[ 0.92620, -2.99641,  0.71482],
        [-1.12788, -0.43067,  0.58641]])
```

（13）如何创建一个随机的整数序列？（如同 numpy.random.permutation。）

```
print(numpy.random.permutation(10))
print(torch.randperm(10))
[2 6 1 7 0 5 4 3 9 8]
tensor([2, 3, 8, 7, 9, 4, 6, 5, 1, 0])
```

（14）如何创建一个列表如同 NumPy 中的 arange？

```
print(np.arange(1,10,3))
print(torch.arange(1,10,3))
[1 4 7]
tensor([1, 4, 7])
```

（15）如何创建一个元素全为 0 的矩阵？

```
print(torch.zeros(2,2))
tensor([[0., 0.],
        [0., 0.]])
```

3.1.2 索引、切片、连接和换位

（1）如何将多个 Tensor 按照某个维度拼接起来？

```
#torch.cat 通过关键字参数 dim 指定按哪个维度拼接
ensor = torch.ones(2,3)
```

```
print(torch.cat([tensor,tensor]))
print(torch.cat([tensor,tensor,tensor],dim=1))
#stack 方法也可以进行 Tensor 的拼接
print(torch.stack([tensor,tensor],dim=2))
tensor([[1., 1., 1.],
        [1., 1., 1.],
        [1., 1., 1.],
        [1., 1., 1.]])
tensor([[1., 1., 1., 1., 1., 1., 1., 1., 1.],
        [1., 1., 1., 1., 1., 1., 1., 1., 1.]])
tensor([[[1., 1.],
         [1., 1.],
         [1., 1.]],

        [[1., 1.],
         [1., 1.],
         [1., 1.]]])
```

（2）如何将一个 Tensor 按照指定维度切成 n 个分片？

```
#按照第二维度将 Tensor 切分为 5 个 Tensor
x = torch.ones(2,10)
print(torch.chunk(x,5,dim=1))
(tensor([[1., 1.],
        [1., 1.]]), tensor([[1., 1.],
        [1., 1.]]), tensor([[1., 1.],
        [1., 1.]]), tensor([[1., 1.],
        [1., 1.]]), tensor([[1., 1.],
        [1., 1.]]))
```

（3）如何按照索引进行元素的聚合？

```
#如何将元素 33、66、88、99 聚合在一起？
#第一个参数是原 Tensor，第二个参数为维度，第三个参数为索引
x = torch.Tensor([[33,66,9],[1,99,88]])
torch.gather(x,1,torch.LongTensor([[0,1],[2,1]]))
tensor([[33., 66.],
        [88., 99.]])
```

（4）如何按照索引选择目标数据？

```
#如何取出第二列、第四列、第六列的数据，返回新的 Tensor
x = torch.randn(2,7)
print(x)
#第一个参数为原 Tensor，第二个参数为维度，第三个参数为该维度上的索引
y = torch.index_select(x,1,torch.LongTensor([1,3,5]))
print(y)
z = torch.index_select(x,0,torch.LongTensor([1]))
print(z)
```

```
tensor([[-0.26020,  0.48570, -0.49547,  1.57589, -0.17201,  0.11631,
          0.48189],
        [-0.35056, -0.31785,  0.14796, -2.50720,  0.99119,  0.89042, -1.62519]])
tensor([[ 0.48570,  1.57589,  0.11631],
        [-0.31785, -2.50720,  0.89042]])
tensor([[-0.35056, -0.31785,  0.14796, -2.50720,  0.99119,  0.89042,
         -1.62519]])
```

（5）如何选出满足条件的矩阵元素？

```
#masked_select方法，返回mask标志为1的所有元素组成的一维Tensor
x = torch.rand(2,4)
print(x)
#判断元素是否大于0.5，大于0.5为1，小于或等于0.5为0
mask = x.ge(0.5)
print(mask)
torch.masked_select(x,mask)
tensor([[0.18211, 0.72952, 0.85274, 0.14525],
        [0.00986, 0.32629, 0.65850, 0.44055]])
tensor([[0, 1, 1, 0],
        [0, 0, 1, 0]], dtype=torch.uint8)
tensor([0.72952, 0.85274, 0.65850])
```

（6）如何找出矩阵中非零元素的索引？

```
#nonzero方法返回非零元素的索引，结果Tensor为二维Tensor，行数等于原Tensor中非零元素
的个数，列数等于原Tensor的维度
x = torch.Tensor([[[0.0,11],[66,88]],[[22,33],[0.0,0.1]]])
print(x)
torch.nonzero(x)
tensor([[[ 0.00000, 11.00000],
         [66.00000, 88.00000]],
        [[22.00000, 33.00000],
         [ 0.00000,  0.10000]]])
tensor([[0, 0, 1],
        [0, 1, 0],
        [0, 1, 1],
        [1, 0, 0],
        [1, 0, 1],
        [1, 1, 1]])
```

（7）如何将输入张量分割成相同形状的 chunks？（注意和 truck 的区别。）

```
#如何将输入张量分割成相同形状的chunks?
x = torch.ones(2,10)
print(x)
#按照dim=1的维度将Tensor分成5个部分
print(torch.split(x,5,dim=1))
```

```
#也可指定一个划分列表，依次表示有1、2、3、4个长度
print(torch.split(x,[1,2,3,4],dim=1))
tensor([[1., 1., 1., 1., 1., 1., 1., 1., 1., 1.],
        [1., 1., 1., 1., 1., 1., 1., 1., 1., 1.]])
(tensor([[1., 1., 1., 1., 1.],
        [1., 1., 1., 1., 1.]]), tensor([[1., 1., 1., 1., 1.],
        [1., 1., 1., 1., 1.]]))
(tensor([[1.],
        [1.]]), tensor([[1., 1.],
        [1., 1.]]), tensor([[1., 1., 1.],
        [1., 1., 1.]]), tensor([[1., 1., 1., 1.],
        [1., 1., 1., 1.]]))
```

（8）如何增加一个矩阵的维度，如一维变成二维？

```
x = torch.Tensor([1,2,3,4,5,6])
#关键字参数dim指定在第几个维度增加"[]"，以提升维度
y = x.unsqueeze(dim=0)
print(y)
z = x.unsqueeze(dim=1)
print(z)
print(torch.unsqueeze(x,dim=0))
tensor([[1., 2., 3., 4., 5., 6.]])
tensor([[1.],
        [2.],
        [3.],
        [4.],
        [5.],
        [6.]])
tensor([[1., 2., 3., 4., 5., 6.]])
```

（9）如何去掉"[]"降低维度？（unsqueeze 的逆操作；删除 dim 指定的维度。）

```
x = torch.Tensor([[[0,2,3,4],[22,33,44,55]]])
print(x,x.shape)
#关键字参数dim指定在第几个维度是"1"，squeeze将去除这个维度
y = torch.squeeze(x,dim=0)
print(y,y.shape)
z = x.squeeze(dim=0)
print(z,z.shape)
tensor([[[ 0.,  2.,  3.,  4.],
         [22., 33., 44., 55.]]]) torch.Size([1, 2, 4])
tensor([[ 0.,  2.,  3.,  4.],
        [22., 33., 44., 55.]]) torch.Size([2, 4])
tensor([[ 0.,  2.,  3.,  4.],
        [22., 33., 44., 55.]]) torch.Size([2, 4])
```

（10）如何实现 Tensor 维度之间的转置？

```
#Tensor 自身的 t 和 transpose 方法与 torch 上的 t 和 transpose 方法功能类似
x = torch.randn(2,1)
print(x,x.shape)
y = torch.t(x)
print(y,y.shape)
z = torch.transpose(x,1,0)
print(z,z.shape)
print(x.t())
print(x.transpose(1,0))
tensor([[ 1.18556],
        [-0.02856]]) torch.Size([2, 1])
tensor([[ 1.18556, -0.02856]]) torch.Size([1, 2])
tensor([[ 1.18556, -0.02856]]) torch.Size([1, 2])
tensor([[ 1.18556, -0.02856]])
tensor([[ 1.18556, -0.02856]])
```

（11）如何获取沿着某个维度切片后所有的切片？

```
#unbind 删除某个维度之后，返回所有切片组成的列表
x = torch.rand(2,2,2)
print(x)
print(torch.unbind(x,dim=1))
tensor([[[0.90266, 0.19014],
         [0.64815, 0.87569]],
        [[0.94966, 0.53289],
         [0.94499, 0.76736]]])
(tensor([[0.90266, 0.19014],
        [0.94966, 0.53289]]), tensor([[0.64815, 0.87569],
        [0.94499, 0.76736]]))
```

3.1.3 随机抽样

（1）如何设置随机种子？

```
#手动设置随机种子
torch.manual_seed(123)
#如果没有手动设置随机种子，则返回系统生成的随机种子；否则，返回手动设置的随机种子
seed = torch.initial_seed()
print("seed:{}".format(seed))
#返回随机生成器的状态
state = torch.get_rng_state()
print("state:{}".format(state),len(state))
seed:123
```

```
state:tensor([123,  0,  0,  0, ...,  0,  0,  0,  0], dtype=torch.uint8)
5048
```

(2) 如何进行伯努利分布采样?

```
#伯努利分布的结果只有0和1,第一个参数的概率是p,并且0<=p<=1
torch.manual_seed(123)
a = torch.rand(3, 3)
print(a)
b = torch.bernoulli(a)
print(b)
tensor([[0.36890, 0.01337, 0.59178],
        [0.09264, 0.47245, 0.52203],
        [0.60508, 0.53130, 0.94855]])
tensor([[1., 0., 1.],
        [0., 1., 1.],
        [1., 0., 1.]])
```

(3) 如何进行多项式分布抽样?

```
#torch.multinomial 的第一个参数为多项式权重,可以是向量,也可以是矩阵,由权重决定对"下标"的抽样
#如果是向量: replacement 表示是否有放回地抽样,如果为 True,结果行数为 1,列数由 num_samples 指定; 否则,行数为1,列数<=权重 weights 长度
weights1 = torch.Tensor([20, 10, 3, 2])
a = torch.multinomial(weights,num_samples=3,replacement=False)
b = torch.multinomial(weights,num_samples=10,replacement=True)
print(a)
print(b)
#如果是矩阵: replacement 表示是否有放回地抽样,如果为 True,结果行数为 weights 行数,列数由 num_samples 指定; 否则,行数为 weights 行数,列数<=权重 weights 每行的长度
weights2 = torch.Tensor([[20, 10, 3, 2],[30,4,5,60]])
c = torch.multinomial(weights,num_samples=15,replacement=True)
d = torch.multinomial(weights,num_samples=4,replacement=False)
print(c)
print(d)
tensor([[0, 1, 2],
        [3, 0, 2]])
tensor([[0, 0, 1, 0, 0, 1, 3, 0, 0, 2],
        [3, 3, 3, 3, 3, 3, 0, 3, 3, 0]])
tensor([[0, 0, 1, 2, 2, 0, 1, 2, 0, 0, 1, 0, 0, 1, 1],
        [3, 3, 3, 2, 0, 0, 3, 0, 0, 0, 2, 2, 3, 3, 3]])
tensor([[1, 0, 2, 3],
        [0, 3, 1, 2]])
```

(4) 如何进行标准分布抽样?

```
#均值为0.5,方差为[0.10000, 0.20000, 0.30000, 0.40000, 0.50000, 0.60000, 0.70000,
```

```
0.80000, 0.90000]
    x = torch.normal(mean=0.5, std=torch.arange(0.1, 1, 0.0001))
    print(x)
    #均值为[0.10000, 0.20000, 0.30000, 0.40000, 0.50000, 0.60000, 0.70000, 0.80000,
0.90000],方差为0.5
    y = torch.normal(mean=torch.arange(0.1,1,0.1),std=0.5)
    print(y)
    #均值为[0.10000, 0.20000, 0.30000, 0.40000, 0.50000, 0.60000, 0.70000, 0.80000,
0.90000]
    #方差为[0.10000, 0.20000, 0.30000, 0.40000, 0.50000, 0.60000, 0.70000, 0.80000,
0.90000]
    z = torch.normal(mean=torch.arange(0.1,1,0.1),std=torch.arange(0.1,1,0.1))
    print(z)
    plt.plot(torch.arange(0.1, 1, 0.0001).data.numpy(),x.data.numpy())
    plt.show()
    tensor([ 0.4248,  0.3964,  0.4494,  ...,  0.9055,  0.2543, -0.3518])
    tensor([ 0.5807,  0.4270, -0.2506,  0.2640,  0.1797,  0.4377,  1.1154,
0.6373,  0.4479])
    tensor([0.0370, 0.2305, 0.3554, 0.6012, 0.6571, 1.5476, 0.1952, 0.6846,
2.8770])
```

正态分布采样的结果如图 3.1 所示。

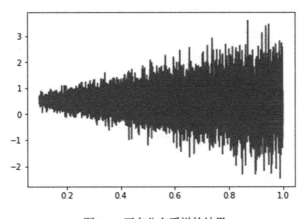

图 3.1　正态分布采样的结果

3.1.4　数据持久化与高并发

与很多框架一样，PyTorch 对数据的处理提供了序列化接口与反序列化接口。通过序列化接口 torch.save，可以将内存中的数据以文件的形式持久化到外部磁盘，通过 torch.load 方法可以将持久化的数据再次加载到内存。通过 save 接口和 load 接口可以实现多任务数据共享。

特别是模型训练产生的模型权重数据需要持久化，以产生模型文件，通过再次加载模型文件，重构模型，进而通过预测任务进行预测。

```
#序列化模型
x = torch.randn(2,3)
#序列化 torch.save 方法
torch.save(x,"randn")
#反序列化 torch.load 方法
x_load = torch.load("randn")
print(x_load)
tensor([[ 0.6560, -1.4981,  0.7547],
        [ 0.6677,  0.4550,  1.3934]])
```

为了提升数据处理的能力，PyTorch 采用并发设计的架构，默认使用机器的所有内核参与计算，并且并发数也等于内核个数，如图 3.2 所示。PyTorch 通过 get_num_threads 方法和 set_num_threads 方法获取与设置并发量。

```
#PyTorch 默认的线程数量等于计算机内核个数
threads = torch.get_num_threads()
print(threads)
#可通过 set_num_threads 方法设置并发数
torch.set_num_threads(4)
threads_1 = torch.get_num_threads()
print(threads_1)
6
4
```

图 3.2　默认并发数等于内核个数

3.1.5　元素级别的数学计算

"工欲善其事，必先利其器。"数据分析及算法岗位的很多需求都需要借助数学进行计算。PyTorch 中提供了丰富的数学计算算子，本节主要介绍元素级别的数学计算方法，读者可以快速预览本节，感兴趣的读者可以实操练习。

元素级别的算子很容易掌握,有很多算子在实现上是类似的,因此放在同一个示例中讲解,这样便于对比和记忆。

(1) 绝对值、求和、三角函数。

```
#求元素绝对值
a = torch.Tensor([-1,-0.5,-0.123,0.4,0.5,0.99])
print(torch.abs(a))
#为每个元素加"n"
print(torch.add(a,3))
#余弦
print(torch.cos(a))
#反余弦
print(torch.acos(a))
tensor([1.0000, 0.5000, 0.1230, 0.4000, 0.5000, 0.9900])
tensor([2.0000, 2.5000, 2.8770, 3.4000, 3.5000, 3.9900])
tensor([0.5403, 0.8776, 0.9924, 0.9211, 0.8776, 0.5487])
tensor([3.1416, 2.0944, 1.6941, 1.1593, 1.0472, 0.1415])
```

(2) 相乘再相加、相除再相加。

```
#Tensor 相除再相加:a+0.1*tensor_a/tensor_b,返回新的结果;需要注意的是,a 元素的个数
需要等于 tensor_a/tensor_b 元素的个数
    x = torch.addcdiv(a,0.1,torch.Tensor([4,9,4,6,7,3]),torch.Tensor([2,1,2,3,
7,1]))
    print(x)
#Tensor 相乘再相加:a+0.1*tensor_a*tensor_b,返回新的 Tensor;需要注意的是,a 元素的个
数需要等于 tensor_a*tensor_b 元素的个数
    y = torch.addcmul(a,0.1,torch.Tensor([4,9,4,6,7,3]),torch.Tensor([2,1,2,3,
7,1]))
    print(y)
tensor([-0.8000, 0.4000, 0.0770, 0.6000, 0.6000, 1.2900])
tensor([-0.2000, 0.4000, 0.6770, 2.2000, 5.4000, 1.2900])
```

(3) 向上取整、向下取整、夹逼函数、乘法、取相反数、取倒数、取平方根倒数和取平方根。

```
#向上取整
x = torch.Tensor([[-9.12,-1.9,-8,-0.3,1.51],[1.2,3.8,4.01,8.88,-7.6]])
print(torch.ceil(x))
#向下取整
print(torch.floor(x))
#夹逼函数,将每个元素限制在给定的区间范围内,小于范围下限的被强制设置为下限值,大于范围上限
的被强制设置为上限值
print(torch.clamp(x,-5.5,5.5))
#乘法
print(torch.mul(x,0.1))
```

```
#取相反数
print(torch.neg(x))
#取倒数
print(torch.reciprocal(x))
#取平方根倒数：每个元素的平方根倒数
print(torch.rsqrt(x[x>0]))
#取平方根
print(torch.sqrt(torch.Tensor([4,16])))
tensor([[-9., -1., -8., -0.,  2.],
        [ 2.,  4.,  5.,  9., -7.]])
tensor([[-10., -2., -8., -1.,  1.],
        [  1.,  3.,  4.,  8., -8.]])
tensor([[-5.5000, -1.9000, -5.5000, -0.3000,  1.5100],
        [ 1.2000,  3.8000,  4.0100,  5.5000, -5.5000]])
tensor([[-0.9120, -0.1900, -0.8000, -0.0300,  0.1510],
        [ 0.1200,  0.3800,  0.4010,  0.8880, -0.7600]])
tensor([[ 9.1200,  1.9000,  8.0000,  0.3000, -1.5100],
        [-1.2000, -3.8000, -4.0100, -8.8800,  7.6000]])
tensor([[-0.1096, -0.5263, -0.1250, -3.3333,  0.6623],
        [ 0.8333,  0.2632,  0.2494,  0.1126, -0.1316]])
tensor([0.8138, 0.9129, 0.5130, 0.4994, 0.3356])
tensor([2., 4.])
```

（4）除法、余数、取小数、四舍五入和指数运算。

```
#除法
x = torch.Tensor([4,9])
y = torch.div(x,3)
print(y)
z = torch.div(x,y)
print(z)
#计算除法余数的fmod方法和remainder方法，相当于Python中的"%"算子
q = torch.Tensor([2.1,2.3,5,6,7])
print(torch.fmod(q,2))
print(torch.remainder(q,2))
#返回浮点数的小数部分
print(torch.frac(q))
#四舍五入
print(torch.round(y))
#指数运算
a = torch.exp(torch.Tensor([0,math.log(2)]))
print(a)
tensor([1.3333, 3.0000])
tensor([3., 3.])
tensor([0.1000, 0.3000, 1.0000, 0.0000, 1.0000])
```

```
tensor([0.1000, 0.3000, 1.0000, 0.0000, 1.0000])
tensor([0.1000, 0.3000, 0.0000, 0.0000, 0.0000])
tensor([1., 3.])
tensor([1., 2.])
```

(5) 自然对数、平滑对数、幂运算。

```
#自然对数
x = torch.Tensor([math.e,math.e**2])
print(torch.log(x))
#对输入 x 加 1 平滑处理后再求对数
print(torch.log1p(x))
#以 2 为底的对数
print(torch.log2(x))
#以 10 为底的对数
print(torch.log10(x))
#幂运算
print(torch.pow(x,1),torch.pow(x,2))
tensor([1., 2.])
tensor([1.3133, 2.1269])
tensor([1.4427, 2.8854])
tensor([0.4343, 0.8686])
tensor([2.7183, 7.3891]) tensor([ 7.3891, 54.5982])
```

(6) 线性插值。

```
#线性插值：outi=starti+weight*(endi-starti)
#带 "_" 的方法为 in-place 类型的算子，不会创建新的 Tensor，而是改变原 Tensor 的值
x = torch.zeros(10).fill_(10)
print(x)
y = torch.arange(10).float()
print(y)
z = torch.lerp(x,y,0.5)
print(z)
tensor([10., 10., 10., 10., 10., 10., 10., 10., 10., 10.])
tensor([0., 1., 2., 3., 4., 5., 6., 7., 8., 9.])
tensor([5.0000, 5.5000, 6.0000, 6.5000, 7.0000, 7.5000, 8.0000, 8.5000, 9.0000,
        9.5000])
```

(7) Sigmoid 函数、sign 符号函数、截断值。

```
#求每个元素的 Sigmoid 值
#Sigmoid 的计算公式为 1/(x+maht.e^(-x))
#Sigmoid 值位于[0,1]，可视为概率值，在激活函数中应用较广
x = torch.arange(-5,5,1).float()
print(x)
print(torch.sigmoid(x))
```

```
#符号函数,根据元素的正、负,返回+1和-1,元素0返回0
print(torch.sign(x))
#截断值(标量x的截断值是最接近其整数的,其比x更接近0。简单理解就是截取小数点前面的数)
print(torch.trunc(torch.Tensor([-0.9,-1.2,-1.9,0,2.1,2.7])))
tensor([-5., -4., -3., -2., -1.,  0.,  1.,  2.,  3.,  4.])
tensor([0.0067, 0.0180, 0.0474, 0.1192, 0.2689, 0.5000, 0.7311, 0.8808, 0.9526,
        0.9820])
tensor([-1., -1., -1., -1., -1.,  0.,  1.,  1.,  1.,  1.])
tensor([-0., -1., -1.,  0.,  2.,  2.])
```

3.1.6 规约计算

规约计算一般是指分组聚合计算,常见的规约计算有均值、方差等,该计算的特点是会使用分组内或所有元素参与计算得到统计性的结果。本节整理了常见的几种规约计算,并且提供了示例,读者可快速浏览,感兴趣的可亲自实践操作。

(1)累积、累和、所有元素的乘积、所有元素的和。

```
#计算累积(Cumulative),可以通过dim指定沿着某个维度计算累积
x = torch.Tensor([[2,3,4,5,6],[9,8,7,6,5]])
print(x)
print(torch.cumprod(x,dim=1))
print(torch.cumprod(x,dim=0))
#计算累和
print(torch.cumsum(x,dim=1))
print(torch.cumsum(x,dim=0))
#计算所有元素的乘积
print(torch.prod(x,dim=1))
print(torch.prod(x,dim=0))
#计算所有元素的和
print(torch.sum(x))
print(torch.sum(x,dim=1))
tensor([[2., 3., 4., 5., 6.],
        [9., 8., 7., 6., 5.]])
tensor([[2.0000e+00, 6.0000e+00, 2.4000e+01, 1.2000e+02, 7.2000e+02],
        [9.0000e+00, 7.2000e+01, 5.0400e+02, 3.0240e+03, 1.5120e+04]])
tensor([[ 2.,  3.,  4.,  5.,  6.],
        [18., 24., 28., 30., 30.]])
tensor([[ 2.,  5.,  9., 14., 20.],
        [ 9., 17., 24., 30., 35.]])
tensor([[ 2.,  3.,  4.,  5.,  6.],
        [11., 11., 11., 11., 11.]])
tensor([  720., 15120.])
tensor([18., 24., 28., 30., 30.])
```

```
tensor(55.)
tensor([20., 35.])
```

(2) p-norm 距离。

```
#距离公式，常用于模型损失值的计算，计算采用 p-norm 范数。p=1 为曼哈顿距离；p=2 为欧氏距离，
默认计算欧氏距离
x = torch.Tensor([[2,3,4,5,6],[9,8,7,6,5]])
y = torch.Tensor([[2,3,4,5,6],[4,5,7,6,5]])
print(torch.dist(x,y,p=0))
print(torch.dist(x,y,p=1))
print(torch.dist(x,y,p=2))
print(torch.dist(x,y,np.inf))
#p-norm 范数
print(torch.norm(x,p=1,dim=1))
print(torch.norm(x,p=1,dim=0))
print(torch.norm(x,p=2,dim=1))
print(torch.norm(x,p=2,dim=0))
tensor(2.)
tensor(8.)
tensor(5.8310)
tensor(5.)
tensor([20., 35.])
tensor([11., 11., 11., 11., 11.])
tensor([ 9.4868, 15.9687])
tensor([9.2195, 8.5440, 8.0623, 7.8102, 7.8102])
```

(3) 均值、中位数、众数、方差和标准差。

```
#均值
x = torch.Tensor([[2,3,4,5,6],[9,8,7,6,5]])
print(torch.mean(x))
print(torch.mean(x,dim=1))
print(torch.mean(x,dim=0))
#中位数，指定 dim 将返回两个 Tensor，第一个 Tensor 是中位数，第二个 Tensor 是索引
print(torch.median(x))
print(torch.median(x,dim=1))
#众数
print(torch.mode(x))
#方差
print(torch.var(x))
print(torch.var(x,dim=0))
#标准差
print(torch.std(x))
print(torch.std(x,dim=0))
tensor(5.5000)
```

```
tensor([4., 7.])
tensor([5.5000, 5.5000, 5.5000, 5.5000, 5.5000])
tensor(5.)
(tensor([4., 7.]), tensor([2, 2]))
(tensor([2., 5.]), tensor([0, 4]))
tensor(4.7222)
tensor([24.5000, 12.5000, 4.5000, 0.5000, 0.5000])
tensor(2.1731)
tensor([4.9497, 3.5355, 2.1213, 0.7071, 0.7071])
```

3.1.7 数值比较运算

数值比较运算主要包括比较数值大小、最小值、最大值、排序等操作。

（1）大于、大于或等于、小于、小于或等于和不相等。

```
#元素相等比较，相等返回1，不相等返回0
x = torch.Tensor([[2,3,5],[4,7,9]])
y = torch.Tensor([[2,4,5],[4,8,9]])
z = torch.Tensor([[2,3,5],[4,7,9]])
print(torch.eq(x,y))
#比较两个Tensor是否相等
print(torch.equal(x,z))
print(torch.equal(x,y))
#逐一比较tensor1中的元素是否大于或等于tensor2中的元素
print(torch.ge(x,y))
#逐一比较tensor1中的元素是否大于tensor2中的元素
print(torch.gt(x,y))
#逐一比较tensor1中的元素是否小于或等于tensor2中的元素
print(torch.le(x,y))
#逐一比较tensor1中的元素是否小于tensor2中的元素
print(torch.lt(x,y))
#逐一比较两个Tensor中的元素是否不相等
print(torch.ne(x,y))
tensor([[1, 0, 1],
        [1, 0, 1]], dtype=torch.uint8)
True
False
tensor([[1, 0, 1],
        [1, 0, 1]], dtype=torch.uint8)
tensor([[0, 0, 0],
        [0, 0, 0]], dtype=torch.uint8)
tensor([[1, 1, 1],
        [1, 1, 1]], dtype=torch.uint8)
```

```
tensor([[0, 1, 0],
        [0, 1, 0]], dtype=torch.uint8)
tensor([[0, 1, 0],
        [0, 1, 0]], dtype=torch.uint8)
```

(2)最大值和最小值。

```
x = torch.Tensor([[2,3,5],[4,7,9]])
print(torch.max(x))
#若指定了dim,返回两个Tensor,第一个Tensor为指定维度上的最大值;第二个Tensor为指定
#维度上对应最大值所在的索引
print(torch.max(x,dim=1))
#最小值
print(torch.min(x))
print(torch.min(x,dim=0))
tensor(9.)
(tensor([5., 9.]), tensor([2, 2]))
tensor(2.)
(tensor([2., 3., 5.]), tensor([0, 0, 0]))
```

(3)排序。

```
x = torch.Tensor([[20,3,5],[4,70,9]])
#如果不指定dim,则默认按shape(-1)最后维度所在的方向进行升序排列;返回的第二个Tensor为
#原始数据的索引
print(torch.sort(x))
#指定关键字参数descending,设定升序还是降序
print(torch.sort(x,dim=0,descending=True))
(tensor([[ 3.,  5., 20.],
        [ 4.,  9., 70.]]), tensor([[1, 2, 0],
        [0, 2, 1]]))
(tensor([[20., 70.,  9.],
        [ 4.,  3.,  5.]]), tensor([[0, 1, 1],
        [1, 0, 0]]))
```

(4)topk。

```
#topk选择最大的或最小的k个元素作为返回值
x = torch.Tensor([[20,3,5],[4,70,9]])
#关键字参数k指定返回最大或最小的几个元素,默认取最大的元素
print(torch.topk(x,k=2))
#largest设置为False表示取最小的topk值
print(torch.topk(x,k=2,largest=False))
#如果指定关键字参数dim,则表示沿着dim维度所在的方向取topk
print(torch.topk(x,k=2,dim=0))
print(torch.topk(x,k=2,dim=1))
(tensor([[20.,  5.,
```

```
       [70.,  9.]]), tensor([[0, 2],
       [1, 2]]))
(tensor([[3., 5.],
       [4., 9.]]), tensor([[1, 2],
       [0, 2]]))
(tensor([[20., 70.,  9.],
       [ 4.,  3.,  5.]]), tensor([[0, 1, 1],
       [1, 0, 0]]))
(tensor([[20.,  5.],
       [70.,  9.]]), tensor([[0, 2],
       [1, 2]]))
```

3.1.8 矩阵运算

矩阵运算是现代计算机的基础，PyTorch 提供了丰富的矩阵向量计算的方法，本节主要介绍这些矩阵操作。

（1）对角矩阵。

```
#对角矩阵
a = torch.rand(2)
print(a)
#diag 设置对角矩阵, diagonal 等于0, 设置主对角线
x = torch.diag(a,diagonal=0)
print(x)
#diagonal 大于0, 设置主对角线之上 diagonal 对应位置的值
x = torch.diag(a,diagonal=2)
print(x)
#diagonal 小于0, 设置主对角线之下 diagonal 对应位置的值
x = torch.diag(a,diagonal=-1)
print(x)
tensor([0.5476, 0.7343])
tensor([[0.5476, 0.0000],
        [0.0000, 0.7343]])
tensor([[0.0000, 0.0000, 0.5476, 0.0000],
        [0.0000, 0.0000, 0.0000, 0.7343],
        [0.0000, 0.0000, 0.0000, 0.0000],
        [0.0000, 0.0000, 0.0000, 0.0000]])
tensor([[0.0000, 0.0000, 0.0000],
        [0.5476, 0.0000, 0.0000],
        [0.0000, 0.7343, 0.0000]])
```

（2）矩阵的迹。

```
#矩阵的迹
```

```
#二维矩阵主对角线上的元素之和
x = torch.randn(2,4)
print(x)
print(torch.trace(x))
tensor([[-0.1204, -0.6686,  0.0600, -1.4658],
        [ 1.5003, -0.8799,  2.1509,  0.2911]])
tensor(-1.0003)
```

(3) 上三角矩阵和下三角矩阵。

```
#下三角矩阵
#参数diagonal控制对角线: diagonal = 0, 主对角线; diagonal > 0, 主对角线之上; diagonal < 0,
#主对角线之下
x = torch.randn(2,5)
print(torch.tril(x))
print(torch.tril(x,diagonal=2))
print(torch.tril(x,diagonal=-1))
#上三角矩阵
#参数diagonal控制对角线: diagonal = 0, 主对角线; diagonal > 0, 主对角线之上; diagonal < 0,
#主对角线之下
print(torch.triu(x))
print(torch.triu(x,diagonal=4))
print(torch.triu(x,diagonal=-1))
tensor([[0.7409, 0.0000, 0.0000, 0.0000, 0.0000],
        [0.8660, 0.2698, 0.0000, 0.0000, 0.0000]])
tensor([[ 0.7409,  0.4724, -0.5798,  0.0000,  0.0000],
        [ 0.8660,  0.2698,  0.7263, -0.8031,  0.0000]])
tensor([[0.0000, 0.0000, 0.0000, 0.0000, 0.0000],
        [0.8660, 0.0000, 0.0000, 0.0000, 0.0000]])
tensor([[ 0.7409,  0.4724, -0.5798, -0.2482,  0.9088],
        [ 0.0000,  0.2698,  0.7263, -0.8031, -1.6912]])
tensor([[0.0000, 0.0000, 0.0000, 0.0000, 0.9088],
        [0.0000, 0.0000, 0.0000, 0.0000, 0.0000]])
tensor([[ 0.7409,  0.4724, -0.5798, -0.2482,  0.9088],
        [ 0.8660,  0.2698,  0.7263, -0.8031, -1.6912]])
```

(4) 矩阵的乘积mm和bmm。

```
#bmm矩阵乘积
#矩阵A的列数需要等于矩阵B的行数
#1*2*3
x = torch.Tensor([[[1,2,3],[4,5,6]]])
print(x.shape)
#1*3*1
y = torch.Tensor([[[9],[8],[7]]])
```

```
print(y.shape)
#res 1*2*1
print(torch.bmm(x,y),torch.bmm(x,y).squeeze(0).squeeze(1))
#注意和 mm 的区别,bmm 为 batch matrix multiplication,而 mm 为 matrix multiplication
print(torch.mm(x.squeeze(0),y.squeeze(0)))
#计算两个一维张量的点积 torch.dot,两个向量对应位置的元素相乘再相加
x = torch.Tensor([1,2,3,4])
y = torch.Tensor([4,3,2,1])
print(torch.dot(x,y))
torch.Size([1, 2, 3])
torch.Size([1, 3, 1])
tensor([[[ 46.],
         [118.]]]) tensor([ 46., 118.])
tensor([[ 46.],
        [118.]])
tensor(20.)
```

(5) 矩阵相乘再相加。

```
#矩阵相乘再相加
#addmm 方法用于两个矩阵相乘的结果再加到矩阵 M,用 beta 调节矩阵 M 的权重,用 alpha 调节矩阵
#乘积结果的系数
#两个相乘的矩阵维度为 2,分别表示成[width,length],如果第一个矩阵的 length 等于第二个
#矩阵的 width 则满足矩阵相乘的条件
#out=(beta*M)+(alpha*mat1•mat2)
x = torch.Tensor([[1,2]])
print(x.shape)
#batch1:1*1*3
batch1 = torch.Tensor([[1,2,3]])
print(batch1.shape)
#batch2:1*3*2
batch2 = torch.Tensor([[1,2],[3,4],[5,6]])
print(batch2.shape)
print(torch.addmm(x,batch1,batch2,beta=0.1,alpha=5))
torch.Size([1, 2])
torch.Size([1, 3])
torch.Size([3, 2])
tensor([[110.1000, 140.2000]])
```

(6) 批量矩阵相乘再相加。

```
#批量矩阵相乘再相加
#addbmm 方法用于批量矩阵相乘的结果再加到矩阵 M,用 beta 调节矩阵 M 的权重,用 alpha 调节
#矩阵乘积结果的系数
#两个相乘的矩阵维度为 3,分别表示[batch_size,width, length],第一个矩阵的 length 等于
#第二个矩阵的 width 则满足矩阵相乘的条件
```

```
#两个相乘矩阵的batch_size应该相等
#res=(beta*M)+(alpha*sum(batch1i·batch2i,i=0,b))
#1*2
x = torch.Tensor([[1,2]])
print(x.shape)
#batch1:1*1*3
batch1 = torch.Tensor([[[1,2,3]]])
print(batch1.shape)
#batch2:1*3*2
batch2 = torch.Tensor([[[1,2],[3,4],[5,6]]])
print(batch2.shape)
print(torch.addbmm(x,batch1,batch2,beta=0.1,alpha=10))
torch.Size([1, 2])
torch.Size([1, 1, 3])
torch.Size([1, 3, 2])
tensor([[220.1000, 280.2000]])
```

（7）矩阵乘向量再相加。

```
#矩阵乘向量再相加
#addmv方法用于矩阵和向量相乘的结果再加到矩阵M，用beta调节矩阵M的权重，用alpha调节
#矩阵与向量乘积的结果
#如果矩阵的列数等于向量的长度则满足相乘的条件
# out=(beta*tensor)+(alpha*(mat·vec))
#1*3
x = torch.Tensor([1,2,3])
print(x.shape)
#batch1:1*3
mat = torch.Tensor([[1],[2],[3]])
print(mat.shape)
#batch2:
vec = torch.Tensor([3])
print(vec.shape)
print(torch.addmv(x,mat,vec,beta=100,alpha=10))
torch.Size([3])
torch.Size([3, 1])
torch.Size([1])
tensor([130., 260., 390.])
```

（8）特征值及特征向量。

```
#计算矩阵的特征值和特征向量(eigenvector)
#eigenvectors(bool)如果为True，则同时计算特征值和特征向量，否则只计算特征值
x = torch.Tensor([[9,2,3],[4,5,8],[7,10,9]])
print(torch.eig(x))
print(torch.eig(x,eigenvectors=True))
```

```
(tensor([[19.0221,  0.0000],
        [ 6.1871,  0.0000],
        [-2.2092,  0.0000]]), tensor([]))
(tensor([[19.0221,  0.0000],
        [ 6.1871,  0.0000],
        [-2.2092,  0.0000]]), tensor([[ 0.3385,  0.7846, -0.0528],
        [ 0.5373, -0.4213, -0.7286],
        [ 0.7725, -0.4548,  0.6829]]))
```

3.2 广播机制

广播机制，简而言之，就是不同维度、不同长度的 Tensor，在满足一定规则的前提下能够自动进行维度和长度的扩充，达到相同维度、相同长度，从而使两个不同维度、不同长度的 Tensor 之间能够正确地进行运算。

3.2.1 自动广播规则

两个 Tensor 能够进行自动广播需要满足以下几个规则。
- 每个维度的大小都相等。
- 每个 Tensor 至少有一个维度。
- 从最里面的维度开始遍历，两个 Tensor 对应维度的大小必须满足如下 3 个条件中的任何一个。
    - 对应相等。
    - 其中一个 Tensor 的大小等于 1。
    - 其中一个 Tensor 的某个维度不存在。

上面的规则可能太抽象，下面列举几个详细的例子帮助读者理解。

首先，每个维度的大小都相等。

```
#每个维度的大小都相等，不需要广播即可参与正常的运算
x = torch.ones(1,2,3)
y = torch.zeros(1,2,3)
print((x+y).shape)
torch.Size([1, 2, 3])
```

其次，每个 Tensor 至少有一个维度。

```
x = torch.Tensor([2])
y = torch.Tensor([[3],[5]])
#x 将自动扩展为[[2],[2]]，然后参与运算
```

```
print(x+y)
tensor([[5.],
        [7.]])
```

最后，需要满足 Tensor 的"维度三条件"。

```
#从最里面的维度开始遍历，要么维度和大小相等，要么其中一个大小为1，要么其中一个维度缺失，三
者满足其一便可自动广播
#1楼: 7==7 相等
#2楼: 其中一个 size==1
#3楼: 其中一个 size==1
#4楼: 4==4 相等
#5楼: 3==3 相等
#6楼: 其中一个 Tensor 维度缺失
x = torch.randn(2,3,4,5,6,7)
y = torch.rand(3,4,1,1,7)
print((x+y).shape)
#下面的 Tensor 不能广播，因此不能正常参与运算
a = torch.randn(2,3,4,5,6,7)
b = torch.rand(3,4,1,2,7)
print((a+b))
torch.Size([2, 3, 4, 5, 6, 7])
---------------------------------------------------------------------------
RuntimeError                              Traceback (most recent call last)
<ipython-input-15-1e71fe357857> in <module>
      6 a = torch.randn(2,3,4,5,6,7)
      7 b =   torch.rand(3,4,1,2,7)
----> 8 print((a+b))
RuntimeError: The size of tensor a (6) must match the size of tensor b (2) at non-singleton dimension 4
```

3.2.2　广播计算规则

自动广播后的计算结果需要满足如下规则。

- 如果两个 Tensor 的维度不相等，将自动在维度低的 Tensor 外层包大小为 1 的维度，直到和高的 Tensor 的维度相等。
- 对于每个维度的大小，取两个 Tensor 的最大值。

为了说明上述规则，给出如下所示的简单示例帮助读者理解。

```
#2*3
x = torch.randn(2,3)
print(x.shape)
#1*4*2*3
```

```
y = torch.rand(1,4,2,3)
print(y.shape)
#x 维度为 2，y 维度为 4，因此会在 x 外增加大小为 1 的维度，变成[[[[1,2,3],[1,2,3]]]]
#维度相等后对应维度按照"广播规则"进行广播，使大小相等。
#输出结果：维度等于高维度 Tensor 的维度，每个维度大小取两个 Tensor 对应维度的最大值
print((x+y).shape)
torch.Size([2, 3])
torch.Size([1, 4, 2, 3])
torch.Size([1, 4, 2, 3])
```

3.3 GPU 设备及并行编程

现代高性能的计算都需要借助 GPU 设备的支持，如 PyTorch、TensorFlow、Hadoop 等都支持 GPU 设备集群计算，Spark 3.0 也将开始支持 GPU 设备集群计算。用 GPU 设备执行高效的科学计算是一种必然的趋势。本节将介绍 PyTorch 如何使用 GPU 设备进行高效的计算，以及如何管理现有的 CPU 设备和 GPU 设备。

PyTorch 中的 torch.cuda 模块专门用于设置和运行 CUDA 命令。CUDA（Compute Unified Device Architecture）是显卡厂商 NVIDIA 推出的运算平台。CUDA™是一种由 NVIDIA 推出的通用并行计算架构，该架构使 GPU 设备能够解决复杂的计算问题，并且包含 CUDA 指令集架构（ISA）及 GPU 设备内部的并行计算引擎。开发人员现在可以使用 C 语言为 CUDA™架构编写程序，C 语言是应用非常广泛的一种高级编程语言。同时，使用 C 语言编写的程序可以在支持 CUDA™的处理器上以超高性能运行。

可以使用 torch.device 或 torch.cuda.device 指定设备，一旦指定了设备，所有的 Tensor 运算将默认在该设备上运行。而跨 GPU 设备的 Tensor 操作是不允许的，因为 PyTorch 不支持在不同 GPU 设备之间共享 Tensor 变量，除非使用 copy_、to、cuda 等方法将该 Tensor 发送（复制）到其他设备，再执行操作。

3.3.1 device 和 cuda.device 的基本用法

下面介绍 device 和 cuda.device 的基本用法，掌握了二者基本的使用方法，对后面模型训练设备的选择将大有裨益。

```
#使用 torch.device 指定设备，PyTorch 默认使用 CPU 设备
print("Default Device:{}".format(torch.Tensor([4,5,6]).device))
#CPU 设备可以使用"cpu:0"来指定
device = torch.Tensor([1,2,3],device="cpu:0").device
```

```python
print("Device Type:{}".format(device))
#用torch.device指定cpu:0设备
cpu1 =torch.device("cpu:0")
print("CPU Device:【{}:{}】".format(cpu1.type,cpu1.index))
#使用索引的方式，默认使用CUDA设备
gpu =torch.device(0)
print("GPU Device:【{}:{}】".format(gpu.type,gpu.index))
#也可以通过torch.device("cuda:0")的方式指定使用哪块GPU
gpu =torch.device("cuda:0")
print("GPU Device:【{}:{}】".format(gpu.type,gpu.index))
#查看所有可用的GPU设备的个数
print("Total GPU Count:{}".format(torch.cuda.device_count()))
#获取系统CPU设备的数量
print("Total CPU Count:{}".format(torch.cuda.os.cpu_count()))
#获取GPU设备的名称
print(torch.cuda.get_device_name(torch.device("cuda:0")))
#GPU设备是否可用
print("GPU Is Available:{}".format(torch.cuda.is_available()))
Default Device:cpu
Device Type:cpu
CPU Device:【cpu:0】
GPU Device:【cuda:0】
GPU Device:【cuda:0】
Total GPU Count:1
Total CPU Count:12
GeForce GTX 1060
GPU Is Available:True
```

3.3.2 CPU 设备到 GPU 设备

创建 Tensor 默认使用 CPU 设备，如果要将 CPU 设备中的 Tensor 转移到 GPU 设备上进行计算，就需要使用 copy_、to、cuda 等方法进行数据的转移。另外，也可以通过 torch.tensor 指定 device 为 GPU 设备，下面介绍如何在 GPU 设备上创建 Tensor 并进行运算。

1. 从 CPU 设备转移到 GPU 设备

```python
#torch.Tensor方法默认使用CPU设备
cpu_tensor = torch.Tensor([[1,4,7],[3,6,9],[2,5,8]])
print(cpu_tensor.device)
#使用to方法将cpu_tensor转移到GPU设备上
gpu_tensor1 = cpu_tensor.to(torch.device("cuda:0"))
print(gpu_tensor1.device)
#使用cuda方法将cpu_tensor转移到GPU设备上
```

```
gpu_tensor2 = cpu_tensor.cuda(torch.device("cuda:0"))
print(gpu_tensor2.device)
#使用copy_方法将cpu_tensor转移到GPU设备上
gpu_tensor3 = cpu_tensor.copy_(gpu_tensor2)
print(gpu_tensor2.device)
print(gpu_tensor3)
cpu
cuda:0
cuda:0
cuda:0
tensor([[  1.,  64., 343.],
        [ 27., 216., 729.],
        [  8., 125., 512.]])
```

也可以直接在 GPU 设备上创建 Tensor。

2. 直接在 GPU 设备上创建 Tensor

```
#使用torch.tensor方法,需要注意和torch.Tensor的区别,前者可通过device指定GPU设备,
#而后者只能在CPU设备上创建
gpu_tensor1 = torch.tensor([[2,5,8],[1,4,7],[3,6,9]],device=torch.device("cuda:0"))
print(gpu_tensor1.device)
#torch.Tensor方法的device只能是CPU设备,否则报错。在CPU设备上创建后可以使用copy_
#cuda、to等方法转移到GPU设备上
cpu_tensor = torch.Tensor([[2,5,8],[1,4,7],[3,6,9]],device=torch.device("cpu:0"))
print(cpu_tensor.device)
#除了torch.Tensor方法,torch上的其他(如rand、randn等)方法也可以通过device参数
#指定GPU设备
print(torch.rand((3,4),device=torch.device("cuda:0")))
print(torch.zeros((2,5),device=torch.device("cuda:0")))
```

3. CUDA Streams

Stream 是 CUDA 命令线性执行的抽象形式,分配给设备的 CUDA 命令会按照"入队序列"的顺序执行,每个设备都有一个默认的 Stream。可以通过 torch.cuda.Stream 创建新的 Stream。所有在 with torch.cuda.stream(torch.cuda.Stream())语句中创建的命令都将在创建的 Stream 上按创建的顺序依次执行。如果不同 Stream 之间的命令交互执行,就不能保证多 Stream 中的命令绝对按顺序执行,需要使用 Synchronize 或 wait_stream 等同步方法,保证多 Stream 中的命令按顺序执行。

下面是一个错误的示例,因为不同的 Stream 可能会产生混乱。

```
cuda = torch.device('cuda')
#创建新的Stream
s = torch.cuda.Stream()
```

```
#使用默认Stream
A = torch.randn((1, 10), device=cuda)
for i in range(100):
    #在新的Stream上对默认Stream上创建的Tensor求和
    with torch.cuda.stream(s):
        #sum() may start execution before randn() finishes!
        B = torch.sum(A)
```

使用 Synchronize 同步方法纠正上面的错误代码。

```
cuda = torch.device('cuda')
#创建新的Stream
s = torch.cuda.Stream()
#使用默认Stream
A = torch.randn((1, 10), device=cuda)
default_stream = torch.cuda.current_stream()
print("Default Stream:{}".format(default_stream))
#等待创建A的Stream完成
torch.cuda.Stream.synchronize(default_stream.cuda_stream)
#在新的Stream上对默认Stream上创建的Tensor求和
with torch.cuda.stream(s):
    for i in range(5):
        print("Current Stream:{}".format(torch.cuda.current_stream()))
        B = torch.sum(A)
```

Synchronize 方法将等待 default_stream 中的指令执行完成，再执行新创建的 Stream 中的指令，保证任务有序完成。

GPU 设备内存的管理仍然可以使用 torch.cuda 模块来完成。可以使用 memory_cached 方法获取缓存内存的大小，使用 max_memory_cached 方法获取最大缓存内存的大小，使用 max_memory_allocated 方法获取最大分配内存的大小。可以使用 empty_cache 方法释放无用的缓存内存，而对于有用的缓存 empty_cache 方法是无法释放的。

3.3.3 固定缓冲区

PyTorch 中提出了固定缓冲区的概念，如果将 CPU 设备的固定缓冲区（页面锁定）的数据复制到 GPU 设备上，速度会有大幅度提升。可以直接使用 torch.pin_memory 方法或在 Tensor 上直接调用 pin_memory 方法将 Tensor 复制到固定缓冲区。然后使用异步的方式将固定缓冲区中的 Tensor 复制到 GPU 设备上，异步的好处是能够保证计算和数据传输同步运行。需要注意的是，torch.pin_memory 方法将 Tensor 复制到固定缓冲区，返回固定缓冲区中的 Tensor 对象，这一点可以通过 id 方法查看对象的地址加以验证。Tensor 上的 is_pinned 方法可以查看该 Tensor 是否加载到固定缓冲区中。

```
#通过调用 torch.pin_memory 方法将 Tensor 复制到固定缓冲区
x = torch.Tensor([[1,2,4],[5,7,9],[3,7,10]])
y = torch.pin_memory(x)
#或在 Tensor 上直接调用 pin_memory 方法
z = x.pin_memory()
#需要注意的是，pin_memory 方法返回 Tensor 对象的拷贝，因此内存地址是不一样的
print("id:{}".format(id(x)))
print("id:{}".format(id(y)))
print("id:{}".format(id(z)))
#一旦将 Tensor 放入固定缓冲区，就可以使用 asynchrinize 方式将数据复制到 GPU 设备上，如使用
#cuda 方法，将关键字参数 non_blocking 设置为 True
a = z.cuda(non_blocking=True)
print(a)
print("is_pinned:{}/{}".format(x.is_pinned(),z.is_pinned()))
id:2858734576192
id:2858734576120
id:2858734763968
tensor([[ 1., 2., 4.],
        [ 5., 7., 9.],
        [ 3., 7., 10.]])
tensor([[ 1., 2., 4.],
        [ 5., 7., 9.],
        [ 3., 7.,10.]], device='cuda:0')
is_pinned:False/True
```

在使用 PyTorch 数据加载器（DataLoader）加载数据时，可以将关键字参数 pin_memory 设置为 True，这样通过加载器加入内存的数据被默认放入固定缓冲区中。在使用 GPU 设备的情况下，可以加快复制数据的速度。

为了说明在 DataLoader 中如何加载数据，需要借助 torch.utils.data.DataLoader 加载 MNIST 数据集进行测试说明。

DataLoader 是 PyTorch 提供的数据加载接口，理论上能够加载任何数据集，提供了批量处理加载、随机打乱、多线程并行功能。该方法功能强大，只要传入 Dataset 的实现类，就可以快速实现数据的加载。Dataset 是一个数据描述接口，用于提供数据位置、数据类别、数据转换等基本操作。DataLoader 和 Dataset 涉及 PyTorch 的一套数据转载接口，后面章节会详细介绍，这里直接使用 DataLoader 加载实现好的 MNIST 数据集。实例化 MNIST 对象如下。

```
datasets.MNIST('../data', train=True, download = True, transform = transforms.Compose ( [ transforms . ToTensor() , transforms.Normalize((0.1,), (0.3,))])
```

第一个参数表示数据的存放位置；关键字参数 train 表示训练数据集；download 表示是否下载

数据集，下载的数据会被放到上层目录的 data 文件夹之中；关键字参数 transform 表示一系列对数据的转换操作。这些操作将依次执行，这里先将加载的数据转换成 Tensor 对象，然后进行标准化操作，转化为均值为 0.1 和方差为 0.5。

下面将 MNIST 对象传递给 DataLoader 进行真正的数据加载。

```
data_loader = torch.utils.data.DataLoader(mnist_dataset,batch_size=32, shuffle=
True, num_workers=10,**{"pin_memory":True})
```

DataLoader 通过 batch_size 指定每次加载批次的大小，关键字参数 shuffle 指定是否在加载数据前对数据进行随机打乱，关键字参数 num_workers 指定并发线程数量，最后的字典类型参数则传入 {"pin_memory":True} 的字典，这样 DataLoader 将把加载的数据放到固定缓冲区中。

DataLoader 是可以迭代的，使用 for 循环便可以不断输出数据，使用 to 方法可以将迭代产生的 Tensor 发送到 GPU 设备上。

```
for data,indx in data_loader:
    print(data[0].is_pinned(),indx.is_pinned())
    #将数据复制到 GPU 设备上
    data.to(torch.device("cuda"))
    indx.to(torch.device("cuda"))
True True
```

使用固定缓冲区的目的是加快 Tensor 复制的速度，并且可以使用异步的方式进行复制。

3.3.4 自动设备感知

PyTorch 既支持使用 CPU 设备计算也支持使用 GPU 设备计算，如何只写一套代码适配两种计算设备？其实，借助 torch.cuda 模块中丰富的辅助方法即可实现与设备无关的逻辑代码。如果有 GPU 设备，则启用 GPU 设备计算；如果没有，则使用 CPU 设备进行计算。借助 torch.cuda.is_available 方法即可判断 GPU 设备是否存在或是否可用，有了这样一个关键的方法便可写出自动设备感知的代码。

在新建 Tensor 变量或使用 DataLoader 加载数据时，需要先判断 GPU 设备是否可用，如果可用则使用 to、cuda、copy_ 等方法将 Tensor 复制到 GPU 设备上。下面是自动设备感知并创建 Tensor 的代码，推荐读者编写这样的代码，使编写的程序具有更好的弹性。

```
#创建默认的 CPU 设备
device = torch.device("cpu")
#如果 GPU 设备可用，则将默认设备改为 GPU
if(torch.cuda.is_available()):
    device = torch.device("cuda")
#使用 torch.tensor 方法、关键字参数 device 指定设备
```

```
a = torch.tensor([1,2,3],device=device)
print(a)
tensor([1, 2, 3], device='cuda:0')
```

有了 Device 对象，模型也可以迁移到 GPU 设备上，也就是在 Module 对象上调用 to 方法，通过关键字参数 device 指定设备。

```
#将模型迁移到GPU设备上
class LinearRegression(torch.nn.Module):
    def __init__(self):
        super(LinearRegression,self).__init__()
        #输入和输出都是一维的
        self.linear = torch.nn.Linear(1,1)
    def forward(self,x):
        return self.linear(x)
regression = LinearRegression().to(device=device)
for para in regression.parameters():
    print(para)
Parameter containing:
tensor([[0.1795]], device='cuda:0', requires_grad=True)
Parameter containing:
tensor([0.8931], device='cuda:0', requires_grad=True)
```

从打印出的模型参数可以看出，这些参数都是设备类型为 cuda:0 的 Tensor，所以模型通过 to 方法迁移到 GPU 设备上是成功的。

前面介绍的 DataLoader 加载数据也是使用 to 方法将 Tensor 复制到 GPU 设备上。至此，读者对自动设备感知已经有所了解，以后在工作或学习中可以参照上面的编程范式，编写能自动感知设备的程序，这样就可以大大降低运维及升级的难度。

3.3.5 并发编程

PyTorch 并没有使用 Python 原生的并发模块 multiprocessing，而是在 torch.multiprocessing 模块中对其进行改造和扩展，通过多处理队列发送的所有张量都将其数据移动到共享内存中，并且只将句柄发送到另一个进程中。

当张量被发送到另一个进程中时，张量数据被共享。如果 Tensor 中的 grad 属性存在，则它也是共享的；如果 Tensor 中的 grad 属性不存在，则该张量被发送到另一个进程后，它将创建标准的、进程特有的 grad 属性，该 grad 属性不会在所有进程中自动共享，这与张量数据的共享方式不同。

下面使用 torch.multiprocessing 完成一个简单的多进程案例。该案例创建了 10 个进程，每个进程向共享队列发送消息，所有进程完成发送任务后，主进程打印出消息队列中接收到的信息。打印出进程 id 号可以明显地观察到 join 方法具有阻塞的效果，使进程排队依次执行，将 join 方法注销后这种有序性就会消失。set_start_method 方法用于设置进程的启动方式，Windows 环境中默认为 spawn，Linux 环境中默认为 fork。

```python
import numpy as np
import pandas as pd
import matplotlib.pyplot as plt
import torch.multiprocessing as mp
import os
def foo(q):   #将队列对象传递给函数
    pid = os.getpid()
    q.put('my pid is:{}'.format(pid))
    print(pid)

if __name__ == '__main__':
    #设置启动进程方式，Windows 环境中默认为 spawn，Linux 环境中默认为 fork
    mp.set_start_method('spawn')
    #创建队列对象
    q = mp.Queue()
    ps = []
    #创建 10 个进程，传递运行函数和参数
    [ps.append(mp.Process(target=foo, args=(q,))) for i in range(10)]
    #启动进程
    [p.start() for p in ps]
    #join()方法可以使主线程阻塞，等待子线程执行完成再执行
    [p.join for p in ps]
    #获取队列数据
    data = q.get()
    while(data):
        print(data)
        data = q.get()
```

多进程执行结果如图 3.3 所示。

```
19516
22192
20532
21988
14528
6624
14832
26480
16424
13400
my pid is:19516
my pid is:22192
my pid is:20532
my pid is:21988
my pid is:14528
my pid is:6624
my pid is:14832
my pid is:16424
my pid is:26480
my pid is:13400
```

图 3.3 多进程执行结果

模型也可以采用多进程来加速训练进程，每个进程接收相同的数据、变量及参数，只是训练出的权重参数需要多进程共享，达到多进程协同训练的目的。而共享权重参数只需要在模型中调用 share_memory 方法，模型参数便可以在多进程中共享。下面运用多进程的方式重写前面介绍的线性回归模型。

```python
import numpy as np
import matplotlib.pyplot as plt
import torch.multiprocessing as mp
import torch
import random
from train import train
class LinearRegression(torch.nn.Module):
    def __init__(self):
        super(LinearRegression,self).__init__()
        #输入和输出都是一维的
        self.linear = torch.nn.Linear(1,1)
    def forward(self,x):
        return self.linear(x)
if __name__ == "__main__":
    mp.set_start_method('spawn')
    x = np.arange(20)
    y = np.array([5*x[i]+random.randint(1,20) for i in range(len(x))])
    x_train = torch.from_numpy(x).float()
    y_train = torch.from_numpy(y).float()
    #新建模型、误差函数和优化器
    model = LinearRegression()
    model.share_memory()
    processes = []
    for rank in range(10):
        p = mp.Process(target=train, args=(x_train,y_train,model))
        p.start()
        processes.append(p)
    for p in processes:
        p.join()
    #预测一波
    input_data = x_train.unsqueeze(1)
    predict = model(input_data)
    plt.xlabel("X")
    plt.ylabel("Y")
    plt.plot(x_train.data.numpy(),predict.squeeze(1).data.numpy(),"r")
    plt.scatter(x_train,y_train)
    plt.show()
```

模型没有任何变化，在训练时通过调用模型中的 share_memory 方法进行模型参数共享设置，然后启动 10 个进程并行训练，训练完成后用训练得到的模型对 X 进行预测，得到预测的 Y 值，最后将预测得到的直线和原始数据进行可视化，如图 3.4 所示。

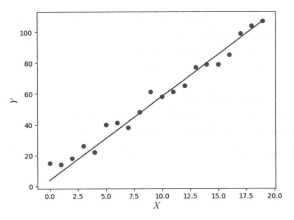

图 3.4　使用多进程进行模型训练

多进程训练模型能大幅度提升模型的训练速度，在模型训练中值得采用。3.4 节将继续使用多进程训练模型，从而帮助读者进行巩固和深化。

3.4　实验室小试牛刀之轻松搞定图片分类

MNIST 数据集是机器学习领域中的一个经典数据集，由 1px×28px×28px 的灰度手写数字图片及对应的数字编号组成，其中数字的范围为 0～9，对于图像的多分类任务，该数据集是最好的练习素材。MNIST 手写数字对应的数值矩阵如图 3.5 所示。

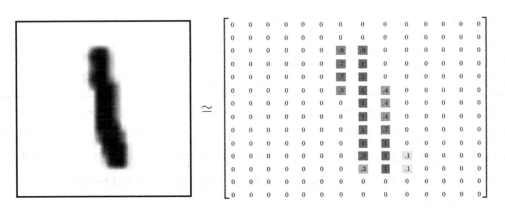

图 3.5　MNIST 手写数字对应的数值矩阵

在"固定缓冲区"部分中已经提及 MNSIT 数据集，PyTorch 实现了 MNIST 数据集的接口，通过该接口可以联网，然后将数据集下载到本地。

```
#创建 Dataset 实例
mnist_dataset = datasets.MNIST('../data', train=True, download=True,
                 transform=transforms.Compose([
                     transforms.ToTensor(),
                     transforms.Normalize((0.0,), (1.0,))
                 ]))
#创建 DataLoader，加载 MNIST 数据集
data_loader = torch.utils.data.DataLoader(mnist_dataset,batch_size=32,
shuffle=True, num_workers=10,**{"pin_memory":True})
```

运行上面的代码，等待执行完成，在本地的"/data"目录中可以看到通过网络下载的数据集，如图 3.6 所示。

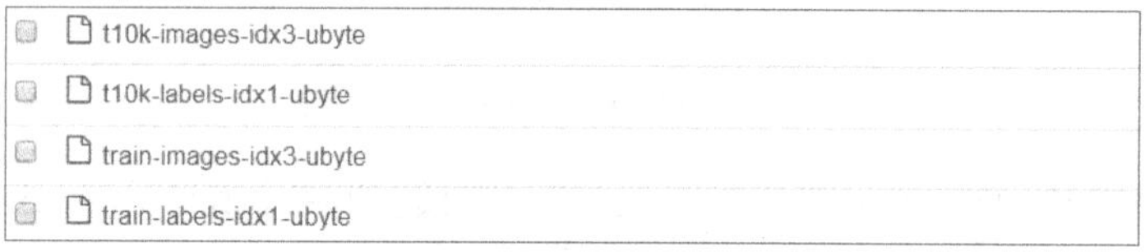

图 3.6　下载的数据集

下面先简单介绍 MNIST 数据集（见表 3.1），该数据集被分成 3 个部分：训练数据集（mnist.train），包含 55 000 张图片；测试数据集（mnist.test），包含 10 000 张图片；验证数据（mnist.validation），包含 5000 张图片。

表 3.1　MNIST 数据集说明

文件	内容
train-images-idx3-ubyte.gz	55 000 张训练图片，5000 张验证图片
train-labels-idx1-ubyte.gz	训练数据集图片对应的数字标签
t10k-images-idx3-ubyte.gz	10 000 张测试图片
t10k-labels-idx1-ubyte.gz	测试数据集图片对应的数字标签

每张图片的形状为 1×28×28，把这些像素展开成一个向量，长度是 1×28×28 = 784。如何展开这个数组（数字间的顺序）不重要，只要保证各张图片采用相同的方式展开即可。从这个角度来看，MNIST 数据集的图片就是 784 维向量空间中的点。展平图片的数字会丢失图片的二维结构信息，但是对于分类任务来说是很幸运的，因为采用 softmax 分类函数不会使用这些结构信息。MNIST 训练数据及标签如图 3.7 所示。

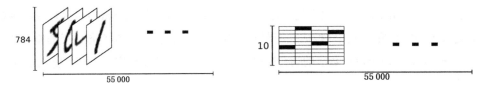

图 3.7　MNIST 训练数据及标签

每个像素点值的大小表示该像素点的亮度，原始数值为 0～1，经过 DataLoader 的 Normalize 转换之后就变成均值为 0、方差为 1 分布的点。使用 Normalize 转换数据是因为数据标准化有如下几点好处。

- 去除数据单位的限制：将数据转换为无量纲的纯数值。
- 提升模型的收敛速度：数据标准化使各个特征对结果做出的贡献相同，使优化的边界近似于正圆，避免模型优化过程中走"之"字形路线，提升收敛速度。
- 提升模型的精度：距离计算时每个特征的贡献程度一样，避免了量纲不同时某些特征过大的数值对距离计算精度产生的影响，如计算欧氏距离。

3.4.1　softmax 分类简介

在做逻辑回归任务时，使用了 Sigmoid 函数，将分类任务转换成概率计算，以某个概率作为阈值可以将数据分为正、负两类，适合二分类任务，对于 10 个类别的 MNIST 手写数字识别任务而言，使用 Sigmoid 函数进行分类也是可以的，把十分类任务转换成 10 个二分类任务，从 10 个类别中选择一个类别作为正类，剩下的作为负类，但是这种方式显得特别麻烦。是否存在一种方式能够一次性给出每个类别的概率，并且取概率最大者为正确类别？例如，p=[0.9,0.05,0.001,0.009,0.0,0.0,0.0,0.0,0.02,0.02]，取概率最大者 argmax(p)=1，则正确类别判定为 1。

为了得到一张给定图片属于某个特定数字类的证据（Evidence），可以对图片像素值进行加权求和。如果这个像素具有很强的证据说明这张图片不属于该类，那么相应的权值为负数；相反，如果这个像素具有有力的证据支持这张图片属于这个类，那么权值是正数。我们也需要加入一个额外的偏置量（Bias），因为输入往往会带有一些无关的干扰量。因此，对于给定的输入图片 x，它代表的数字 i 的证据可以表示为

$$\text{evidence}_i = \sum_j w_{i,j} x_j + b_i$$

式中，$w_{i,j}$ 代表输入图片属于 i 类别且第 j 个像素点的权重值，b_i 代表属于 i 类别的偏置量，x_j 表示给定的图片 x 的像素点。接下来需要找到一个函数，将图片属于每个类别的 evidence 转换成概率，

这个函数我们称为 softmax 函数。这里的 softmax 可以看作一个激励（Activation）函数或链接（Link）函数，把定义的线性函数的输出转换成我们想要的格式，也就是关于 10 个数字类的概率分布。因此，给定一张图片，它对于每个数字的吻合度可以被 softmax 函数转换成一个概率值。softmax 函数可以定义为

$$\text{softmax}(x) = \text{normalize}(\exp(x))$$

式中，exp 表示指数函数，通常形式为 e^x，将 evidence 进行指数级别的放缩，拉开正类和负类的差距，使计算出的概率能够更好地区分正类和负类。normalize 表示归一化处理，所有类别的概率和等于 1，这也符合相互独立事件概率和等于 1 的数学定义。将上式等号右边展开，可以表示为

$$\text{softmax}(x)_i = \frac{\exp(x_i)}{\sum_{i=1}^{n} \exp(x_i)}$$

softmax 分类模型可以用图 3.8 进行解释，对输入的像素点加权求和，再分别加上一个偏置量，最后输入 softmax 函数中。

$$\begin{bmatrix} y_1 \\ y_2 \\ y_3 \end{bmatrix} = \text{softmax} \begin{Bmatrix} w_{1,1}x_1 + w_{1,2}x_2 + w_{1,3}x_3 + b_1 \\ w_{2,1}x_1 + w_{2,2}x_2 + w_{2,3}x_3 + b_2 \\ w_{3,1}x_1 + w_{3,2}x_2 + w_{3,3}x_3 + b_3 \end{Bmatrix}$$

将上式等号右边用矩阵表示，可变为

$$\begin{bmatrix} y_1 \\ y_2 \\ y_3 \end{bmatrix} = \text{softmax} \begin{Bmatrix} \begin{bmatrix} w_{1,1} & w_{1,2} & w_{1,3} \\ w_{2,1} & w_{2,2} & w_{2,3} \\ w_{3,1} & w_{3,2} & w_{3,3} \end{bmatrix} \cdot \begin{bmatrix} x_1 \\ x_2 \\ x_3 \end{bmatrix} + \begin{bmatrix} b_1 \\ b_2 \\ b_3 \end{bmatrix} \end{Bmatrix}$$

可以用矩阵的形式将上式简写为

$$Y = \text{softmax}(WX + b)$$

式中，W 为权重矩阵，b 为偏置项向量。softmax 的计算过程如图 3.8 所示。

自此可以得到进行多分类的目标式，然后根据目标式找出一个损失函数，我们只能根据损失函数优化模型。损失函数是如何定义的呢？softmax 函数计算的是每个类别的概率，得到的结果为所有类别概率组成的向量，将该向量与标签值比较便可以得出损失，要度量这个损失，需要用到熵的概念。交叉熵是熵的一种推导形式，用于衡量两个函数或分布的差异性，交叉熵越小表示拟合得越好。

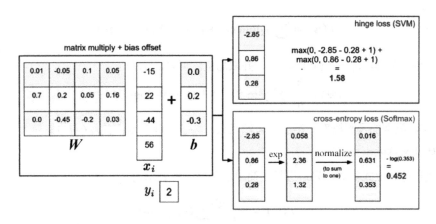

图 3.8　softmax 的计算过程

交叉熵函数的推导来源于极大似然估计，用样本估计参数的值，这里以二分类为例进行说明。样本属于正类的概率可以表示为

$$P(Y=1|X) = F(X)$$

样本属于负类的概率可以表示为

$$P(Y=0|X) = 1 - F(X)$$

既然是二分类数据，并且采集的数据是独立的，因此样本服从二项分布，将正类和负类的概率写在一起表示，得到 Y 的分布律为

$$P(Y=y_i) = p_i^{y_i}(1-p_i)^{1-y_i}$$

式中，p_i 是正类概率，$1-p_i$ 是负类概率。$y_i=1$，$1-y_i=0$。以抛掷一枚特殊硬币为例，y_i 表示出现正面，记为 1，$1-y_i$ 表示出现反面，记为 0。出现正面的概率为 p_i=0.4，出现反面的概率为 $1-p_i$=0.6，所以进行 n=1 重伯努利试验得到正面的概率为

$$C_n^k p_i^k (1-p_i)^{n-k} = C_1^1 p_i^1 (1-p_i)^0 = 1 \times 0.4 \times 1 = 0.4$$

得到反面的概率为

$$C_n^k p_i^k (1-p_i)^{n-k} = C_1^1 p_i^0 (1-p_i)^1 = 1 \times 1 \times 0.6 = 0.6$$

如果估计参数值就需要采用极大似然估计，因此重复上面的一重伯努利试验 m 次，求 m 次试验的联合概率就可以得到似然函数，即

$$\prod_{1}^{m} p_i^{y_i}(1-p_i)^{1-y_i}$$

对上式取对数得到对数似然函数，可以表示为

$$L(w) = \sum_{1}^{m} y_i \log(p_i) + (1 - y_i)\log(1 - p_i)$$

对上式进行整理，$p_i = F(x_i) = y_i^{'}$，并取均值，可以表示为

$$L(w) = \frac{1}{m}\sum_{1}^{m} y_i \log(y_i^{'}) + (1 - y_i)\log(1 - y_i^{'})$$

式中，$y_i^{'}$ 表示类别的预测概率。得到了似然函数，为了估计参数，使 $L(w)$ 的值最大即可，这也是极大似然估计名称的由来。

多分类任务和上式类似，只是进行了简单的改写，可表示为

$$L(w) = -\frac{1}{m}\sum_{j=1}^{m}\sum_{i=1}^{c} t_{ji} \log(p_{ji})$$

式中，m 表示样本数量，c 表示类别数量，t_{ji} 表示第 j 个样本属于第 i 类别的真实概率，p_{ji} 表示第 j 个样本属于第 i 类别的预测概率。

上面描述的式子称为 softmax 分类函数的损失函数，一般用于神经网络的最后一层，损失函数对输出值求偏导，由 BP 算法及梯度传播的链式法则即可完成整个神经网络参数的优化，接下来定义图片分类神经网络结构。

3.4.2 定义网络结构

构建神经网络需要关注输入 Tensor 的形状，中间转换过程需要遵循矩阵乘法法则。手写数字识别任务中每张图片有 784 个像素点，对应输入层维度为 784，需要有 784 个神经元，而整个数据集有 10 个类别，因此在网络的最后一层使用 softmax 分类函数进行分类，本节定义三层神经元来完成图片分类任务。MNIST 手写数字识别神经网络结构如图 3.9 所示。

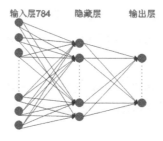

图 3.9 MNIST 手写数字识别神经网络结构

输入层有 784 个神经元，隐藏层有 50 个神经元，输出层有 10 个神经元。通常采用三层神经网络，网络定义如下。

```python
class MNISTNet(nn.Module):
    def __init__(self):
        super(MNISTNet,self).__init__()
        self.layer1 = nn.Linear(784,50)
        self.layer2 = nn.Linear(50,10)
    def forward(self,x):
        #输入层到隐藏层，使用tanh激活函数
        x = self.layer1(x.reshape(-1,784))
        x = torch.tanh(x)
        #隐藏层到输出层，使用ReLU激活函数
        x = self.layer2(x)
        x = F.relu(x)
        #使用F.log_softmax激活函数，最后计算损失值时要使用NLLLoss负对数似然损失函数
        x = F.log_softmax(x,dim=1)
        return x
```

__init__ 方法定义了网络的结构，forward 方法定义了前向传播过程。输入的 x 的形状是 [batch_size,1,28,28]，但是定义神经网络时忽略了图片结构信息，因此将 1×28×28 拉伸为大小为 784 的向量，使用 reshape 方法对输入的 x 进行变形，第一个参数"−1"表示保持批量信息，而第二个参数"784"表示将图片拉伸为大小为 784 的向量，使用 reshape 方法之后，x 的形状变为[batch_size,784]，符合神经网络的输入要求。

在输入层和隐藏层之后分别加 tanh 与 ReLU 激活函数对输出进行激活。输出层使用 log_softmax 计算 softmax 的对数值，log_softmax(x)等价于 log(softmax(x))。如果使用 log_softmax 函数，则损失函数需要使用 nll_loss（Negative Log Likelihood）。nll_loss 损失函数的表达式为 loss(predict, label) = −predict$_{label}$，相当于只取 log(softmax(x))预测结果向量 label 对应索引值的相反数。下面以简单的例子进行说明，首先看 softmax 的计算。

```python
import torch
import torch.nn as nn
import torch.nn.functional as F
import math
a = torch.Tensor([2,3,4])
#使用PyTorch内置的softmax函数
softmax = a.softmax(dim=0)
print(softmax)
#根据公式计算
manual_softmax = torch.pow(math.e,a)/torch.pow(math.e,a).sum()
print(manual_softmax)
tensor([0.0900, 0.2447, 0.6652])
tensor([0.0900, 0.2447, 0.6652])
```

PyTorch 内置的 softmax 和通过公式手动计算的结果是一致的。再看 log_softmax，其计算过程

如下。

```
#使用 PyTorch 内置的 softmax 函数 log_softmax
log_softmax = a.log_softmax(dim=0)
print(log_softmax)
#根据公式计算
manual_log_softmax = (torch.pow(math.e,a)/torch.pow(math.e,a).sum()).log()
print(manual_log_softmax)
tensor([-2.4076, -1.4076, -0.4076])
tensor([-2.4076, -1.4076, -0.4076])
```

内置函数与手动计算无异，运用如下示例就可以知道 nll_loss 是如何计算的。

```
print(manual_log_softmax.unsqueeze(1))
#使用 PyTorch 内置的 nll_loss 计算损失，reduction 默认为 mean，这里为了演示效果设置为 none
#LongTensor[0,0,0]表示正确类别所在索引，这里只有一个元素，为了方便演示，所以设置成 0
nll_loss = F.nll_loss(manual_log_softmax.unsqueeze(1),torch.LongTensor
([0,0,0]),reduction='none')
#手动计算 nll_loss
print(nll_loss)
#如果是多类别的
tmp = torch.Tensor([[-2.4076,4.52],
        [-1.4076,3.42],
        [-0.4076,0.123]])
tmp_index = torch.LongTensor([1,1,0])
print("nll_loss:{}".format(F.nll_loss(tmp,tmp_index,reduction='none')))
tensor([[-2.4076],
        [-1.4076],
        [-0.4076]])
tensor([2.4076, 1.4076, 0.4076])
nll_loss:tensor([-4.5200, -3.4200,  0.4076])
```

由此可知，计算结果完全由定义公式而来，log_softmax 和 nll_loss 经常组合使用，常见于各种分类算法中，相信读者已经对其计算过程了如指掌。接下来介绍一个和上述组合功能非常类似的算子——CrossEntoryLoss，它的底层实际上也是调用的 log_softmax 和 nll_loss，该算子一步到位地将 softmax、log 及 nll 操作全部完成。下面用一个简单的例子说明 CrossEntoryLoss 的计算过程。

```
#交叉熵损失函数
b = torch.Tensor([[1,2],[0.5,3],[0.9,4]])
loss = nn.CrossEntropyLoss()
loss(b,torch.LongTensor([0,1,0]))
tensor(1.5121)
```

下面运用图例说明 CrossEntoryLoss 的计算过程，如图 3.10 所示。

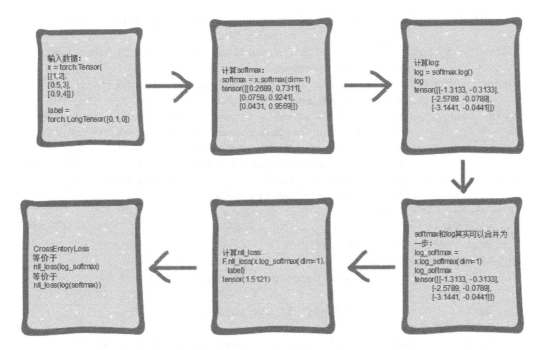

图 3.10　CrossEntoryLoss 的计算过程

由图 3.10 可以看出，CrossEntoryLoss 等价于 nll_loss 和 log_softmax，而 log_softmax 等价于 log(softmax)。CrossEntoryLoss 底层实际上就是调用 nll_loss 和 log_softmax 完成计算的。

了解了损失函数，下面介绍如何使用多进程训练模型。此处使用多进程主要是因为：多进程可以提升训练速度，能够最大限度地使用计算资源；复习和巩固前面介绍的多进程训练方面的知识。

多进程训练最重要的是共享参数，在训练模型之前，先在模型上调用 share_memory，使多个进程共享一套参数。进程数量的设置一般小于或等于电脑物理核个数，进程太多容易造成系统资源调度紧张，反而影响并发速度。另外，凡是涉及参数的，建议使用 argparse 模块进行封装，因为 argparse 是一个参数解析工具，支持 main() 函数参数解析，默认参数设置非常实用。这里所有的参数都是用 argparse 进行解析的。main() 函数中参数解析、新建模型、创建多进程的核心代码如下。

```
#解析传入的参数
parser = argparse.ArgumentParser(description='PyTorch MNIST')
parser.add_argument('--batch-size', type=int, default=64, metavar='N',
                    help='input batch size for training (default: 64)')
parser.add_argument('--test-batch-size', type=int, default=1000, metavar='N',
                    help='input batch size for testing (default: 1000)')
parser.add_argument('--epochs', type=int, default=10, metavar='N',
                    help='number of epochs to train (default: 10)')
```

```python
    parser.add_argument('--lr', type=float, default=0.01, metavar='LR',
                        help='learning rate (default: 0.01)')
    parser.add_argument('--momentum', type=float, default=0.9, metavar='M',
                        help='SGD momentum (default: 0.9)')
    parser.add_argument('--seed', type=int, default=1, metavar='S',
                        help='random seed (default: 1)')
    parser.add_argument('--log-interval', type=int, default=10, metavar='N',
                        help='how many batches to wait before logging training status')
    parser.add_argument('--num-processes', type=int, default=5, metavar='N',
                        help='how many training processes to use (default: 1)')
    parser.add_argument('--cuda', action='store_true', default=False,
                        help='enables CUDA training')
if __name__ == "__main__":
    #解析参数
    args = parser.parse_args()
    #判断是否使用GPU设备
    use_cuda = args.cuda and torch.cuda.is_available()
    #运行时设备
    device = torch.device("cuda" if use_cuda else "cpu")
    #使用固定缓冲区
    dataloader_kwargs = {'pin_memory': True} if use_cuda else {}
    #多进程训练，Windows环境中使用spawn方式
    mp.set_start_method('spawn')
    #将模型复制到设备
    model = MNISTNet().to(device)
    #多进程共享模型参数
    model.share_memory()
    processes = []
    for rank in range(args.num_processes):
        p = mp.Process(target=train, args=(rank,args,model,device,dataloader_kwargs))
        p.start()
        processes.append(p)
    for p in processes:
        p.join()
    #测试模型
    test(args, model, device, dataloader_kwargs)
```

对于每个进程调用的训练及测试逻辑，均封装为方法。train方法对应训练过程，而test方法对应测试逻辑。先看训练过程，从逻辑上讲，训练过程中需要关注数据、训练的损失、优化器及适当的日志信息。数据的加载很简单，使用DataLoader不仅可以加载数据，还支持随机打乱、批量加载；计算模型的损失使用nll_loss，因为模型定义的最后一层使用的是log_softmax函数。PyTorch有很多定义好的优化器，直接使用SGD即可，但需要指定学习率，如果使用基于动量的SGD，还需要

指定关键字参数 momentum。train 方法的定义如下。

```python
def train(rank, args, model, device, dataloader_kwargs):
    #手动设置随机种子
    torch.manual_seed(args.seed + rank)
    #加载训练数据
    train_loader = torch.utils.data.DataLoader(datasets.MNIST('../data',
train=True, download=True,transform=transforms.Compose([transforms.ToTensor(),
                    transforms.Normalize((0.,), (1.,))
    ])),batch_size=args.batch_size, shuffle=True, num_workers=1,**dataloader_kwargs)
    #使用 SGD 进行优化
    optimizer = optim.SGD(model.parameters(), lr=args.lr, momentum=args.momentum)
    #开始训练,训练 epochs 次
    for epoch in range(1, args.epochs + 1):
        train_epoch(epoch, args, model, device, train_loader, optimizer)
```

每个进程都要多次迭代数据进行训练，因此在 train 方法中将每次的迭代过程封装为 train_epoch 方法，将外部创建好的 optimizer、train_loader 等参数传入即可。

```python
def train_epoch(epoch, args, model, device, data_loader, optimizer):
    #模型转换为训练模式
    model.train()
    pid = os.getpid()
    for batch_idx, (data, target) in enumerate(data_loader):
        #优化器梯度设置为 0
        optimizer.zero_grad()
        #输入特征预测值
        output = model(data.to(device))
        #用预测值与标准值计算损失
        loss = F.nll_loss(output, target.to(device))
        #计算梯度
        loss.backward()
        #更新梯度
        optimizer.step()
        #每 10 步打印一下日志
        if batch_idx % 10 == 0:
            print('{}\tTrain Epoch: {} [{}/{} ({:.0f}%)]\tLoss: {:.6f}'.format
(pid, epoch, batch_idx * len(data), len(data_loader.dataset), 100. * batch_idx /
len(data_loader), loss.item()))
```

所有重要的步骤都在 train_epoch 方法中完成，在该方法中调用 data_loader 加载数据，将数据传给模型，得到输出值，使用 nll_loss 方法计算输出值和目标值之间的损失，在 loss 上调用 backward

方法计算梯度，优化器的 step 方法将更新梯度。需要注意的是，每次迭代都需要调用 zero_grad 方法将优化器上记录的梯度重置为 0，因为优化器上的梯度是连乘的。

训练过程逻辑完成后需要了解如何进行模型的测试。测试模型有两个要素，即数据和待测试的模型，数据通过 DataLoader 加载，而模型通过测试步骤得到。因此，可以将测试过程封装为 test 方法，其依赖的所有资源都以参数的形式传入。test 方法如下。

```python
def test(args, model, device, dataloader_kwargs):
    #设置随机种子
    torch.manual_seed(args.seed)
    #加载测试数据
    test_loader = torch.utils.data.DataLoader(datasets.MNIST('../data',
train=False, transform=transforms.Compose([transforms.ToTensor(),
        transforms.Normalize((0.,), (1.,))
])),batch_size=args.batch_size, shuffle=True, num_workers=1,**dataloader_kwargs)
    #运行测试
    test_epoch(model, device, test_loader)
```

需要注意的是，测试加载的是测试数据，将 DataLoader 中的关键字参数 train 设置为 False。test 方法依赖的 model、data 及外部的 device 参数都传递给 test_epoch() 函数。

```python
def test_epoch(model, device, data_loader):
    #将模型转换为测试模式
    model.eval()
    test_loss = 0
    correct = 0
    with torch.no_grad():
        for data, target in data_loader:
            output = model(data.to(device))
            #将每个批次的损失加起来
            test_loss += F.nll_loss(output, target.to(device), reduction='sum').item()
            #得到概率最大的索引
            pred = output.max(1)[1]
            #如果预测的索引和目标索引相同，则认为预测正确
            correct += pred.eq(target.to(device)).sum().item()
    test_loss /= len(data_loader.dataset)
    print('\nTest set: Average loss: {:.4f}, Accuracy: {}/{} ({:.0f}%)\n'.
format(test_loss, correct, len(data_loader.dataset),100. * correct / len(data_loader.dataset)))
```

先在模型上调用 eval 方法，将模型转换为测试模式，接下来给模型传入数据，得到模型反馈的输出值，再使用 nll_loss 计算测试损失，这里得到损失值并不是为了更新模型，而是为了打印，方

便查看测试损失和训练损失的差别，用于判断模型的泛化能力。在正常情况下，测试损失和训练损失差别不大，否则就需要考虑数据的分布及模型的泛化能力。

分类模型采用准确率来度量模型的好坏，准确率等于预测正确的个数除以总的测试样本的个数。怎样得到预测的类别？模型预测的输出都是得分，得分最大的我们认为是正确的类别，而其对应的索引即为预测类别。例如，有一个输出为[1,2,3,80,3,4,5,8,1,0.1]，这是一个得分向量，该向量中的最大值为80，对应的向量索引为3，因此其对应类别为3。我们统计出预测向量类别标号等于标签中的类别标号的数量再除以总的测试样本数量，即可得出预测的精度，而output.max(1)[1]正是取最大得分对应的索引，用pred. eq(target . to(device)).sum().item()计算出总的预测正确的个数。

接下来看定义的模型效果，直接运行main()函数开始训练，MNIST 训练过程如图 3.11 所示。

```
152612  Train Epoch: 10 [53760/60000 (90%)]    Loss: 0.022428
152612  Train Epoch: 10 [54400/60000 (91%)]    Loss: 0.019468
152612  Train Epoch: 10 [55040/60000 (92%)]    Loss: 0.017289
152612  Train Epoch: 10 [55680/60000 (93%)]    Loss: 0.044920
152612  Train Epoch: 10 [56320/60000 (94%)]    Loss: 0.010593
152612  Train Epoch: 10 [56960/60000 (95%)]    Loss: 0.019484
152612  Train Epoch: 10 [57600/60000 (96%)]    Loss: 0.007491
152612  Train Epoch: 10 [58240/60000 (97%)]    Loss: 0.037962
152612  Train Epoch: 10 [58880/60000 (98%)]    Loss: 0.016749
152612  Train Epoch: 10 [59520/60000 (99%)]    Loss: 0.034034

Test set: Average loss: 0.0877, Accuracy: 9741/10000 (97%)
```

图 3.11　MNIST 训练过程

简单的三层神经网络可以使分类准确率达到 97%，效果还是不错的，如果使用更加复杂的模型（如卷积神经网络、循环神经网络），准确率甚至可以达到 99.9%，这些高阶的内容在后面的章节会进行讲解。

3.5　加油站之高等数学知识回顾

数学本身是一个工具，更是一门学科，这门学科在机器学习及深度学习领域具有灵魂支柱的作用。复杂的数学思想都起源于平凡且朴素的假设，本节介绍的内容跟随数学大师的思想节奏，读者可以了解他们的数学思路。

3.5.1　泰勒公式及其思想

泰勒公式的出发点非常简单，用简单且熟悉的多项式来近似代替复杂的函数，使函数值的计算更加简单和容易。

使用微积分计算一个函数围成的几何图形的面积，采用了"以直代曲"的思想，将几何图形划分为 n 个矩形，用 n 个矩形的面积近似求取几何图形的面积，当 n → ∞ 时，便能精确计算几何图形的面积。复杂的函数也可以运用图形的"以直代曲"的思想，用简单的、熟悉的多项式近似替代复杂的函数，如图 3.12 所示。

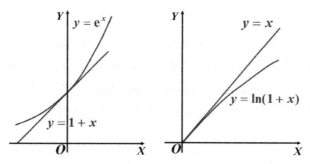

图 3.12　函数中的"以直代曲"

下面先介绍何为"以直代曲"。当 $|x|$ 很小时，$e^x \approx 1 + x$，$\ln(x+1) \approx x$。

$y = 1 + x$ 是 $y = e^x$ 在 $x=0$ 处的切线，切线斜率等于该点的导数；$y = x$ 正好是 $y = \ln(x+1)$ 在 $x=0$ 处的切线，切线的斜率等于该点的导数。导数表示函数变化的快慢，所以在 $x=0$ 处两个函数变化的快慢是一致的，但两个函数显然是不同的，当 $x \to \infty$ 时，两个函数表现出不同的性质。如图 3.13 所示，经过点 P 的曲线有很多条，并且它们在点 P 的变化率（导数）相同，但是在其他的点却表现出截然不同的趋势。

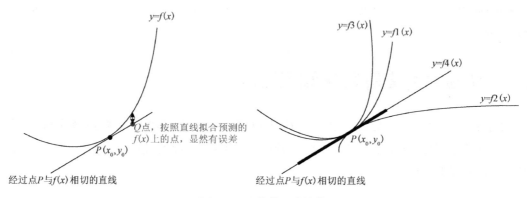

图 3.13　函数的一阶导数

显然，单用一阶导数只能表示当前函数值变化的快慢，而无法表达函数整体的变化趋势，一阶导数只是帮助我们定位了下一个点是上升还是下降，很难把控之后的变化趋势，如图 3.14 所示。

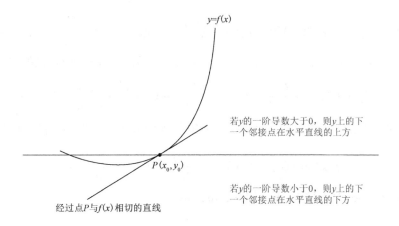

图 3.14 一阶导数代表当前函数的变化率

是否可以借助更高阶的导数预测函数趋势？导数的导数是否可以表示导数的变化趋势？例如，对上面提到的函数求二阶导数 $(e^x)'' = e^x$，$(\ln(1+x))'' = \dfrac{-1}{(1+x)^2}$，两个函数在 $x=0$ 处的导数分别为 1 和 -1。二阶导数可以表示函数的凹凸性，二阶导数大于 0 为凹函数，二阶导数小于 0 为凸函数。从函数图像也能看出第一个函数的变化趋势越来越快，而第二个函数的变化趋势越来越慢，如图 3.15 所示。高阶导数可以预测函数的变化趋势，对于更长远的趋势是否可以用更高阶的导数表示？如三阶导数、九阶导数等。而这正是泰勒公式的核心思想：用无限项连加式（级数）表示一个函数，这些相加的项根据函数在某个点的导数求得。仅用一个点的级数便可以表示整个函数，可谓"一点一世界，一叶一菩提"。下面是泰勒多项式最普遍的形式。

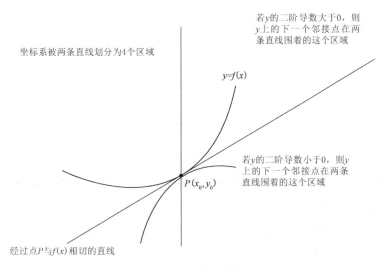

图 3.15 函数的变化趋势

$$P_n(x) = f(x_0) + f'(x_0)(x - x_0) + \frac{f''(x_0)}{2!}(x - x_0)^2 + \cdots + \frac{f^{(n)}(x_0)}{n!}(x - x_0)^n$$

式中，$P_n(x)$ 表示 $f(x)$ 在 x_0 关于 (x,x_0) 的 n 阶泰勒多项式。但是，当 $x_0 = 0$ 时可以得到麦克劳林公式：

$$f(x) = f(0) + f'(0)x + \frac{f''(0)}{2!}x^2 + \cdots + \frac{f^{(n)}(0)}{n!}x^n + \frac{f^{(n+1)}(\theta x)}{(n+1)!}x^{n+1} (0 < \theta < 1)$$

式中，$\frac{f^{(n+1)}(\theta x)}{(n+1)!}x^{n+1}$ 余项表示更高阶的级数，忽略更高阶的级数可近似得到麦克劳林公式，即

$$f(x) \approx f(0) + f'(0)x + \frac{f''(0)}{2!}x^2 + \cdots + \frac{f^{(n)}(0)}{n!}x^n$$

函数 $y = e^x$ 在 $x=0$ 处的多项式展开如图 3.16 所示。

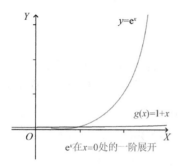
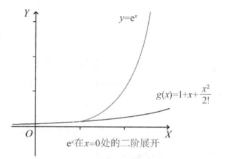
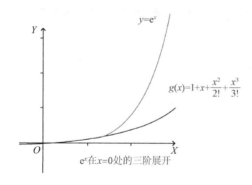
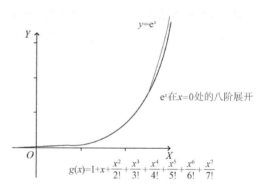

图 3.16　函数 $y = e^x$ 在 $x=0$ 处的多项式展开

多项式的阶数越高，越能有效预测出函数的变化趋势，当 $n \to \infty$ 时能精确描述原函数，这里的阶数指的是多项式展开 x 的次数，阶数越高增长越快，越高次项在越右侧影响越大，而低阶能更好地描述附近的点。如果把低次项和高次项放在一起，低次项的特性就会完全被高次项"碾压"，从而失去低次项对附近点的描述能力，如图 3.17 所示。

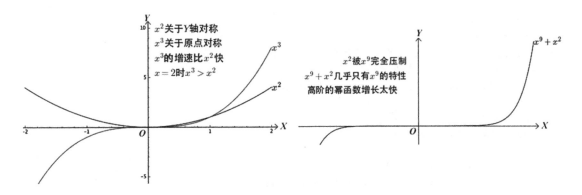

图 3.17　高次项对低次项的压制

如何平衡这种压制,从而充分发挥低次项对附近点的预测能力及高次项对趋势的表达能力?这需要一个平衡,数学家找到了一个天然的高次项惩罚项——阶乘。多项式的每项都用阶乘进行惩罚,阶数越大的阶乘越大,对高次项的惩罚力度越明显,这样既能保留低次项对附近点的表达能力,又能避免高次项对低次项的压制,并且不影响高次项对更远趋势的预测能力,增加了"阶乘惩罚项"的函数图像如图 3.18 所示。

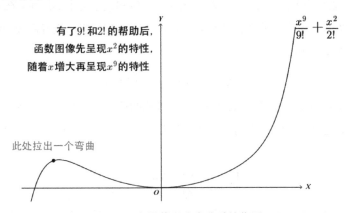

图 3.18　泰勒展开式中阶乘的作用

例如,求解函数 $f(x) = e^x$ 的 n 阶麦克劳林展开式。

∵　$f'(x) = f''(x) = \cdots = f^{(n)}$

∴　$f'(0) = f''(1) = \cdots = f^{(n)} = 1$

∴　$e^x = 1 + x + \frac{x^2}{2!} + \frac{x^3}{3!} + \cdots + \frac{x^n}{n!} + \frac{e^{\theta x} x^{n+1}}{(n+1)!} (0 < \theta < 1)$

泰勒公式和麦克劳林公式不仅可以对复杂函数进行多项式展开简化计算,还可以用于求极限和近似值等。下面使用 PyTorch 计算 $f(x) = e^x$ 的 10 阶麦克劳林展开的近似值。

```
import torch
import math
#PyTorch计算f(x)=e^x的10阶麦克劳林展开的近似值
x = torch.Tensor([1,2,3])
print("torch.pow:",torch.pow(math.e,x))

#10阶麦克劳林公式近似计算e^x
def mcLaughlin_ex(x):
    _sum = 1
    for i in range(1,11):
        _sum = _sum + x**i/math.factorial(i)
    return _sum
print("mcLaughlin_ex:",mcLaughlin_ex(x))
torch.pow: tensor([ 2.7183,  7.3891, 20.0855])
mcLaughlin_ex: tensor([ 2.7183,  7.3890, 20.0797])
```

由此可知，10阶麦克劳林展开式已经能够很好地近似原函数。

3.5.2 拉格朗日乘子法及其思想

本节主要介绍拉格朗日乘子法的思想及其在求最大值和最小值中的运用。在正常情况下应如何求最大值或最小值？对于一个给定的函数$z = f(x,y)$，要求其最值，最普遍的做法是对x和y分别求偏导，并令偏导数等于0。

$$f_x(x,y) = 0; f_y(x,y) = 0$$

得到N个等式，N等于自变量个数，联合N个等式即可求解取得最值时各个变量的值，代入原方程即可求出最值，这是简单的应用场景，现在将难度加大，加上相应的限制条件再求最值。例如，固定面积，求体积最大。

$$\begin{cases} V(xyz) = xyz \\ 2xy + 2yz + 2zx = S \end{cases}$$

对于这种求最值的情况，使用计算偏导数为0的方式已经没有作用，需要使用新的方法求解，这种方法可称为拉格朗日乘子法。具体了解拉格朗日乘子法之前，需要先了解带条件的最值求解的基本思想。

假设函数$f(x,y,z)$用于描述火星表面，现在用一根足够长的绳子缠绕火星，缠绕的方式用$g(x,y,z)=C$表示，应如何用这根绳子找出火星上的最低点？其实，这是一个带条件的最值求解问题，这里的条件是缠绕方式 $g(x,y,z)$。在不加条件的情况下，要找出 $f(x,y,z)$的最值很简单，分别对 x,y,z 求偏导数，令偏导数等于0即可求解。如果再加一个限制条件 $g(x,y,z)$，在绳子贴合火星地表的情况下，$f(x,y,z)$取极值的地方，$g(x,y,z)$也应该取得极值。这是一个重要的隐藏条件，即 $f(x,y,z)$取极值点

的切线和 $g(x,y,z)$ 取极值的切线平行，自然切线的法向量也平行，所以有

$$\nabla f(x,y,z) = -\lambda \nabla g(x,y,z)$$

由此可知，$\nabla f(x,y,z) + \lambda \nabla g(x,y,z) = 0$，这就是拉格朗日乘子法最简单、最核心的思想，这里的 λ 被称为拉格朗日乘数。在条件多于两个条件的情况下，仍然满足上述思想。例如，求函数 $u=f(x,y,z,a)$ 在 $\varphi(x,y,z,a)=0$ 和 $\Psi(x,y,z,a)=0$ 的条件下的极值，第一步是构建拉格朗日函数，即

$$F(x,y,z,a) = f(x,y,z,a) + \lambda_1 \varphi(x,y,z,a) + \lambda_2 \Psi(x,y,z,a)$$

式中，λ_1 和 λ_2 为拉格朗日乘数，同样通过偏导数为 0 及约束条件进行求解。为了使读者对求解过程有更直观的理解，下面给出一个例子。

假设函数为 $u = x^3 y^2 z$，约束条件为 $x+y+z=12$，求 u 的最大值。

首先构造拉格朗日函数，即

$$F(x,y,z) = x^3 y^2 z + \lambda_1 (x+y+z-12)$$

然后对 x、y 和 z 分别求偏导数：

$$\begin{cases} F'(x) = 3x^2 y^2 z + \lambda_1 = 0 \\ F'(y) = 2x^3 yz + \lambda_1 = 0 \\ F'(z) = x^3 y^2 + \lambda_1 = 0 \\ x+y+z = 12 \end{cases}$$

联合求解可得 $(x,y,z)=(6,4,2)$，因此 u 的最大值为 6912。

本节就到此结束了，读者有何收获？好好复习，准备学习第 4 章。

第 4 章

激活函数、损失函数、优化器及数据加载

本章围绕常见的激活函数，不同的优化算法，不同损失函数的优点、缺点和适用场景，以及数据加载等基础内容，使读者逐步深入了解和学习 PyTorch 及深度学习。基础决定高度，而不是高度决定基础。

4.1 激活函数

在神经元中，输入的数据通过加权求和后，需要再引入一个函数，这个函数就是激活函数，而引入激活函数是为了增加神经网络模型的非线性。

如果不用激活函数，在这种情况下每层节点的输入都是上层输出的线性函数，很容易验证，无论神经网络有多少层，输出都是输入的线性组合，与没有隐藏层效果相当，这种情况就是最原始的感知机模型，因此网络的逼近能力就相当有限。如果在设计神经网络时引入非线性函数作为激活函数，深层神经网络的表达能力就更加强大，使神经网络几乎可以逼近任意函数。增加激活函数的神经网络结构如图 4.1 所示。

其实，激活函数的灵感得益于生物神经技术的研究，正是生物神经网络领域的突破成就了今天人工神经网络的辉煌。

第 4 章 激活函数、损失函数、优化器及数据加载

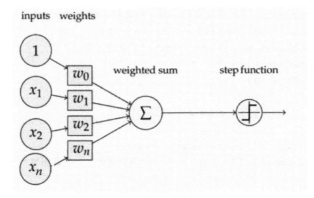

图 4.1 增加激活函数的神经网络结构

常用的激活函数有 Sigmoid、tanh、ReLU、MaxOut 等，下面依次进行介绍。

4.1.1 Sigmoid

Sigmoid 是常用的非线性激活函数，其数学形式为

$$f(x) = \frac{1}{1+e^{-x}}$$

其导数为

$$f'(x) = f(x)(1-f(x))$$

该函数图像呈现"S"形，用 PyTorch 生成数据，绘制的函数图像如图 4.2 所示。

```
import torch
import matplotlib
import matplotlib.pyplot as plt
import math
plt.figure(figsize=(15,8))
#指定默认字体
matplotlib.rcParams['font.sans-serif'] = ['SimHei']
matplotlib.rcParams['font.family']='sans-serif'
#解决负号"-"显示为方块的问题
matplotlib.rcParams['axes.unicode_minus'] = False
ax = plt.gca() #get current axis 获得坐标轴对象
ax.spines['right'].set_color('none')
#将右边、上边这两条边的颜色设置为空，其实就相当于抹掉这两条边
ax.spines['top'].set_color('none')
ax.xaxis.set_ticks_position('bottom')
#指定下边作为 x 轴，指定左边作为 y 轴
ax.yaxis.set_ticks_position('left')
```

```
#指定data设置的bottom（也就是指定的x轴）绑定到y轴的0这个点上
ax.spines['bottom'].set_position(('data', 0))
ax.spines['left'].set_position(('data', 0))
x = torch.linspace(-10,10,5000)
xx = 1/(1+math.e**(-x))
#函数图像
l1,=plt.plot(x.numpy(),xx.numpy(),"--")
#导数图像
l2,=plt.plot(x.numpy(),(xx*(1-xx)).numpy())
plt.legend(handles=[l1,l2],labels = ["函数图像","导数图像"])
plt.show()
```

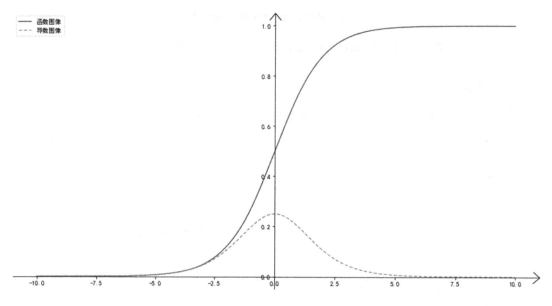

图 4.2　Sigmoid 函数及其导数图像

从函数图像可以看出，Sigmoid 函数可以将输入的连续数值变换为 0 到 1 之间的值，相当于进行数值压缩。需要注意的是，Sigmoid 函数当 $x=0$ 时 $y=0.5$，当 $x \to +\infty$ 时 $y \to 1$，当 $x \to -\infty$ 时 $y \to 0$。x 的绝对值越大，函数曲线表现得越平滑，正是因为这个特性，当遇到较大或较小的输入值时，计算的梯度趋近于 0。反向过程中再进行链式法则叠乘，会使仅有的一点梯度消失殆尽，出现"梯度消失"，造成模型参数更新缓慢甚至无法更新。

Sigmoid 的输出不是 0 均值（即 Zero-Centered），这会造成潜在的问题，因为下一层神经元会使用上一层神经元的输出作为输入，而 Sigmoid 的输出都是大于 0 的，产生的结果如下：如果 $x > 0$，$f(x) = \boldsymbol{W}^T\boldsymbol{x} + \boldsymbol{b}$，那么对 $\boldsymbol{W}$ 求局部梯度都为正，这样在反向传播的过程中，$\boldsymbol{W}$ 要么都往正方向更新，要么都往负方向更新，导致有一种捆绑的效果，使收敛缓慢，基于这些原因，近几年使用它的人就越来越少。

下面是 PyTorch 中 Sigmoid 激活函数的使用案例。

```
a = torch.Tensor([-1,0,1])
print(a)
print(torch.sigmoid(a))
print(a.sigmoid())
tensor([-1., 0., 1.])
tensor([0.2689, 0.5000, 0.7311])
tensor([0.2689, 0.5000, 0.7311])
```

可以直接使用 torch.sigmoid()函数或 Tensor 上的 sigmoid 方法。

4.1.2 tanh

另外一种比较常用的激活函数是 tanh，其数学表达式为

$$\tanh(x) = \frac{e^x - e^{-x}}{e^x + e^{-x}}$$

其导数为

$$f'(x) = 1 - f(x)^2$$

该函数图像仍然呈现"S"形，使用 PyTorch 生成数据并可视化展现，如图 4.3 所示。

```
import torch
import matplotlib
import matplotlib.pyplot as plt
import math
plt.figure(figsize=(15,8))
#指定默认字体
matplotlib.rcParams['font.sans-serif'] = ['SimHei']
matplotlib.rcParams['font.family']='sans-serif'
#解决负号"-"显示为方块的问题
matplotlib.rcParams['axes.unicode_minus'] = False
ax = plt.gca() #get current axis 获得坐标轴对象
ax.spines['right'].set_color('none')
#将右边和上边这两条边的颜色设置为空，其实就相当于抹掉这两条边
ax.spines['top'].set_color('none')
ax.xaxis.set_ticks_position('bottom')
#指定下边作为 x 轴，指定左边作为 y 轴
ax.yaxis.set_ticks_position('left')
#指定 data 设置的 bottom（也就是指定的 x 轴）绑定到 y 轴的 0 这个点上
ax.spines['bottom'].set_position(('data', 0))
```

```
ax.spines['left'].set_position(('data', 0))
x = torch.linspace(-10,10,5000)
xx = (math.e**x-math.e**-x)/(math.e**x+math.e**(-x))
#函数图像
l1,=plt.plot(x.numpy(),xx.numpy())
#导数图像
l2,=plt.plot(x.numpy(),(1-xx**2).numpy(),"--")
plt.legend(handles=[l1,l2],labels = ["函数图像","导数图像"])
plt.show()
```

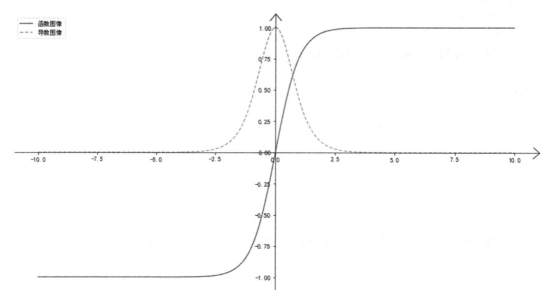

图 4.3　tanh 激活函数及其导数图像

相比 Sigmoid 激活函数，tanh 激活函数解决了 No-Zero-Centered 的问题，但是没有解决梯度消失的问题。由图 4.3 可知，tanh 激活函数的图像关于原点对称，$x=0$ 时函数值也等于 0，x 的绝对值越大，其函数值的绝对值越接近于 1，并且趋势越来越平滑，出现梯度消失的问题。但 tanh 激活函数的输出值是中心对称的，所以在很多地方仍然运用 tanh，如 LSTM 网络中的门控单元就使用 tanh 作为激活函数。

下面是在 PyTorch 中使用 tanh 激活函数的示例。

```
a = torch.Tensor([-1,0,1])
print(a)
print(torch.tanh(a))
print(a.tanh())
tensor([-1., 0., 1.])
```

```
tensor([-0.7616,  0.0000,  0.7616])
tensor([-0.7616,  0.0000,  0.7616])
```

同样，可以直接调用 Tensor 上的 tanh 方法或使用 torch.tanh 方法进行计算。

4.1.3 ReLU 及其变形

现在的神经网络算法经常使用 ReLU 激活函数，其简单的数学形式便于计算，解决了梯度消失的问题。因此，ReLU 激活函数在很多网络算法中都在使用，ReLU 激活函数有很多衍生算法，如 Leaky ReLU、ELU 等。ReLU 激活函数的表达式为

$$\text{ReLU} = \max(0, x)$$

使用 PyTorch 生成数据并可视化，得到 ReLU 激活函数的图像，如图 4.4 所示。

```
import torch
import matplotlib
import matplotlib.pyplot as plt
import math
plt.figure(figsize=(15,8))
#指定默认字体
matplotlib.rcParams['font.sans-serif'] = ['SimHei']
matplotlib.rcParams['font.family']='sans-serif'
#解决负号"-"显示为方块的问题
matplotlib.rcParams['axes.unicode_minus'] = False
ax = plt.gca() #get current axis 获得坐标轴对象
ax.spines['right'].set_color('none')
#将右边和上边这两条边的颜色设置为空，其实就相当于抹掉这两条边
ax.spines['top'].set_color('none')
ax.xaxis.set_ticks_position('bottom')
#指定下边作为 x 轴，指定左边作为 y 轴
ax.yaxis.set_ticks_position('left')
#指定data 设置的bottom（也就是指定的 x 轴）绑定到 y 轴的 0 这个点上
ax.spines['bottom'].set_position(('data', 0))
ax.spines['left'].set_position(('data', 0))
x = torch.linspace(-10,10,5000)
xx = torch.max(torch.Tensor([0]),x)
#函数图像
l1,=plt.plot(x.numpy(),xx.numpy())
plt.legend(handles=[l1,],labels = ["函数图像"])
plt.show()
```

ReLU 激活函数其实就是一个取最大值函数，其并不是全区间可导的，但是可以取 Sub-Gradient。ReLU 激活函数虽然简单，却是近几年的重要成果，并且有以下几大优点。

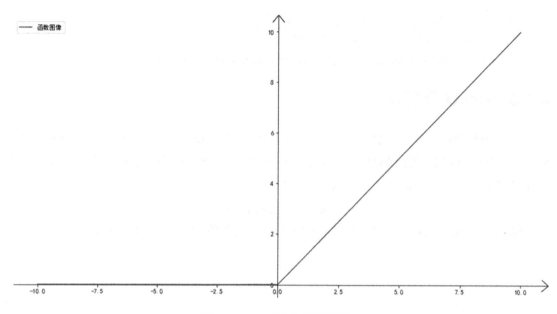

图 4.4　ReLU 激活函数的图像

（1）解决了梯度消失问题，因为梯度恒定等于 1（在正区间）。

（2）计算速度非常快，只需要判断输入是否大于 0。

（3）收敛速度远快于 Sigmoid 激活函数和 tanh 激活函数。

ReLU 激活函数也有以下几个需要特别注意的问题。

（1）ReLU 激活函数的输出不是 Zero-Centered。

（2）Dead ReLU 问题，指的是某些神经元可能永远不会被激活，导致相应的参数永远不能被更新，通常有两个主要原因可能导致这种情况的出现，具体如下。

- 不好的参数初始化，这种情况比较少见。
- 学习率太大会导致在训练过程中参数更新跨度太大，从而使网络进入这种状态。解决这个问题可以采用 Xavier 初始化方法，也可以避免将学习率设置得太大或使用 Adagrad 等自动调节学习率的算法。

尽管存在上述两个问题，但 ReLU 仍然是目前最常用的激活函数，在搭建人工神经网络的时候推荐优先尝试。

为了解决 Dead ReLU 问题，有人提出将 ReLU 表达式中的 0 替换为 ax，a 通常是一个很小的数，如 $a=0.1$，这样可以使输入小于 0 的这部分数据能够以微小的速度进行更新，这种改进被称为 Leaky ReLU，其数学表达式为

$$\text{Leaky ReLU} = \max(\alpha x, x)$$

Leaky ReLU 函数的图像如图 4.5 所示，函数值小于 0 的部分取 $0.1x$，函数值大于 0 的部分取 x。从理论上来讲，Leaky ReLU 具有 ReLU 的所有优点，但不存在 Dead ReLU 问题。在实际操作中并没有完全证明 Leaky ReLU 总是优于 ReLU。

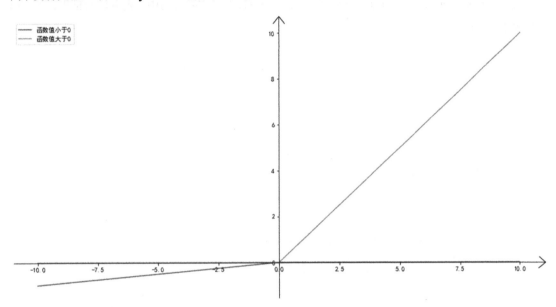

图 4.5 Leaky ReLU 函数的图像

在 PyTorch 中使用 ReLU 的示例如下。

```
a = torch.Tensor([-1,0,1])
print(a)
print(torch.relu(a))
print(a.relu())
tensor([-1., 0., 1.])
tensor([0., 0., 1.])
tensor([0., 0., 1.])
```

在 Tensor 上直接调用 ReLU 或 torch.relu 计算即可。另外一种 ReLU 的变形被称为 ELU（Exponential Linear Units），它对 $x<0$ 的部分进行指数级别变形，数学表达式为

$$f(x) = \begin{cases} \alpha(e^x - 1), & \text{其他} \\ x, & x > 0 \end{cases}$$

其对应的导数为

$$f(x) = \begin{cases} \alpha e^x, & \text{其他} \\ 1, & x > 0 \end{cases}$$

ELU 函数及其导数的图像如图 4.6 所示。ELU 也是为解决 ReLU 存在的问题而提出的，显然，ELU 具备 ReLU 的所有优点，但不存在 Dead ReLU 问题；输出的均值接近 0，更符合 Zero-Centered。它的缺点是计算量稍大。从理论上来看，ELU 优于 ReLU，但在实际使用中目前并没有证据证明 ELU 总是优于 ReLU。

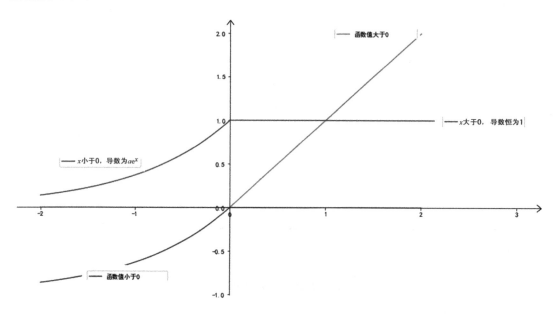

图 4.6　ELU 函数及其导数的图像

4.1.4　MaxOut

传统的神经网络算法在第 i 层到第 $i+1$ 层参数只有一组，但现在这一层可以同时训练 N 组 W、b 参数，然后选择最大的 Z 值作为下一层神经元的激活值，这个 Max(Z) 函数就充当了激活函数。

MaxOut 的数学描述为

$$f(x) = \text{Max}(W_1^T X_1 + b_1, W_2^T X_2 + b_2, \cdots, W_n^T X_n + b_n)$$

MaxOut 的拟合能力非常强，可以拟合任意的凸函数，使用时需要人为设定一个参数 K，表示 K 组权重参数。为了方便读者理解，现假设第 i 层有 2 个节点，第 $i+1$ 层有 1 个节点构成神经网络。简单的二层神经元如图 4.7 所示。

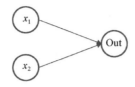

图 4.7　简单的二层神经元

Out = $f(WX + b)$，f 为激活函数，当对 $i+1$ 层使用 MaxOut 激活函数（设定 $k=5$）时，其计算过程便发生了变化，先看其网络结构，如图 4.8 所示。

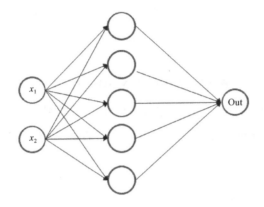

图 4.8　$k=5$ 时 MaxOut 激活函数的网络结构

此时网络变成如图 4.8 所示的形式，数学表达式为

$$O_1 = W_1X_1 + b_1$$
$$O_2 = W_2X_2 + b_2$$
$$O_3 = W_3X_3 + b_3$$
$$O_4 = W_4X_4 + b_4$$
$$O_5 = W_5X_5 + b_5$$
$$\mathbf{Out} = \mathrm{Max}(O_1, O_2, O_3, O_4, O_5)$$

由上面的表述可知，在网络的第 $i+1$ 层计算了 5 次，得到 5 个激活值，但是最终只需要一个有效的激活值，即取 5 个激活值中的最大者，这是 MaxOut 的思想，其实基于这个思想进行衍生，我们也可以取均值、最小值等。总而言之，MaxOut 网络结构明显增加了计算量，使 MaxOut 网络层的参数个数增加 K 倍。更加复杂的 MaxOut 网络层如图 4.9 所示。

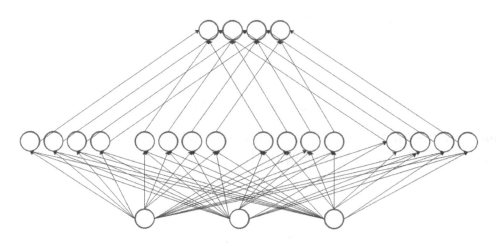

图 4.9　更加复杂的 MaxOut 网络层

假设图 4.9 的第 i 层有 3 个节点，第 $i+1$ 层有 4 个节点。若在第 $i+1$ 层采用 MaxOut(k=4)，此时每个节点将计算 4 次并产生 4 个激活值，取最大的一个激活值作为最终的激活值。

4.2　损失函数

前面已经介绍了神经网络的构建及优化过程。神经网络的优化是建立在损失函数基础上的，在损失值的基础上通过求偏导数计算权重对损失的"贡献"，结合 BP 算法及链式法则，对网络权重进行调整，从而实现模型的优化。损失函数定义在 torch.nn 模块中，本节主要介绍常用的损失函数及其不同的适用场景。

4.2.1　L1 范数损失

L1 范数计算的实际上是曼哈顿距离，曼哈顿距离又称为计程车几何距离或方格线距离，是 19 世纪赫尔曼·闵可夫斯基所创的词汇，是欧几里得几何度量空间中的几何学用语，用于标明两个点在标准坐标系上的绝对轴距总和。例如，在平面上，坐标 $p_1(x_1, y_1)$ 与坐标 $p_2(x_2, y_2)$ 的曼哈顿距离为

$$d = |x_1 - x_2| + |y_1 - y_2|$$

而在 PyTorch 中还会对上式的累加和取均值，因此 L1 范数损失的数学表达式为

$$\text{Loss}(x, y) = \frac{1}{N} \sum_{i=1}^{N} |x - y|$$

在 PyTorch 中使用 L1 范数计算损失很简单，如下所示。

```
#L1 范数损失
x = torch.Tensor([1,2,3])
target = torch.Tensor([2,2,3])
criterion = nn.L1Loss()
loss = criterion(x,target)
print(loss.item())
0.3333
```

损失的计算过程为

$$\text{Loss} = (|1-2| + |2-2| + |3-3|)/3$$

基于 L1 范数损失有一个变形，术语为 SmoothL1Loss，是在绝对值小于 1 的情况下计算均方误差，在大于或等于 1 的情况下减去 0.5。其数学表达式为

$$\text{Loss}(x,y) = \frac{1}{N}\begin{cases}\frac{1}{2}(x_i-y_i)^2, & |x_i-y_i| < 1 \\ |x_i-y_i| - 0.5, & \text{其他}\end{cases}$$

下面使用 PyTorch 简单验证 SmoothL1Loss 的计算过程。

```
#SmoothL1Loss
x = torch.Tensor([1,2.1,3])
target = torch.Tensor([2,2,3])
criterion = nn.SmoothL1Loss()
loss = criterion(x,target)
print(loss.item())
0.1683333
```

损失的计算过程为

$$\text{Loss} = \{(|2-1|-0.5) + 0.5 \times (2.1-2)^2 + 0\}/3$$

4.2.2 均方误差损失

均方误差用于反映估计量与被估计量之间的差异程度，其损失的数学表达式为

$$\text{Loss}(x,y) = \frac{1}{N}\sum_{i=1}^{N}|x-y|^2$$

在 PyTorch 中计算均方误差非常简单，下面用代码具体说明。

```
#均方误差损失
x = torch.Tensor([1,2.1,3])
target = torch.Tensor([2,2,3])
criterion = nn.MSELoss()
loss = criterion(x,target)
```

```
print(loss.item())
0.336666
```

损失的计算过程为

$$\text{Loss} = \{(1-2)^2 + (2.1-2)^2 + 0\}/3$$

4.2.3 二分类交叉熵损失

分类问题损失的计算灵感来自极大似然估计，第 3 章介绍 softmax 分类时已经介绍过，这里不再赘述。计算二分类交叉熵损失的数学公式为

$$\text{Loss}(o,t) = -\frac{1}{N}\sum_{i=1}^{N}\left[t_i \times \log(o_i) + (1-t_i) \times \log(1-o_i)\right]$$

式中，t 为标签值，o 为预测的输出值。需要注意的是，这里除以 N 表示对一个批次的损失取均值，而取相反数是为了使整体损失为正，$t_i \times \log(o_i)$ 的值为负数，因为 $0 < o_i < 1$，由对数性质可知，计算结果为负数。下面用 PyTorch 说明如何计算二分类交叉熵损失。

```
#二分类交叉熵损失
target =torch.Tensor([0,0,1,1,0,1])
predict = torch.Tensor([0.3,0.2,0.8,0.9,0.1,0.95])
criterion = nn.BCELoss()
loss = criterion(predict,target)
print(loss)
0.177496
```

损失的计算过程为

$$\text{Loss} = -\{(1-0) \times \text{math.}\log(1-0.3) + (1-0) \times \text{math.}\log(1-0.2) + \text{math.}\log(0.8)$$
$$+ \text{math.}\log(0.9) + (1-0) \times \text{math.}\log(1-0.1) + \text{math.}\log(0.95)\}/6$$
$$= 0.177\,496$$

二分类交叉熵损失有一个变形，叫作 BCEWithLogitsLoss，其将 Sigmoid 集成进来。与单独使用 Sigmoid 和 BCELoss 函数相比，BCEWithLogitsLoss 在数值上更加稳定。

4.2.4 CrossEntropyLoss 和 NLLLoss 计算交叉熵损失

在分类任务中，交叉熵损失是常用的损失函数。熟悉交叉熵计算过程的读者应该知道，交叉熵损失的计算过程中包括计算 softmax、log、NLLLoss。其数学表达式为

$$\text{Loss}(\text{out},\text{label}) = -\log\frac{e^{x_{\text{label}}}}{\sum_{j=1}^{N}e^{x_j}} = -X_{\text{label}} + \log\sum_{j=1}^{N}e^{x_j}$$

下面使用 PyTorch 验证其计算过程。

```
#CrossEntropyLoss
predict = torch.Tensor([[0.1,0.5,0.4],[0.1,0.1,0.8]])
label = torch.LongTensor([1,2])
loss = nn.CrossEntropyLoss(reduction="none")
print(loss(predict,label))
loss = nn.CrossEntropyLoss(reduction="mean")
print(loss(predict,label))
loss = nn.CrossEntropyLoss(reduction="sum")
print(loss(predict,label))
tensor([0.9459, 0.6897])
tensor(0.8178)
tensor(1.6356)
```

损失的计算过程为

$$\text{Loss} = -(\text{math.log}\left(\frac{\text{math.e} ** 0.5}{\text{math.e} ** 0.1 + \text{math.e} ** 0.5 + \text{math.e} ** 0.4}\right)$$
$$+\text{math.log}\left(\frac{\text{math.e} ** 0.8}{\text{math.e} ** 0.1 + \text{math.e} ** 0.1 + \text{math.e} ** 0.8}\right))/2$$
$$= 0.817\,818$$

PyTorch 在计算过程中默认取 N 个样本的均值，可通过关键字参数 reduction 进行设置，默认为 mean，可选值为 none、mean、sum。

CrossEntoryLoss 的计算过程可分解为 softmax、log、NLLLoss。同样，也可进行如下分解。

```
#softmax/log/NLLLoss
import torch.nn.functional as F
predict = torch.Tensor([[0.1,0.5,0.4],[0.1,0.1,0.8]])
label = torch.LongTensor([1,2])
softmax = torch.softmax(predict,dim=1)
print("step1 softmax:{}".format(softmax))
_log = torch.log(softmax)
print("step2 log:{}".format(_log))
nll_loss = F.nll_loss(_log,label)
print("step3 nll_loss:{}".format(nll_loss))
step1 softmax:tensor([[0.2603, 0.3883, 0.3514],
    [0.2491, 0.2491, 0.5017]])
step2 log:tensor([[-1.3459, -0.9459, -1.0459],
    [-1.3897, -1.3897, -0.6897]])
step3 nll_loss:0.8178186416625977
```

nll_loss 负对数损失计算的数学公式如下：

$$\text{nll\_loss} = -x_{\text{label}}$$

损失的计算过程为

$$\text{Loss} = -(-0.9459 - 0.6897)/2 = 0.8178$$

NLLLoss 损失函数比较常用，需要注意的是，它与 CrossEntropyLoss 的联系和区别。

4.2.5 KL 散度损失

KL 散度，又叫作相对熵，计算的是两个分布之间的距离。两个分布越相似，KL 散度越接近零。其数学表达式为

$$D_{\text{KL}}(p|q) = \sum_{i=1}^{N} p(x_i) \log\left(\frac{p(x_i)}{q(x_i)}\right)$$

式中，$p(x_i)$ 是真实分布对应的概率，$q(x_i)$ 是预测输出分布对应的概率。它衡量的是预测分布与真实分布偏离的程度。如果两个分布完全匹配，则有

$$\log\left(\frac{p(x_i)}{q(x_i)}\right) = 0$$

自然，$D_{\text{KL}}(p|q) = 0$。如果两个分布并非完全匹配，则其取值的绝对值范围为 $0 \sim +\infty$，KL 散度越小，真实分布与近似分布之间的匹配度就越好。当 $p(x_i) > q(x_i)$ 时，$\log\left(\frac{p(x_i)}{q(x_i)}\right) > 0$；当 $p(x_i) < q(x_i)$ 时，$\log\left(\frac{p(x_i)}{q(x_i)}\right) < 0$；当 $p(x_i) = q(x_i)$ 时，对数取 0。为了使最终的结果变成一个期望值，可以使用 $p(x_i)$ 对该对数项进行加权，$p(x_i)$ 越大表示该匹配越重要，优先匹配近似分布中真正高可能性的事件是有价值的。

需要注意的是，在 PyTorch 中计算 KL 散度使用了上面公式的变形，上面的公式等价于：

$$D_{\text{KL}}(p|q) = \sum_{i=1}^{N} [p(x_i) \times (\log(p(x_i)) - \log(q(x_i)))]$$

PyTorch 在计算过程中要求输入值是经过 log 计算的，即需要用 $\log(q(x_i))$ 计算对数概率，PyTorch 默认会对结果取均值。下面使用 PyTorch 说明 KL 散度的计算过程。

```
#KLDivLoss
predict = torch.Tensor([0.1,0.5,0.4])
label = torch.Tensor([0.4,0.5,0.1])
loss = nn.KLDivLoss()
loss(predict,label).item()
-0.424449
```

损失的计算过程为

$$\text{Loss} = \frac{\{0.4 \times (\text{math.log}(0.4) - 0.1) + 0.5 \times (\text{math.log}(0.5) - 0.5) + 0.1 \times (\text{math.log}(0.1) - 0.4)\}}{3}$$

$$= -0.424\,449$$

4.2.6 余弦相似度损失

余弦相似度，又称为余弦相似性，通过计算两个向量的夹角余弦值来评估它们的相似度。两个向量的夹角为 0°，所以余弦值是 1，而其他任何角度的余弦值都不大于 1，并且其最小值是−1。因此，两个向量之间的夹角余弦值用于确定两个向量是否大致指向相同的方向。两个向量有相同的指向时，余弦相似度的值为 1；两个向量的夹角为 90°时，余弦相似度的值为 0；两个向量指向完全相反的方向时，余弦相似度的值为−1。这个结果与向量的长度是无关的，仅仅与向量的指向相关。余弦相似度通常用于正空间，因此给出的值为 0～1。

在 PyTorch 中使用 CosineEmbeddingLoss 计算两个向量的相近程度，该损失的计算借助了余弦相似度公式，其数学表达式为

$$\text{Loss}(\boldsymbol{x}, \boldsymbol{y}) = \begin{cases} 1 - \cos(\boldsymbol{x}, \boldsymbol{y}), & \text{label} = 1 \\ \max(0, \cos(\boldsymbol{x}, \boldsymbol{y}) + \text{margin}), & \text{label} = -1 \end{cases}$$

式中，margin 表示边界，是一种容忍度的体现，取值范围为[−1,1]，通常取 0 到 0.5 之间的值，默认取值为 0。$\cos(\boldsymbol{x}, \boldsymbol{y})$是余弦相似度的计算公式，可表示为

$$\cos(\boldsymbol{x}, \boldsymbol{y}) = \frac{\boldsymbol{A} \cdot \boldsymbol{B}}{\|\boldsymbol{A}\| \cdot \|\boldsymbol{B}\|} = \frac{\sum_{i=1}^{n} A_i B_i}{\sqrt{\sum_{i=1}^{n}(A_i)^2} \sqrt{\sum_{i=1}^{n}(B_i)^2}}$$

下面使用 PyTorch 验证余弦相似度损失的计算过程。

```
#CosineEmbeddingLoss
x = torch.Tensor([[0.1,0.5,0.4],[0.1,0.5,0.4]])
y = torch.Tensor([[0.4,0.5,0.1],[0.1,0.5,0.4]])
label = torch.Tensor([-1,1])
loss = nn.CosineEmbeddingLoss()
loss(x,y,label).item()
0.39285
torch.cosine_similarity(x,y)
tensor([0.7857, 1.0000])
```

上面的 cosine_similarity 用于计算两个向量的余弦相似度；label 为标签向量，取值为 1 或−1，

表示两个向量正相关或负相关。

损失的计算过程为

$$\text{Loss} = \frac{\max(0, 0.7857 + 0.0) + (1 - 1)}{2} = 0.39285$$

4.2.7 多分类多标签损失

前面的 MNIST 手写数字分类属于多分类问题，因为每张图片只有一个类别，整个数据集有 10 个类别。如果每张图片不仅有一个数字标签，还有一个是否包含"o"标志的标签，用于标记图片中是否存在"圈"，如数字"6""9""8"都有"圈"，而其他数字没有，这时一张图片便对应两个标签，是典型的多分类多标签问题。

现实生活中的多分类多标签问题有很多，如淘宝上货物的分类，裙子按照年龄可分为"儿童裙""少女裙""中年裙""老年裙"等；按照样式可分为"铅笔裙""半身裙""阔摆裙""围裹裙""A 字裙"等。一条裙子按照不同的分类标准可划分到不同的类别，这属于多分类多标签问题。

这类问题计算分类的损失时需要使用 MultiLabelMarginLoss 损失函数，其数学描述为

$$\text{Loss}(x, y) = \frac{1}{N} \sum_{i=1; i \neq y_i}^{N} \sum_{j=1}^{y_j \neq 0} [\max(0, 1 - (x_{y_j} - x_i))]$$

这里的 x、y 都是大小为 N 的向量，限制 y 的大小为 N，这是为了处理多标签中标签个数不同的情况。用 -1 表示占位，该位置和后面的数字都会被认为不是正确的类。如果 y=[5,3,−1,0,4]，那么就会被认为属于类别 5 和 3，而 0 和 4 因为在 −1 后面，所以会被忽略。

下面使用 PyTorch 说明多分类多标签问题损失的计算过程。

```
loss = torch.nn.MultiLabelMarginLoss()
x = torch.FloatTensor([[0.1, 0.2, 0.4, 0.8,1.1,4,7]])
y = torch.LongTensor([[5, 4,3,0,-1,1,2]])
loss(x, y).item()
4.257142543792725
```

这里 x 和 y 都是大小为 7 的向量，表示该分类中有 7 种不同的标签。向量 y 表明标签为 5、4、3、0 的都是正确标签的索引，−1 表示占位符，占位符后面的标签都是错误的标签，错误的标签的索引为 1、2。按照标签损失的计算公式，其计算过程如下。

```
    (max(0,(1-(4-0.2)))+max(0,(1-(1.1-0.2)))+max(0,(1-(0.8-0.2)))+max(0,(1-(0.1-0.2))))+
    max(0,(1-(4-0.4)))+max(0,(1-(1.1-0.4)))+max(0,(1-(0.8-0.4)))+max(0,(1-(0.1-0.4))))+
    max(0,(1-(4-7)))+max(0,(1-(1.1-7)))+max(0,(1-(0.8-7)))+max(0,(1-(0.1-7))))/7
```

```
= (0+0.1+0.4+1.1+0+0.3+0.6+1.3+4+6.9+7.2+7.9)/7
= 4.257142857142857
```

手动计算比较烦琐,但是方便读者理解计算过程。

4.3 优化器

在机器学习或深度学习中,模型参数的更新都需要借助优化器。最常见的优化器是 SGD 算法,该算法于 1951 年推出,是深度学习 BP 算法的基础,并且推动了人工神经网络的发展。随着研究的深入,科学家发现 SGD 算法有很多缺点,针对这些缺点研究出了很多其他更有效的优化算法,如 BGD、MBGD、Momentum、NAG、Adagrad、Adadelta、RMSprop、Adam 等。

下面从 SGD 算法出发,探讨每个算法对梯度的更新规则和缺点,以及为了应对该缺点而提出的下一个算法。

4.3.1 BGD

BGD(Batch Gradient Descent)是 SGD 算法的一个变种,该算法在更新权重参数时会针对整个数据集计算梯度,当数据量很大时,计算将非常耗时,更新公式为

$$\theta = \theta - \eta \cdot \nabla_\theta J(\theta)$$

BGD 对于凸函数能够收敛到全局最优值,但是对于非凸函数很有可能陷入鞍点而获得局部最小值。在鞍点处损失函数 Loss 对参数 θ 的导数为零,对参数 θ 每个分量的偏导数也为零。因此,参数 θ 不能使用偏导数进行更新,进而陷入局部鞍点,采用 BGD 绘制的梯度下降二维等高图如图 4.10 所示。

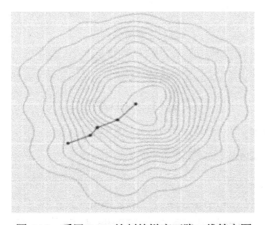

图 4.10 采用 BGD 绘制的梯度下降二维等高图

BGD 的伪代码描述如下。

```
for i in range(epochs):
    grads = evaluate_gradient( loss_function , data , parameters)
    parameters = parameters - learning_rate * grads
```

4.3.2　SGD

和 BGD 一次使用所有数据计算梯度不同，SGD 每次更新参数时只使用一个样本来计算梯度，这样就避免了 BGD 计算非常缓慢的问题，同时 SGD 每次计算梯度的样本不同，所以计算出来的梯度不稳定，会出现抖动，正是这种不稳定产生的抖动，使算法可能跳出鞍点从而找到更优解。SGD 每次只使用一个样本更新梯度，计算更快，并且在训练过程中可新增样本，因此适合 online 训练。SGD 更新参数的公式为

$$\theta = \theta - \eta \cdot \nabla_\theta J(\theta; x^i, y^i)$$

SGD 虽然计算更快，但缺点也是很明显的，每次使用一个样本计算梯度具有高方差性，容易受到离群点或异常数据的干扰，在优化过程中会出现严重的抖动，这种随机性便是其名字的由来。SGD 路径如图 4.11 所示。

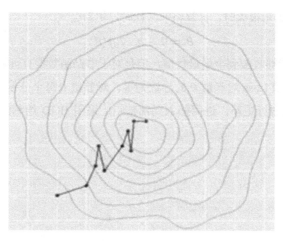

图 4.11　SGD 路径

SGD 的伪代码描述如下。

```
for i in range(epochs):
    shuffle(data)
    for j in data:
        grads = evaluate_gradient( loss_function , j , parameters)
        parameters = parameters - learning_rate * grads
```

4.3.3 MBGD

MBGD（Mini-Batch Gradient Descent），即微批量梯度下降，兼具 BGD 和 SGD 的优点，同时避免了二者的缺点，而是采用一个小批量的数据进行梯度的计算，其目的是在保证计算速度的同时，避免 SGD 的随机性，降低参数更新时的方差，使收敛更稳定。目前，MBGD 是 SGD 的 3 种变形中使用最多的。其参数更新公式为

$$\theta = \theta - \eta \cdot \nabla_\theta J(\theta; x^{(i;i+n)}, y^{(i;i+n)})$$

MBGD 每次使用 n 个样本更新梯度，伪代码描述如下。

```
for i in range(epochs):
    shuffle(data)
    for batch in get_batch(data,batch_size=64):
        grads = evaluate_gradient( loss_function , batch , parameters)
        parameters = parameters - learning_rate * grads
```

MBGD 容易受学习率的影响：设置得太大容易出现与 SGD 类似的不稳定现象，会在鞍点处振荡，甚至偏离最优解；设置得太小，会造成收敛速度过慢。另外，MBGD 的学习率对所有的参数更新都是一样的，如果数据是稀疏的，我们更希望对出现频率低的特征进行较大的更新，并且学习率会随着更新次数逐渐减小。显然，MBGD 并不能满足这些需求，所以我们需要能够自适应学习率的算法。

一个光滑函数的鞍点邻域的曲线、曲面或超曲面都位于这个点的切线的不同边，像个马鞍。如图 4.12 所示，在点(0,0,0)处，x 轴方向往上曲，y 轴方向往下曲。

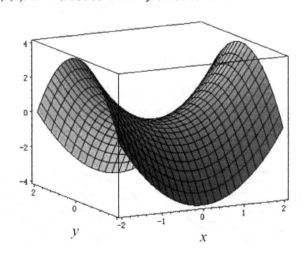

图 4.12　鞍点

4.3.4 Momentum

Momentum 的思想来源于物理学中的冲量，冲量是既有大小又有方向的物理量，是一个向量。如果在山顶滚落一个球，那么球在梯度的方向将越滚越快。Momentum 算法借助了该思想，在梯度的更新中，当前梯度等于前一时刻的梯度加上此时计算出来的梯度值，达到梯度积累的效果，使沿着梯度方向的速度越来越快，这样可以加速收敛并减少振荡。

加入冲量后的 SGD 梯度更新公式为

$$v_t = \gamma v_{t-1} + \eta \nabla_\theta J(\theta)$$

$$\theta_t = \theta - v_{t-1}$$

式中，γ 超参数的数值一般为 0.9 左右。加上 γv_{t-1} 项之后，上一时刻的梯度被传递到当前时刻，从而加速梯度更新。需要注意的是，该更新是累加求和的，即 $v_{t+1} = \gamma v_t + \eta \nabla_\theta J(\theta)$，$v_t = \gamma v_{t-1} + \eta \nabla_\theta J(\theta)$，从最开始的动量一直传递累加下来，速度会越来越快，如图 4.13 所示。

图 4.13 滚雪球

加上动量之后的 SGD 优化算法会沿着梯度的方向越来越快地进行更新，而不相关的方向将逐渐得到抑制，因此能减少优化过程中出现的"之"字形路线。图 4.14 是不加入动量的 SGD 优化算法和加入动量的 SGD 优化算法优化路径的对比。

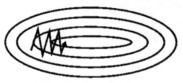 

不加入动量的SGD优化算法　　　　　　加入动量的SGD优化算法

图 4.14 不加入动量的 SGD 优化算法和加入动量的 SGD 优化算法优化路径的对比

4.3.5 NAG

动量算法是否有问题？如果一辆汽车一直加速，在遇到障碍物时是否能停下来？梯度更新也是一样的，Momentum 虽然能加速 SGD 算法，但是很容易"冲上斜坡"，NAG（Nesterov Accelerated Gradient）算法便是为了解决这个问题而提出的，假设有一个"智能"的雪球从斜坡上往下滚，它在滚动过程中不仅会考虑动量为自己加速，还会思考"下一时刻是否会撞墙"，从而实现减速。其做法如下：在计算参数的梯度时，应在损失函数中减去动量项。加入 NAG 算法的 SGD 公式为

$$v_t = \gamma v_{t-1} + \eta \nabla_\theta J(\theta - \gamma v_{t-1})$$

$$\theta_t = \theta - v_{t-1}$$

式中，$\theta - \gamma v_{t-1}$ 用来近似当作参数下一步会变成的值，因此在 NAG 算法中不是计算当前位置的梯度，而是计算未来位置上（下一时刻）的梯度。γ 超参数的取值一般为 0.9 左右。图 4.15 是 Momentum SGD 和 NAG SGD 效果对比图。

图 4.15 Momentum SGD 和 NAG SGD 效果对比图

Momentum SGD 先计算当前的梯度，更新后的累积梯度会出现一个大的跳跃。而 NAG SGD 会在前一步梯度的基础上做修正，从而得到最下面的梯度，避免速度越来越快。NAG 算法在循环神经网络、LSTM 等任务上表现良好。

Momentum SGD 和 NAG SGD 这两种加速算法只针对梯度进行优化，并没有针对参数重要性进行不同程度的更新，也没有学习率的自动调整，而这两方面将对优化产生深刻的影响。下面介绍针对参数重要程度进行更新的算法。

4.3.6 Adagrad

Adagrad 对每个要优化的参数进行区别对待，同时自适应学习率。因此，它可以对低频的参数做较大的更新，对高频的参数做较小的更新，对于稀疏的数据它的表现很好，能够很好地提升 SGD

的泛化能力。其参数的更新规则为

$$\theta_{t+1,i} = \theta_{t,i} - \delta \nabla_\theta J(\theta_{t,i})$$

式中，$\nabla_\theta J(\theta_{t,i})$表示$t$时刻对参数$\theta_i$的梯度。这里的学习率$\delta$也是随着$t$和$i$变化的。

$$\delta = \frac{\eta}{\sqrt{G_{t,ii} + \varepsilon}}$$

式中，$G_{t,ii}$是一个对角矩阵，(i,i)元素是t时刻参数θ_i的平方和，会随着时间进行累加，因此会越来越大，整体的学习率δ会越来越小，可能小到无法更新参数的地步，这也是其缺点。超参数η一般选取0.01，刚开始的时候每个参数的学习率是一样的，但随着训练的进行，每个参数的学习率会随着其梯度的变化而变化，从而达到自适应学习率的目的。

为了修正Adagrad计算学习率时分母累加带来的学习率急速下降的问题，学者们提出了一些改进的算法，如Adadelta、RMSprop、Adam等。

4.3.7　Adadelta

为了解决Adagrad分母梯度的累加，造成学习率快速衰减的问题，Adadelta算法将分母替换为梯度平方的衰减均值$\sqrt{E[g^2]_t + \epsilon}$，相当于梯度的均方根，可以简写为RMS（Root Mean Squared）。因此，参数每次的更新量$\Delta\theta_t = -\frac{\eta}{\text{RMS}[g]_t}g_t$。$\sqrt{E[g^2]_t + \epsilon}$中的$E$的计算公式为

$$E[g^2]_t = \gamma E[g^2]_{t-1} + (1-\gamma)g_t^2$$

t时刻的梯度依赖于前一时刻梯度的期望值和当前时刻的梯度，g_t表示t时刻对应的梯度。此外，还可以将学习率η替换为$\text{RMS}[\Delta\theta]_{t-1}$，这样学习率也可以不用设置。Adadelta算法的数学表达式为

$$\Delta\theta_t = -\frac{\text{RMS}[\Delta\theta]_{t-1}}{\text{RMS}[g]_t}g_t$$

$$\theta_{t+1} = \theta_t + \Delta\theta_t$$

超参数γ一般设定为0.9。Adadelta算法的这个创新不仅保留了Adagrad算法对不同参数区别对待的能力，还延缓了梯度的过度衰减，使梯度不至于过小而影响收敛速度。

其实，如果Adadelta更新式中的学习率η不使用$\text{RMS}[\Delta\theta]_{t-1}$替换，就是另外一种自适应学习率算法，该算法叫作RMSprop。仍然使用指数加权平均，旨在消除梯度下降中的摆动，与Momentum的效果一样。如果某个维度的导数比较大，则指数加权均值就大；如果某个维度的导数比较小，则其指数加权均值就小。这样可以保证各个维度的导数都在一个量级，从而减少摆动。Adadelta算法允许使用一个更大的学习率η，其数学表达式为

$$E[g^2]_t = \gamma E[g^2]_{t-1} + (1-\gamma)g_t^2$$

$$\Delta\theta_t = -\frac{\eta}{\text{RMS}[g]_t} g_t$$

$$\theta_{t+1} = \theta_t + \Delta\theta_t$$

这里的超参数γ的取值一般为0.9，学习率η的取值一般为0.001。

Adadelta算法和RMSprop算法都是对Adagrad算法的改进，并且两种改进的算法都能很好地利用参数的梯度设置合理的更新量。另外，Adadelta算法和RMSprop算法在稀疏数据集上的表现都很好。

4.3.8 Adam

Adam（Adaptive Moment Estimation）是另外一种计算每个参数的自适应学习率的算法，比Adadelta算法和RMSprop算法更激进，不仅考虑了指数衰减均值，降低学习率过度衰减的问题，还加入了Momentum的动量思想。使用m_t表示t时刻的动量，v_t表示t时刻的指数衰减均值。

$$m_t = \beta_1 m_{t-1} + (1-\beta_1)g_t$$
$$v_t = \beta_2 v_{t-1} + (1-\beta_2)g_t^2$$

如果m_t和v_t初始化为0向量，则会向0偏置，因此Adam算法还做了偏差矫正。

$$\widehat{m}_t = \frac{m_t}{1-\beta_1^t}$$
$$\widehat{v}_t = \frac{v_t}{1-\beta_2^t}$$

最终的梯度更新规则为

$$\theta_{t+1} = \theta_t - \frac{\eta}{\sqrt{\widehat{v}_t}+\varepsilon}\widehat{m}_t$$

式中，β_1建议取值为0.9，β_2建议取值为0.999，ε建议取值为10^{-8}。大量实践表明，Adam算法比Adadelta算法和RMSprop算法的效果好。

选取合适的优化算法通常需要遵循如下几个默认法则。

（1）如果数据是稀疏的，则用自适应算法，即Adagrad、Adadelta、RMSprop、Adam。RMSprop、Adadelta和Adam在很多情况下的效果是相似的。Adam就是在RMSprop的基础上加入偏差校验和Momentum，随着梯度变得稀疏，Adam比RMSprop效果更好。整体来讲，Adam是最好的选择。

（2）很多人会使用SGD，没有提到Momentum、NAG等优化算法。SGD虽然能达到极小值，但是比其他算法用的时间长，而且可能会被困在鞍点。

（3）如果需要更快收敛，或者训练更深、更复杂的神经网络，就需要用一种自适应的算法。

4.4 数据加载

4.4.1 Dataset 数据集

PyTorch 是怎样加载自己的数据进行模型训练的？在第 1 章"薪酬预测模型"中，我们通过 Pandas 数据处理工具先把数据处理成模型需要的格式，再传入模型进行训练，这种方式虽然也能够完美地完成任务，但是将数据处理和模型训练进行了分离，从流程上来说失去了连贯性。PyTorch 提供了 Dataset 接口和 DataLoader 接口，数据处理逻辑完全在 Dataset 接口中完成，然后通过 DataLoader 接口加载到模型中进行训练，通过这一套接口，可以将数据处理和模型训练整合到一个 Pipeline 中，简化了构建机器学习管道的流程。

所有数据集都是 Dataset 抽象类的子类，Dataset 的定义如下。

```
class Dataset(builtins.object)
  __getitem__(self, index)
  __len__(self)
```

基于 Dataset 接口实现自己的数据集需要重写__len__方法和__getitem__方法，前者获取整个数据的大小，而后者获取对应索引的数据。

下面基于 Dataset 接口实现加载"薪酬"数据的接口，定义如下。

```
df = pd.read_csv("./datas/salarys.csv",encoding='utf8')
def z_score(series):
    #计算均值
    _mean = series.sum()/series.count()
    print("mean:{}".format(_mean))
    #计算标准差
    std = (((series-_mean)**2).sum()/(series.count()-1))**0.5
    print("std:{}".format(std))
    new_series = (series-_mean)/std
    return new_series
def transform(data):
    return data
class CustomDataset(Dataset):
    def __init__(self, csv_path, transform=transform):
        self.transform = transform                              #数据预处理方法
        df = pd.read_csv(csv_path, encoding='utf8')             #读取数据
        #纬度有NaN值，采用前向填充
        df = df.fillna(method="ffill")
        del df['专业']
        del df['地区']
        del df['城市']
```

```python
        #需要进行One-Hot 编码的字段
        self.zy = sorted(set(df["专业编码"].values))
        self.wd = sorted(set(df["纬度"].values))
        self.jd = sorted(set(df["经度"].values))
        self.sf = sorted(set(df["地区编码"].values))
        self.xl = sorted(set(df["学历编码"].values))
        self.df_label = df["薪酬"]
        del df["薪酬"]
        #对"综合能力"做归一化处理
        df["综合能力"] = z_score(df["综合能力"])
        self.df_data = df
        self.columns = self.df_data.columns.tolist()
    def __getitem__(self, idx):    #根据 idx 取出其中一个
        data = self.df_data.iloc[idx].values
        label = self.df_label.iloc[idx]
        data = transform(data,self.zy,self.wd,self.jd,self.sf,self.xl,self.columns)
        return data,torch.tensor(label)
    def __len__(self):              #总数据的多少
        return df.count()[0]
```

定义一个 CustomDataset 的子类，继承自 Dataset 类。在 __init__ 方法中传入 csv 格式的薪酬数据集路径，以及用于数据转换的 transform 方法，该方法将完成诸如 One-Hot 编码、数据标准化等操作。这里为了演示，暂且返回数据本身。至此一个简单的数据集就定义好了，接下来实例化该数据集。

```
dataset = CustomDataset("./datas/salarys.csv",transform=transform)
```

调用 dataset 上的 __len__ 方法可以获取数据集的大小。

```
dataset.__len__()
result is 255516
```

直接在 for 循环中迭代数据将触发 __getitem__ 方法，每次调用将返回数据集中的一行，迭代结果如图 4.16 所示。

```
for i in dataset:
    print(i[0].values,i[1].data.item())
```

其实，迭代数据的过程我们也不用自己做，因为 PyTorch 已经实现了 DataLoader 数据加载器，提供了混洗打乱、多线程支持、批量加载等功能，直接使用即可。接下来实现 transform 方法，该方法主要实现数据预处理工作，将类别型数据使用 One-Hot 进行编码，并对数值型数据进行归一化处理，其实现逻辑如下。

```
[ 2.00000000e+00  1.70300000e+03  0.00000000e+00  0.00000000e+00
  4.10000000e+01  1.23000000e+02  1.00000000e+00  0.00000000e+00
  0.00000000e+00  0.00000000e+00  0.00000000e+00  0.00000000e+00
  0.00000000e+00  2.40000000e+01 -7.06774568e-01] tensor(5531.9990)
[ 11.       517.        0.        0.       31.
 121.         0.        2.        0.        0.
   0.         0.        0.       33.        1.95167241] tensor(20783.7949)
[  2.        57.        0.        1.       31.
 121.         0.        2.        3.        0.
   0.         0.        0.       31.       -0.51104337] tensor(5902.6431)
[  2.         9.        0.        1.       42.       86.
   0.         0.        0.        0.        0.        0.
   0.        27.        1.11436842] tensor(9718.1426)
[  2.       297.        0.        1.       45.
 126.         1.        0.        0.        0.
   0.         0.        0.       15.        1.42012124] tensor(11063.9980)
```

图 4.16 在 for 循环中迭代数据集

```python
def transform(data, zy_list, wd_list, jd_list, sf_list, xl_list, columns):
    #print(columns)
    zy_index = columns.index('专业编码')
    wd_index = columns.index('纬度')
    jd_index = columns.index('经度')
    sf_index = columns.index('地区编码')
    xl_index = columns.index('学历编码')
    result = []
    for column in columns:
        idx = columns.index(column)
        if idx in [zy_index, wd_index, jd_index, sf_index, xl_index]:
            if idx == zy_index:
                t = [0] * len(zy_list)
                t[zy_list.index(data[idx])] = 1
                result.extend(t)
            elif idx == wd_index:
                t = [0] * len(wd_list)
                t[wd_list.index(data[idx])] = 1
                result.extend(t)
            elif idx == jd_index:
                t = [0] * len(jd_list)
                t[jd_list.index(data[idx])] = 1
                result.extend(t)
            elif idx == sf_index:
                t = [0] * len(sf_list)
                t[sf_list.index(data[idx])] = 1
                result.extend(t)
            elif idx == xl_index:
                t = [0] * len(xl_list)
                t[xl_list.index(data[idx])] = 1
                result.extend(t)
```

```
        else:
            result.append(data[idx])
    return torch.tensor(result)
```

定义好数据转换方法之后,在__getitem__方法中调用即可。

```
def __getitem__(self, idx):    #根据idx取出其中一个
    data = self.df_data.iloc[idx].values
    label = self.df_label.iloc[idx]
    return transform(data,self.zy,self.wd,self.jd,self.sf,self.xl,self.columns),torch.tensor(label)
```

这就完成了薪酬数据集 Dataset 的定义,要使用该数据集训练数据需要借助 DataLoader,接下来介绍如何使用 DataLoader 加载数据。

4.4.2 DataLoader 数据加载

DataLoader 是一个迭代数据集的工具,提供了多线程、混洗打乱、批量加载等功能,使用时传入对应的参数即可。其第一个位置的参数为 Dataset 的实现类,可以通过关键字参数 batch_size 指定每个批次的数据大小,一般为 8 的倍数,如 16、32、64、128、512 等,需要根据计算机的配置及性能合理地设定。另外,DataLoader 还有一个关键字参数 shuffle,用于指定是否每次采样都对数据集进行打乱。

使用 DataLoader 对"薪酬预测模型"进行重写,需要先传入数据集路径及转换函数,实例化一个数据集。

```
dataset = CustomDataset("./datas/salarys.csv",transform=transform)
```

在模型训练过程中,使用 DataLoader 加载 Dataset,使用 DataLoader 重写后的完整代码如下。

```
#训练模型
if __name__ == '__main__':
    #定义批次大小(每次给模型传递16384条记录进行训练,充分利用矩阵计算的并行性能)
    batch_size = 16384
    #定义训练epoch
    epoch = 20
    #定义模型
    model = SalaryNet(327,100,20,1) .to("cuda")
    #初始化权重参数
    for layer in model.modules():
        if isinstance(layer, nn.Linear):
            init.xavier_uniform_(layer.weight)
    #定义优化器
    optimizer = torch.optim.Adam(model.parameters(), 0.01)
    #定义损失函数
```

```python
criterion = nn.MSELoss()
#定义损失数组,用于可视化训练过程
loss_holder = []
#损失值设置为无限大,每次迭代若损失值比loss_value小则保存模型,并将最新的损失值赋值
#给loss_value
loss_value = np.inf
step = 0
for i in range(epoch):
    train_count = 0
    batchs = 0
    for j in DataLoader(dataset, batch_size=batch_size, shuffle=False):
        batchs = batchs+1
        train_x_data = j[0].float().to("cuda")
        train_y_data = j[1].float().to("cuda")
        #输出值
        out = model(train_x_data)
        #损失值
        loss = criterion(out.squeeze(1),train_y_data)
        #反向传播,先将梯度设置为0,否则该步骤的梯度会和前面已经计算的梯度累乘
        optimizer.zero_grad()
        loss.backward()
        #更新参数
        optimizer.step()
        #记录误差
        print('epoch: {} , Train Loss: {:.6f} , Mean: {:.2f} , Min: {:.2f} , Max: {:.2f} , Median: {:.2f}, Dealed/Records: {}/{},, Time: {}'. format(i, math.sqrt(loss / batch_size), out.mean(),out.min(), out.max(), out.median(),batchs * batch_size, dataset.__len__(),time.strftime('%Y.%m.%d %H:%M:%S', time.localtime(time.time()))))
        step+=1
        loss_holder.append([step,math.sqrt(loss / batch_size)])
        #如果模型性能有提升则保存模型,并更新loss_value
        if loss < loss_value:
            torch.save(model, 'model.ckpt')
            loss_value = loss
```

使用 Matplotlib 对训练过程的损失进行可视化处理,如图 4.17 所示。

通过这个完整的实战案例,读者对数据加载接口会有更清晰的认识,能够通过 Dataset 接口和 DataLoader 接口完成任意数据的处理与加载。

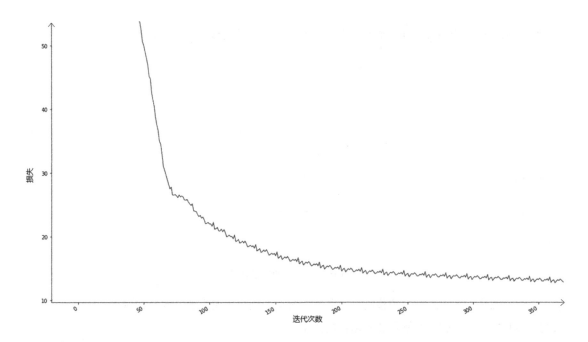

图 4.17 使用 DataLoader 数据加载器训练薪酬模型

4.5 初探卷积神经网络

4.5.1 知识科普：卷积过程及物理意义

在正式介绍卷积神经网络之前，需要先介绍卷积的概念、过程及意义。

在泛函分析中，卷积（Convolution）是通过两个函数 f 和 g 生成第三个函数的一种数学算子，表征函数 f 与 g 经过翻转和平移的重叠部分的面积，其物理意义是一个函数在另一个函数上的加权叠加（离散的情况）或积分（连续的情况）。这个加权叠加（积分）描述了一个动态过程，表达了系统不断衰减又不断受到激励的综合结果。

其连续定义的数学表达式为

$$(f \times g)(n) = \int_{-\infty}^{+\infty} f(\tau)g(n-\tau)\mathrm{d}\tau$$

其离散定义的数学表达式为

$$(f \times g)(n) = \sum_{\tau=-\infty}^{+\infty} f(\tau)g(n-\tau)$$

不管是连续还是离散，都有一个共同的特点，即函数 f 的参数加上函数 g 的参数等于 n。设 $x=$

τ，且 $y = n - \tau$，则 $x + y = n$。画出 n 从 $-\infty$ 到 $+\infty$ 形成的直线，如图 4.18 所示。

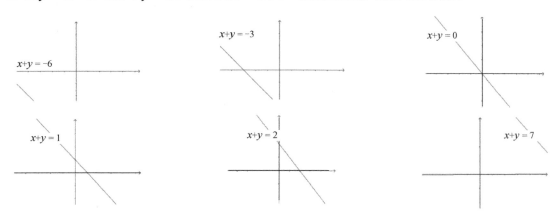

图 4.18　$x+y=n$ 的函数图像

直线图像从左下角向右上角移动，如果遍历所有的直线，观察到的效果和沿着一角将毛巾卷起来的效果非常相似，这也许就是卷积名称的由来。

可以借助脉冲信号的激发和衰减来理解卷积的物理意义。如果一个系统在起始阶段突然接收到一个脉冲信号然后瞬间消失，如老式的显像管电视屏幕中出现一个亮点，该亮点逐渐衰减直至熄灭的衰减过程如图 4.19 所示。

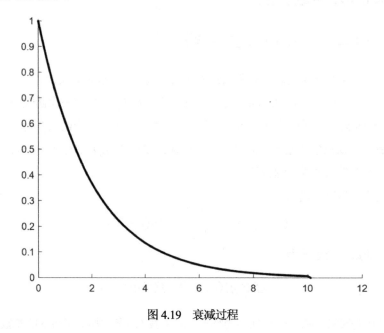

图 4.19　衰减过程

屏幕亮度从某个值以某个规律慢慢衰减到 0。如果亮度在衰减过程中突然收到另一个脉冲信号，那么屏幕亮度又会增加，并且比第一次还亮，这是因为第一次未衰减完的亮度值会和本次脉冲激发的亮度叠加，其状态如图 4.20 所示。

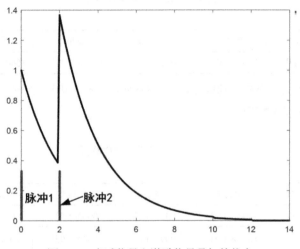

图 4.20　衰减信号和激励信号叠加的状态

由于信号叠加的原因，第二次的幅度值比第一次大，然后又按照固有的衰减函数慢慢衰减到 0。因为间隔时间是 2ms，所以这是一个离散的过程，如果将 0～2 分成 N 个小区间，当 $N \to \infty$ 时，此时就变成连续的过程，如图 4.21 所示。

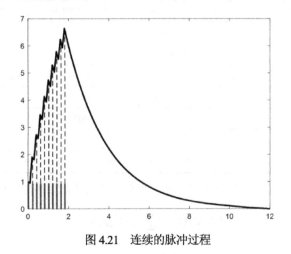

图 4.21　连续的脉冲过程

上面描述的过程实际上就是卷积的过程，是两个关于时间 t 的函数的积分。如果读者还觉得抽象，下面以复利为例进行说明。

例如，小米到银行存入 1000 元，年利率为 3%，按复利计算 6 年后可以得到 $1000 \times (1 + 3\%)^6$ 元，如表 4.1 所示。

表 4.1　第一年存入 1000 元

单位：元

本金	第一年	第二年	第三年	第四年	第五年	第六年
+1000	1000×1.03^1	1000×1.03^2	1000×1.03^3	1000×1.03^4	1000×1.03^5	1000×1.03^6

在该笔钱存入 1 年后，小米又到银行存入 1000 元，年利率仍然为 3%，按照复利进行计算，5 年后得到的钱的总数如表 4.2 所示。

表 4.2　第二年存入 1000 元

单位：元

本金	第一年	第二年	第三年	第四年	第五年	第六年
+1000	1000×1.03^1	1000×1.03^2	1000×1.03^3	1000×1.03^4	1000×1.03^5	1000×1.03^6
	+1000	1000×1.03^1	1000×1.03^2	1000×1.03^3	1000×1.03^4	1000×1.03^5

以此类推，小米每年都到银行存入 1000 元，直到第六年。其获取的总收益如表 4.3 所示。

表 4.3　总收益

单位：元

本金	第一年	第二年	第三年	第四年	第五年	第六年
+1000	1000×1.03^1	1000×1.03^2	1000×1.03^3	1000×1.03^4	1000×1.03^5	1000×1.03^6
	+1000	1000×1.03^1	1000×1.03^2	1000×1.03^3	1000×1.03^4	1000×1.03^5
		+1000	1000×1.03^1	1000×1.03^2	1000×1.03^3	1000×1.03^4
			+1000	1000×1.03^1	1000×1.03^2	1000×1.03^3
				+1000	1000×1.03^1	1000×1.03^2
					+1000	1000×1.03^1
总收益：$1000 \times 1.03^6 + 1000 \times 1.03^5 + 1000 \times 1.03^4 + 1000 \times 1.03^3 + 1000 \times 1.03^2 + 1000 \times 1.03^1 = 6662.5$						

到第六年小米能拿到的总收益为 6662.5 元，用数学公式简化上面的过程，即

$$(f \times g)(t) = \sum_{t=0}^{6} f(t)g(6-t)$$

$$f(t) = 1000$$

$$g(6-t) = 1.03^{6-t}$$

式中，$f(t)$为小米的存钱函数，每年固定存入 1000 元；$g(t)$为每年存入钱的复利计算函数。小米最终得到的收益，就是他的存钱函数和复利计算函数卷积的结果。

当然，这是离散的情况，如果考虑连续的情况会怎样？假设小米从 0 到 t 这段时间内，每时每刻都到银行存钱，他的存钱函数为$f(\tau)(0 \leq \tau \leq t)$，银行的复利计算公式为$g(t-\tau) = 1.03^{t-\tau}$，则小米到时间 t 能够获得的总收益为

$$\int_0^t f(\tau)g(t-\tau)\mathrm{d}\tau = \int_0^t f(\tau)(1.03^{t-\tau})\mathrm{d}\tau$$

这就是标准的卷积公式。用显像管电视成像和复利的例子进行形象的解释，相信读者对卷积的理解会更深刻。

若将卷积公式分开来看，$f(\tau)$就如同一个激励函数（对应脉冲发射和存钱），$g(t-\tau)$为系统响应函数（对应信号衰减和复利计算），得到的最终结果$(f \times g)(t)$可视为在 t 时刻对系统的观察，它是过去产生的所有信号结果的叠加。

4.5.2 卷积神经网络

人工神经网络要实现卷积应该怎样设计？为了解决这个问题，科学家巧妙地设计了一个叫作"卷积核"的结构，通过在特征向量或矩阵上滑动达到提取特征的目的，而这种滑动会丢掉部分"过去"的特征，类似于信号的衰减，同时会圈入新的特征，类似于激励函数。基于该滑动结构创建的网络被称为卷积神经网络。

随着深度学习的发展，在语音、视频、图像和自然语言处理方面，特别容易遇到庞大的特征输入，如果使用传统的全连接神经网络，非常容易遇到"权重灾难"，造成训练难度增加。例如，一张高清的 1024px×1024px 的 RGB 图片，共有 1024×1024×3 =3 145 728 个像素点，以它作为输入，隐藏层大小设置为 256，则权重矩阵大小为 3 145 728×256=805 306 368，超过 8 亿个权重参数，这不仅会造成存储困难，还会给训练带来挑战。因此，急需寻求一种更好的解决方案，这种方案需要在保证特征不丢失的情况下解决权重参数过多的问题，卷积神经网络应运而生。卷积神经网络使用共享的卷积核提取数据特征，使权重参数大大降低，促进了神经网络对高维度数据的处理能力，并且卷积核能够自动提取出有用的特征，大大降低了特征工程的难度。卷积神经网络的出现刷新了很多任务的最佳纪录，如 MNIST 分类任务能够实现 99%左右的分类精度，大大降低了权重参数量，为训练更深、更复杂的网络提供了可能。

下面介绍一维向量上卷积的过程。对于长度为 W=10 的向量，采用长度 w=4 的卷积核进行卷积操作，输入向量如图 4.22 所示。

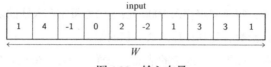

图 4.22　输入向量

卷积核向量如图 4.23 所示。

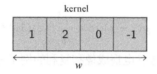

图 4.23　卷积核向量

如果以 1 为步长从左向右进行卷积，得到的结果的长度为 $W-w+1=10-4+1=7$。卷积过程如下：输入向量与卷积核向量对应位置元素相乘再相加，结果填充到 output[0] 中，以 1 为步长向右滑动，再次做对应位置元素相乘再相加的操作，一直重复，直至输入向量中所有元素都参与到卷积过程中。一维卷积过程如图 4.24 所示。

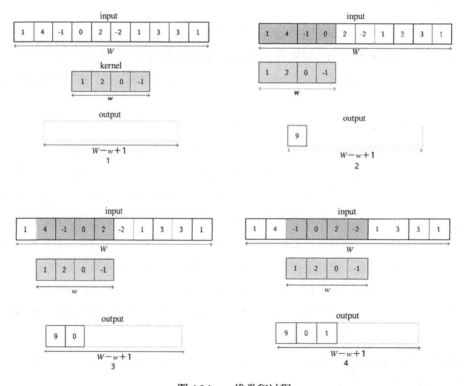

图 4.24　一维卷积过程

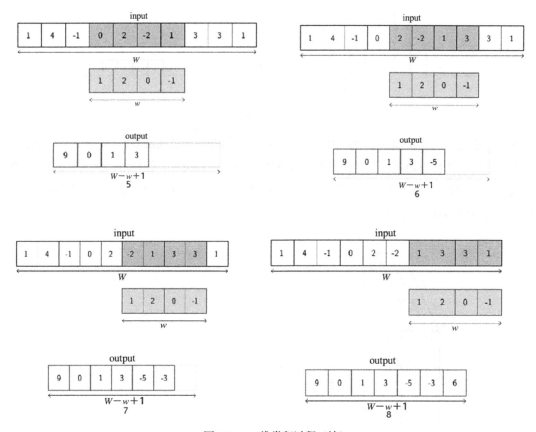

图 4.24 一维卷积过程（续）

一维卷积过程的数学语言描述如下。将长度为 W 的输入向量记为

$$X = (x_1, x_2, \cdots, x_W)$$

将长度为 w 的卷积核（在很多书中叫作 filter）向量记为

$$U = (u_1, u_2, \cdots, u_w)$$

卷积过程为

$$(X \circledast U)_i = \sum_{j=1}^{w} x_{i-1+j} u_j = (x_i, \cdots, x_{i+w-1}) \cdot u$$

例如，$(2,4,6,8) \circledast (1,2) = (2+8, 4+12, 6+16) = (10,16,22)$。基于该计算规则，卷积能实现一些特殊的计算，如异或计算，即 $(0,0,0,0,1,2,3,4,4,4,4) \circledast (-1,1) = (0,0,0,1,1,1,1,0,0,0)$，如图 4.25 所示。

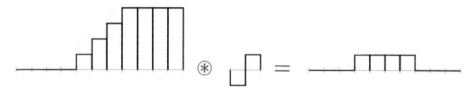

图 4.25 卷积实现的特殊计算

除了一维卷积,最常见的是二维卷积。二维卷积和一维卷积的区别是多了一个维度,因此适合处理图片信息。对于 RGB 图片,其维度为 $C \times H \times W$,C 表示 Channel(通道数),H 表示 Height(图片的高度),W 代表 Width(图片的宽度),此时卷积核的维度为 $C \times h \times w$,通过卷积操作输出维度为 $(H-h+1) \times (W-w+1)$,如图 4.26 所示。

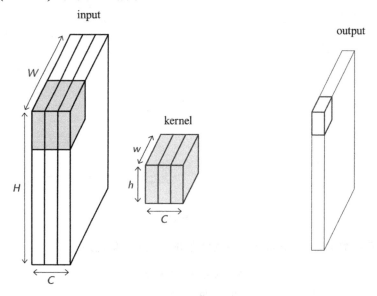

图 4.26 二维卷积

二维卷积的计算与一维卷积相同,都是输入与卷积核对应位置的元素相乘再相加,再将结果映射到输出的某个位置,然后滑动到下一个位置,直至所有输入都参与到卷积过程中。

需要注意的是,虽然输入和卷积核的通道数都等于 3,但是输出的通道数等于 1。因为其计算过程如下:先将每个通道内对应位置元素相乘再相加,然后计算所有通道的总和作为最终结果。

需要记住的是,卷积核的通道数等于输入的通道数,输出的通道数等于卷积核的个数。因为这里的卷积核只有 1 个,所以输出的特征图的通道数等于 1,如图 4.27 所示。

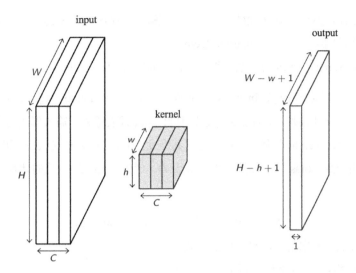

图 4.27 一个卷积核得到输出的一个通道数

每增加一个卷积核，输出就增加一个通道数，因此卷积神经网络可以通过设置多个卷积核得到更加丰富的特征图，卷积核的个数通常为 8、16、32、64、128 等，如图 4.28 所示。

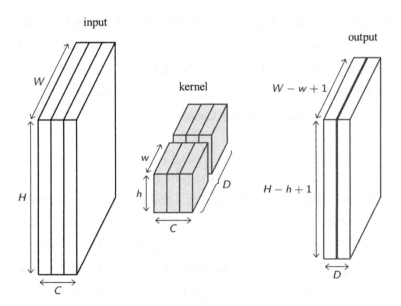

图 4.28 多个卷积核得到输出的多个通道数

经过卷积核得到的输出通常叫作特征图（Feature Map），而卷积核在输入上投影的面积大小称为感受野（Receptive Field），感受野越大，能够感知的上下文信息越丰富，对上下文有长依赖的任务越有效,特别是在自然语言处理领域,上下文的理解将直接影响语义的识别。卷积核与输入的每次计算类似于全连接网络(Fully Connected Layer)。

下面介绍在 PyTorch 中实现的二维卷积函数,将其定义为 conv2d(),即

$$\text{conv2d(input,weight,bias=None,stride=1,padding=0,dilation=1,groups=1)}$$

在 torch.nn.functional 模块中,conv2d() 函数中的 input 代表输入,输入形式通常为 $N×C×H×W$,N 表示批量大小。参数 weight 就是卷积核,通常其维度为 $D×C×h×w$,D 表示输出的特征图的通道数,等于卷积核的个数。bias 表示偏置,大小等于 D。经过 conv2d() 函数的计算,最终的输出结果的维度为

$$N × D × (H − h + 1) × (W − w + 1)$$

下面验证该方法的输出是否满足上面的公式。

```
input = torch.randn(88,66,99,33)
weight = torch.randn(19,66,7,9)
bias = torch.empty(19).normal_()
output = F.conv2d(input,weight,bias)
output.size()
torch.Size([88, 19, 93, 25])//输出
```

输出维度的计算如下:88 是批量大小;19 是卷积核个数;93 是输出的 Height,即上式中的 H,由 99−7+1 进行计算;25 是输出的 Width,即上式中的 W,由 33−9+1 计算。一维卷积的 conv1d() 函数和三维卷积的 conv3d() 函数的计算过程与 conv2d() 函数类似,此处不再赘述。

为了使卷积函数更容易使用,PyTorch 将 conv1d() 函数、conv2d() 函数、conv3d() 函数分别封装成 torch.nn.Conv1d、torch.nn.Conv2d、torch.nn.Conv3d,下面以 Conv2d 类为例进行介绍。Conv2d 类的定义如下。

```
class torch.nn.Conv2d( in_channels , out_channels , kernel_size , stride=1 ,
padding=0 , dilation=1 , groups=1 , bias=True)
```

通过 Conv2d 类,对二维卷积的输入及输出进行了更明确的定义,但归根结底,其底层调用的仍然是 functional 模块中的 conv2d 方法。in_channels 描述的是输入数据的通道数;out_channels 描述的是输出的特征图的通道数,即卷积核个数。kernel_size 定义了卷积核的形状(h,w),代表卷积核的高度和宽度。如果 kernel_size 不是一个 Tuple 类型,而是一个单独的数字 k,Conv2d 将自动解释为(k,k),表示卷积核的高度和宽度都等于 k。下面用 Conv2d 类重写上面的例子。

```
input = torch.randn(88,66,99,33)
conv2d = torch.nn.Conv2d(in_channels=66,out_channels=19,kernel_size=(7,9))
print(conv2d(input).size())
torch.Size([88, 19, 93, 25])
```

输出结果是一样的,这里并没有提供卷积核的权重和 bias 的偏置,Conv2d 会随机初始化 weights 和 bias。

至此,读者对卷积已有初步认识,下面进行更深入的介绍,阐述 stride 和 padding 的作用,以及膨胀卷积的概念和优势。

4.5.3　stride 和 padding

(1) stride。stride 指的是在输入信号上移动卷积核的步幅大小。前面介绍的 conv2d 方法默认步幅大小为 1。

(2) padding。padding 指的是在输入信号周围填充多少维度的 0,因为 0 在计算过程中不影响结果,但是可以改变输入的形状。图 4.29 是 input(3×5)指定 padding(2×1)前后对比图。

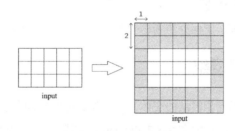

图 4.29　填充前后对比图

以 stride=2 和 padding=(2,1)为例说明计算过程,如图 4.30 所示。

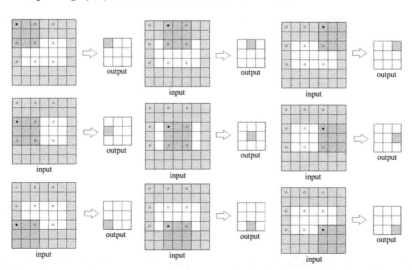

图 4.30　stride=2 和 padding=(2,1)的卷积计算过程

卷积计算过程先向右，再向下，最终结果为 3×3。其计算公式为

$$\left\lceil \frac{W + 2\text{padding} - w + 1}{\text{stride}} \right\rceil$$

即输入维度加上 2 倍 padding 减去卷积核维度再加 1，结果除以 stride，最后向上取整。下面用 Conv2d 模拟上述计算过程。

```
#指定 stride=3, padding=1
input = torch.randn(88,66,99,33)
conv2d = torch.nn.Conv2d(in_channels=66,out_channels=19,kernel_size=(7,14),stride=3,padding=1)
print(conv2d(input).size())
torch.Size([88, 19, 32, 8])
```

88 为批量大小，19 为卷积核个数，32 是由[(99 + 2 − 7 + 1)/3]计算得到的，8 是由 [(33 + 2 − 14 + 1)/3]计算得到的。

上面介绍了卷积计算过程，下面介绍卷积的变种算法——膨胀卷积神经网络。

4.5.4　膨胀卷积神经网络

膨胀卷积神经网络是普通卷积算法的变体，通过改变卷积核的映射，实现更宽的接收域，进而感知到更远的上下文信息。它通过关键字参数 dilation 指定膨胀率，默认膨胀率为 1。为了便于说明，这里取 dilation=2 与默认方式进行对比，如图 4.31 所示。

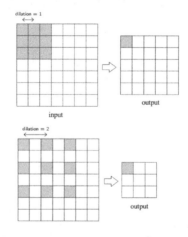

图 4.31　dilation=1 和 dilation=2 的对比图

当膨胀率变大之后，卷积核投射到输入信号上的面积会变大，同时每个卷积核元素之间形成了一个一个的"洞洞"，因此这种结构又被称为"空洞卷积"，卷积元素之间的距离正好等于 dilation

膨胀率。

膨胀率变大之后，输出结果的维度会变得更小巧，这说明膨胀卷积神经网络对数据的降维具有积极作用。

下面用图文的形式说明膨胀卷积神经网络的卷积过程，如图 4.32 所示。

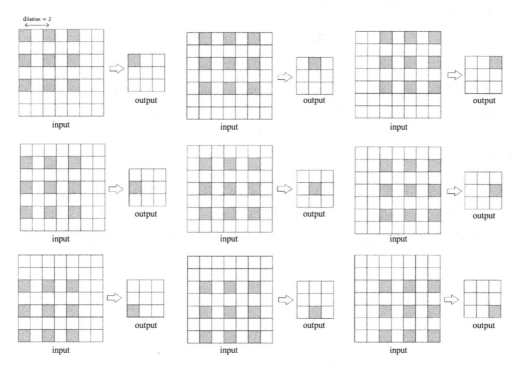

图 4.32　膨胀卷积神经网络的卷积过程

因为膨胀卷积对作用于输入信号的投影进行了放大，扩大了感受野，增加了卷积核的接收域，所以输出结果会受到影响。作用于输入信号卷积核的真实大小为 $D = 1 + (k-1) \times d$，k 是设置的真实的卷积核大小，d 是膨胀率。因此，输出结果计算公式为

$$\left\lceil \frac{W + 2\text{padding} - D + 1}{\text{stride}} \right\rceil$$

下面用 PyTorch 验证该计算公式。

```
#指定 stride=3, padding=1, dilation=2
input = torch.randn(88,66,99,33)
conv2d = torch.nn.Conv2d(in_channels=66,out_channels=19,kernel_size=(7,14),stride=3,padding=1,dilation=2)
print(conv2d(input).size())
torch.Size([88, 19, 30, 3])
```

先计算膨胀后感受野的维度大小，即

$$D1 = 1+(7-1)\times 2=13$$

$$D2 = 1+(14-1)\times 2=27$$

将 $D1$ 和 $D2$ 代入上面的计算公式可得

$$[(99 + 2 - 13 + 1)/3]=30$$

$$[(33 + 2 - 27 + 1)/3]=3$$

膨胀率一般要和 stride 结合使用，设置合理的 stride 和 dilation 才能保证将原始信号的所有信息都提取到特征图中，否则会因为步幅过大或空洞过大而失去部分原始信息。

4.5.5 池化

池化（Pooling）是进一步降低数据维度及提取主要特征的步骤，常用的池化方法包括 Max-Pooling、Average-Pooling。下面介绍池化的计算过程。

以一维向量为例，假设原始向量的长度为 10，使用"视野"等于 2 进行池化，如图 4.33 所示。

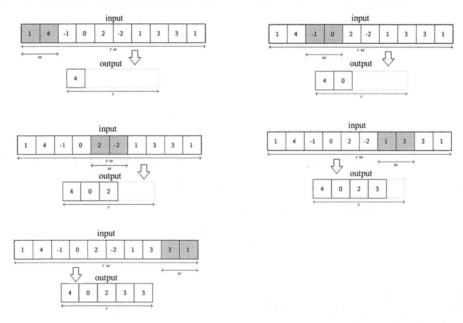

图 4.33 Max-Pooling

因为设置的池化"视野"大小为 2，所以对原始向量池化时，每次只对"视野"中的元素采用

Max 的策略进行提取，第一个"视野"中最大值为 4，因此提取 4，忽略 1，以此类推。

如果采用 Average-Pooling，则取"视野"中元素的均值作为输出，如上面的 1 和 4，Average-Pooling 的结果为 2.5。

池化操作的一个特点是会在输入信号的每个维度上进行池化，因此对于多维数据的池化，"视野"的通道数等于输入的通道数。而"视野"有一个专业的名词，即 Pooling Kernel，不要将其与卷积内核搞混。

下面介绍在多维数据输入上池化的过程，仍然使用图文的形式进行说明，如图 4.34 所示。

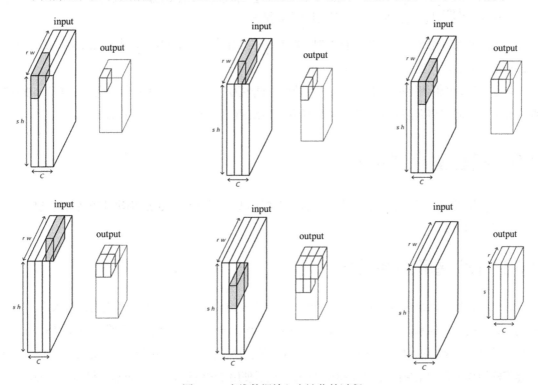

图 4.34 多维数据输入上池化的过程

从图 4.34 可以看出，池化操作是逐层进行的，输出数据的通道数等于输入数据的通道数，只是维度发生了变化而已。维度的计算公式为

$$N \times C \times \left\lfloor \frac{H}{h} \right\rfloor \times \left\lfloor \frac{W}{w} \right\rfloor$$

式中，N 为批量大小，C 为输入通道数，H 为输入的 Height，W 为输入的 Width，h 为池化核的 Height，w 为池化核的 Width，这里是向下取整的。下面使用 PyTorch 提供的方法验证上面的计算过程。

```
#指定 stride=3, padding=1, dilation=2, max pooling kernel size=(3,2)
input = torch.randn(88,66,99,33)
conv2d = torch.nn.Conv2d(in_channels=66,out_channels=19,kernel_size=(7,14),
stride=3,padding=1,dilation=2)
maxpool = torch.nn.MaxPool2d((3,2))
print(conv2d(input).size())
print(maxpool(conv2d(input)).size())
torch.Size([88, 19, 30, 3])
torch.Size([88, 19, 10, 1])
```

从输出的[88,19,10,1]可以看出，批量大小、通道数都没有发生变化，但Height和Width发生了变化，10是由$\lfloor\frac{30}{3}\rfloor$计算得到的，而1是由$\lfloor\frac{3}{2}\rfloor$计算得到的。

一维池化和三维池化与二维池化类似，PyTorch封装了MaxPool1d方法、MaxPool2d方法、MaxPool3d方法，此处不再一一介绍。

有了卷积神经网络的基础知识，在"实验室小试牛刀"环节，将使用卷积神经网络进行MNIST图像分类，看看能将之前使用全连接神经网络对MNIST分类记录的准确率提升多少。

4.6 实验室小试牛刀

通过使用卷积神经网络做手写数字识别，读者可以掌握使用PyTorch构建神经网络的技巧，从而巩固学到的知识。

4.6.1 设计卷积神经网络

设计卷积神经网络应该从输入数据的维度、卷积核的大小及个数、输出数据的维度入手。先分析输入数据的维度信息，MNIST手写数字是1×28×28的灰度图片，因此输入维度为N×1×28×28，然后使用8个7×7的卷积核，padding和stride都使用默认值。按照卷积维度计算公式，经过这8个卷积核卷积之后的结果维度为N×8×22×22，然后使用2×2的Max-Pooling，按照计算公式，池化之后结果维度为N×8×11×11。第二层的卷积层使用32个5×5的卷积核，卷积结果维度为N×32×7×7，使用2×2的Max-Pooling，结果维度为N×32×3×3，最后一层为全连接层，将输入（32×3×3）展开成长度为288的向量，连接到10个输出神经元，最后使用softmax进行分类。图4.35所示是卷积神经网络结构图。

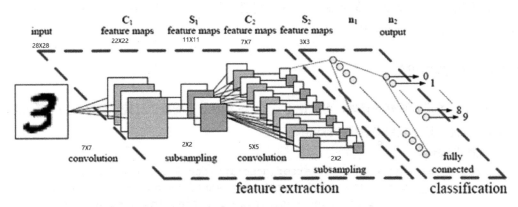

图 4.35 卷积神经网络结构图

4.6.2 定义卷积神经网络

在卷积神经网络结构的基础上定义神经网络非常简单，直接使用 PyTorch 提供的二维卷积函数即可。

```
class CNN_Net(nn.Module):
    def __init__(self):
        super(CNN_Net,self).__init__()
        self.conv1 = nn.Conv2d(1, 8, kernel_size=7)
        self.conv2 = nn.Conv2d(8, 32, kernel_size=5)
        self.conv2_drop = nn.Dropout2d()
        self.fc1 = nn.Linear(288, 100)
        self.fc2 = nn.Linear(100, 10)
    def forward(self, x):
        x = F.relu(F.max_pool2d(self.conv1(x), 2))
        x = F.relu(F.max_pool2d(self.conv2_drop(self.conv2(x)), 2))
        x = x.view(-1, 288)
        x = F.relu(self.fc1(x))
        x = F.relu(self.fc2(x))
        return F.log_softmax(x, dim=1)
```

conv1 为第一个卷积层，指定 kernel_size 等于 7，因为输入是灰度图片，所以通道数为 1，使用 8 个卷积核，故输出的通道数为 8。conv2 是第二个卷积层，指定 kernel_size 等于 5，输入的通道数为 8，输出的通道数为 32。

为了增加训练过程的随机性，提升模型的泛化能力，在第二个卷积层后面接入一个 Dropout 层。最后在 forward() 前向传播函数中，将输入的 x 依次传入定义好的组件，组成一个计算 Pipeline。同时，为了增加网络对非线性数据的拟合能力，每层网络的输出都使用 ReLU 作为激活函数。最后使用 view 方法，将 x 拉伸为长度为 288 的向量。需要注意的是，因为使用 log_softmax 计算得分值，所以在计算损失的时候要使用 NLLLoss。

4.6.3 模型训练

为了对参数进行更好的管理，可以使用 argparse 对参数及配置进行统一管理。为了最大限度地利用设备性能，这里采用多进程并行训练。

```python
#解析传入的参数
parser = argparse.ArgumentParser(description='PyTorch MNIST')
parser.add_argument('--batch-size', type=int, default=64, metavar='N',
                    help='input batch size for training (default: 64)')
parser.add_argument('--test-batch-size', type=int, default=1000, metavar='N',
                    help='input batch size for testing (default: 1000)')
parser.add_argument('--epochs', type=int, default=10, metavar='N',
                    help='number of epochs to train (default: 10)')
parser.add_argument('--lr', type=float, default=0.01, metavar='LR',
                    help='learning rate (default: 0.01)')
parser.add_argument('--momentum', type=float, default=0.9, metavar='M',
                    help='SGD momentum (default: 0.9)')
parser.add_argument('--seed', type=int, default=1, metavar='S',
                    help='random seed (default: 1)')
parser.add_argument('--log-interval', type=int, default=10, metavar='N',
                    help='how many batches to wait before logging training status')
parser.add_argument('--num-processes', type=int, default=6, metavar='N',
                    help='how many training processes to use (default: 1)')
parser.add_argument('--cuda', action='store_true', default=False,
                    help='enables CUDA training')
if __name__ == "__main__":
    #解析参数
    args = parser.parse_args()
    #判断是否使用 GPU 设备
    use_cuda = args.cuda and torch.cuda.is_available()
    #运行时设备
    device = torch.device("cuda" if use_cuda else "cpu")
    #使用固定缓冲区
    dataloader_kwargs = {'pin_memory': True} if use_cuda else {}
    #多进程训练，在 Windows 环境下使用 spawn 方式
    mp.set_start_method('spawn')
    #将模型复制到设备
    model = CNN_Net().to(device)
    #多进程共享模型参数
```

```
    model.share_memory()

    processes = []
    for rank in range(args.num_processes):
        p = mp.Process(target=train, args=(rank,args,model,device,dataloader_kwargs))
        p.start()
        processes.append(p)
    for p in processes:
        p.join()

    #测试模型
    test(args, model, device, dataloader_kwargs)
```

模型的训练和测试与第 3 章使用的方法一样，没有任何修改，这里不再赘述。单击运行 main 方法开始训练模型。卷积神经网络的训练过程如图 4.36 所示。

```
20948    Train Epoch: 10 [46080/60000 (77%)]    Loss: 0.020129
20948    Train Epoch: 10 [47360/60000 (79%)]    Loss: 0.121703
20948    Train Epoch: 10 [48640/60000 (81%)]    Loss: 0.098642
20948    Train Epoch: 10 [49920/60000 (83%)]    Loss: 0.082053
20948    Train Epoch: 10 [51200/60000 (85%)]    Loss: 0.023557
20948    Train Epoch: 10 [52480/60000 (87%)]    Loss: 0.022667
20948    Train Epoch: 10 [53760/60000 (90%)]    Loss: 0.027170
20948    Train Epoch: 10 [55040/60000 (92%)]    Loss: 0.017013
20948    Train Epoch: 10 [56320/60000 (94%)]    Loss: 0.047505
20948    Train Epoch: 10 [57600/60000 (96%)]    Loss: 0.042629
20948    Train Epoch: 10 [58880/60000 (98%)]    Loss: 0.089100

Test set: Average loss: 0.0268, Accuracy: 9921/10000 (99%)
```

图 4.36　卷积神经网络的训练过程

下面使用膨胀卷积神经网络改写 CNN_Net 模型，将第一个卷积层改为膨胀卷积。Conv2d 中有一个关键字参数 dilation，设置膨胀参数为 2。膨胀卷积维度计算公式为 $\left\lfloor\frac{W+2padding-D+1}{stride}\right\rfloor$，其中 $D = 1 + (k-1) \times d$，k 是设置的真实的卷积核大小，d 是膨胀率，可以计算出第一层膨胀卷积层输出维度为 $N \times 8 \times 16 \times 16$。第一层使用膨胀卷积改写，如图 4.37 所示。

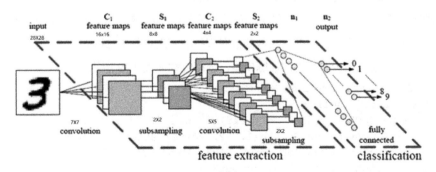

图 4.37　第一层使用膨胀卷积改写

改写后网络定义如下。

```python
class CNN_Dilation_Net(nn.Module):
    def __init__(self):
        super(CNN_Dilation_Net,self).__init__()
        self.conv1 = nn.Conv2d(1, 8, kernel_size=7,dilation=2)
        self.conv2 = nn.Conv2d(8, 32, kernel_size=5)
        self.conv2_drop = nn.Dropout2d()
        self.fc1 = nn.Linear(128, 50)
        self.fc2 = nn.Linear(50, 10)
    def forward(self, x):
        x = F.relu(F.max_pool2d(self.conv1(x), 2))
        x = F.relu(F.max_pool2d(self.conv2_drop(self.conv2(x)), 2))
        x = x.view(-1, 128)
        x = F.relu(self.fc1(x))
        x = F.relu(self.fc2(x))
        return F.log_softmax(x, dim=1)
```

训练过程及参数设置都一样，膨胀卷积的训练过程如图 4.38 所示。

```
14176    Train Epoch: 10 [48640/60000 (81%)]    Loss: 0.351984
12548    Train Epoch: 10 [58880/60000 (98%)]    Loss: 0.389331
14176    Train Epoch: 10 [49920/60000 (83%)]    Loss: 0.374360
14176    Train Epoch: 10 [51200/60000 (85%)]    Loss: 0.366906
14176    Train Epoch: 10 [52480/60000 (87%)]    Loss: 0.280278
14176    Train Epoch: 10 [53760/60000 (90%)]    Loss: 0.320672
14176    Train Epoch: 10 [55040/60000 (92%)]    Loss: 0.303379
14176    Train Epoch: 10 [56320/60000 (94%)]    Loss: 0.374347
14176    Train Epoch: 10 [57600/60000 (96%)]    Loss: 0.406559
14176    Train Epoch: 10 [58880/60000 (98%)]    Loss: 0.323122

Test set: Average loss: 0.2832, Accuracy: 9815/10000 (98%)
```

图 4.38　膨胀卷积的训练过程

由训练结果可以看出，膨胀卷积的效果不如正常的卷积，但膨胀卷积在自然语言处理领域的应用还是非常多的，因为它能够获取更宽的上下文信息。

要想增加模型的效果，通常的做法是加深模型网络结构或增加卷积核个数，这样会得到更高级别的抽象，权重参数也更多，更多的权重参数对模型的表达也将更加准确。

下面尝试增加卷积核个数，再次训练模型，训练过程如图 4.39 所示。

```python
class CNN_Dilation_Net(nn.Module):
    def __init__(self):
        super(CNN_Dilation_Net,self).__init__()
        self.conv1 = nn.Conv2d(1, 32, kernel_size=7,dilation=2)
        self.conv2 = nn.Conv2d(32, 128, kernel_size=5)
        self.conv2_drop = nn.Dropout2d()
```

```
        self.fc1 = nn.Linear(512, 100)
        self.fc2 = nn.Linear(100, 10)
    def forward(self, x):
        x = F.relu(F.max_pool2d(self.conv1(x), 2))
        x = F.relu(F.max_pool2d(self.conv2_drop(self.conv2(x)), 2))
        x = x.view(-1, 512)
        x = F.relu(self.fc1(x))
        x = F.relu(self.fc2(x))
        return F.log_softmax(x, dim=1)
```

```
10984    Train Epoch: 10 [44800/60000 (75%)]    Loss: 0.013544
10984    Train Epoch: 10 [46080/60000 (77%)]    Loss: 0.011672
10984    Train Epoch: 10 [47360/60000 (79%)]    Loss: 0.005218
10984    Train Epoch: 10 [48640/60000 (81%)]    Loss: 0.003272
10984    Train Epoch: 10 [49920/60000 (83%)]    Loss: 0.010174
10984    Train Epoch: 10 [51200/60000 (85%)]    Loss: 0.001772
10984    Train Epoch: 10 [52480/60000 (87%)]    Loss: 0.002185
10984    Train Epoch: 10 [53760/60000 (90%)]    Loss: 0.004814
10984    Train Epoch: 10 [55040/60000 (92%)]    Loss: 0.000821
10984    Train Epoch: 10 [56320/60000 (94%)]    Loss: 0.004274
10984    Train Epoch: 10 [57600/60000 (96%)]    Loss: 0.029332
10984    Train Epoch: 10 [58880/60000 (98%)]    Loss: 0.009990

Test set: Average loss: 0.0273, Accuracy: 9925/10000 (99%)
```

图 4.39 增加卷积核个数的训练过程

增加卷积核个数后结果确实有所提升。

4.6.4 理解卷积神经网络在学什么

在使用神经网络时，往往都可以将其视为一个黑盒，目前对黑盒中的运行原理还不能进行有效的数学解释，但是可以借助可视化技术来展示学习过程都在学什么。这里我们借助"Cats vs Dogs"数据集训练猫和狗分类模型，从而完成卷积神经网络内部的探索。"Cats vs Dogs"数据集包含两个文件夹。

（1）训练文件夹：包含 25 000 张猫和狗的图片，每张图片都含有标签，这个标签是文件名的一部分，如图 4.40 所示，可以用这个文件夹训练和评估我们的模型。

（2）测试文件夹：包含 12 500 张图片，每张图片都以数字来命名。对于这个数据集中的每张图片来说，我们的模型都要预测每张图片上是狗还是猫(1=狗,0=猫)。

图 4.40 训练数据集

1. 加载数据

先在 Kaggle 官网下载 "Cats vs Dogs" 数据集，然后将数据解压到 DogVsCatData 文件夹中。为了加载图片数据，需要使用前面章节介绍的 Dataset 接口和 DataLoader 接口。对于图片数据的加载，PyTorch 提供了一个更加方便的 ImageFolder 接口，位于 torchvision.datasets 模块中。为了使用该接口，需要在 DogVsCatData/train 文件夹中新建 "dog" 和 "cat" 目录，并且将所有代表 Dog 的图片移到 dog 文件夹中，将所有代表 Cat 的图片移到 cat 文件夹中，ImageFolder 接口将根据文件夹建立对应的字典映射关系。DogVsCatData 文件夹结构如图 4.41 所示。

```
~/Desktop/pytorch/chapter4/DogVsCatData
$ tree -L 2
|-- test
|-- test1.zip
|-- train
|   |-- cat
|   `-- dog
`-- train.zip
```

图 4.41 DogVsCatData 数据文件夹结构

使用 ImageFolder 接口需要指定文件路径及转换函数，用于对原始数据进行相应的转换。转换及加载训练数据的代码如下。

```
from torchvision.datasets import ImageFolder
simple_transform = transforms.Compose([transforms.Resize((256,256))
                                      ,transforms.ToTensor()
```

```
                              ,transforms.Normalize([0.485, 0.456, 0.406],
[0.229, 0.224, 0.225])])
train_data = ImageFolder('./DogVsCatData/train',simple_transform)
print(train_data.class_to_idx)
print(train_data.classes)
{'cat': 0, 'dog': 1}
['cat', 'dog']
```

在 transforms 中先使用 Resize 将图片统一为 256px×256px，使用 ToTensor 将图片数据转换为 Tensor 对象。Normalize 将图片数据进行标准化处理，第一个参数为标准化的均值，第二个参数为标准化的标准差。

train_data 是一个可迭代对象，可以通过索引访问，如访问第 100 张图片对应的数据，可以直接使用 train_data[99]获取。

为了便于将图片可视化显示，定义了如下所示的可视化方法。

```
#绘制图片
import numpy as np
import matplotlib.pyplot as plt
def imshow(inp,cmap=None):
    inp = inp.numpy().transpose((1,2,0))
    mean = np.array([0.485, 0.456, 0.406])
    std = np.array([0.229, 0.224, 0.225])
    inp = std * inp + mean
    inp = np.clip(inp, 0, 1)
    plt.imshow(inp,cmap)
```

借助该可视化方法显示第 100 张图片，即 imshow(train_data[99][0])，如图 4.42 所示。

图 4.42　第 100 张图片

接下来定义神经网络。

2. 定义模型

先定义网络模型，模型中有 2 个卷积层和 3 个全连接层。第一个卷积层为膨胀卷积，卷积核大小设定为 7，卷积核膨胀系数为 2；第二层为普通卷积层；第二层卷积层后接一个 Dropout 层，后面是 3 个全连接层。全连接层的输入维度需要进行计算，该计算过程如下。

（1）256−(1+(7−1)×2)+1=244。

（2）244/2 = 122。

（3）122−5+1=118。

（4）118/2 = 59。

（5）59×59×16=55 696。

具体涉及的计算规则及公式可参考 4.5 节。该网络模型的具体实现如下。

```python
class DogCat_Net(nn.Module):
    def __init__(self):
        super(DogCat_Net,self).__init__()
        #RGB 对应的通道数为 3，定义 16 个卷积核，卷积核大小为 7，膨胀率为 2
        self.conv1 = nn.Conv2d(3, 16, kernel_size=7,dilation=2)
        self.conv2 = nn.Conv2d(16, 32, kernel_size=5)
        self.conv2_drop = nn.Dropout2d()
        self.fc1 = nn.Linear(55696, 1000)
        self.fc2 = nn.Linear(1000,50)
        self.fc3 = nn.Linear(50, 2)
    def forward(self, x):
        x = F.relu(F.max_pool2d(self.conv1(x), 2))
        x = F.relu(F.max_pool2d(self.conv2_drop(self.conv2(x)), 2))
        x = x.view(-1,55696)
        x = F.relu(self.fc1(x))
        x = F.dropout(x)
        x = F.relu(self.fc2(x))
        x = F.dropout(x)
        x = self.fc3(x)
        return F.log_softmax(x,dim=1)
```

3. 训练模型

模型定义好之后就开始训练模型。训练函数可以复用前面的 MNIST 手写数字识别代码，此处不再赘述，下面是训练的 __main__ 方法，训练过程如图 4.43 所示。

```python
args={
    'batch_size':128,
    'test_batch_size':1000,
    'epochs':10,
```

```
    'lr':0.01,
    'momentum':0.9,
    'seed':1,
    'log_interval':10
}
use_cuda=True if torch.cuda.is_available() else False

if __name__=="__main__":
    #运行时设备
    device = torch.device("cuda" if use_cuda else "cpu")
    #使用固定缓冲区
    dataloader_kwargs = {'pin_memory': True} if use_cuda else {}
    #把模型复制到设备
    model = DogCat_Net().to(device)
    train(args, model,device, dataloader_kwargs)
```

```
12688    Train Epoch: 50 [6400/22587  (28.25%)]  Loss: 0.044943951070
12688    Train Epoch: 50 [7680/22587  (33.90%)]  Loss: 0.018270175904
12688    Train Epoch: 50 [8960/22587  (39.55%)]  Loss: 0.024880783632
12688    Train Epoch: 50 [10240/22587 (45.20%)]  Loss: 0.049264058471
12688    Train Epoch: 50 [11520/22587 (50.85%)]  Loss: 0.050332240760
12688    Train Epoch: 50 [12800/22587 (56.50%)]  Loss: 0.011097300798
12688    Train Epoch: 50 [14080/22587 (62.15%)]  Loss: 0.034056149423
12688    Train Epoch: 50 [15360/22587 (67.80%)]  Loss: 0.052086569369
12688    Train Epoch: 50 [16640/22587 (73.45%)]  Loss: 0.038151297718
12688    Train Epoch: 50 [17920/22587 (79.10%)]  Loss: 0.020356424153
12688    Train Epoch: 50 [19200/22587 (84.75%)]  Loss: 0.005525330082
12688    Train Epoch: 50 [20480/22587 (90.40%)]  Loss: 0.025677373633
12688    Train Epoch: 50 [21760/22587 (96.05%)]  Loss: 0.094199031591
```

图 4.43　训练过程

4. 卷积神经网络中间结果可视化

为了将参数可视化显示，需要将网络层输出参数提取出来，而 PyTorch 默认只保存最后一层的输出，中间层输出默认不保存，这是为了优化网络存储。要提取中间层网络输出值，需要使用 PyTorch 提供的回调函数 register_forward_hook()，通过传入处理函数，便可以提取和保存特定网络层的输出值。

封装和实现 register_forward_hook()回调函数，具体如下：

```
class ActivationData():
    #网络输出值
    outputs = None
    def __init__(self,layer):
        #在模型的layer_num层上注册回调函数，并传入处理函数
        self.hook = layer.register_forward_hook(self.hook_fn)
    def hook_fn(self,module,input,output):
        self.outputs = output.cpu()
```

```
def remove(self):
    #由回调句柄调用,用于将回调函数从网络层删除
    self.hook.remove()
```

ActivationData 类封装了回调函数,__init__ 方法传入需要注册回调函数的 layer,在 layer 上调用 register_forward_hook 进行注册,register_forward_hook 接收一个处理函数,这个处理函数应该遵守如下规则。

(1) 第一个参数为模型的 layer。

(2) 第二个参数为 layer 的输入。

(3) 第三个参数为 layer 的输出。

hook_fn 即为该处理函数,主要任务是将 layer 的输出值保存到变量 outputs 中。register_forward_hook 方法会返回一个 hook 句柄,通过该句柄可以实现处理函数的移除。选取第 10 张图片作为参数可视化对象,img = train_data[9][0] 的图片如图 4.44 所示。

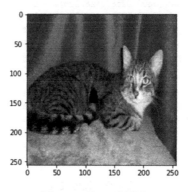

图 4.44　第 10 张图片

将图 4.44 传入模型会触发回调函数,通过回调函数就可以获取网络的输入值。

```
conv_out = ActivationOutputData(model.conv2)
#传入图片
o = model(img.unsqueeze(0).cuda())
#移除回调函数
conv_out.remove()
```

conv_out 对象中的变量 outputs 便是网络的输出值,借助 Matplotlib 对输出值进行可视化,结果如图 4.45 所示。

```
fig = plt.figure(figsize=(20,50))
fig.subplots_adjust(left=0,right=1,bottom=0,top=0.8,hspace=0,wspace=0.2)
for i in range(16):
    ax = fig.add_subplot(12,4,i+1,xticks=[],yticks=[])
    ax.imshow(conv_out.outputs[0][i].detach().numpy())
```

图 4.45　第 10 张图片对应第二个卷积层的输出结果

因为第二个卷积层会输出 16 个特征图，所以会得到 16 张图片。从图片中可以看出，每个卷积核的输出是不一样的，这是因为它们的权重参数不一样，而这些权重参数是在训练过程中固定下来的。每个卷积核都有自己的偏好，有的卷积核更关注背景，有的卷积核更关注轮廓，16 个卷积核各司其职。

如果借助更深的网络，如 VGG-16，通过可视化卷积网络的输出可以发现，更早的输入层检测的是点和线，接下来的网络层关注得会更抽象，如眼睛、嘴巴等。

下面借助 VGG-16 使用迁移学习的思想重新训练模型，并可视化卷积层的输出结果。

5．VGG-16 迁移学习

VGG-16 由 13 个卷积层和 3 个全连接层组成，卷积核大小全部是 3×3，由于笔者在网络训练及模型构思上使用了很多技巧，所以 VGG-16 的收敛速度明显加快。另外，VGG-16 网络模型简单，结构清晰明确，并且训练速度快，因此被作为神经网络设计参考的典型。VGG-16 网络模型的大小约为 500MB，PyTorch 的视觉库中已经提供了该模型，可直接使用。

```
from torchvision import models
vgg = models.vgg16(pretrained=True).cuda()
```

关键字参数 pretrained 设置为 True，运行时将自动下载模型。图 4.46 是 VGG-16 卷积部分的结构图。

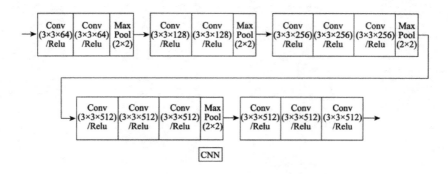

图 4.46　VGG-16 卷积部分的结构图

直接打印输出 VGG，其网络结构清晰明了，如图 4.47 所示。

迁移学习的主要目的是复用已经训练好的模型的参数，因此迁移学习中需要冻结一些较早的参数层的权重，使它们在训练过程中不再发生更新，实现过程很简单，遍历这些层，将 requires_grad 设置为 False 即可。

```
for param in vgg.features.parameters():
    param.requires_grad = False
```

VGG-16 是在 1000 分类数据集上训练的模型，由图 4.46 可以看出，最后的全连接层的输出维度是 1000，而 "Cats vs Dogs" 数据集中只有两个类别，是一个二分类，因此需要对网络结构进行微调。将网络的最后一层输出维度更新为 2，以满足二分类任务。

```
#微调网络
fc_features = vgg16.classifier[6].in_features
#修改类别为 2
vgg16.classifier[6] = nn.Linear(fc_features,2)
```

由于 VGG-16 最后一层为线性输出，所以需要使用 CrossEntropyLoss 损失函数，或者先使用 log_softmax 计算，再使用 nll_loss 损失函数计算损失。对 train()函数做如下所示的修改。

```
#输入特征预测值
output = F.log_softmax(vgg(data.to(device)))
#用预测值与标准值计算损失
loss = F.nll_loss(output.narrow(1,0,2),target.to(device))
```

```
VGG(
  (features): Sequential(
    (0): Conv2d(3, 64, kernel_size=(3, 3), stride=(1, 1), padding=(1, 1))
    (1): ReLU(inplace)
    (2): Conv2d(64, 64, kernel_size=(3, 3), stride=(1, 1), padding=(1, 1))
    (3): ReLU(inplace)
    (4): MaxPool2d(kernel_size=2, stride=2, padding=0, dilation=1, ceil_mode=False)
    (5): Conv2d(64, 128, kernel_size=(3, 3), stride=(1, 1), padding=(1, 1))
    (6): ReLU(inplace)
    (7): Conv2d(128, 128, kernel_size=(3, 3), stride=(1, 1), padding=(1, 1))
    (8): ReLU(inplace)
    (9): MaxPool2d(kernel_size=2, stride=2, padding=0, dilation=1, ceil_mode=False)
    (10): Conv2d(128, 256, kernel_size=(3, 3), stride=(1, 1), padding=(1, 1))
    (11): ReLU(inplace)
    (12): Conv2d(256, 256, kernel_size=(3, 3), stride=(1, 1), padding=(1, 1))
    (13): ReLU(inplace)
    (14): Conv2d(256, 256, kernel_size=(3, 3), stride=(1, 1), padding=(1, 1))
    (15): ReLU(inplace)
    (16): MaxPool2d(kernel_size=2, stride=2, padding=0, dilation=1, ceil_mode=False)
    (17): Conv2d(256, 512, kernel_size=(3, 3), stride=(1, 1), padding=(1, 1))
    (18): ReLU(inplace)
    (19): Conv2d(512, 512, kernel_size=(3, 3), stride=(1, 1), padding=(1, 1))
    (20): ReLU(inplace)
    (21): Conv2d(512, 512, kernel_size=(3, 3), stride=(1, 1), padding=(1, 1))
    (22): ReLU(inplace)
    (23): MaxPool2d(kernel_size=2, stride=2, padding=0, dilation=1, ceil_mode=False)
    (24): Conv2d(512, 512, kernel_size=(3, 3), stride=(1, 1), padding=(1, 1))
    (25): ReLU(inplace)
    (26): Conv2d(512, 512, kernel_size=(3, 3), stride=(1, 1), padding=(1, 1))
    (27): ReLU(inplace)
    (28): Conv2d(512, 512, kernel_size=(3, 3), stride=(1, 1), padding=(1, 1))
    (29): ReLU(inplace)
    (30): MaxPool2d(kernel_size=2, stride=2, padding=0, dilation=1, ceil_mode=False)
  )
  (avgpool): AdaptiveAvgPool2d(output_size=(7, 7))
  (classifier): Sequential(
    (0): Linear(in_features=25088, out_features=4096, bias=True)
    (1): ReLU(inplace)
    (2): Dropout(p=0.5)
    (3): Linear(in_features=4096, out_features=4096, bias=True)
    (4): ReLU(inplace)
    (5): Dropout(p=0.5)
    (6): Linear(in_features=4096, out_features=1000, bias=True)
  )
)
```

图 4.47　VGG-16 的网络结构

main()函数如下所示。

```
use_cuda=True if torch.cuda.is_available() else False
if __name__ == "__main__":
    #运行时设备
    device = torch.device("cuda:0" if use_cuda else "cpu")
    vgg16 = models.vgg16(pretrained=True)
    #冻结网络层
    for param in vgg16.features.parameters():
        param.requires_grad = False
    #微调网络
    fc_features = vgg16.classifier[6].in_features
    #修改类别为 2
    vgg16.classifier[6] = nn.Linear(fc_features,2)
    vgg16.cuda()
```

```
#使用固定缓冲区
dataloader_kwargs = {'pin_memory': True} if use_cuda else {}
vgg_train(args,vgg16,device, dataloader_kwargs)
```

需要注意的是，这里需要直接替换 classifier 的最后一个 Linear 线性单元，使用 vgg16.classifier[6].out_features=2 是无法成功修改线性层的，因为 out_features 仅仅是属性而已，而 Linear 内部使用的仍然是以前的 Storage。VGG-16 迁移学习的训练过程如图 4.48 所示。

```
10996    Train Epoch: 10 [19840/22587  (87.82%)]    Loss: 0.007634036243
10996    Train Epoch: 10 [20160/22587  (89.24%)]    Loss: 0.052643507719
10996    Train Epoch: 10 [20480/22587  (90.65%)]    Loss: 0.028361745179
10996    Train Epoch: 10 [20800/22587  (92.07%)]    Loss: 0.008554250002
10996    Train Epoch: 10 [21120/22587  (93.48%)]    Loss: 0.050805225968
10996    Train Epoch: 10 [21440/22587  (94.90%)]    Loss: 0.024026967585
10996    Train Epoch: 10 [21760/22587  (96.32%)]    Loss: 0.014164160937
10996    Train Epoch: 10 [22080/22587  (97.73%)]    Loss: 0.010232696310
10996    Train Epoch: 10 [22400/22587  (99.15%)]    Loss: 0.011714907363
```

图 4.48　VGG-16 迁移学习的训练过程

注册回调函数，最后一个卷积层输出值的可视化结果如图 4.49 所示。

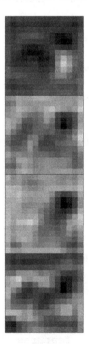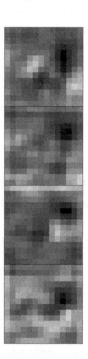

图 4.49　VGG-16 最后一个卷积层输出值的可视化结果

而第一个卷积层输出值的可视化结果如图 4.50 所示。

图 4.50　第一个卷积层输出值的可视化结果

由此可知，越是前面的卷积层获得的特征越具体，而越是后面的卷积层获得的特征越抽象，正是这种抽象能力使卷积神经网络的泛化能力比一般神经网络强。人类正是因为拥有了这种高度的抽象能力，才能够探索和理解这个世界的本质。

6. 神经网络权重的可视化

通过 state_dict 方法可以获取权重参数，从而对权重参数进行可视化。

```
vgg16.state_dict().keys()
odict_keys(['features.0.weight', 'features.0.bias', 'features.2.weight',
'features.2.bias', 'features.5.weight', 'features.5.bias', 'features.7.weight',
'features.7.bias', 'features.10.weight', 'features.10.bias', 'features.12.weight',
'features.12.bias', 'features.14.weight', 'features.14.bias', 'features.17.weight',
'features.17.bias', 'features.19.weight', 'features.19.bias', 'features.21.weight',
'features.21.bias', 'features.24.weight', 'features.24.bias', 'features.26.weight',
'features.26.bias', 'features.28.weight', 'features.28.bias', 'classifier.0.weight',
'classifier.0.bias', 'classifier.3.weight', 'classifier.3.bias', 'classifier.6.weight',
'classifier.6.bias'])
```

训练过程是对权重参数不断优化，而权重代表输入特征的重要程度。下面取出 features.0.weight 进行可视化。

```
cnn_weights = vgg16.state_dict()['features.0.weight'].cpu()
fig = plt.figure(figsize=(30,30))
fig.subplots_adjust(left=0,right=1,bottom=0,top=0.8,hspace=0,wspace=0.2)
for i in range(30):
    ax = fig.add_subplot(12,6,i+1,xticks=[],yticks=[])
    imshow(cnn_weights[i])
```

features.0.weight 的可视化结果如图 4.51 所示。

图 4.51　features.0.weight 的可视化结果

通过学习本节，读者会进一步了解卷积神经网络。通过对卷积神经网络输出值和权重值的可视化，读者对卷积神经网络会有更加直观的理解。

第 5 章

PyTorch 深度神经网络

目前，深度学习的研究成果已经成功应用于语音识别、模式识别、目标识别、自然语言处理、人机对话、智能音箱等领域，特别是在计算和视觉领域，深度学习的成果更是引人注目。本章主要介绍常见的深度学习模型，并使用 PyTorch 复现相关的模型及算法。

5.1 计算机视觉工具包

torchvision 是 PyTorch 提供的专门用于视觉图像处理的工具包，需要使用 pip install torchvision 单独进行安装，主要包含以下几个部分。

（1）models：包含各种经典的深度学习网络及预训练好的模型，包括 Alex Net、VGG 系列、ResNet 系列、Inception 系列等常见的网络模型。通过 list(filter(lambda x:False if x.startswith("__") else True, dir(models))) 可以列出所有可用的模型。

（2）datasets：提供常见的数据集加载函数，前面已有介绍。设计上都是继承自 Dataset 接口，datasets 模块提供了 MNIST、CIFAR10/100、ImageNet、COCO 等图片数据集。同理，通过 list(filter(lambda x:False if x.startswith("__") else True, dir(datasets))) 可以列出所有可用的数据集。

（3）transforms：提供常见的数据预处理操作，如数据标准化、图片旋转、剪切、转换为张量等。通过 list(filter(lambda x:False if x.startswith("__") else True, dir(transforms))) 可以列出所有对图片操作的算子。

（4）utils：make_grid 用于将多张图片拼接在一个网格中；save_image 用于保存图片；math 提供基本的数学计算支持。通过 list(filter(lambda x:False if x.startswith("__") else True, dir(utils))) 可以列出 utils 包中提供的所有工具类（dir 命令在探索新 Python 库的使用时非常有用）。

以 CIFAR100 数据集为例，先通过 datasets 下载该数据集。

```
dataset=datasets.CIFAR100('data/',download=True, train=False, transform=
None)
```

将关键字参数 download 设置为 True，运行时将数据下载到"data"目录中，如果"data"目录中数据已经存在，则忽略下载。CIFAR100 数据集中图片默认为 3×32px×32px 大小的彩色图片。通过制定 transform 进行相应的裁剪。

```
#进行相应的裁剪
transform=transforms.Compose([
    transforms.Resize(50),          #缩放图片，保持长宽比不变，最短边为 50px
    transforms.CenterCrop(40),      #从图片中间裁剪出 32px*32px 的图片
    transforms.ToTensor(),          #将图片转换成 Tensor，归一化至[0,1]
    #标准化至[-1,1],规定均值和方差
    transforms.Normalize(mean=[.5,.5,.5],std=[.5,.5,.5])
])
#下载 CIFAR100 数据集，指定 transform 进行数据预处理
dataset=datasets.CIFAR100('data/',download=True, train=True, transform=
transform)
dataset[0][0].shape
torch.Size([3, 40, 40])
```

transforms 上提供了 ToPILImage 方法，可以将 Tensor 保存为图片，如图 5.1 所示。

```
to_image = transforms.ToPILImage()
to_image(dataset[0][0])
```

图 5.1　将 Tensor 保存为图片

其实，对任意的三维 Tensor 都可以保存为图片，图 5.2 是随机噪声对应的图片。

```
import torch
to_image(torch.randn(3,100,600))
```

图 5.2　随机噪声对应的图片

借助 utils 中的 make_grid 可以将多张图片拼接在一个网格中,生成网格图片如图 5.3 所示。

```
from torch.utils.data import DataLoader
from torchvision.utils import make_grid, save_image
transform=transforms.Compose([
    transforms.Resize(50),          #缩放图片,保持长宽比不变,最短边为50px
    transforms.CenterCrop(40),      #从图片中间裁剪出32px*32px的图片
    transforms.ToTensor()#,         #将图片转换成Tensor,归一化至[0,1]
    #标准化至[-1,1],规定均值和方差
    #transforms.Normalize(mean=[.5,.5,.5],std=[.5,.5,.5])
])
dataset=datasets.CIFAR100('data/',download=True, train=True, transform=transform)
dataloader=DataLoader(dataset,batch_size=64,shuffle=True)
dataiter=iter(dataloader)
img=make_grid(next(dataiter)[0],8)  #拼成8*8的网格图片,并且会转成3通道
to_image(img)
```

图 5.3　借助 make_grid 生成网格图片

保存也很简单,直接使用 save_image(img,"cifar100_grid.png")即可,其中第二个参数为保存的文件路径。

5.2 训练过程的可视化

图表世界充满了魔法。一条曲线可以瞬间揭示数据内容的情况，如人类历史中的流行病情况、农作物生长趋势等。仅仅一条曲线就能让我们明白，并激发我们的想象力，让事情变得有说服力。本节主要介绍深度学习领域常用的可视化工具。

5.2.1 TensorBoard

TensorBoard 是 TensorFlow 提供的一组可视化工具（A Suite of Visualization Tools），可以帮助开发者理解、调试和优化 TensorFlow 程序，作为一款优秀的可视化组件，自然会被其他框架借用和引进。在 PyTorch 中也能够通过 TensorBoardX 组件使用这一款可视化工具，TensorBoardX 组件支持 scalar、image、figure、histogram、audio、text、graph、onnx_graph、embedding、pr_curve、videosummaries 等不同的可视化展示方式。下面先安装 TensorBoardX 组件。

```
pip install tensorboardX
pip install tensorflow
pip install Tensorboard_logger
```

TensorBoard 通过读取日志文件进行可视化，使用时需要引入 SummaryWriter。

```
from tensorboardX import SummaryWriter
writer = SummaryWriter()
```

SummaryWriter 中提供了不同的写日志的方法，使用不同的方法写出的日志在 TensorBoard 中显示为不同的图形。

1．标量的可视化

使用 SummaryWriter 上的 add_scalar 方法添加标量，其定义如下。

```
add_scalar(tag, scalar_value, global_step=None, walltime=None)
```

第一个参数设定标量的标签；第二个参数指定标量的值；第三个参数是全局的 step；最后一个参数是标量产生的时间，默认为当前的系统时间。

```
#20 个 step 对应的损失
losses = [1.3, 1.23, 1.19, 1.1, 1.098, 1.02, 0.98, 0.87, 0.67, 0.43, 0.23, 0.12, 0.12, 0.109, 0.09, 0.0009, 0.005, 0.0006, 0.00064, 0.00006]
for step in range(20):
    #用 add_scalar 方法将信息写入日志文件
    writer.add_scalar("data/loss",losses[step],step)
```

运行上述代码将在项目目录下产生 runs 文件夹，目录结构如图 5.4 所示。

```
$ tree .
.
└── May14_22-43-14_xiaomis
    └── events.out.tfevents.1557844994.xiaomis

1 directory, 1 file
```

图 5.4 产生的日志目录结构

下面通过"tensorboard--host 127.0.0.1--logdir ./runs"启动 TensorBoard 服务，--host 参数指定运行的 IP 地址，--logdir 参数则指定日志存放的目录，TensorBoard 将读取该目录下的日志文件，并解析和可视化。

```
$ tensorboard --host 127.0.0.1 --logdir ./runs
TensorBoard 1.13.1 at http://127.0.0.1:6006 (Press CTRL+C to quit)
```

打开浏览器，输入"http://127.0.0.1:6006"即可看到可视化界面。在界面中单击"SCALARS"可以看到刚才写入的标量数据的可视化信息，如图 5.5 所示。

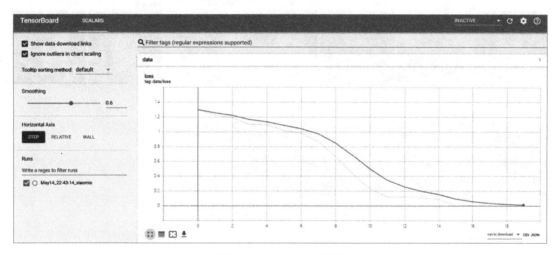

图 5.5 TensorBoard 界面

2. 图片的可视化

在深度学习中经常会遇到图片数据，图片在训练过程中也可以进行可视化展示。通过使用 add_image 方法和 add_image_with_boxes 方法，可以将图片数据写入日志文件中，使用 TensorBoard 读取这些日志文件并进行可视化展示。下面读取"Dog vs Cat"图片数据，并使用 add_image 方法和 add_image_with_boxes 方法进行可视化展示。

```
#数据加载
from torchvision.datasets import ImageFolder
from torchvision import transforms,utils,models,datasets
```

```
    simple_transform = transforms.Compose([transforms.Resize((120,120)),transforms.
ToTensor()])
    train_data = ImageFolder('../chapter4/DogVsCatData/train',simple_transform)
    for i in range(8):
        writer.add_image("data/Dog_Cat_Image_{}".format(i),train_data[i][0],i)
        writer.add_image_with_boxes('data/Dog_Cat_Image_with_box_{}'.format(i),
train_data[i][0], torch.Tensor([[10, 10, 100, 100]]), i)
```

add_image 方法和 add_image_with_boxes 方法接收的参数类似：第一个参数是标签名称；第二个参数是图片数据，并且是一个三维 Tensor 变量；第三个参数是 global_step。add_image_with_boxes 方法还需要指定一个 Tensor，表示框选的范围，这个范围将在图片中框出一个区域，常见于目标识别任务中。图 5.6 是图片可视化的效果图。

图 5.6　图片可视化的效果图

3．音频输出

在深度学习中不仅有图片数据，还有音频数据，如语音识别。虽然语音数据不能进行可视化展示，但是可以输出音频。TensorBoard 提供了 add_audio 方法，可以将音频数据写入日志文件，访问页面可以看到音频，单击播放即可听到声音。这里尝试将图片数据保存为音频，有兴趣的读者可以试听图片发出的声音。

```
    for i in range(3):
writer.add_audio("audio/audio_{}".format(i),train_data[i][0].view(-1),i)
```

第一个参数为标签名称，第二个参数为一维的音频数据，第三个参数为 global_step。这里使用 view 方法将图片数据拉伸为一维，运行程序，打开的界面如图 5.7 所示。

图 5.7 音频输出界面

4. 普通文本输出

TensorBoard 提供的 add_text 方法可以将文本日志信息输出到日志并在页面中可视化展示，同时 add_text 方法支持 Markdown 语法，如图 5.8 所示。

```
for i in range(2):
    writer.add_text('Text/Simple_Text', 'text logged at step:{}'.format(i), i)
    writer.add_text('Text/Markdown_Text', '''a|b\n-|-\nc|d''',i)
```

图 5.8 普通文本输出且支持 Markdown 语法

5. 标量导出为 JSON 文件

想要自己处理这些日志信息，也可以直接导出为 JSON 文件。使用 writer 上的 export_scalars_to_json 方法传入保存的路径。

```
writer.export_scalars_to_json("./all_scalars.json")
```

6. 降维投影

对于高维度数据的可视化，一般的做法是先采用降维算法，将高维度数据降到三维或二维，再借助可视化工具进行可视化。常见的降维算法包括 PCA、t-SNE 等。SummaryWriter 中提供了类似的嵌入方法，调用 add_embedding 方法可以将高维数据写入日志文件中，TensorBoard 将读取这些数据，并使用内置的 PCA 算法或 t-SNE 算法对高维数据进行降维，最后可视化展示。add_embedding 方法的定义如下。

```
add_embedding(mat, metadata=None, label_img=None, global_step=None, tag='default', metadata_header=None)
```

第一个参数为二维矩阵，第一个维度表示 Batch，第二个维度表示高维特征；关键字参数 metadata 用于设置 label 特征；label_img 表示每个数据对应的张量，为三维张量；global_step 用于设置全局的 step；关键字参数 tag 用于设置图标名称；关键字参数 metadata_header 用于设置 label 特征的 Header 信息。

下面以 MNIST 为例进行说明。

```
dataset = datasets.MNIST('mnist', train=False, download=True)
images = dataset.test_data[:1000].float()
labels = dataset.test_labels[:1000]
features = images.view(1000, 784)
writer.add_embedding(features, metadata=labels, label_img=images.unsqueeze(1))
writer.add_embedding(features, global_step=1, tag='noMetadata')
```

MNIST 降维可视化展示如图 5.9 所示。

图 5.9 MNIST 降维可视化展示

将数据转换到低维空间进行可视化展示能够直观地看出数据的分布特征,特征相似的图片在低维空间中出现在相近的位置。

7. PR 曲线

在分类任务中经常会计算模型预测的准确率和召回率,并使用 ROC 曲线和 AUC 曲线进行可视化。TensorBoard 中提供了类似的图表,将数据通过 add_pr_curve 方法或 add_pr_curve_raw 方法写入日志文件即可。

传入标签列表及预测的概率值后,add_pr_curve 方法将自动调整 threshold 概率阈值,从而将预测概率划分为正类和负类,大于阈值的判定为正类。然后对比真实的标签值便可划分出混淆矩阵,如图 5.10 所示。

		预测		
		1	0	合计
实际	1	True Positive(TP)	False Negative(FN)	Actual Positive(TP+FN)
	0	False Positive(FP)	True Negative(TN)	Actual Negative(FP+TN)
合计		Predicted Positive(TP+FP)	Predicted Negative(FN+TN)	TP+FP+FN+TN

图 5.10　混淆矩阵

根据混淆矩阵可以计算精确率和召回率。add_pr_curve 方法的定义如下。

```
add_pr_curve(tag, labels, predictions, global_step=None, num_thresholds=127, weights=None, walltime=None)
```

使用随机生成的二分类数据和概率值,然后进行可视化,PR 图表如图 5.11 所示。

```
writer.add_pr_curve('精度召回率曲线', np.random.randint(2, size=100), np.random.rand(100), 10)
```

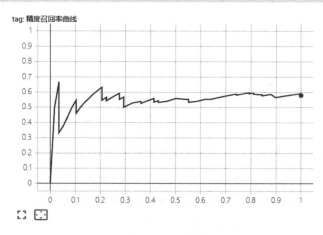

图 5.11　PR 图表

add_pr_curve_raw 方法的使用和 add_pr_curve 方法类似，只是需要传入原始数据，此处不再赘述，感兴趣的读者可以自行尝试。

5.2.2 Visdom

Visdom 是一个专业的可视化工具，用于创建、组织和共享数据的可视化，支持 NumPy 和 Tensor 数据，使用简单的命令便可以绘制出丰富的图片，其支持的图表包括折线图、热力图、小提琴图、散点图等，如图 5.12 所示。

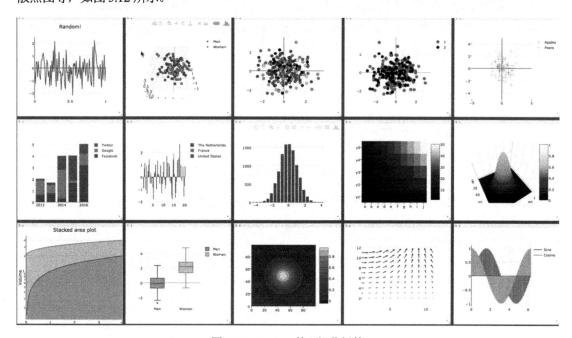

图 5.12　Visdom 的可视化插件

先通过 pip 命令安装 Visdom。

```
pip install visdom
```

然后启动 Visdom 服务。

```
python -m visdom.server
```

启动后通过浏览器访问"http://localhost:8097"即可进入 Visdom 可视化界面。将数据发送给 Visdom 进行可视化的过程如下：先实例化一个环境，得到 Visdom 实例，通过实例中的方法向 Visdom 服务写入需要可视化的数据，Visdom 接收到数据便进行相应的展示。

```
vis = visdom.Visdom(env='your enviroment name')
```

最后使用 Visdom 对前面 "Cats vs Dogs" 数据集的训练过程进行可视化。对训练过程中的损失值进行可视化，需要先建立和 Visdom 的连接，再创建一个名为 "loss_win" 的窗口。

```
viz = visdom.Visdom(port=8097, server="127.0.0.1",env="Test")
loss_win = viz.line(np.arange(1))
```

在训练过程中，迭代产生的损失及步骤信息，以 "append" 追加的方式写到 "loss_win" 窗口，所以随着训练的进行，"loss_win" 窗口将持续接收损失值和步骤信息，并动态添加到已有的图表中，形成持续的动态展示。

```
#每log_interval 步打印一下日志
if batch_idx % args.get("log_interval") == 0:
    global_step += 1
    viz.line(Y=np.array([loss.item()]), X = np.array([global_step]), update = 'append', win = args.get ("loss_win"))
```

在上面的代码中，需要通过关键字参数 Y 指定图表 Y 轴显示为损失值；通过关键字参数 X 指定 X 轴显示的数值；关键字参数 update 指定为 "append" 追加，以便持续观察损失值的变化；关键字参数 win 一定要指定为刚开始创建的 "loss_win" 窗口，这样 Visdom 接收数据后才知道将数据显示在哪个窗口。

Visdom 监控训练过程中的损失变化如图 5.13 所示。

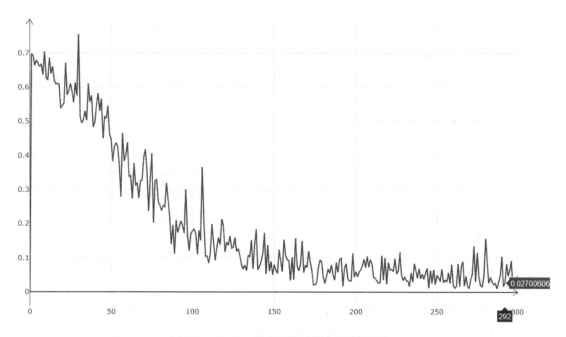

图 5.13　Visdom 监控训练过程中的损失变化

VGG-16 模型的训练过程也可以在之前代码的基础上稍加修改，将日志输出部分改用 Visdom 方法，写出日志并进行可视化。图 5.14 所示是 VGG-16 模型训练过程中损失值的变化情况。

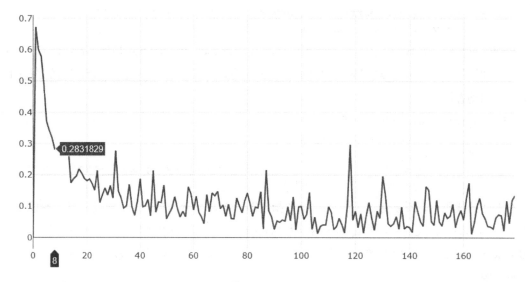

图 5.14　VGG-16 模型训练过程中损失值的变化情况

通过对比可以看出，VGG-16 模型的收敛速度还是很快的，经过 3 个 epoch 的训练基本上就可以收敛到自定义网络 50 个 epoch 的水平。因此，在设计网络时应尽量参考这些经典的网络结构，将大有裨益。

Visdom 还有丰富的可视化图表，如果读者想进一步学习可以参考 Visdom 官网，从而深入了解。

5.3　深度神经网络

近几年来，随着计算机性能的提升及大数据治理技术的成熟，深度学习也在快速发展，基于卷积神经网络和循环神经网络的深度神经网络在各个领域大放异彩，在计算机视觉领域更是取得了空前的成绩。本节从深度卷积神经网络的 LeNet 开始介绍，一直讲到刷新了各项记录的 DenseNet，全面讲解卷积神经网络的发展及成就。

5.3.1　LeNet

LeNet 是深度卷积神经网络的鼻祖，LeCun 早在 1998 年就已经提出了该模型，用于手写数字识别任务。但目前 LeNet 完全称不上是深度神经网络，因为它只有 5 层，但是 LeNet 的闪光点是基本确定了卷积神经网络的基本架构：卷积层、池化层、全连接层。目前，很多卷积神经网络仍然沿用这一架构，并做出了很多创新，后面介绍的 AlexNet、ZF-Net、VGG-Nets、DenseNet 等都遵循这一架构。

图 5.15 所示是 LeNet 网络架构图。

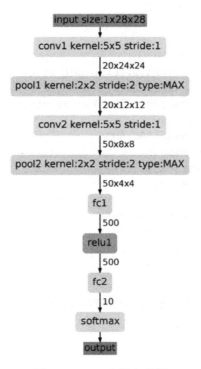

图 5.15　LeNet 网络架构图

LeNet 网络致力于解决手写数字识别任务，该任务输入的数据为 1×28px ×28px 大小的灰度图片，具体的计算过程如下。

（1）第一个卷积层采用 20 个 5×5 的卷积核，stride 为 1，因此卷积结果为 20×24×24。

（2）第一个池化层采用核大小为 2×2 的 Max-Pooling，stride 为 2，池化之后，尺寸减半，结果为 20×12×12。

（3）第二个卷积层采用 50 个 5×5 的卷积核，stride 为 1，因此卷积结果为 50×8×8。

（4）第二个池化层采用核大小为 2×2 的 Max-Pooling，stride 为 2，池化之后，尺寸减半，结果为 50×4×4。

（5）第一个全连接层的神经元个数为 500。全连接层的输入为第二个池化层的输出，维度为

50×4×4=800。全连接层之后接入 ReLU 激活函数,增加非线性能力。

(6)第二个全连接层拥有 10 个神经元,其输入为第一个 ReLU 激活函数的输出。该全连接层输出到 softmax 函数中,计算每个类别的得分值,完成分类。

LeNet 网络结构非常简单,所以 torchvision 模块没有收留该模型,但是要复现 LeNet 模型也比较容易,接下来使用 PyTorch 复现该模型。

```
class LeNet(nn.Module):
    def __init__(self):
        super().__init__()
        self.conv1 = nn.Conv2d(1,20,kernel_size=(5,5),stride=1)
        self.pool1 = nn.MaxPool2d(2)
        self.conv2 = nn.Conv2d(20,50,kernel_size=(5,5),stride=1)
        self.pool2 =nn.MaxPool2d(2)
        self.fc1 = nn.Linear(800,500)
        self.relu1 = nn.ReLU()
        self.fc2 =nn.Linear(500,10)
        self.relu2 = nn.ReLU()
    def forward(self,x):
        x = self.pool1(self.conv1(x))
        x = self.pool2(self.conv2(x))
        x = self.relu1(self.fc1(x.view(-1,800)))
        x = self.relu2(self.fc2(x))
        return F.log_softmax(x)
```

在随书代码中提供了样例代码,感兴趣的读者可以亲自运行 LeNet 模型,进一步了解该模型的实际效果。

5.3.2 AlexNet

AlexNet 是 2012 年 ImageNet 竞赛冠军获得者 Hinton 与其学生 Alex Krizhevsky 设计的,在 2012 年 ImageNet 竞赛中以超过第二名 10.9 个百分点的绝对优势一举夺冠,从此深度学习和卷积神经网络声名鹊起,深度卷积神经网络的各种研究和应用如雨后春笋般出现。

与 LeNet 相比,AlexNet 有如下几个优点。
- 拥有更深的网络结构,使网络学习能力进一步增强。
- 使用了数据增强,使训练产生的模型拥有更好的泛化能力。
- 引入 Dropout,避免过拟合。
- 引入局部响应归一化处理 LRN。

图 5.16 所示是 AlexNet 网络结构图。

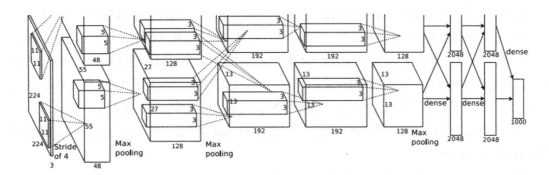

图 5.16 AlexNet 网络结构图

由网络结构图可以看出，AlexNet 拥有更深层的网络结构，前面 5 层都是卷积层，后面 3 层为全连接层，最终使用 softmax 函数完成 1000 个类别的多分类任务。

与 LeNet 相比，AlexNet 拥有更多的卷积层，但是结构和流程上却没有变化。受当时 GPU 设备性能的影响，采用双 GPU 设备并行训练，因此笔者提供的结构图是上下并行的结构，但读者不需要关心它是如何实现跨多个 GPU 设备并行训练的，只需要关注最下面的这个结构。

AlexNet 用于 ImageNet 数据集，完成 1000 个类别的多分类任务，输入图片为标准的三通道彩色图片，大小为 256px×256px。为了得到更多的数据，笔者在特征工程中进行了数据增强。对于图片数据，可以通过随机裁剪、旋转角度、变换图片亮度等方式，得到更加丰富的数据，笔者通过随机裁剪的方式将原来 256px×256px 的图片变成 224px×224px，该过程如图 5.17 所示。

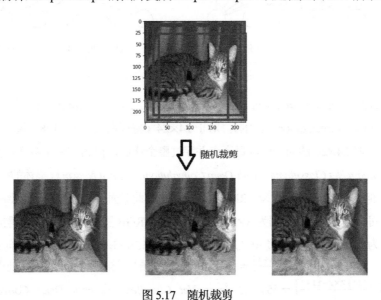

图 5.17 随机裁剪

此外，笔者使用 ReLU 激活函数代替 Sigmoid 函数，加快了 SGD 的收敛速度。通过 Dropout 的方式，引入传统机器学习中的集成算法思想，该方法通过让全连接层的神经元以一定的概率失活（最常用的失活概率为 50%），失活的神经元不参与前向传播和反向传播，经过 Dropout 后，使用输出值除以失活概率以突出被选中的神经元。由于每次迭代中失活的神经元具有随机性，所以为网络带来了多样性，于是有了集成算法的某些特点。Dropout 网络结构图如图 5.18 所示。事实证明，引入 Dropout 能够有效缓解模型过拟合的风险。下面是 Dropout 操作的示例，结合代码可以帮助读者更好地理解 Dropout。

```
a = torch.Tensor([[1.2,2.3,3.4],[6.7,7.8,1.09]])
b = nn.Dropout(0.5)
b(a)
tensor([[ 0.0000,  4.6000,  0.0000],
        [13.4000, 15.6000,  2.1800]])
```

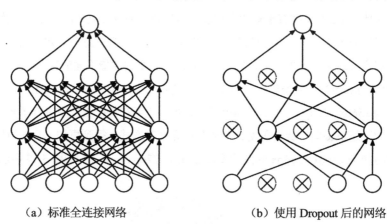

（a）标准全连接网络　　　　　　（b）使用 Dropout 后的网络

图 5.18　Dropout 网络结构图

最后，*ImageNet Classification with Deep Convolutional Neural Networks* 还做了局部响应归一化处理（Local Response Normalization，LRN），对于 24×24（特征图大小）×128（层节点数）的特征图来说，LRN 需要在 24×24 的面上选取每个点并穿过整个通道，得到 128 个数字，并对 128 个数字做归一化处理。*ImageNet Classification with Deep Convolutional Neural Networks* 描述的模型不需要太多的高激活神经元，但是，很多研究者发现 LRN 的作用不大，因此后面改写的 AlexNet 网络将 LRN 去掉了。

从图 5.16 可以看出，输入数据为 3×224px×244px 的 RGB 图像，第一个卷积层的卷积核大小为 11×11，stride 为 4，数目为 48。卷积之后的输出为 48×55×55，这里的 55 是如何得到的？按照正常的维度计算公式可知，$\left\lfloor \frac{224+0-11+1}{4} \right\rfloor = 54$，和 55 不匹配，这是因为做了填充处理，padding=2，再次计算可得 $\left\lfloor \frac{224+2\times2-11+1}{4} \right\rfloor = 55$，而 *ImageNet Classification with Deep Convolutional Neural*

Networks 中并没有对此进行说明，因此这里需要特别注意。

然后做池化处理，采用的卷积核大小为 3，stride 为 2，因此计算结果的尺寸为 48×27×27，计算公式与卷积尺寸的计算公式相同，即 $\lceil \frac{55-3+1}{2} \rceil = 27$。第二个卷积层也做了 padding=2 的处理，后面层输入和输出尺寸的计算与此类似，此处不再赘述。

PyTorch 中的 torchvision 计算视觉模块已经复现了该模型，有兴趣的读者可以参考，然后自己动手实现。

```
AlexNet(
  (features): Sequential(
    (0): Conv2d(3, 64, kernel_size=(11, 11), stride=(4, 4), padding=(2, 2))
    (1): ReLU(inplace)
    (2): MaxPool2d(kernel_size=3, stride=2, padding=0, dilation=1, ceil_mode=False)
    (3): Conv2d(64, 192, kernel_size=(5, 5), stride=(1, 1), padding=(2, 2))
    (4): ReLU(inplace)
    (5): MaxPool2d(kernel_size=3, stride=2, padding=0, dilation=1, ceil_mode=False)
    (6): Conv2d(192, 384, kernel_size=(3, 3), stride=(1, 1), padding=(1, 1))
    (7): ReLU(inplace)
    (8): Conv2d(384, 256, kernel_size=(3, 3), stride=(1, 1), padding=(1, 1))
    (9): ReLU(inplace)
    (10): Conv2d(256, 256, kernel_size=(3, 3), stride=(1, 1), padding=(1, 1))
    (11): ReLU(inplace)
    (12): MaxPool2d(kernel_size=3, stride=2, padding=0, dilation=1, ceil_mode=False)
  )
  (avgpool): AdaptiveAvgPool2d(output_size=(6, 6))
  (classifier): Sequential(
    (0): Dropout(p=0.5)
    (1): Linear(in_features=9216, out_features=4096, bias=True)
    (2): ReLU(inplace)
    (3): Dropout(p=0.5)
    (4): Linear(in_features=4096, out_features=4096, bias=True)
    (5): ReLU(inplace)
    (6): Linear(in_features=4096, out_features=1000, bias=True)
  )
)
```

5.3.3 ZF-Net

ZF-Net 是 2013 年 ImageNet 竞赛中分类任务的冠军，但其知名度并没有其他网络的知名度高，这是因为其网络结构并没有太大的改进，只是在 AlexNet 的基础上调节参数，使分类的性能得到提升，这也说明了 AlexNet 网络结构的合理性。

在 AlexNet 的基础上，ZF-Net 将第一个卷积层的卷积核由 11 变成 7，stride 由 4 变成 2，后面的卷积层依次变为 384、384、256，增加了卷积核的个数。ZF-Net 网络结构图如图 5.19 所示。

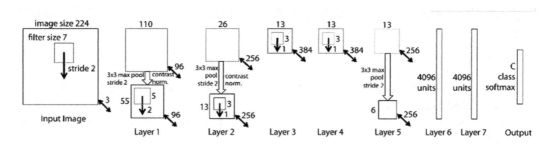

图 5.19　ZF-Net 网络结构图

由该网络的结构图复现 ZF-Net 非常容易，以下代码可供读者参考。

```python
class ZFNet(nn.Module):
    def __init__(self):
        super().__init__()
        self.features = nn.Sequential(
            nn.Conv2d(3,96,kernel_size=(7,7),stride=(2,2)),
            nn.MaxPool2d((3,3),stride=(2,2)),
            nn.Conv2d(96,256,kernel_size=(5,5),stride=(2,2)),
            nn.MaxPool2d((3,3),stride=(2,2)),
            nn.Conv2d(256,384,kernel_size=(3,3),stride=(1,1)),
            nn.Conv2d(384,384,kernel_size=(3,3),stride=(1,1)),
            nn.Conv2d(384,256,kernel_size=(3,3),stride=(1,1)),
            nn.MaxPool2d((3,3),stride=(2,2))
        )
        self.classifier = nn.Sequential(
            nn.Linear(43264,4096),
            nn.ReLU(),
            nn.Dropout(),
            nn.Linear(4096,4096),
            nn.ReLU(),
            nn.Dropout(),
            nn.Linear(4096,1000)
        )
    def forward(self,x):
        x = self.features(x)
        x = x.view(-1,43264)
```

```
x = self.classifier(x)
return x
```

5.3.4　VGG-Nets

ZF-Net 或许已经证明，加深网络结构对性能的提升有很大的帮助。在 2014 年的 ImageNet 竞赛中，由牛津大学 VGG（Visual Geometry Group）提出的 VGG-Nets 网络获得定位任务第一名及分类任务第二名的成绩。VGG-Nets 使用了更深的网络结构，VGG-16、VGG-19 的命名就已经说明其网络结构层数，这在当时已是很深的网络结构，可看作 AlexNet 的加深版，结构也沿用了 Conv Layer 和 FC Layer。图 5.20 所示是 VGG-Nets 的各种网络结构。

ConvNet Configuration					
A	A-LRN	B	C	D	E
11 weight layers	11 weight layers	13 weight layers	16 weight layers	16 weight layers	19 weight layers
input (224×224 RGB image)					
conv3-64	conv3-64 LRN	conv3-64 conv3-64	conv3-64 conv3-64	conv3-64 conv3-64	conv3-64 conv3-64
max pool					
conv3-128	conv3-128	conv3-128 conv3-128	conv3-128 conv3-128	conv3-128 conv3-128	conv3-128 conv3-128
max pool					
conv3-256 conv3-256	conv3-256 conv3-256	conv3-256 conv3-256	conv3-256 conv3-256 conv1-256	conv3-256 conv3-256 conv3-256	conv3-256 conv3-256 conv3-256 conv3-256
max pool					
conv3-512 conv3-512	conv3-512 conv3-512	conv3-512 conv3-512	conv3-512 conv3-512 conv1-512	conv3-512 conv3-512 conv3-512	conv3-512 conv3-512 conv3-512 conv3-512
max pool					
conv3-512 conv3-512	conv3-512 conv3-512	conv3-512 conv3-512	conv3-512 conv3-512 conv1-512	conv3-512 conv3-512 conv3-512	conv3-512 conv3-512 conv3-512 conv3-512
max pool					
FC-4096					
FC-4096					
FC-1000					
softmax					

图 5.20　VGG-Nets 的各种网络结构

图 5.20 描述的是 VGG-Nets 的网络结构及其诞生过程。为了解决权重初始化等问题，VGG 采用的是一种预训练的方式，这种方式在经典的神经网络中经常见到，就是先训练一部分小网络，在确保这部分网络稳定之后，再在此基础上逐渐加深。图 5.20 从左到右体现的就是这个过程，并且当网络处于 D 阶段时，效果是最优的，D 阶段的网络也就是 VGG-16，而 E 阶段得到的网络是

VGG-19。VGG-16 的 16 指的是卷积层和全连接层的总层数，池化层并不计算在内。VGG-16 网络结构图如图 5.21 所示。

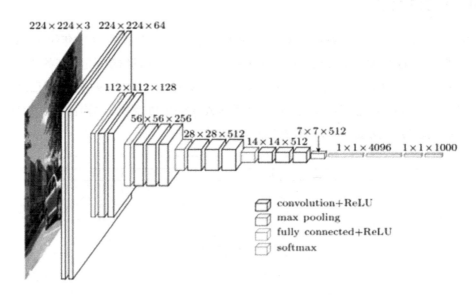

图 5.21 VGG-16 网络结构图

VGG-16 网络结构的优点是结构更深、卷积层使用更小的卷积核尺寸与间隔。使用更小尺寸的卷积核有以下几个优点。

（1）小尺寸的卷积核比大尺寸的卷积核有更多的非线性，使判决函数更具有判决性。

（2）小尺寸的卷积核比大尺寸的卷积核有更少的参数，假设卷积层的输入和输出的特征图大小相同，且为 Q，那么 3 个 3×3 的卷积层参数个数为 $3×(3×3×Q×Q)=27QQ$。而一个 7×7 的卷积层参数个数为 $49QQ$，所以可以把 3 个 3×3 的卷积核看作一个 7×7 的卷积核的分解。

前面已经使用 VGG-16 做过迁移学习，相信读者对其已经非常熟悉。在 PyTorch 的视觉模块中已经实现了 VGG-16 网络，其打印结果如下所示。

```
VGG(
    (features): Sequential(
      (0): Conv2d(3, 64, kernel_size=(3, 3), stride=(1, 1), padding=(1, 1))
      (1): ReLU(inplace)
      (2): Conv2d(64, 64, kernel_size=(3, 3), stride=(1, 1), padding=(1, 1))
      (3): ReLU(inplace)
      (4): MaxPool2d(kernel_size=2, stride=2, padding=0, dilation=1, ceil_mode=False)
      (5): Conv2d(64, 128, kernel_size=(3, 3), stride=(1, 1), padding=(1, 1))
```

```
        (6): ReLU(inplace)
        (7): Conv2d(128, 128, kernel_size=(3, 3), stride=(1, 1), padding=(1, 1))
        (8): ReLU(inplace)
        (9): MaxPool2d(kernel_size=2, stride=2, padding=0, dilation=1, ceil_mode=False)
        (10): Conv2d(128, 256, kernel_size=(3, 3), stride=(1, 1), padding=(1, 1))
        (11): ReLU(inplace)
        (12): Conv2d(256, 256, kernel_size=(3, 3), stride=(1, 1), padding=(1, 1))
        (13): ReLU(inplace)
        (14): Conv2d(256, 256, kernel_size=(3, 3), stride=(1, 1), padding=(1, 1))
        (15): ReLU(inplace)
        (16): MaxPool2d(kernel_size=2, stride=2, padding=0, dilation=1, ceil_mode=False)
        (17): Conv2d(256, 512, kernel_size=(3, 3), stride=(1, 1), padding=(1, 1))
        (18): ReLU(inplace)
        (19): Conv2d(512, 512, kernel_size=(3, 3), stride=(1, 1), padding=(1, 1))
        (20): ReLU(inplace)
        (21): Conv2d(512, 512, kernel_size=(3, 3), stride=(1, 1), padding=(1, 1))
        (22): ReLU(inplace)
        (23): MaxPool2d(kernel_size=2, stride=2, padding=0, dilation=1, ceil_mode=False)
        (24): Conv2d(512, 512, kernel_size=(3, 3), stride=(1, 1), padding=(1, 1))
        (25): ReLU(inplace)
        (26): Conv2d(512, 512, kernel_size=(3, 3), stride=(1, 1), padding=(1, 1))
        (27): ReLU(inplace)
        (28): Conv2d(512, 512, kernel_size=(3, 3), stride=(1, 1), padding=(1, 1))
        (29): ReLU(inplace)
        (30): MaxPool2d(kernel_size=2, stride=2, padding=0, dilation=1, ceil_mode=False)
    )
    (avgpool): AdaptiveAvgPool2d(output_size=(7, 7))
    (classifier): Sequential(
        (0): Linear(in_features=25088, out_features=4096, bias=True)
        (1): ReLU(inplace)
        (2): Dropout(p=0.5)
        (3): Linear(in_features=4096, out_features=4096, bias=True)
        (4): ReLU(inplace)
        (5): Dropout(p=0.5)
        (6): Linear(in_features=4096, out_features=1000, bias=True)
    )
)
```

VGG-16 成功的关键在于：更深的网络结构和更小的卷积核，前者可以获取更高的抽象层次，而后者在增加非线性的同时能够大大减少网络参数。

5.3.5 GoogLeNet

对于卷积神经网络来讲，2014 年是不平凡的一年。因为 2014 年不仅出现了像 VGG-16 这样的深层网络，还出现了 GoogLeNet。在 2014 年 ImageNet 竞赛的分类任务中，GoogLeNet 击败 VGG-Nets 夺得冠军。和 AlexNet、VGG-Nets 这种单纯依靠加深网络结构，以及调整网络参数而改进网络性能的思路不同，GoogLeNet 另辟蹊径，在加深网络层数的同时，在网络结构上也做了创新，引入 Inception（盗梦空间）结构替代卷积和激活函数，进一步把卷积神经网络的研究推上新的高度。GoogLeNet 网络结构图如图 5.22 所示。

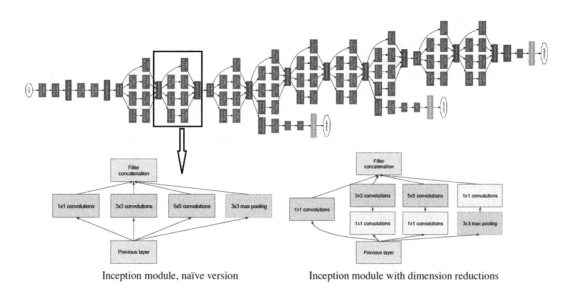

图 5.22　GoogLeNet 网络结构图

GoogLeNet 的创新点是引入了 Inception 结构，该结构分为"朴素"版和"降维"版。这里主要介绍"降维"版的 Inception 结构，该结构是在"朴素"版的基础上，通过使用 1×1 的卷积核对输入进行降维。

Inception 结构中卷积过程的 stride 都为 1，为了保持特征图大小一致，采用 "0" 填充，每个卷积层后面都接入了 ReLU 激活函数，用于增加非线性能力。Inception 结构输出之前会采取 concatenate 操作对 Inception 结构中的输出进行拼接，4 组不同类型的特征图要能正常拼接，显然大小应该相同，这也是采用 "0" 填充的原因。

Inception 结构主要做了以下两件事情。

（1）通过 3×3 的池化，以及 1×1、3×3、5×5 这 3 种不同尺度的卷积核，对输入的特征图进行特征的提取。

（2）为了减少计算量，可以采用 1×1 的卷积核来实现降维。

为了说明 1×1 的卷积核是如何实现降维的，这里用 3×3 的卷积核与 1×1 的卷积核进行对比。假设输入特征为 1000，输出特征也为 1000，如果使用 3×3 的卷积核，则需要执行 1000×3×3×1000=9 000 000 次乘积累加运算。为了计算性能着想，应减少卷积的特征数量：先做 1000 到 250 的 1×1 卷积，然后在所有 Inception 分支上进行 250 次的 3×3 卷积，最后使用 250 到 1000 的 1×1 卷积，这个过程的计算次数如下。

- 1000×1×1×250 = 250 000
- 250×3×3×250 = 562 500
- 250×1×1×1000 = 250 000

总共需要的计算次数为 250 000+562 500+250 000=1 062 500。因此，这个过程的计算次数约是之前的 9 000 000 次的 12%，如此就通过小卷积核实现了降维。

另外，考虑到[64,224,224]矩阵输入，使用 20 个 1×1 的卷积核进行卷积，得到的输出为[64,224,224]，参数个数为 64×224×224×1×1=3 211 264，如果采用 3×3 的卷积核获取同样的输出，参数个数为 64×224×224×3×3=28 901 376。参数的大量减少有利于内存的优化，会促进训练速度的提升。

GoogLeNet 网络结构中有 3 个 LOSS 单元，这样设计网络是为了帮助网络收敛。在中间层加入辅助计算的 LOSS 单元，目的是在计算损失时使低层的特征也有很好的区分能力，从而使网络更好地被训练。在 *Going deeper with convolutions* 中，这两个辅助 LOSS 单元的计算被乘以 0.3，然后和最后的 LOSS 相加作为最终的损失函数来训练网络。

另外，GoogLeNet 将后面的全连接层全部替换为简单的全局平均 Pool，在最后参数会变得更少。而 AlexNet 中最后 3 层的全连接层的参数差不多占总参数的 90%，大网络拥有足够的宽度和深度，这允许 GoogLeNet 移除全连接层，但并不会影响结果的精度，在 ImageNet 中实现 93.3%的精度，而且比 VGG 的收敛速度快。

下面使用 PyTorch 复现 GoogLeNet 网络模型中的 Inception 结构，因为整个 GoogLeNet 都是基于 Inception 结构实现的，样例代码如下。

```python
import torch.nn as nn
import torch
class BasicConv2d(nn.Module):
    def __init__(self,in_channels,out_channels,**kwargs):
        super(BasicConv2d,self).__init__()
        self.conv = nn.Conv2d(in_channels,out_channels,bias=False,**kwargs)
```

```python
        self.bn = nn.BatchNorm2d(out_channels,eps=0.001)
    def forward(self, x):
        x = self.conv(x)
        x = self.bn(x)
        return F.relu(x,inplace=True)
class Inception(nn.Module):
    def __init__(self,in_channels,pool_features):
        super(Inception,self).__init__()
        self.branch1X1 = BasicConv2d(in_channels,64,kernel_size = 1)
        self.branch5X5_1 = BasicConv2d(in_channels,48,kernel_size = 1)
        self.branch5X5_2 = BasicConv2d(48,64,kernel_size=5,padding = 2)
        self.branch3X3_1 = BasicConv2d(in_channels,64,kernel_size = 1)
        self.branch3X3_2 = BasicConv2d(64,96,kernel_size = 3,padding = 1)
        self.branch_pool = BasicConv2d(in_channels,pool_features,kernel_size = 1)
    def forward(self, x):
        branch1X1 = self.branch1X1(x)
        branch5X5 = self.branch5X5_1(x)
        branch5X5 = self.branch5X5_2(branch5X5)
        branch3X3 = self.branch3X3_1(x)
        branch3X3 = self.branch3X3_2(branch3X3)
        branch_pool = F.avg_pool2d(x,kernel_size = 3,stride = 1,padding = 1)
        branch_pool = self.branch_pool(branch_pool)
        outputs = [branch1X1,branch3X3,branch5X5,branch_pool]
        return torch.cat(outputs,1)
```

GoogLeNet 整个网络实际上是 Inception 结构的堆叠，感兴趣的读者可以参照 *Going deeper with convolutions* 中的内容进行模型的复现。

PyTorch 其实提供了 Inception 结构的众多实现，其中包括不同版本的变形，但其核心仍然是采用多种卷积核提取特征，同时使用 1×1 的卷积核进行降维。

5.3.6　ResNet

2015 年何恺明推出的 ResNet 在 ISLVRC 竞赛和 COCO 竞赛中获得冠军。ResNet 在网络结构上做了很大的创新，而不是简单地堆积层数。ResNet 在卷积神经网络中的新思路是深度学习发展历程上里程碑式的事件。

ResNet 网络达到了 152 层，并且创新性地引入残差单元来解决梯度消失问题。随着网络深度的增加，网络的准确度应该同步增加，但要注意过拟合问题。因为梯度是从后向前传播的，增加网络深度后，比较靠前的层梯度会很小，这意味着这些层基本上学习停滞，而这就是梯度消失问题。

深度网络的第二个问题在于训练，当网络更深时意味着参数空间更大，优化问题会变得更难，因此简单地增加网络深度反而会出现更高的训练误差，深层网络虽然收敛了，但网络却开始退化，即增加网络层数却导致更大的误差，这就是退化问题。

梯度消失主要是由链式法则的连乘造成的，为了实现梯度的跨步计算，ResNet 的作者创新性地设计了残差网络，从结构上看与电路中的"短路"类似，如图 5.23 所示。

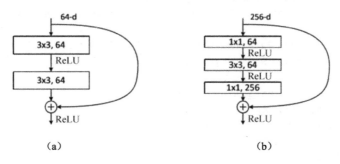

图 5.23　残差网络结构

研究发现，这种"短路"结构确实能够很好地应对退化问题。如果把网络中一个模块的输入和输出关系看作 $y=H(x)$，那么直接通过梯度方法求 $H(x)$ 就会遇到上面提到的退化问题。如果使用了这种带"短路"的结构，那么可变参数部分的优化目标就不再是 $H(x)$。用 $F(x)$ 代表需要优化的部分，则 $y=F(x)+x$，也就是 $F(x)=y-x$。因为在单位映射的假设中 $y=x$ 相当于观测值，所以 $F(x)$ 对应残差，因而叫残差网络。这样做是因为笔者认为学习残差 $F(x)$ 比直接学习 $H(x)$ 简单。现在我们只需要学习输入和输出的差值即可，绝对量变为相对量 $y-x$，也就是输出相对于输入变化了多少，优化起来简单了很多。

由于 x 的维度和 $F(x)$ 的维度可能不一样，无法进行求和，所以 Deep Residual Learning for Image Recognition 中提到了两种不同的方法。

（1）使用 0 进行填充，这种方式不会增加额外的参数。

（2）使用 1×1 的卷积核进行升维或降维，这种方式会产生额外的参数。

图 5.23（a）采用两个 3×3 的卷积结构，但是随着网络的加深，这种残差结构并不是非常有效；图 5.23（b）采用 1×1、3×3、1×1 这 3 个卷积结构，1×1 的卷积核可以达到升维或降维的目的，因此在减少参数的同时可以提升计算速度，并且在效能上没有太大的损失。而这种结构也可称为"瓶颈残差模块"，沿着通道的方向，它是越来越"尖"的，像一个瓶颈，因此得名。

"瓶颈残差模块"的具体实现如下。

```
class Bottleneck(nn.Module):
    expansion = 4
    def __init__(self, inplanes, planes, stride=1, downsample=None):
        super(Bottleneck, self).__init__()
```

```
            self.conv1 = nn.Conv2d(inplanes, planes, kernel_size=1, bias=False)
            self.bn1 = nn.BatchNorm2d(planes)
            self.conv2 = nn.Conv2d(planes, planes, kernel_size=3, stride= stride,
padding=1, bias=False)
            self.bn2 = nn.BatchNorm2d(planes)
            self.conv3 = nn.Conv2d(planes, planes * self.expansion, kernel_size=1,
bias=False)
            self.bn3 = nn.BatchNorm2d(planes * self.expansion)
            self.relu = nn.ReLU(inplace=True)
            self.downsample = downsample
            self.stride = stride
        def forward(self, x):
            residual = x
            out = self.conv1(x)
            out = self.bn1(out)
            out = self.relu(out)
            out = self.conv2(out)
            out = self.bn2(out)
            out = self.relu(out)
            out = self.conv3(out)
            out = self.bn3(out)
            if self.downsample is not None:
                residual = self.downsample(x)
            out += residual
            out = self.relu(out)
            return out
```

从实现中可以看到，forward 方法中的 residual=x，最后计算 out 时将 residual 直接加到 out 上，这就是残差最简单、最直观的实现方式。

ResNet 有很多变体，如 ResNet18、ResNet34、ResNet50、ResNet101、ResNet152 等，它们都是基于残差模块堆叠而创建的，感兴趣的读者可以深入了解。

5.3.7 DenseNet

创新永无止境，基于 ResNet 的网络变种层出不穷，并且都各有其特点，网络性能也有一定程度的提升。本节介绍获得 2017 年 CVPR 年度最佳论文的 DenseNet。DenseNet 在思想上吸收了 ResNet 和 Inception 结构的特点，设计了全新的网络结构，结构并不复杂，但非常有效。DenseNet 网络结构如图 5.24 所示。

DenseNet 是一种具有密集连接的卷积神经网络。在该网络中，任意两层之间都有直接的连接，也就是说，网络中每层的输入都是前面所有层输出的并集，而该层所学习的特征图也会被直接传给其后面所有层作为输入。

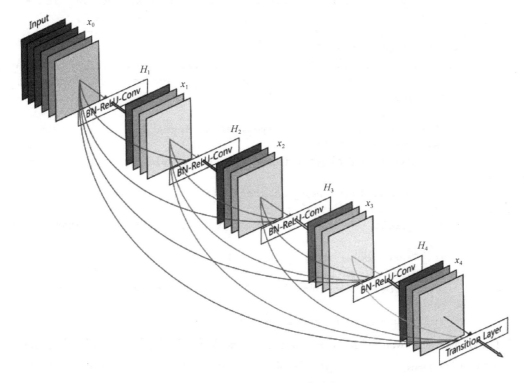

图 5.24 DenseNet 网络结构

这种 Dense 连接相当于每层都直接连接前面的每层网络，这种残差结构可以缓解梯度消失现象，基于此，训练更深的网络成为可能。需要注意的是，Dense 连接仅仅是在一个 DenseBlock 中，不同 DenseBlock 之间是没有 Dense 连接的，如图 5.25 所示。

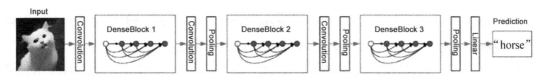

图 5.25 多个 DenseBlock 是否直接连接

使用 PyTorch 实现 Dense 和 DenseBlock 的代码如下所示。

```
class _DenseLayer(nn.Sequential):
    def __init__(self, num_input_features, growth_rate, bn_size, drop_rate):
        super(_DenseLayer, self).__init__()
        self.add_module('norm1', nn.BatchNorm2d(num_input_features)),
```

```
            self.add_module('relu1', nn.ReLU(inplace=True)),
            self.add_module('conv1', nn.Conv2d(num_input_features, bn_size *
                growth_rate, kernel_size=1, stride=1, bias=False)),
            self.add_module('norm2', nn.BatchNorm2d(bn_size * growth_rate)),
            self.add_module('relu2', nn.ReLU(inplace=True)),
            self.add_module('conv2', nn.Conv2d(bn_size * growth_rate, growth_rate,
                            kernel_size=3, stride=1, padding=1, bias=False)),
            self.drop_rate = drop_rate
        def forward(self, x):
            new_features = super(_DenseLayer, self).forward(x)
            if self.drop_rate > 0:
                new_features = F.dropout ( new_features, p=self.drop_rate , training = self.training )
            return torch.cat([x, new_features], 1)
    class _DenseBlock(nn.Sequential):
        def __init__(self, num_layers, num_input_features, bn_size, growth_rate, drop_rate):
            super(_DenseBlock, self).__init__()
            for i in range(num_layers):
                layer = _DenseLayer(num_input_features + i * growth_rate, growth_rate, bn_size, drop_rate)
                self.add_module('denselayer%d' % (i + 1), layer)
```

在 DenseLayer 的 forward 方法中，最后的输出值是输入的 x 和经过网络层输出的特征图 cat 拼接在一起的。而在 DenseBlock 中会遍历所有的 Layer，经过 DenseLayer 处理之后，最终组合到 Sequential 中，形成一个完整的 Block。

虽然 DenseNet 的性能非常好，但缺点是恐怖的内存占用，牺牲空间带来了性能的提升。

5.4 循环神经网络

前面介绍了卷积神经网络及其各种变体在图像识别中的应用。在卷积神经网络中，通过卷积核定义的"视野"感知图片中的信息，通过卷积过程自动提取图片特征。

卷积神经网络在计算机视觉上能够取得巨大成就，是因为输入的图片数据非常适合卷积神经网络的"胃口"，它能够从高维的图片数据中提取有用信息，但是放到自然语言理解，其效果就不尽如人意。因为自然语言通常有更长的上下文依赖，通常的卷积核尺寸不足以捕获这些上下文信息。有些人认为可以通过增大卷积核尺寸增大感受野，虽然这种方法从理论上来说是可以的，但是实际上是不可行的，因为计算次数和参数个数会随着卷积核尺寸的平方增长，不利于高维数据的计算，优化十分困难。

5.4.1 循环神经网络基础模型

对自然语言的处理需要另辟蹊径。自然语言处理需要记住"更久"的信息，为此计算机科学家设计了一种全新的网络结构，这种网络结构就是循环神经网络。循环神经网络的结构如图 5.26 所示。

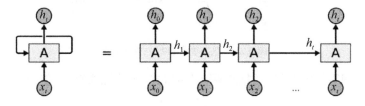

图 5.26　循环神经网络的结构

循环神经网络的结构非常简单，每个时刻的输入都等于当前时刻的输入联合前一时刻的记忆，而前一时刻的记忆是需要存储的。循环神经网络使用被称为"记忆单元"的数据结构对记忆进行存储。如图 5.26 所示，循环神经网络在 t_0 时刻是没有记忆的，此时的输入只有 x_0，在 t 时刻，网络 A 的输入等于 x_t 联合前一时刻的记忆 h_t。

另外，网络 A 也可以有很深的结构，作为循环神经网络基本结构的扩展，也被称为深度循环神经网络。深度循环神经网络如图 5.27 所示。

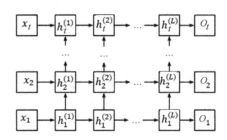

图 5.27　深度循环神经网络

与单层网络结构不同，在深度循环神经网络中（图 5.26 中的网络 A），每个时刻对应的网络是一个深度为 L 的网络。t 时刻的输入 x_t 经过 $h_t^{(1)}, h_t^{(2)}, \cdots, h_t^{(L)}$ 网络层得到输出 O_t。而 $h_t^{(1)}, h_t^{(2)}, \cdots, h_t^{(L)}$ 会作为记忆输入下一时刻并联合输入 x_{t+1} 一起进入网络 A，最终得到输出 O_{t+1}。

自然语言处理中存在从上到下的关系，如当提及"The capital of China is ＿"，人们会很自然地想到"Beijing"。当提及"Beijing"时，人们会很自然地想到它是"The capital of China"。为了能够在网络中表达这种上下文彼此关联的情形，使循环神经网络拥有更多的推理"智能"，提出了一种被称为双向循环神经网络的结构。双向循环神经网络的结构如图 5.28 所示。

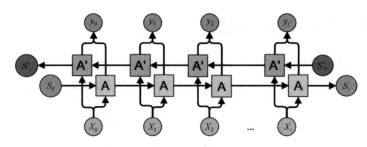

图 5.28 双向循环神经网络的结构

双向循环神经网络分别从序列数据的两端读入数据，t 时刻网络输出值为 A 和 A′ 两个网络综合的结果，得到 y_t。

虽然循环神经网络有很多变体，并且在思想上也有理有据，但是实践才是检验真理的唯一标准。在实际使用过程中，人们发现循环神经网络非常容易出现梯度消失或梯度爆炸的问题，特别是当 t 很大时，会得到一个非常长的上下文依赖，在求梯度时由于链式法则的存在，很容易将梯度消失或梯度爆炸的问题放大。因此，循环神经网络的训练非常不容易，并且效果也非常不稳定。

后来人们在早期提出的循环神经网络结构的基础上引入变式，用于解决长依赖问题，这种变式称为 LSTM 和 GRU，并且逐渐成为主流。

下面使用 PyTorch 手动实现 RNNCell。

```python
class RNNCell(nn.Module):
    def __init__(self, input_size, hidden_size, output_size,batch_size):
        super(RNNCell, self).__init__()
        self.batch_size = batch_size
        self.hidden_size = hidden_size
        self.i2h = nn.Linear(input_size + hidden_size, hidden_size)
        self.i2o = nn.Linear(input_size + hidden_size, output_size)
        self.softmax = nn.LogSoftmax(dim=1)
    def forward(self, input, hidden):
        combined = torch.cat((input, hidden), 1)
        hidden = self.i2h(combined)
        output = self.i2o(combined)
        output = self.softmax(output)
        return output, hidden
    def initHidden(self):
        return torch.zeros(self.batch_size, self.hidden_size)
```

从上面的代码可以看出，循环神经网络内部其实就是两个小的网络：一个网络实现 Hidden 信息的计算并传递给下一个状态，另一个网络则实现当前状态的输出。

PyTorch 对 RNNCell 进行了封装，循环神经网络的参数如下。

```
input_size: t 时刻的输入 X 的特征数
hidden_size:隐状态 h 特征数大小,即隐藏神经元个数
num_layers: 隐藏神经网络的层数,默认为 1,设置为 2 及以上就变成深度循环神经网络
nonlinearity: 非线性激活函数,可选值为 ReLU 和 tanh,默认为 tanh
bias: 神经网络是否拥有偏置项,默认为 True
batch_first:输入的第一维度是否代表 batch_size。如果为 True,则输入数据的维度应该为
(batch,seq,feature),默认为 False,对应维度为(seq,batch,feature)
dropout: 启用集成学习,设置神经元随机失活的概率,默认为 0
bidirectional: 是否为双向循环神经网络
```

下面使用 PyTorch 提供的循环神经网络完成简单的回归。循环神经网络作为一个序列预测模型,擅长序列数据的预测。通过构造数据,使用三角函数 sin 预测 cos 的值,如图 5.29 所示。

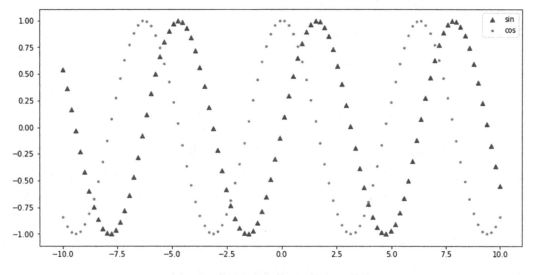

图 5.29　使用三角函数 sin 预测 cos 的值

首先定义超参数,这些超参数包括序列长度,这里用 bins 表示,定义为 20。另外,输入数据维度为 1,用 input_dim 表示,隐藏层神经元个数为 64,网络层数为 2,网络非线性激活函数为 ReLU,迭代轮数为 1000,学习率定义为 0.01。

```
bins = 20              #循环神经网络的时间跨度
input_dim = 1          #循环神经网络的输入数据维度
lr = 0.01              #初始学习率
epochs = 1000          #轮数
hidden_size=64         #隐藏层神经元个数
num_layers = 2         #网络层数
nonlinearity="relu"    #只支持 ReLU 和 tanh
```

然后借助 nn.RNN 定义网络结构，具体如下所示。

```python
class RNNDemo(nn.Module):
    def __init__(self,input_dim,hidden_size,num_layers,nonlinearity):
        super().__init__()
        self.input_dim = input_dim
        self.hidden_size = hidden_size
        self.num_layers = num_layers
        self.nonlinearity = nonlinearity
        self.rnn = nn.RNN(
            input_size=input_dim,
            hidden_size=hidden_size,
            num_layers=num_layers,
            nonlinearity=nonlinearity
        )
        self.out = nn.Linear(hidden_size, 1)
    def forward(self, x, h):
        r_out, h_state = self.rnn(x,h)
        outs = []
        for record in range(r_out.size(1)):
            outs.append(self.out(r_out[:, record, :]))
        return torch.stack(outs, dim=1), h_state
```

网络继承自 nn.Module，在 __init__ 方法中传入输入数据维度、隐藏层神经元个数、网络层数及非线性激活函数，并使用传入的这些参数初始化循环神经网络。循环神经网络的每个预测节点要输出，需要我们自己定义一个线性层，其输入大小为隐藏层神经元个数，输出为预测的具体数值，因此维度是 1。

在前向传播过程中，将输入网络的数据 x 传入定义好的循环神经网络，循环神经网络的每步都会有输出值，因此返回的 r_out 的形状为 [bins,batch_size,hidden_size]。而对于隐状态，循环神经网络只返回最后的隐状态，因此 h_state 的形状为 [num_layers,input_dim,hidden_size]。

在 forward 方法中遍历 r_out，并传入定义的 outs 线性函数中，获取该步骤的输出值。最后将所有预测结果拼接起来，和 h_state 一起返回，因为 h_state 要作为下一次迭代的输入。

下面使用 Adam 优化器、均方差误差训练模型。

```python
rnnDemo = RNNDemo(input_dim,hidden_size,num_layers,nonlinearity)
optimizer = torch.optim.Adam(rnnDemo.parameters(), lr=lr)
loss_func = nn.MSELoss()
h_state = None
for step in range(epochs):
    start, end = step * np.pi, (step + 1) * np.pi  #时间跨度
    #使用三角函数 sin 预测 cos 的值
    steps = np.linspace(start, end, bins, dtype=np.float32, endpoint=False)
```

```
x_np = np.sin(steps)
y_np = np.cos(steps)
#[100,1,1]尺寸大小为(time_step, batch, input_size)
x = torch.from_numpy(x_np).unsqueeze(1).unsqueeze(2)
y = torch.from_numpy(y_np).unsqueeze(1).unsqueeze(2)#[100,1,1]
prediction, h_state = rnnDemo(x, h_state)  #循环神经网络输出（预测结果，隐藏状态）
#将每次输出的中间状态传递下去(不带梯度)
h_state = h_state.detach()
loss = loss_func(prediction, y)
optimizer.zero_grad()
loss.backward()
optimizer.step()
if(step%10==0):
    print("loss:{:.8f}".format(loss))
plt.scatter(steps,y_np,marker="^")
plt.scatter(steps, prediction.data.numpy().flatten(),marker=".")
plt.show()
```

预测结果图如图 5.30 所示。

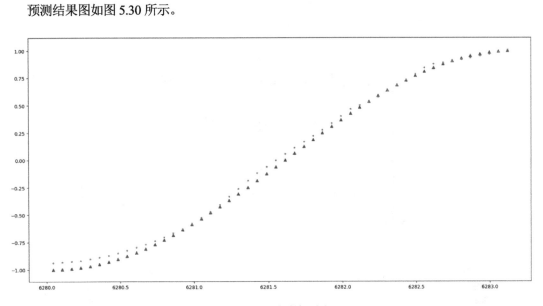

图 5.30　预测结果图

5.4.2　LSTM

LSTM 早在 1997 年就被提出来了，后来逐渐变得非常流行，其结构和普通的循环神经网络类似，只是对于网络 A 有特殊的实现，它通过引入 3 个门控单元实现"比较长"的记忆，这也是其名字的由来。LSTM 对于很长的上下文依赖也是无能为力的，主要还是解决比较长的短时依赖，通常

10个间隔以内的下文依赖，LSTM的处理效果还是不错的。

　　LSTM中最主要的就是3个门控单元：输入门、遗忘门、输出门。输入门控制网络的输入；遗忘门的作用是决定哪些知识需要被记住，哪些需要被遗忘，遗忘门是LSTM的核心，等价于循环神经网络中的记忆单元；输出门控制网络的输出。LSTM网络结构图如图5.31所示。

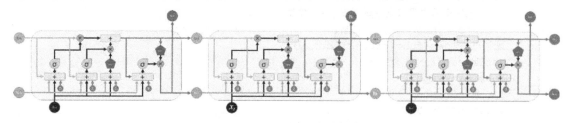

图5.31　LSTM网络结构图

　　对于每个t时刻，LSTM网络的细节如图5.32所示。

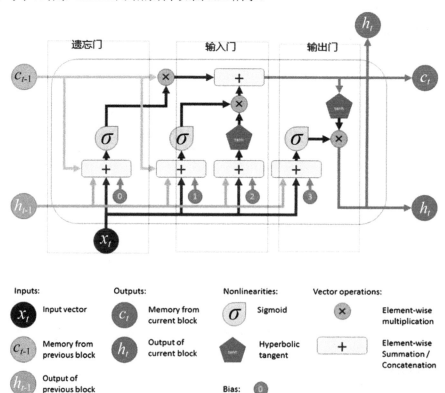

图5.32　LSTM网络的细节

　　下面分别解释图5.32中的门控单元。

(1) 遗忘门：决定从历史记忆中丢弃和保留什么信息，它会使用上一时刻的输出 h_{t-1} 和当前时刻的输入 x_t 联合作为输入，经过 σ 函数输出一个 0~1 的数值，这个数值会作用于上一时刻的记忆 C_{t-1}，决定记忆和遗忘的程度。1 表示"完全保留"上一时刻的记忆，而 0 则表示"完全忘记"。

这里的 σ 函数可以选择与 Sigmoid 类似的函数，其输出值为 0~1，表示取舍的概率。遗忘门的数学表达式为

$$f_t = \sigma(W_f \cdot [h_{t-1}, x_t] + b_f)$$

(2) 输入门：可细分为两个部分，既要确定哪些记忆需要被更新，还要将更新后的记忆重新写入记忆中。

确定哪些记忆需要更新，仍然采用 σ 函数，其输入为上一时刻的输出和当前时刻的输入，由于 σ 函数会返回一个 0~1 的数值，所以可用于确定哪些新的记忆需要被记住。但仅记住了还不够，需要更新到旧的知识库才可以，因此这里会和遗忘门输出的数据进行整合，得到新的记忆。其数学表达式为

$$\begin{cases} i_t = \sigma(W_i \cdot [h_{t-1}, x_t]) + b_i \\ \widetilde{C_t} = \tanh(W_c \cdot [h_{t-1}, x_t]) + b_c \end{cases}$$

将上面两个公式做元素级别的两两相乘便可以得到在当前 t 时刻需要记住的东西，接下来需要将此时刻记住的东西更新到旧的记忆中，其数学表达式为

$$C_t = f_t \times C_{t-1} + i_t \times \widetilde{C_t}$$

这样，忘记该忘记的，记住该记住的，便得到了当前最新的记忆 C_t，而 C_t 作为当前 t 时刻的最新记忆将一直传递到下一时刻。

上面使用 tanh 激活函数是为了对数据的分布进行重整，而 tanh 激活函数是关于中心对称的，值域范围为 $(-1,1)$，保证数据服从同一分布。

(3) 输出门：需要输出的信息仍然使用 σ 函数来确定，它是标准的 Sigmoid 函数，作用于当前最新的记忆，和 Sigmoid 函数相乘表示输出的概率。输出门的数学表达式为

$$\begin{cases} o_t = \sigma(W_o \cdot [h_{t-1}, x_t] + b_o) \\ h_t = o_t \cdot \tanh(C_t) \end{cases}$$

仍然使用 tanh 激活函数对当前记忆的分布进行重整，然后和输出概率向量 o_t 做元素级别相乘，得到输出向量 h_t。

当然，LSTM 的 3 个门控单元也有一些缺陷，即前一时刻的记忆无法影响当前时刻的输入门和输出门，这是不符合常识的。例如，一个学生知道自己哪些方面存在不足时，会选择性地通过 Learning Progress 弥补，旧的记忆会影响当前的选择和最终的输出。为了弥补这个缺陷，研究人员在 LSTM

的 3 个门控单元中增加了窥视孔（Peephole）结构。窥视孔结构如图 5.33 所示（图中的深色连线就是窥视孔）。

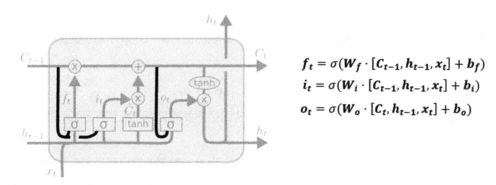

$$f_t = \sigma(W_f \cdot [C_{t-1}, h_{t-1}, x_t] + b_f)$$
$$i_t = \sigma(W_i \cdot [C_{t-1}, h_{t-1}, x_t] + b_i)$$
$$o_t = \sigma(W_o \cdot [C_t, h_{t-1}, x_t] + b_o)$$

图 5.33　窥视孔结构

窥视孔实际上就是将上一时刻的记忆 C_{t-1} 直接传入判定概率函数 σ 中，从而对决策产生影响。下面使用 PyTorch 内部的 LSTM 重写 5.4.1 节的循环神经网络序列预测模型。

LSTM 的参数如下。

```
input_size：t 时刻的输入 X 的特征数
hidden_size：隐状态 h 特征数大小，即隐藏神经元个数
num_layers：隐藏神经网络的层数，默认为 1，设置为 2 及以上就变成深度循环神经网络
bias：神经网络是否拥有偏置项，默认为 True
batch_first：输入的第一维度是否代表 batch_size。如果为 True，则输入数据维度应该为
(batch,seq,feature)，默认为 False，对应维度为 (seq,batch,feature)
dropout：启用集成学习，设置神经元随机失活的概率，默认为 0
bidirectional：是否为双向循环神经网络
```

LSTM 的参数与循环神经网络类似，但在 LSTM 中没有关键字参数 nonlinearity，因为 LSTM 中的 3 个门函数是固定的，门函数使用的是 Sigmoid 和 tanh，且外界不可配置，所以没有必要对外提供门函数的接口。使用 nn.LSTM 定义的网络如下。

```python
class LstmDemo(nn.Module):
    def __init__(self,input_dim,hidden_size,num_layers):
        super().__init__()
        self.input_dim = input_dim
        self.hidden_size = hidden_size
        self.num_layers = num_layers
        self.lstm = nn.LSTM(
            input_size=input_dim,
            hidden_size=hidden_size,
            num_layers=num_layers
```

```python
        )
        self.out = nn.Linear(hidden_size, 1)
    def forward(self, x, h_0_c_0):
        r_out, h_state = self.lstm(x,h_0_c_0)
        outs = []
        #r_out:(h_n, c_n)
        for record in range(r_out.size(1)):
            outs.append(self.out(r_out[:, record, :]))
        return torch.stack(outs, dim=1), h_state
```

在 forward 方法中完成前向传播过程需要接收两个参数：第一个参数为输入数据，形状 shape 为 [seq_len, batch, input_size]，如果指定 batch_first=True，则输入数据的形状应该为 [batch,seq_len,input_size]；第二个参数为 Hidden State 和 Cell State 组成的二维 Tuple，它们的形状都为[num_layers*num_directions, batch, hidden_size]。LSTM 实例返回两个结果，分别为每个时间步的输出值与最后一个时间步 Hidden State 和 Cell State 组成的二维 Tuple。

下面开始训练模型，由于 LSTM 网络初始化时没有 Hidden State 和 Cell State，所以在网络外部初始化两个形状为[num_layers*num_directions, batch, hidden_size]的 Zero Tensor，并且在开始训练时传入网络中，在迭代过程中不断更新 Hidden State 和 Cell State，训练拟合结果如图 5.34 所示。

```python
lstmDemo = LstmDemo(input_dim,hidden_size,num_layers).cuda()
optimizer = torch.optim.Adam(lstmDemo.parameters(), lr=lr)
loss_func = nn.MSELoss()
h_c_state = (torch.zeros(num_layers,1,hidden_size).cuda(),torch.zeros(num_layers,1,hidden_size).cuda())
for step in range(epochs):
    start, end = step * np.pi, (step + 1) * np.pi  #时间跨度
    #使用三角函数 sin 预测 cos 的值
    steps = np.linspace(start, end, bins, dtype=np.float32, endpoint=False)
    x_np = np.sin(steps)
    y_np = np.cos(steps)
    #[100,1,1]尺寸大小为(time_step, batch, input_size)
    x = torch.from_numpy(x_np).unsqueeze(1).unsqueeze(2).cuda()
    #[100,1,1]
    y = torch.from_numpy(y_np).unsqueeze(1).unsqueeze(2).cuda()
    prediction, h_state = lstmDemo(x,h_c_state)#循环神经网络输出（预测结果，隐藏状态）
    #将每次输出的中间状态传递下去（不带梯度）
    h_c_state = (h_state[0].detach(),h_state[1].detach())
    loss = loss_func(prediction, y)
    optimizer.zero_grad()
    loss.backward()
    optimizer.step()
    if(step%100==0):
```

```
        print("loss:{:.8f}".format(loss))
plt.scatter(steps,y_np,marker="^")
plt.scatter(steps, prediction.cpu().data.numpy().flatten(),marker=".")
plt.show()
```

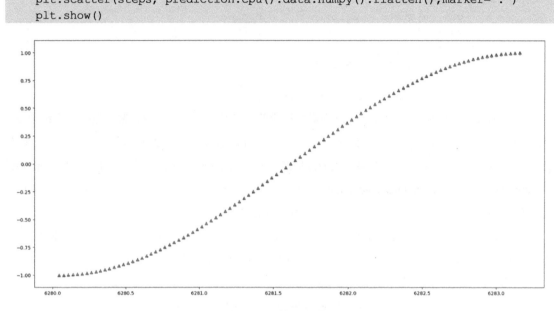

图 5.34 训练拟合结果

5.4.3 GRU

GRU 是与 LSTM 功能相同的另一种常用的网络结构，它将遗忘门和输入门合成一个单一的更新门，从而简化了模型。经过测试，GRU 和 LSTM 的功能差不多，唯一的区别是 GRU 少了一个门而简化了模型的编写，图 5.35 是 GRU 网络结构及数学表达式，数学表达式中的 "·" 表示向量之间的点乘，"*" 表示 Pointwise operation（逐点运算），逐点乘法的例子为 0.5×[1., 2., 3.] = [0.5, 1.0, 1.5]。

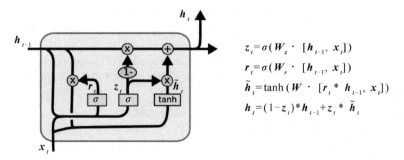

$$z_t = \sigma(W_z \cdot [h_{t-1}, x_t])$$
$$r_t = \sigma(W_r \cdot [h_{t-1}, x_t])$$
$$\tilde{h}_t = \tanh(W \cdot [r_t * h_{t-1}, x_t])$$
$$h_t = (1-z_t)*h_{t-1} + z_t * \tilde{h}_t$$

图 5.35 GRU 网络结构及数学表达式

LSTM 和 CRU 都是通过各种门函数将重要特征保留下来的，这样就保证了在 Long-Term 传播的时候也不会丢失。与 LSTM 相比，GRU 少了一个门函数，参数数量也比较少。因此，从整体上来看，GRU 的训练速度是快于 LSTM 的。

使用 GRU 复写前面的回归模型，整体上来讲与 LSTM 非常类似，但是 GRU 内部将遗忘门和输入门进行了合并，因此少了参数 Hidden State。GRU 的输出与循环神经网络相同，返回所有时间步的输出和最后时间步的 Cell State，使用 nn.GRU 定义的网络结构如下。

```python
class GRUDemo(nn.Module):
    def __init__(self,input_dim,hidden_size,num_layers):
        super().__init__()
        self.input_dim = input_dim
        self.hidden_size = hidden_size
        self.num_layers = num_layers
        self.gru = nn.GRU(
            input_size=input_dim,
            hidden_size=hidden_size,
            num_layers=num_layers
        )
        self.out = nn.Linear(hidden_size, 1)
    def forward(self, x, h):
        r_out, h_state = self.gru(x,h)
        outs = []
        for record in range(r_out.size(1)):
            outs.append(self.out(r_out[:, record, :]))
        return torch.stack(outs, dim=1), h_state
```

GRU 的训练同 LSTM 一样，由于初始网络的 Cell State 不存在，所以使用形状为 [num_layer*num_directions, batch_size,hidden_size] 的 Zero Tensor 替代，在迭代过程中，记录最新的 Cell State 并传给下一次迭代。训练参考代码如下。

```python
c_state = torch.zeros(num_layers*1,1,hidden_size).cuda()
for step in range(epochs):
    start, end = step * np.pi, (step + 1) * np.pi  #时间跨度
    #使用三角函数sin预测cos的值
    steps = np.linspace(start, end, bins, dtype=np.float32, endpoint=False)
    x_np = np.sin(steps)
    y_np = np.cos(steps)
    #[100,1,1]尺寸大小为(time_step, batch, input_size)
    x = torch.from_numpy(x_np).unsqueeze(1).unsqueeze(2).cuda()
    #[100,1,1]
    prediction, c_state = gruDemo(x, c_state)#循环神经网络输出（预测结果，隐藏状态）
    y = torch.from_numpy(y_np).unsqueeze(1).unsqueeze(2).cuda()
```

```
#将每次输出的中间状态传递下去（不带梯度）
c_state = c_state.detach()
loss = loss_func(prediction, y)
optimizer.zero_grad()
loss.backward()
optimizer.step()
if(step%100==0):
    print("loss:{:.8f}".format(loss))
plt.scatter(steps,y_np,marker="^")
plt.scatter(steps, prediction.cpu().data.numpy().flatten(),marker=".")
plt.show()
```

由于少了参数 Hidden State，所以 GRU 的训练速度更快。使用 GRU 改写的回归模型预测三角函数 cos 的图像，预测结果如图 5.36 所示。

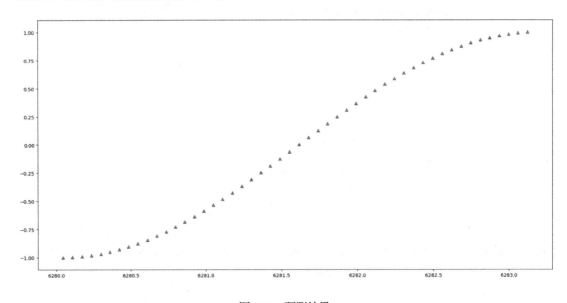

图 5.36　预测结果

5.5　实验室小试牛刀

本节使用 2018 年 5 月至 2019 年 6 月成都市的 PM2.5 数据进行 AQI 空气指数预测。使用多层的、双向的 GRU 进行时序数据的预测，进一步巩固前面所学的循环神经网络知识，训练损失使用 Visdom 进行动态可视化展示。

5.5.1 数据准备

本数据集包含 9 列数据，即每条数据的记录时间、AQI 空气指数、质量等级、PM2.5 指数、PM10 指数、SO_2 浓度、CO 浓度、NO_2 浓度、臭氧浓度等。本数据集包含 360 条数据，使用前 300 条数据训练模型，对后面的 60 条数据进行预测。PM2.5 等原始数据集如图 5.37 所示。

	日期	AQI	质量等级	PM2.5	PM10	SO₂	CO	NO₂	O₃_8h
0	2018/5/29	114	轻度污染	0	0	18	0.8	61	154
1	2018/5/30	88	良	62	126	13	0.8	59	125
2	2018/5/31	90	良	34	60	11	0.6	34	148
3	2018/6/1	62	良	44	66	8	0.7	38	112
4	2018/6/2	75	良	54	78	9	1.0	47	98

图 5.37　PM2.5 等原始数据集

接下来需要对数据进行归一化处理，以避免量纲不同而带来的差异。使用 Z-Score 进行归一化处理，即

$$Z\text{-Score} = \frac{x - \bar{x}}{\sigma}$$

式中，$\bar{x}$ 代表均值，σ 表示标准差。

```
#删除没有用的字段
del df["质量等级"]
#Z-Score 标准化
features = df[["PM2.5","PM10","SO2","CO","NO2","O3_8h"]]
df[["PM2.5","PM10","SO2","CO","NO2","O3_8h"]] = (features-features.mean())/features.std()
df.head()
```

标准化之后的数据如图 5.38 所示。

	日期	AQI	PM2.5	PM10	SO₂	CO	NO₂	O₃_8h
0	2018/5/29	114	-1.766326	-1.879344	5.196942	-0.389461	1.361918	1.359118
1	2018/5/30	88	0.740471	1.513438	2.686342	-0.389461	1.211106	0.790299
2	2018/5/31	90	-0.391631	-0.263734	1.682102	-1.373363	-0.674047	1.241431
3	2018/6/1	62	0.012691	-0.102172	0.175742	-0.881412	-0.372422	0.535311
4	2018/6/2	75	0.417013	0.220950	0.677862	0.594441	0.306233	0.260709

图 5.38　标准化之后的数据

使用 describe() 函数快速了解数据集，如图 5.39 所示。

	AQI	PM2.5	PM10	SO₂	CO	NO₂	O₃_8h
count	360.000000	3.600000e+02	3.600000e+02	3.600000e+02	3.600000e+02	3.600000e+02	3.600000e+02
mean	78.522222	-3.863615e-17	7.617364e-17	-2.221988e-15	-1.347687e-16	1.770189e-16	-5.674473e-17
std	31.177800	1.000000e+00	1.000000e+00	1.000000e+00	1.000000e+00	1.000000e+00	1.000000e+00
min	27.000000	-1.766326e+00	-1.879344e+00	-2.334858e+00	-1.865314e+00	-2.182169e+00	-1.484977e+00
25%	55.000000	-7.555209e-01	-7.214899e-01	-8.284979e-01	-8.814120e-01	-7.494528e-01	-7.788570e-01
50%	72.000000	-1.692538e-01	-1.290993e-01	1.757420e-01	1.024898e-01	-3.309490e-02	-2.394597e-01
75%	95.000000	4.978778e-01	6.046573e-01	6.778619e-01	5.944407e-01	6.832630e-01	6.726121e-01
max	205.000000	4.500667e+00	4.825441e+00	5.196942e+00	4.038097e+00	3.096258e+00	2.967502e+00

图 5.39　使用 describe()函数快速了解数据集

由图 5.39 可以看出，经过 Z-Score 变换之后，所有特征的均值接近于 0，方差为 1。将前 300 条数据作为训练集，后 60 条数据作为测试集，训练集和测试集如图 5.40 所示。

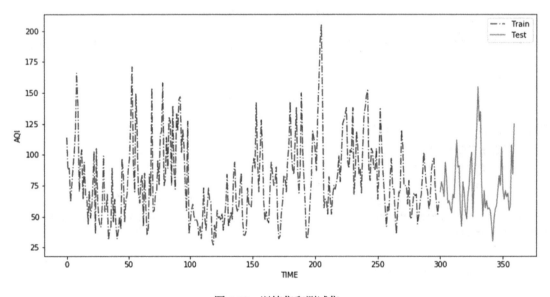

图 5.40　训练集和测试集

5.5.2　GRU 网络设计

5.5.1 节提供的数据集包含 6 个有用的特征，使用这 6 个特征经过复杂的计算可以得到 AQI 空气指数，因此可以用这些特征对空气指数进行预测。

按照常识，根据今天的天气状况可以预测明天的天气情况。空气指数也是一样的，昨天的空气指数在很大程度上会对今天的空气指数产生影响。如果把昨天、今天、明天做成时间步，将每天监测的数据看作每个时间步输入的特征，通过循环神经网络便能预测当前输入对应的输出，并且得到一个 Hidden State，这个中间状态可以看作一种"状态转移语义"，会对下一个时间步结果产生影响。

通过分析可以确定输入数据维度为 6，设定循环神经网络的时间跨度为 60，正好对应两个自然月。指定隐藏神经元个数为 128，指定 num_layers=2，表示使用两层隐藏神经元叠加的深度网络。设定 bidirectional=True，表示启用双向循环功能。超参数的设定如下。

```
bins = 60                    #循环神经网络的时间跨度
input_dim = 6                #循环神经网络的输入数据维度
lr = 0.001                   #初始学习率
epochs = 1000                #轮数
hidden_size=128              #隐藏层神经元个数
num_layers = 2               #神经元层数
bidirectional = True         #双向循环
batch_size = 1
```

基于 nn.GRU 定义的网络结构如下。

```
class GRUAQI(nn.Module):
    def __init__(self,input_dim,hidden_size,num_layers,bidirectional,power):
        super().__init__()
        self.input_dim = input_dim
        self.hidden_size = hidden_size
        self.num_layers = num_layers
        self.gru = nn.GRU(
            input_size=input_dim,
            hidden_size=hidden_size,
            num_layers=num_layers,
            bidirectional=bidirectional
        )
        self.out = nn.Linear(hidden_size*power,1)
    def forward(self, x, h):
        r_out, h_state = self.gru(x,h)
        outs = []
        for record in range(r_out.size(1)):
            out = self.out(r_out[:, record, :])
            outs.append(out)
        return torch.stack(outs, dim=1), h_state
```

在 __init__ 方法中基于 nn.GRU 定义网络结构，对于每个时间步的输出，需要自己实现一个线性函数，线性函数的输入维度为 [hidden_size*num_directions]。当 bidirectional=True 时，num_directions=2；当 bidirectional=False 时，num_directions=1。

在 forward 方法中，r_out 的形状为[steps,batch_size,hidden_size*num_directions]，在 for 循环中取出 Batch 中的每条数据进行线性预测并添加到 outs 数组，最后返回 outs 预测结果。

5.5.3 模型训练

增加 cuda 判断，实现模型训练时自动硬件感知，当有可用的 GPU 设备时，使用 GPU 设备进行训练。同时使用 power 变量代表使用启用"双向"网络，如果启用"双向"网络则 power 设置为 2，否则设置为 1。

```
device = "cuda" if torch.cuda.is_available() else "cpu"
#if bidirectional=True
power = 2 if(bidirectional) else 1
```

初始化模型，传入参数。使用 Adam 优化器，MSELoss 作为损失函数。

```
gruAQI = GRUAQI(input_dim,hidden_size,num_layers,bidirectional,power).to(device)
optimizer = torch.optim.Adam(gruAQI.parameters(), lr=lr)
loss_func = nn.MSELoss()
```

训练过程需要在训练集上迭代 epochs 次，每个 epoch 迭代周期中需要计算多个批次的数据，因此这里是一个双重循环结构。

```
c_state = torch.zeros(num_layers*power,batch_size,hidden_size).to(device)
global_step = 0
for step in range(epochs):
    windows = int(np.ceil(300/bins))
    for window in range(windows):
        steps = train_df[window*bins:(window+1)*bins]
        #[bins,batch,input_size=6](50,1,6)
        x = torch.from_numpy(steps[[ "PM2.5" , "PM10", "SO2", "CO", "NO2", "O3_8h" ] ] .values) .unsqueeze(1) . float().to(device)
        y = torch.from_numpy(steps["AQI"].values).unsqueeze(1).unsqueeze(2).float().to(device)#[bins,batch,output=1](50,1,1)
        prediction, c_state = gruAQI(x, c_state)#循环神经网络输出（预测结果，隐藏状态）
        #将每次输出的中间状态传递下去（不带梯度）
        c_state = c_state.detach()
        loss = loss_func(prediction, y)
        optimizer.zero_grad()
        loss.backward()
        optimizer.step()
        global_step += 1
        if(global_step % 100 ==0):
            viz.line(Y=np.array([loss.item()]),    X=np.array([global_step]),
```

```
update='append', win=loss_win)
            print("loss:{:.8f}".format(loss))
```

GRU 初始化时会传入一个全为 0 的隐状态 c_state，其形状为[num_layers*num_directions,batch_size,hidden_size]。在迭代过程中不断更新 c_state，并作为初始状态传入下一次迭代。

每隔 100 步向 Visdom 中发送数据，进行损失值的可视化展示，训练损失曲线如图 5.41 所示。

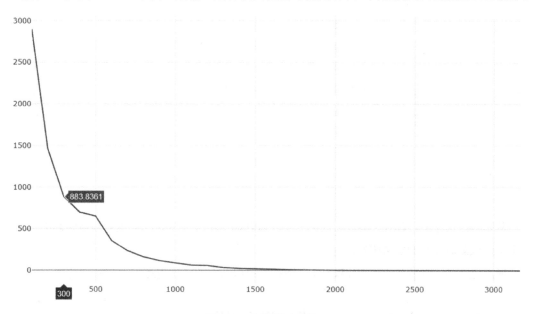

图 5.41　训练损失曲线

5.5.4　模型预测

新建 predict 辅助方法完成预测功能，该方法需要传入模型和数据，输出预测值，其定义如下。

```
def predict(model,input_data):
    length = input_data.count()[0]
    outs = []
    windows = int(np.ceil(length/bins))
    for window in range(windows):
        prediction, c_state = gruAQI(torch.from_numpy(input_data[["PM2.5",
"PM10","SO2","CO","NO2","O3_8h"]]
[window*bins:(window+1)*bins].values).unsqueeze(1).float().to(device),None)
        outs.extend(prediction.cpu().data.numpy().flatten())
    return outs
```

将原始数据和预测数据同时进行可视化，对比观察预测效果，如图 5.42 所示。

```
plt.figure(figsize=(15,5))
plt.plot(list(range(0,360)),df["AQI"].values,"-.")
plt.plot(list(range(300,360)),predict(gruAQI,test_df))
plt.legend(["Raw","Predict"])
plt.show()
```

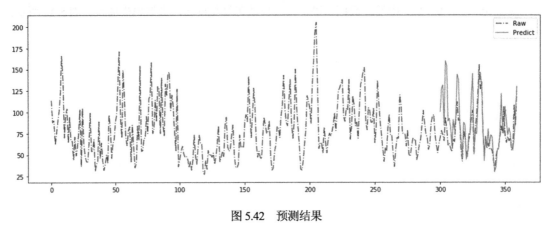

图 5.42　预测结果

从预测结果来看，GRU 其实学习到了大致的规律。由于天气状况受很多因素的影响，所以完全准确地预测时序数据非常困难。

通过该实验，读者对 GRU 内部工作原理有了更深的理解，这也是本次实验的初衷。

5.6　加油站之概率论基础知识回顾

从数学意义上讲，概率对应某种面积，而矩阵对应某种变换。本节主要介绍概率基础知识，激发读者对基础学科的兴趣。

5.6.1　离散型随机变量和连续型随机变量

1. 离散型随机变量

有些随机变量的取值是有限个或可列无限多个，这种变量称为离散型随机变量。假设离散型随机变量 X 所有可能的取值为 $x_k (k = 1,2,3,\cdots,n)$，则 X 取各个可能值的概率为

$$P\{X = x_k\} = p_k (k = 1,2,3,\cdots,n)$$

p_k 需要满足以下几个条件。

（1）$p_k \geqslant 0$，$k = 1,2,3,\cdots,n$。

(2) $\sum_{k=1}^{n} p_k = 1$。

通常将这里的p_k叫作离散型随机变量X的分布律,可以写成如下形式表示。

X	x_1	x_2	x_3	...	x_n	x_{n+1}	x_{n+2}	...
p_k	p_1	p_2	p_3	...	p_n	p_{n+1}	p_{n+2}	...

常见的离散型随机变量对应的分布有(0-1)分布、二项分布、泊松分布,下面依次介绍。

(1)(0-1)分布。随机变量X只可能取0或1两个值,它的分布律为

$$P\{X = k\} = p^k(1-p)^{1-k}, k = 0,1 \ (0 < p < 1)$$

可以写成如下形式。

X	0	1
p_k	p	$1-p$

(2)二项分布(伯努利试验)。试验A只有两个可能的结果:成功(S)或失败($\bar{S}$),这样的试验称为伯努利试验,设$P(S) = p(0 < p < 1)$,此时$P(\bar{S}) = 1 - p$,将试验独立重复进行n次,则称这一串重复的独立试验为n重伯努利试验。重复是指每次试验的概率$P(S) = p$保持不变,独立是指各次试验的结果互不影响。

假设进行n重伯努利试验,出现S的次数设为$k(k = 0,1,2,3,\cdots,n)$,则k的分布律为

$$P\{S = k\} = C_n^k p^k (1-p)^{n-k}, k = 0,1,2,3,\cdots,n$$

特别是,当n=1时,n重伯努利试验就变成二项分布,即

$$P\{S = k\} = p^k(1-p)^{1-k}, k = 0,1 \ (0 < p < 1)$$

(3)泊松分布。假设随机变量X所有可能的取值为$0,1,2,3,\cdots,n$,而取各个值的概率为

$$P(X = k) = \frac{\lambda^k e^{-\lambda}}{k!}, k = 0,1,2,\cdots,n$$

式中,$\lambda > 0$是常数,则称X服从参数为λ的泊松分布,记为$X \sim \pi(\lambda)$。具有泊松分布的随机变量在实际中有很多应用,如医院在一天中的急诊病人数、某个路口在一个时间段内发生的交通事故次数等。

泊松分布还有一个用于近似求解的二项分布,当发生次数$k \geq 20$且$p \leq 0.05$时有

$$C_n^k p^k (1-p)^{n-k} \approx \frac{\lambda^k e^{-\lambda}}{k!} (常数\lambda = np)$$

例如,灯泡公司生产某种型号的白炽灯,次品率为0.1%,每个白炽灯的生产过程相互独立,那么在1000个白炽灯中,至少出现两个次品的概率是多少?利用近似计算公式可得

$$\lambda = 1000 \times 0.1\% = 1$$

$$P(k \geqslant 2) \approx 1 - P(k=0) - P(k=1) = 1 - e^{-1} - e^{-1} \approx 0.264$$

2. 连续型随机变量

如果随机变量 X 的分布函数 $F(x)$ 存在非负可积函数 $f(x)$，那么对于任意实数 x 有

$$F(x) = \int_{-\infty}^{x} f(x) \mathrm{d}x$$

则称 X 为连续型随机变量，$f(x)$ 为 X 的概率密度函数，简称概率密度。概率密度有如下几个性质。

- $f(x) \geqslant 0$。

- $\int_{-\infty}^{\infty} f(x)\mathrm{d}x = 1$。

- 对于任意实数 x_1 和 $x_2 (x_1 \leqslant x_2)$，有 $P\{x_1 < X \leqslant x_2\} = F(x_2) - F(x_1) = \int_{x_1}^{x_2} f(x)\mathrm{d}x$。

- 若 $f(x)$ 在点 x 处连续，则有 $F(x)' = f(x)$。

由如上性质可知，$y=f(x)$ 与 x 轴围成的面积等于 1；$P\{x_1 < X \leqslant x_2\}$ 等于 $y=f(x)\{x_1 < X \leqslant x_2\}$ 与 x 轴围成的梯形的面积，如图 5.43 所示。由第四个性质可得

$$f(x) = \lim_{\Delta x \to 0} \frac{F(x+\Delta x) - F(x)}{\Delta x} = \lim_{\Delta x \to 0} \frac{P(x < X \leqslant x+\Delta x)}{\Delta x}$$

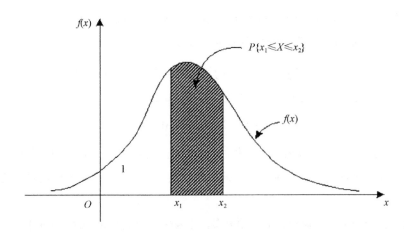

图 5.43 连续型随机变量的概率密度函数

下面介绍 3 种常见的连续型分布：均匀分布、指数分布、正态分布。

（1）均匀分布。均匀分布也叫矩形分布，并且是对称概率分布，在相同长度间隔的分布概率是等可能的。均匀分布由两个参数 a 和 b 定义，它们是数轴上的最小值和最大值，通常缩写为 $X \sim U(a,b)$。

其概率密度函数为

$$f(x) = \begin{cases} \dfrac{1}{b-a}, & a < x < b \\ 0, & \text{其他} \end{cases}$$

其分布函数为

$$F(x) = \begin{cases} 0, & x < a \\ \dfrac{x-a}{b-a}, & a < x < b \\ 1, & x \geqslant b \end{cases}$$

均匀分布的概率分布函数和概率密度函数图像如图 5.44 所示。

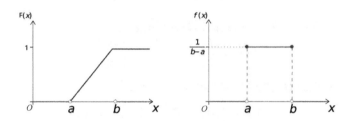

图 5.44　均匀分布的概率分布函数和概率密度函数图像

例如，某片海区的海水深度 h 是一个随机变量，均匀分布在 900～1100m，求 h 的概率密度函数及 h 落在 950～1050m 的概率。

概率密度函数为

$$f(h) = \begin{cases} \dfrac{1}{1100-900}, & 900 < h < 1100 \\ 0, & \text{其他} \end{cases}$$

由概率密度函数得到的分布函数为

$$F(950 \leqslant h \leqslant 1050) = \int_{950}^{1050} \dfrac{1}{1100-900} dh = 0.5$$

（2）指数分布。设连续型随机变量 X 的概率密度函数为

$$f(x) = \begin{cases} \dfrac{1}{\theta} e^{-x/\theta}, & x > 0 \\ 0, & \text{其他} \end{cases}$$

θ 取不同值对应的概率密度函数图像如图 5.45 所示。

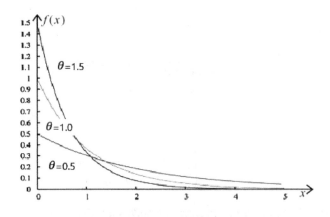

图 5.45 θ取不同值对应的概率密度函数图像

由指数分布的概率密度函数推导得到的指数分布函数为

$$F(x) = \begin{cases} 1 - e^{-x/\theta}, & x > 0 \\ 0, & 其他 \end{cases}$$

（3）正态分布。设连续型随机变量 X 的概率密度函数为

$$f(x) = \frac{1}{\sqrt{2\pi}\sigma} e^{\frac{-(x-u)^2}{2x^2}}, -\infty < x < +\infty$$

式中，u 和 $\sigma(\sigma > 0)$ 为常数，则称 X 服从参数为 u、σ 的正态分布或高斯分布，记为 $X \sim N(u, \sigma^2)$。

正态分布的概率密度函数有如下几个性质。

- 曲线关于 $x = u$ 对称。
- 当 $x = u$ 时取得最大值 $f(u) = \frac{1}{\sqrt{2\pi}\sigma}$。

由概率密度函数得到的分布函数为

$$F(x) = \frac{1}{\sqrt{2\pi}\sigma} \int_{-\infty}^{x} e^{\frac{-(x-u)^2}{2x^2}} dx$$

特别是，当 $u=0$ 和 $\sigma = 1$ 时，称随机变量 X 服从标准正态分布，标准正态分布的密度曲线如图 5.46 所示。

使用 $\Phi(x)$ 表示标准正态分布函数，则 $\Phi(-x) = 1 - \Phi(x)$。

分布对应的其实是面积，而面积的计算可以使用牛顿-莱布尼兹公式通过概率密度函数计算出来，这个计算过程非常烦琐，因此人们制作了标准的正态分布 $\Phi(x)$ 函数表格，方便快速查询。

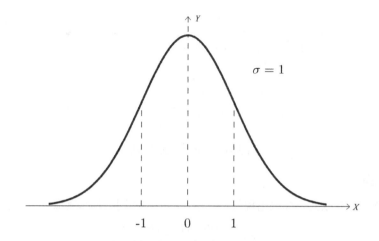

图 5.46 标准正态分布的密度曲线

其实,非标准正态分布可以通过变换转成标准正态分布,转移公式为

$$若 X \sim N(u, \sigma^2),则 Z = \frac{X-u}{\sigma} \sim N(0,1)$$

在自然和社会现象中,大量随机变量都服从或近似服从正态分布,如测量误差、平均身高、电流、电压等,因此在机器学习中得到了大量使用。

5.6.2 概率论常用概念

1. 频率与概率

频率是指某次试验观测到事件 e 的频数与总试验次数 n 的比值,即

$$f_n(e) = \frac{n_e}{n}$$

频率具有不稳定性,但随着试验次数的增加,频率会逐渐趋于某个固定值 P,该固定值被定义为事件 e 的概率,即

$$P(e) = p$$

以抛掷一枚不均匀的硬币为例,对于不同的试验,随着试验次数的增加,硬币出现正面的频率呈现上下波动,当试验的次数不断增加时,频率会逐渐趋于稳定。如图 5.47 所示,当试验次数大于 80 时,频率基本上没有太大的波动,当试验次数足够大时,频率将稳定在某个数值,此时稳定的频率就是该枚硬币正面和反面出现的概率。

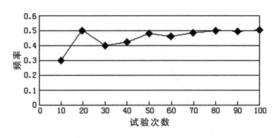

图 5.47 频率与试验次数

2. 古典概型

试验中样本点是有限的，如果出现每个样本点的概率相同，那么其概率可以表示为

$$P(A) = \frac{事件A包含的样本数}{试验中总的样本数}$$

古典概型常见于无放回抽样试验，如抽奖，从箱子中随机抽取一张奖券中奖的概率是相同的。

3. 样本空间和条件概率

同样的抽奖试验，如果知道第一个人已经中奖，那么第二个人抽中的概率不会发生变化，因为在确定事实的情况下，古典概型的完美假设已经塌缩，正如"薛定谔的猫"中对猫的状态的假设一样。屋子中的猫存在"活着"或"死亡"两种状态的叠加态，当打开屋子时，看到的猫只有"活着"或"死亡"，猫所处的叠加的量子状态发生塌缩，变成眼前的事实。

条件概率描述的实际上就是样本空间的塌缩，并且计算在新样本空间中的概率，如图 5.48 所示。

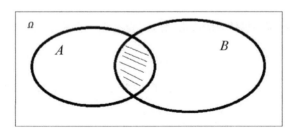

$P(B|A)$ 相当于把 A 看作新的样本空间
求 $P(B|A)$

图 5.48 条件概率

求解条件概率需要借助韦恩图，因为事件 A 必然发生，所以只需要在事件 A 发生的范围内考虑问题，样本空间变成 A，此时事件 B 发生的概率可以表示为

$$P(B|A) = \frac{N(AB)}{N(A)}$$

另外一种等价转换的思路是，在事件 A 发生的情况下事件 B 也发生，等价于事件 A 和事件 B 同时发生。

$$P(B|A) = \frac{N(AB)/N(\Omega)}{N(A)/N(\Omega)} = \frac{P(AB)}{P(A)}$$

$P(B|A)$ 与 $P(AB)$ 的相同点是事件 A 和事件 B 都发生了，但样本空间不同，对于条件概率 $P(B|A)$，事件 A 成为样本空间，而对于联合概率 $P(AB)$，样本空间为 Ω。

例如，某厂生产的白炽灯能够直接出厂的概率为 70%，余下的 30%需要调试后再定，调试后 80%的产品可以出厂，20%的产品要报废，求白炽灯的报废率。

A={生产的白炽灯要报废}

B={生产的白炽灯要调试}

已知 $P(B) = 0.3$，$P(A|B) = 0.2$，$P(A|\bar{B}) = 0$，则 $P(A) = P(AB) \cup P(A\bar{B}) = P(B) \cdot P(A|B) + P(\bar{B}) \cdot P(A|\bar{B}) = 0.3 \times 0.2 + 0.7 \times 0 = 0.06$

5.6.3 二维随机变量

前面介绍的变量是一维的，并且是某个随机变量的概率分布函数和概率密度函数。下面衍生到高维。首先介绍二维，二维的变量也分为离散和连续两种情况，下面分别进行讲解。

1. 二维离散变量

例如，学生的发育状况不仅和身高有关，还和体重、臂力等有关。本节仅介绍身高和体重对学生健康状况的影响，在这种情况下，不仅要分别关心身高和体重情况，还要了解它们之间的相互关系。

对于二维随机变量，使用联合分布函数 $F(x,y) = P\{X \leqslant x \cap Y \leqslant y\}$ 来表示，$F(x,y)$ 表示随机点 (X,Y) 在点 (x,y) 为顶点且位于该顶点左下方矩形的概率，如图 5.49 所示。

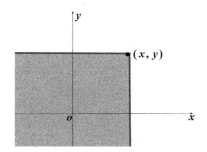

图 5.49 $F(x,y)$ 联合分布

若二维随机变量(X,Y)的取值可能是有限对或可列无限对，则称(X,Y)是离散型随机变量。离散型联合概率分布可用表格列出。设(X,Y)所有可能的取值为$(x_i, y_j), i,j = 1,2,3,\cdots$，联合概率$P\{X = x_i, Y = y_j\} = P(x_i, y_j) = p_{ij}, i,j = 1,2,3,\cdots$，其中$p_{ij} \geq 0$且$\sum_i^\infty \sum_j^\infty p_{ij} = 1$，如图5.50所示。

$X \backslash Y$	y_1	y_2	$\cdots$	y_j	$\cdots$
x_1	p_{11}	p_{12}	$\cdots$	p_{1j}	$\cdots$
x_2	p_{21}	p_{22}	$\cdots$	p_{2j}	$\cdots$
$\vdots$	$\vdots$	$\vdots$		$\vdots$	
x_i	p_{i1}	p_{i2}	$\cdots$	p_{ij}	$\cdots$
$\vdots$	$\vdots$	$\vdots$		$\vdots$	

图5.50　二维离散联合概率分布表格

2. 二维连续变量

对于离散型的分布，概率分布可以通过表格枚举，但是对于连续型变量，只能通过密度函数对概率分布进行刻画，连续型概率分布是概率密度函数的积分结果。

如果存在非负函数 $f(x,y)$，对任意 x 和 y 使 $F(x,y) = \int_{-\infty}^{x} \int_{-\infty}^{y} f(x,y) \mathrm{d}x \mathrm{d}y$，则称$(X,Y)$为连续型二维随机变量，$f(x,y)$为概率密度函数，其图像如图5.51所示。

$$P\{(X,Y) \in G\} = \iint f(x,y) \mathrm{d}x \mathrm{d}y$$

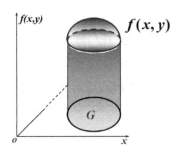

图5.51　$f(x,y)$概率密度函数的图像

一维概率密度函数积分对应面积，并且面积为1，二维概率密度函数积分则对应体积，并且体积为1，更高维度概率密度函数积分则对应更高维度的体积。

例如，设二维随机变量(X,Y)具有概率密度，即

$$f(x,y) = \begin{cases} k\mathrm{e}^{-(2x+3y)}, & x > 0, y > 0 \\ 0, & 其他 \end{cases}$$

（1）求常数 k。

（2）求分布函数 $F(x,y)$。

（3）求 $P(Y\leqslant X)$ 的概率。

利用二维概率密度积分等于 1 可得

$$k\int_0^\infty e^{-2x}dx \int_0^\infty e^{-3y}dy = \frac{k}{6} = 1$$

由此可得 $k = 6$。

分布函数 $F(x,y)$ 就是概率密度函数的积分，因此有

$$F(X,Y) = \int_{-\infty}^x \int_{-\infty}^y f(x,y)dxdy = \begin{cases} \int_0^x \int_0^y 6e^{-(2x+3y)}dxdy, x>0, y>0 \\ 0, \quad\text{其他} \end{cases}$$

$$= \begin{cases} \int_0^x 2e^{-2x}dx \int_0^y 3e^{-3y}dy, x>0, y>0 \\ 0, \quad\text{其他} \end{cases} = \begin{cases} (1-e^{-2x})(1-e^{-3y}), x>0, y>0 \\ 0, \quad\text{其他} \end{cases}$$

对于 $P(Y\leqslant X)$，它的求解实际上就是根据概率密度函数求定积分的问题，求解过程为

$$P(Y\leqslant X) = \int_0^\infty \int_y^\infty 6e^{-(2x+3y)}dxdy = \int_0^\infty 3e^{-3y}(-e^{-2x}|_y^\infty)dy = \int_0^\infty 3e^{-3y}e^{-2y}dy = \int_0^\infty 3e^{-5y}dy$$

$$= -\frac{3}{5}e^{-5y}|_0^\infty = 0.6$$

如果读者已经忘记如何求解定积分，可以复习前面的内容。

5.6.4 边缘分布

与联合分布对应的是边缘分布，其定义如下：二维随机变量 (X,Y) 有分布函数 $F(X,Y)$，其中 X 和 Y 都是随机变量，将它们的分布函数分别记为 $F_X(x)$ 和 $F_Y(y)$，称为边缘分布函数。

对于离散变量和连续变量，边缘分布的计算是不同的，下面分开讲解。

1. 离散型的边缘分布

离散型随机变量 (X,Y) 的分布律为

$$P\{X = x_i, Y = y_j\} = p_{ij}, i,j = 1,2,3,\cdots$$

X,Y 的边缘分布律为

$$P\{Y = y_j\} = P\{X < +\infty, Y = y_j\} = \sum_{i=1}^\infty p_{ij}, j = 1,2,3,\cdots$$

$$P\{X = x_i\} = P\{X = x_i, Y < +\infty\} = \sum_{j=1}^{\infty} p_{ij}, i = 1,2,3,\cdots$$

$F(X,Y)$ 的边缘分布如图 5.52 所示。

X \ Y	y_1	y_2	$\cdots$	y_j	$\cdots$	$P(X=x_i)$
x_1	p_{11}	p_{12}	$\cdots$	p_{1j}	$\cdots$	$p_1.$
x_2	p_{21}	p_{22}	$\cdots$	p_{2j}	$\cdots$	$p_2.$
$\vdots$	$\vdots$	$\vdots$		$\vdots$		$\vdots$
x_i	p_{i1}	p_{i2}	$\cdots$	p_{ij}	$\cdots$	$p_i.$
$\vdots$	$\vdots$	$\vdots$		$\vdots$		$\vdots$
$P(Y=y_j)$	$p._1$	$p._2$	$\cdots$	$p._j$	$\cdots$	1

图 5.52 $F(X,Y)$ 的边缘分布

2．连续型的边缘分布

连续分布没有分布律，不能枚举，只能借助概率密度函数进行度量。对于连续型随机变量(X,Y)，概率密度为$f(x,y)$，则 X 和 Y 的边缘概率密度为

$$F_X(x) = F(x, +\infty) = \int_{-\infty}^{+\infty} \left[\int_{-\infty}^{+\infty} f(t,y)\mathrm{d}y\right]\mathrm{d}t = \int_{-\infty}^{x} f_X(t)\mathrm{d}t$$

$$F_X(y) = F(+\infty, y) = \int_{-\infty}^{y} \left[\int_{-\infty}^{+\infty} f(x,t)\mathrm{d}x\right]\mathrm{d}t = \int_{-\infty}^{y} f_Y(t)\mathrm{d}t$$

例如，设随机变量 X 和 Y 具有联合概率密度，即

$$f(x,y) = \begin{cases} 6, & x^2 \leqslant y \leqslant x \\ 0, & \text{其他} \end{cases}$$

连续型的边缘概率密度如图 5.53 所示，求边缘概率密度$f_X(x)$和$f_Y(y)$。

$$f_X(x) = \int_{-\infty}^{+\infty} f(x,y)\mathrm{d}y = \begin{cases} \int_{x^2}^{x} 6\mathrm{d}y, & 0 \leqslant x \leqslant 1 \\ 0, & \text{其他} \end{cases} = \begin{cases} 6(x - x^2), 0 \leqslant x \leqslant 1 \\ 0, \quad \text{其他} \end{cases}$$

$$f_Y(y) = \int_{-\infty}^{+\infty} f(x,y)\mathrm{d}x = \begin{cases} \int_{y}^{\sqrt{y}} 6\mathrm{d}x, & 0 \leqslant y \leqslant 1 \\ 0, & \text{其他} \end{cases} = \begin{cases} 6(\sqrt{y} - y), 0 \leqslant y \leqslant 1 \\ 0, \quad \text{其他} \end{cases}$$

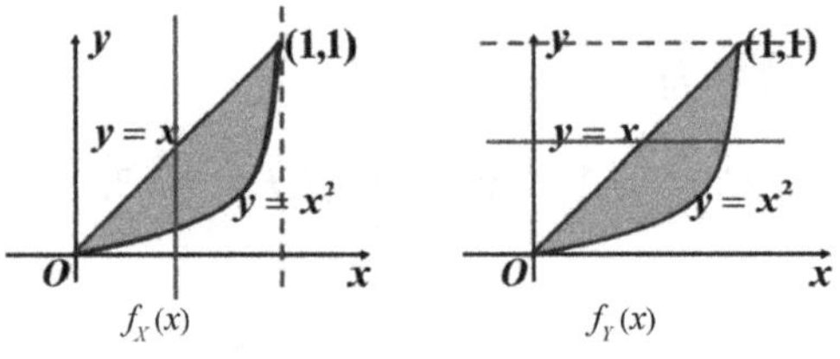

图 5.53 连续型的边缘概率密度

5.6.5 期望和方差

期望是描述分布律或分布函数的具体指标，是一个数字，反映随机变量平均取值的大小。对于离散型随机变量和连续型随机变量，期望的计算方式是不同的，下面分别进行讲解。

1. 离散型随机变量的期望

离散型随机变量 X 的分布律为 $P(X = x_k) = p_k$，$k = 1,2,\cdots$。若级数 $\sum_{k=1}^{\infty} x_k p_k$ 绝对收敛，则称其为随机变量 X 的数学期望，用 $E(X) = \sum_{k=1}^{\infty} x_k p_k$ 表示。

例如，骰子的期望计算，出现点数的期望值为 $\frac{1}{6}(1 + 2 + 3 + 4 + 5 + 6) = 3.5$。

对于二维的情况，若 $(X,Y) \sim P(X = x_i, Y = y_j) = p_{ij}$，$i,j = 1,2,\cdots$，则 $Z=g(X,Y)$ 的期望 $E(Z) = E[g(X,Y)] = \sum_{j=1}^{\infty}\sum_{i=1}^{\infty} g(x_i, y_j) p_{ij}$，其中 p_{ij} 为联合概率。

2. 连续型随机变量的期望

连续型随机变量 X 的概率密度为 $f(x)$，若 $\int_{-\infty}^{+\infty} xf(x)\mathrm{d}x$ 绝对收敛，则称 $\int_{-\infty}^{+\infty} xf(x)\mathrm{d}x$ 为随机变量 X 的数学期望，$E(X) = \int_{-\infty}^{+\infty} xf(x)\mathrm{d}x$。

例如，随机变量 X 满足均匀分布，求 X 的数学期望。

$$X \sim f(x) = \begin{cases} \dfrac{1}{b-a}, & a < x < b \\ 0, & \text{其他} \end{cases}$$

连续型随机变量的数学期望等于概率密度函数的积分，即

$$E(X) = \int_a^b \frac{x}{b-a}\mathrm{d}x = \frac{x^2}{2(b-a)}\Big|_a^b = \frac{a+b}{2}$$

对于二维的情况，若二维连续型随机变量 (X,Y) 的概率密度为 $z=g(x,y)$，设 $\int_{-\infty}^{\infty}\int_{-\infty}^{\infty} g(x,y)f(x,y)\mathrm{d}x\mathrm{d}y$ 绝对收敛，则有

$$E(Z) = E(g(X,Y)) = \int_{-\infty}^{\infty}\int_{-\infty}^{\infty} g(x,y)f(x,y)\mathrm{d}x\mathrm{d}y$$

例如，随机变量 (X,Y) 的概率密度为

$$f(x,y) = \begin{cases} \dfrac{3}{2x^3 y^2}, & \dfrac{1}{x} < y < x, x > 1 \\ 0, & \text{其他} \end{cases}$$

求其数学期望 $E(Y)$。

现由概率密度函数绘制函数边界图像,如图 5.54 所示。

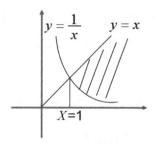

图 5.54　函数边界图像

求 Y 的数学期望实际上是对 X 的积分运算。现将 y 通过条件转换为 x,然后对 x 进行积分,计算过程如下:

$$\begin{aligned} E(Y) &= \int_{-\infty}^{+\infty}\int_{-\infty}^{+\infty} yf(x,y)\mathrm{d}x\mathrm{d}y \\ &= \int_{1}^{+\infty}\int_{\frac{1}{x}}^{x}\frac{3}{2x^3 y}\mathrm{d}x\mathrm{d}y \\ &= \frac{3}{2}\int_{1}^{+\infty}\left[\frac{1}{x^3}\ln y\Big|_{1/x}^{x}\right]\mathrm{d}x = 3\int_{1}^{+\infty}\frac{\ln x}{x^3}\mathrm{d}x = -\frac{3}{2}\frac{\ln x}{x^2}\Big|_{1}^{+\infty} + \frac{3}{2}\int_{1}^{+\infty}\frac{1}{x^3}\mathrm{d}x = \frac{3}{4} \end{aligned}$$

3. 方差

数学期望反映了随机变量的平均取值水平,而方差则反映随机变量相对于数学期望的分散程度。

设 X 为随机变量,如果 $E[X-E(X)]^2$ 存在,则称其为 X 的方差,记为 $D(X)$。

$$D(X) = E[X - E(X)]^2 = E(x^2) - [E(x)]^2$$

5.6.6　大数定理

对大数定理的描述如下:在试验条件不变的情况下,重复试验多次,那么随机事件出现的频率近似等于它的概率。

例如,前面讲到的掷骰子试验,当试验次数较少的时候,各点出现的频率可能有波动,但是当试验次数不断增加时,频率会逐渐平稳,并且在概率附近小幅波动,这就是大数定理,如图 5.55 所示。

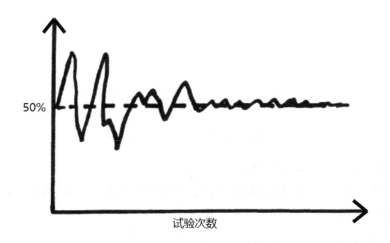

图 5.55　大数定理

5.6.7　马尔可夫不等式及切比雪夫不等式

1. 马尔可夫不等式

马尔可夫不等式给出了随机变量的函数大于或等于某个正数的概率的上界，即

$$P(X\geqslant a)\leqslant \frac{E(X)}{a} \quad X\geqslant 0, a>0$$

其推导过程如下：由限制条件 $\begin{cases}X\geqslant 0\\ X\geqslant a\end{cases}\Rightarrow \frac{X}{a}\geqslant 1$。由分布函数计算公式可得 $P(X\geqslant a) = \int_a^{+\infty}f(x)\mathrm{d}x \leqslant \int_a^{+\infty}\frac{X}{a}f(x)\mathrm{d}x$，结合期望的计算公式可得 $E(\frac{X}{a}) = \int_{-\infty}^a \frac{X}{a}f(x)\mathrm{d}x + \int_a^{+\infty}\frac{X}{a}f(x)\mathrm{d}x$，由于 $\int_{-\infty}^a \frac{X}{a}f(x)\mathrm{d}x \geqslant 0$，所以 $P(X\geqslant a) \leqslant \int_a^{+\infty}\frac{X}{a}f(x)\mathrm{d}x \leqslant \frac{E(X)}{a}$，$X\geqslant 0, a>0$。

2. 切比雪夫不等式

19 世纪俄国数学家切比雪夫研究统计规律，论证并用标准差表达了一个不等式，这个不等式具有普遍的意义，被称作切比雪夫定理。切比雪夫不等式可以使人们在随机变量 X 的分布未知的情况下，对事件 $|X-u|<\epsilon$ 的概率做出估计，如图 5.56 所示。该不等式为

$$P\{|X-E(X)|\geqslant \epsilon\}\leqslant \frac{\sigma^2}{\epsilon^2} \text{ 或 } P\{|X-E(X)|<\epsilon\}\geqslant 1-\frac{\sigma^2}{\epsilon^2}$$

其证明过程可以借助马尔可夫不等式，将 $|X-u|$ 代入马尔可夫不等式可得

$$P(|X-u|>\epsilon) \leqslant \frac{E(|X-u|)}{\epsilon} \Rightarrow P((X-u)^2\geqslant \epsilon^2) \leqslant \frac{E((X-u)^2)}{\epsilon^2} = \frac{\sigma^2}{\epsilon^2}$$

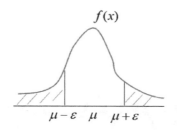

图 5.56　利用切比雪夫不等式估计概率

例如，利用切比雪夫不等式估计概率。

做 n 重伯努利试验，已知每次试验事件 A 出现的概率为 0.8，试利用切比雪夫不等式估计 n，使 A 出现的频率在 0.9 到 0.95 之间的概率不小于 0.9。

设事件 A 出现的次数为 X，$X \sim b(n, 0.8)$。$E(X) = np = 0.8n$，$D(X) = npq = 0.16n$

由条件可得

$$P\{0.9 < \frac{X}{n} < 0.95\} = P\{|X - 0.8n| < 0.01n\} \geq 1 - \frac{0.16n}{(0.01n)^2} = 1 - \frac{1600}{n} \geq 0.9 \Rightarrow n \geq 16\,000$$

5.6.8　中心极限定理

中心极限定理描述的是样本的均值约等于总体的均值，并且不管是什么样的分布，任意一个总体的样本的均值都会围绕在总体的均值周围，并且呈现正态分布。

第 6 章

自然语言处理

自然语言处理（Natural Language Processing，NLP）是一门将语言学、计算机学科、人工智能等融为一体的交叉科学，解决的是"让机器可以理解自然语言"的问题，典型的应用场景有机器翻译、对话机器人、智能客服、垃圾邮件检测、舆情监测、问答系统、自动摘要、知识图谱等。因为其复杂程度，被称为"人工智能皇冠上的明珠"。现在正是学习自然语言处理的机遇期，如果再不开始学习自然语言处理，则可能会错过时代机遇。

6.1 自然语言基础

6.1.1 自然语言发展史

自然语言的发展大致经历了 3 个时期，相关的理论方法逐渐完善和成熟，特别是 2000 年以后，以神经网络为代表的技术取得突飞猛进的发展，新的理论和方法层出不穷，在各种自然语言任务中不断取得突破性成绩，让人应接不暇。下面按照时间顺序简述自然语言的发展历史。

1. 萌芽期（1960 年前）

萌芽期中自然语言处理的主流是基于规则的理性主义，主张用有限的规则描述无限的语言现象。虽然 1913 年马尔可夫就已提出了马尔可夫随机过程，但是并没有在自然语言领域得到很好的应用。1948 年香农把随机马尔可夫概率模型应用到了自动机模型中，通过手动计算频率的方式统计语言规律，这是典型的基于概率的经验主义在自然语言处理中的应用。

到 1955 年左右，乔姆斯基在香农研究的基础上，把有限状态机作为刻画语法的工具，建立了自然语言的有限状态模型。在他的努力之下，一个叫"形式语言理论"的新领域诞生了。同一时期，各种经典的机器学习算法也逐渐出现，并在自然语言领域得到应用，如贝叶斯方法、隐马尔可夫、

SVM 等。自然语言处理在这一阶段虽然没有成为主流,但是为以后的发展奠定了很好的基础。

2. 快速发展期(1960—2000 年)

当时经验主义模型和有限状态模型都遇到了瓶颈,学者们开始反思有限状态模型和经验主义模型的合理性。20 世纪 90 年代之后,基于统计的自然语言处理开始大放异彩,创新性地引入语料库的方法,使机器翻译取得了历史性的突破。在 1994—1999 年,经验主义空前繁荣,词性标注、句法分析、指代消除等算法将统计学习作为标准的处理方法。

3. 突飞猛进期(2000 年后)

2001 年 Bengio 等人提出了神经网络语言模型,该模型将某个词语前面出现的 n 个词作为输入向量,用于预测当前词。它虽然只是一个简单的前馈神经网络,但是为后来技术的发展提供了新的思路。

2008 年 Collobert 和 Weston 提出了多任务学习在自然语言处理中的应用思路,在他们的模型中,词嵌入矩阵被两个在不同任务下训练的模型共享,这对学习一般的和低级的描述形式、集中模型的注意力或在训练数据有限的环境中特别有用,由此开创的预训练词嵌入和使用卷积神经网络处理文本的方法在接下来几年被广泛应用。

2013 年,词嵌入模型通过稀疏向量对文本进行表示的词袋模型在自然语言处理领域已经有很长的历史。而用稠密的向量对词语进行描述就是词嵌入,这首次出现在 2001 年。2013 年 Mikolov 等人工作的主要创新之处在于,去除隐藏层和近似计算目标使词嵌入模型的训练更加高效。尽管这些改变在本质上是十分简单的,但它们与高效的 Word2vec 组合在一起,使大规模的词嵌入模型训练成为可能。Word2vec 中的 CBOW 和 Skip-Gram 词嵌入模型如图 6.1 所示。

2013 年和 2014 年,基于词嵌入思想,自然语言处理领域进入神经网络时代,出现了类似于循环神经网络、LSTM、GRU、卷积神经网络等处理自然语言的应用尝试,其中循环神经网络是自然语言处理领域处理动态输入序列最自然的选择。2014 年,Sutskever 等人提出了序列到序列的学习模型,用神经网络将一个序列映射到另一个序列,用一个序列作为编码器的神经网络对句子符号进行处理,将句子压缩成低维密集的向量;另一个序列作为解码器的神经网络根据编码器的状态逐个预测输出符号,机器翻译就属于典型的序列模型。2016 年,Google 宣布用神经网络翻译模型取代基于短语的整句机器翻译模型,用 500 行神经网络模型代码替代了 50 万行基于短语的机器翻译代码。

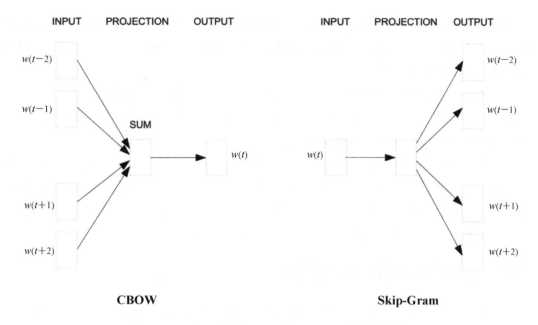

图 6.1　Word2vec 中的 CBOW 和 Skip-Gram 词嵌入模型

2015 年注意力机制的提出使 Encoder-Decoder 模型的性能得到巨大提升。注意力机制是神经网络机器翻译的核心创新之一，它的出现是使神经网络机器翻译优于经典的基于短语的机器翻译的关键。序列到序列学习的主要瓶颈是需要将源序列的全部内容压缩为固定大小的向量，注意力机制通过让解码器回顾源序列的隐状态，为解码器提供加权均值的输入，使其将注意力集中在重要的区域。注意力机制的计算过程如图 6.2 所示。

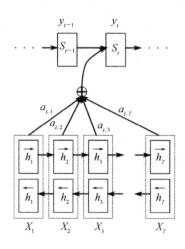

图 6.2　注意力机制的计算过程

2015年之后，各种形式的注意力机制如雨后春笋般出现，注意力机制被广泛接受，在各种需要根据输入的特定部分做出决策的任务上都有潜在的应用，目前它已经被应用于句法分析、阅读理解、机器翻译、图片描述等多个领域。

注意力机制也不仅仅局限于输入序列，还可以换一个角度，站在"上帝视角"审视自己。自注意力机制可以观察句子或文档周围的单词，获得包含更多上下文信息的词语表示。多层的自注意力机制是神经机器翻译Transformer模型的核心。

2018年，预训练的语言模型开始"大显身手"，出现了BERT和ELMo两大模型，这两大模型几乎刷新了所有自然语言处理任务的最好纪录。预训练的词嵌入与上下文无关，仅用于初始化模型中的第一层。使用预训练的语言模型可以在数据量十分少的情况下有效学习，并且预训练模型的训练往往只需要无标签的数据，因此它们对数据稀缺的语言特别有用。

6.1.2 自然语言处理中的常见任务

自然语言是指人们日常使用的语言，它是随着人类社会发展逐渐演化而来的。自然语言是人类学习、生活的重要工具，是人类社会约定俗成、自然形成的语言，与人工语言不同，如程序设计语言Java、Python等。

自然语言处理是指用计算机对自然语言的形、音、义等信息进行处理，即对字、词、句、段落、篇章进行输入、输出、识别、分析、理解、生成等操作和加工。实现人机间的信息交流是人工智能界、计算机科学和语言学界共同关注的重要问题。可以说，自然语言处理就是让计算机理解自然语言。自然语言处理涉及两个流程，包括自然语言理解和自然语言生成。自然语言理解是指计算机能够理解自然语言文本的意义；自然语言生成则是指能以自然语言文本来表达给定的意图。

自然语言的理解和分析是一个层次化的过程，许多语言学家把这个过程分为5个层次，这样可以更好地体现语言本身的构成。5个层次分别是语音分析、词法分析、句法分析、语义分析和语用分析，下面依次予以介绍。

1. 语音分析

根据音位规则，从语音流中区分出一个个独立的音素，再根据音位形态规则找出音节及其对应的词素或词，如"王者荣耀"游戏中的语音转文本等。

语音分析如图6.3所示。

语言模型
语音
特征提取
声学模型
解码
文本
发音词典

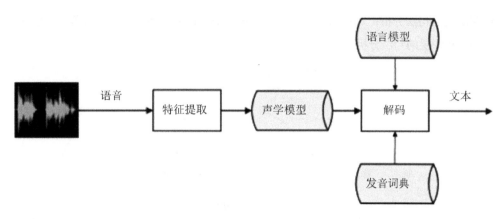

图 6.3　语音分析

2. 词法分析

词法分析包括汉语分词（Tokenization）和词性标注（Part-of-Speech）等任务。由于英文自带分词，所以不存在分词一说。而汉语就要困难得多，首要工作是将输入的字符串切分为单独的词语，常用的方法包括正向最大匹配、逆向最大匹配、HMM、CRF 等。

由于分词边界的不确定性，对于相同的句子，按照不同的分词方法，结果可能天差地别，如“乒乓球/拍卖/完了”和“乒乓球拍/卖/完了”。这些歧义性的问题很难解决，目前基于深度学习的分词模型性能有了很大的提升，LSTM+CRF 被证明是十分有效的方式。

词性标注的目的是为每个词赋予一个类别，这个类别称为词性标记，如中文句子中名词(Noun)、动词（Verb）的标注。中文分词和词性标注如图 6.4 所示。

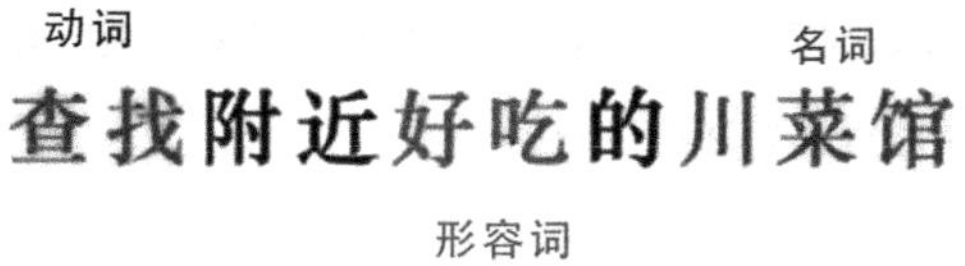

动词
名词
查找附近好吃的川菜馆
形容词

图 6.4　中文分词和词性标注

3. 句法分析

句法分析是指对输入的文本句子进行分析，得到句子的句法结构的处理过程，如图 6.5 所示。常见的句法分析任务有以下几种。

- 短语结构句法分析：该任务也被称作成分句法分析，作用是识别出句子中的短语结构，以及短语之间的层次句法关系。
- 依存句法分析：作用是识别句子中词汇与词汇之间的相互依存关系。

- **深层文法句法分析**：利用深层文法，如邻接文法、词汇功能文法、组合范畴文法等，对句子进行深层的句法分析。

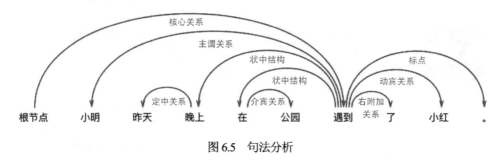

图 6.5 句法分析

4．语义分析

语义分析的最终目的是理解句子表达的真实语义。对于不同的语言单位，语义分析的任务各不相同。在词的层面上，语义分析的基本任务是进行词义消歧（WSD）；在句子层面上是语义角色标注（Semantic Role Labeling，SRL）；在篇章层面上是指代消歧，也称共指消解。

5．语用分析

语用分析注重自然语言技术的实际应用，包括文本聚类、文本分类、文本摘要、情感分析、自动问答、机器翻译、信息抽取、推荐系统、信息检索、对话机器人等。

6.1.3 统计自然语言理论

随着大规模语料库的建立和统计机器学习方法的研究与发展，基于统计的自然语言处理逐渐成为主流。中文分词、命名实体识别等任务在采用 HMM 算法和 CRF 算法之后，性能得到大幅度提升，基于统计的模型已经是自然语言处理的趋势。

1．统计语言模型

统计语言模型通过计算字符的联合概率评估句子出现的可能性，使用极大似然估计方法计算这些字符的概率。

假设某个语料库对应的词典包含 n 个词，通过统计整个语料库，可以得到每个词出现的频率。由大数定理可知，当语料库足够大时，这些频率近似等于概率，因此使用频率近似表达每个词出现的概率为

$$P_i = \frac{N_i}{\text{Total Words}}, i = 1,2,3,\cdots,n$$

式中，N_i 表示词典中第 i 个词在语料库中出现的频数，Total Words 是整个语料库包含的总词数。用概率模型表达一个由 L 个词组成的句子，其联合概率为

$$P(w_1, w_2, \cdots, w_L) = P((w_1)P(w_2|w_1)P(w_3|w_1,w_2) \cdots P(w_L|w_1,w_2,\cdots,w_{L-1}))$$

理论上没有任何问题，但是计算上几乎是不可行的，因为当句子长度 L 很大时，右边的条件概率的计算几乎不可行，计算量太大导致无法计算。为了解决该问题，学者们提出了 N-Gram 模型。N-Gram 模型假设后面的词只依赖前 $n-1$ 个词，而不是全部。使用 N-Gram 模型近似表示的词的概率为

$$P(w_i|w_1,w_2,\cdots,w_{i-1}) \approx P(w_i|w_{i-n+1},\cdots,w_{i-1})$$

当 $n=1$ 时为一元模型（Unigram Model），句子出现的概率为

$$P(w_1, w_2, \cdots, w_L) = P((w_1)P(w_2)P(w_3) \cdots P(w_L))$$

句子出现的概率等于各个词出现的概率的乘积，在这种情况下每个单词都是独立的，失去了上下文关系。对于自然语言处理这种严重依赖上下文的任务，一元模型显然失去了很多有用的条件，事实证明一元模型的效果与朴素贝叶斯类似，效果不太理想。

当 $n=2$ 时为二元模型（Bigram Model），句子出现的概率为

$$P(w_i|w_1,w_2,\cdots,w_{i-1}) \approx P(w_i|w_{i-1})$$

当 $n=3$ 时为三元模型（Trigram Model），句子出现的概率为

$$P(w_i|w_1,w_2,\cdots,w_{i-1}) \approx P(w_i|w_{i-2},w_{i-1})$$

当 $n \geq 2$ 时是有上下文信息的，并且 n 越大，保留的上下文信息越丰富，但是计算量也呈指数级增长，通常 n 不会大于 5。

由于在计算条件概率时会通过出现的频数进行估计，而当 n 比较大时会出现个别频数为 0 的情况，所以通常采用平滑处理，最常见的就是拉普拉斯平滑处理，在分子和分母上分别加 1。

$$P(w_i|w_{i-n+1},\cdots,w_{i-1}) = \frac{\text{Count}(w_{i-n+1},\cdots,w_{i-1})}{\text{Count}(w_{i-n+1},\cdots,w_{i-1},w_i)} \approx \frac{\text{Count}(w_{i-n+1},\cdots,w_{i-1}) + 1}{\text{Count}(w_{i-n+1},\cdots,w_{i-1},w_i) + 1}$$

2. 马尔可夫链

在分词任务中，除了前向最大匹配算法和逆向最大匹配算法，最常用的就是基于统计的马尔可夫模型。中文分词最大的挑战就是找出实体的边界，按照边界进行分词。例如，"咬死猎人的狗"按照不同的边界可以划分出不同的词，并且经常伴随歧义。要确定分词的边界，必须在训练模型时告诉模型什么是分词的边界，基本思路是每个字在构成词的时候都会占据一个确定的构词位置（词

位),如"高[科]技"和"[科]学技术"中的"科"字,分别处于词的中间和头部,对这些位置采用 BEIOS(Begin、End、Inner、Other、Single)进行编码。例如,"参加大数据峰会,爽。"如果这句话使用 BEIOS 进行编码,可表示为

参/B 加/E | 大/B 数/I 据/E | 峰/B 会/E | ,/O | 爽/S | 。/O

由于"爽"字是单独成词的,所以词位用 S 表示。基于统计的思想,要完成分词任务需要最大化如下数学概率:

$$P(O|W) = \max\left(P\left(o_1 o_2 o_3 \cdots o_i \middle| w_1 w_2 w_3 \cdots w_i\right)\right)$$

式中,o_i 表示每个位置上的词位编码 BEIOS;w_i 表示输入的每个字,如"高""科""技"。上面的数学公式从理论上看非常完美,但是计算非常困难,因为该条件概率包含 $2i$ 个随机变量的组合,样本空间巨大,并且 i 还不是固定的。针对这种情况,研究人员引入了独立性假设的概念。假设每个字的位置编码仅与该字有关,于是得到新的数学模型,即

$$P(O|W) = P\left(o_1 o_2 o_3 \cdots o_i \middle| w_1 w_2 w_3 \cdots w_i\right) = P\left(o_1|w_1\right) P\left(o_2|w_2\right) P\left(o_3|w_3\right) \cdots P\left(o_i|w_i\right)$$

通过独立性假设,极大地简化了问题的求解,但是也带来了问题,即字与字之间相互独立,失去了上下文依赖关系,导致出现不合理的情况,如可能出现 BEI、BBS。

为了解决独立性假设带来的不合理的情况,学者们开始研究使用马尔可夫模型解决序列前后依赖的问题。对于上面的条件概率模型,可以使用贝叶斯公式变形,即

$$P(O|W) = \frac{P(O,W)}{P(W)} = \frac{P(W|O)P(O)}{P(W)}$$

式中,W 为输入的确定的句子,在给定语料的情况下 $P(W)$ 为固定值,因此要使上式最大,只需要分子最大即可。而分子 $P(W|O)P(O)$ 中的 $P(W|O)$ 可以基于语料统计得出,这里做位置编码和字存在独立性假设可得

$$P(W|O) = P\left(w_1|o_1\right) P\left(w_2|o_2\right) P\left(w_3|o_3\right) \cdots P\left(w_i|o_i\right)$$

另外,由于位置编码只有 5 个(BEIOS),所以统计也非常简单,从语料中统计出所有位置编码对应的字的频率即可。对于 $P(O)$,做齐次马尔可夫假设,认为当前的位置编码只与前一位置的编码有关,实际上就是 N-Gram 模型中的二元模型,即

$$P(O) = P\left(o_1\right) P\left(o_2|o_1\right) P\left(o_3|o_2\right) \cdots P\left(o_i|o_{i-1}\right)$$

于是有

$$\max P(O|W) \approx \max P(W|O) P(O) \approx P\left(w_1|o_1\right) P\left(o_1\right) P\left(w_2|o_2\right) P\left(o_2|o_1\right) \cdots P\left(w_i|o_i\right) P\left(o_i|o_{i-1}\right)$$

式中，$P(w_i|o_i)$ 被称为发射概率，$P(o_i|o_{i-1})$ 被称为状态转移概率，这就是马尔可夫模型。马尔可夫后验概率的求解需要借助 Veterbi 算法，这是一种动态规划算法，后面会详细讲解。

实际上，马尔可夫模型的理论本源是随机过程，马尔可夫过程就是随机过程的一种。随机过程由状态和动作组成，当发生特定的事件并且满足条件时，系统由一种状态转移到另一种状态。状态描述了系统对象的静态属性，而动作表示对象与周围物质和能量发生交换，以此产生演化规律。马尔可夫随机过程可以分成以下几类。

- 时间和状态都是离散的马尔可夫过程，称为马尔可夫链。
- 时间连续、状态离散的马尔可夫过程，称为连续时间的马尔可夫链。
- 时间和状态都连续的随机过程，称为马尔可夫过程

中文分词中的齐次性假设便是马尔可夫链。为了便于读者理解马尔可夫链，下面列举一个生活中的例子进行解释。

玩"王者荣耀"游戏是一个随机匹配的过程，假设第 1 局匹配到"青铜"，则第 2 局匹配到"王者"的概率为 0.4，匹配到"青铜"的概率为 0.6；若第 1 局匹配到"王者"，则第 2 局匹配到"青铜"的概率为 0.7，匹配到"王者"的概率为 0.3。如果第 1 局匹配到"青铜"，试求第 10 局匹配到"王者"的概率。

这是一个典型的状态转移问题，可以使用马尔可夫链进行求解，匹配状态图如图 6.6 所示。

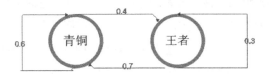

图 6.6　匹配状态图

首先列出状态转移概率矩阵，如表 6.1 所示。

表 6.1　状态转移概率矩阵

T \ T+1	$P\{X_{T+1} = $ 青铜$\}$	$P\{X_{T+1} = $ 王者$\}$
$P\{X_T = $ 青铜$\}$	0.6	0.4
$P\{X_T = $ 王者$\}$	0.7	0.3

若第 1 局匹配到"青铜"，由状态转移的概念可知，第 2 局匹配到"青铜"的概率为 0.6，匹配到"王者"的概率为 0.4。第 3 局匹配到"青铜"的概率为 0.6×0.6+0.4×0.7 = 0.36+0.28=0.64，匹配到"王者"的概率为 0.6×0.4+0.4×0.3=0.24+0.12=0.36，以此类推。根据切普曼−柯尔莫戈洛夫方程

可知，第 3 局的状态转移概率矩阵为

$$\begin{bmatrix} 0.6 & 0.4 \\ 0.7 & 0.3 \end{bmatrix} \times \begin{bmatrix} 0.6 & 0.4 \\ 0.7 & 0.3 \end{bmatrix} = \begin{bmatrix} 0.64 & 0.36 \\ 0.63 & 0.37 \end{bmatrix}$$

由状态转移概率矩阵可知，第 3 局匹配到"王者"的概率为 0.36。下面使用 PyTorch 模拟状态转移概率矩阵的计算。

```
A = torch.Tensor([[0.6,0.4],[0.7,0.3]])
for i in range(10):
    A = A.matmul(A)
    print(A)
tensor([[0.6400, 0.3600],
        [0.6300, 0.3700]])
tensor([[0.6364, 0.3636],
        [0.6363, 0.3637]])
...........
...........
tensor([[0.6364, 0.3636],
        [0.6364, 0.3636]])
```

由计算结果可知，第 10 局匹配到"王者"的概率为 0.3636。

3. 概率图模型和贝叶斯网络

马尔可夫链是概率图模型的一种。概率图模型是概率论和图论的结合，为处理非确定性和复杂性问题提供了自然而直观的工具。概率图模型发挥了图论和概率论的长处，概率论将问题作为统一的整体进行分析，图论是一种数据结构，基于这种数据结构可以设计出高效的算法。

在概率图模型中，为了简化联合概率分布提出了条件独立性假说。考虑一个包含 n 个变量的联合分布 $P(X_1, X_2, \cdots, X_n)$，用链式法则改写为

$$P(X_1, X_2, \cdots, X_n) = P(X_1) P(X_2|X_1) \cdots P(X_n|X_{n-1}, \cdots, X_2, X_1) = P(X_i|X_1, X_2, X_3, \cdots, X_i)$$

对于任意的 X，如果存在 $\tau(X_i) \sqsubseteq \{X_1, X_2, \cdots, X_{i-1}\}$，使 $\tau(X_i)$ 与 $\{X_1, X_2, \cdots, X_{i-1}\}$ 中的其他变量条件独立，即

$$P(X_i|X_1, X_2, \cdots, X_{i-1}) = P(X_i|\tau(X_i))$$

那么有

$$P(X_1, X_2, \cdots, X_n) = \prod_{i=1}^{n} P(X_i|\tau(X_i))$$

概率图模型利用随机变量之间的条件独立性，将联合分布分解为复杂度较低的条件概率分布，使复杂的联合概率的计算得以简化，得到了联合概率的一个分解。上面的$\tau(X_i)$被称为条件概率的独立性依赖。

贝叶斯网络是一种有向图模型，在有向图中，如果节点X有一条边指向节点Y，则称X为Y的父节点，Y为X的子节点。一个节点的所有父节点和子节点都被称作该节点的邻居节点。没有父节点的节点为根节点，没有子节点的节点为叶子节点。一个节点的祖先节点包括其父节点及父节点的祖先节点，一个节点的后代节点包括其子节点及子节点的后代节点。

基于独立性假设的概率图模型可以用贝叶斯网络进行表示。根据随机变量的依赖性和独立性关系，可以按照如下步骤构造贝叶斯网络。

（1）把每个变量用一个节点表示。

（2）对于每个节点X，都从$\tau(X_i)$中的每个节点画一条有向边到X_i。

例如，对于一个报警系统，盗窃事件的概率为0.001，地震的概率为0.002，盗窃和地震都能触发报警系统，报警系统收到报警信息正确触发报警的概率不同，同时出现盗窃和地震触发报警的概率为0.95；出现盗窃没有地震触发报警的概率为0.94；出现地震没有盗窃触发报警的概率为0.29；既没有盗窃又没有地震触发报警的概率为0.001。当报警系统响起之后，值班员John和Mary将打电话给总经理。John听到报警并且给总经理打电话的概率为0.9；Mary听到报警并且给总经理打电话的概率为0.7。现在总经理接到了打来的电话，请问出现盗窃的概率是多少？

分别用B、E、A、J、M表示该系统中的5个随机变量。首先找出独立性最强的变量，即盗窃和地震，将其作为根节点，构造该有向图的步骤如下。

（1）将B加入空图。

（2）将E加入图中，因为B和E相互独立，所以B和E之间没有边。

（3）加入A，因为A同时依赖B和E，所以$\tau(A) = \{B, E\}$，分别从B和E画一条有向边与A相连。

（4）加入J，在给定A的情况下J和B、E相互独立，所以$\tau(J) = \{A\}$，从A画一条有向边和J相连。

（5）加入M，在给定A的情况下M和B、E、J相互独立，所以$\tau(M) = \{A\}$，从A画一条有向边和M相连。

构造的贝叶斯网络如图6.7所示。

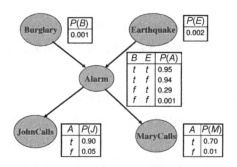

图 6.7　构造的贝叶斯网络

由此可以看出，贝叶斯网络是一个有向无环图，每个节点代表一个随机变量，节点之间的有向边代表变量之间的依赖关系。每个节点都有一个概率分布，根节点（如 B、E）是边缘分布，而非根节点则是条件分布。

贝叶斯网络具有定性和定量两层表达：定性指的是贝叶斯网络的图结构，刻画了随机变量之间的相互关系；定量指的是贝叶斯网络中各个随机变量明确的概率分布。

4．隐马尔可夫模型

前面对马尔可夫链和概率图模型进行了简单的介绍，这对理解隐马尔可夫模型会有很大的帮助。隐马尔可夫模型是概率图模型的一种，属于马尔可夫链的延伸。

隐马尔可夫模型由两组状态集合和三组概率集合组成。

隐状态：表示系统内部的状态，如太阳内部的状态、地球内部的状态等，可以用一个马尔可夫过程进行描述。

状态转移矩阵：用于描述隐状态之间转换的概率。

观察状态：能够观察到的状态，如太阳黑子的情况、地球火山喷发的情况等。

π 向量：表示隐状态初始化时的向量。

混淆概率：也称为发射概率，表示从隐状态到观察状态的概率。

隐马尔可夫模型如图 6.8 所示。

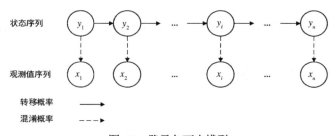

图 6.8　隐马尔可夫模型

下面用数学符号的形式描述马尔可夫模型。

马尔可夫模型是一个五元组（S,O,π,A,B），具体含义如下。

- S：系统在 t 时刻的隐状态空间集合 $\{s_1, s_2, s_3, \cdots, s_n\}$。
- O：观察状态的集合 $\{o_1, o_2, o_3, \cdots, o_m\}$。
- π：隐状态初始概率向量。
- A：隐状态概率转移矩阵。
- B：从隐状态到观察状态的概率发射矩阵。

对于马尔可夫模型，有如下 3 个重要假设。

- 隐状态构成齐次性假设，称为一阶马尔可夫链：

$$P\left(X_i | X_{i-1}, \cdots X_2, X_1\right) = P(X_i | X_{i-1})$$

- 不动性假设，状态与具体时间无关：

$$P\left(X_{i+1} | X_i\right) = P\left(X_{j+1} | X_j\right), \text{对任意} i,j$$

- 输出独立性假设，观察状态仅与当前隐状态有关：

$$P\left(O_t, \cdots O_2, O_1 | X_t, \cdots X_2, X_1\right) = \prod_t P(O_t | X_t)$$

下面以隐马尔可夫模型在地震预测上的应用为例，说明隐马尔可夫模型的计算过程及状态序列搜索算法——Viterbi 算法。

地震会给人类带来巨大的经济损失，借助当前人类的技术很难对地球内部状态进行观察，地震的准确预测仍然十分困难。借助之前地震发生的规律，研究人员正在尝试使用统计方法进行地震预测。通过对历史数据进行统计，可以得到如表 6.2 所示的隐状态转移矩阵。

表6.2 隐状态转移矩阵

T \ $T+1$	平静	狂躁
平静	0.9	0.1
狂躁	0.95	0.05

地球内部状态变为狂躁时会出现激烈的自然现象，如火山喷发、地震等，以此为依据可以对地震进行预测。人们通过安放在世界各地的应力感受器收集地球的地表应力，经过统计，得出了地球内部隐状态与观察状态之间概率的发射矩阵，如表 6.3 所示。

表 6.3 发射矩阵

观察状态 隐状态	小	中	大
平静	0.8	0.15	0.05
狂躁	0.2	0.3	0.5

S 是系统在 t 时刻的隐状态空间集合，表示为{平静,狂躁}；O 是观察状态的集合，表示为{小,中,大}；π 是隐状态初始概率向量，即 $\pi = \{0.6, 0.4\}$，表示一年中隐状态为平静、狂躁的概率。

假设现在经过连续 3 天的观察，记录的应力状态为{大,小,中}，试计算这 3 天地球内部的隐状态序列，如图 6.9 所示。

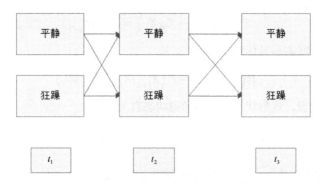

图 6.9 地球内部的隐状态序列

根据马尔可夫链的原理预测这 3 天地球内部的隐状态序列，其实就是计算 $t_1 \sim t_3$ 所有路径中最可能的一条。下面采用前向算法进行求解，求解过程如下。

3 天的观察序列为{大,小,中}，形式化表示为 $\{b_{k_1}, b_{k_2}, b_{k_3}, \cdots, b_{k_n}\}$。

（1）将初始状态作为先验知识，初始 t_1 时刻显状态为"大"，初始 t_1 时刻对应的隐状态概率为

$$a_{t_1}(平静) = 0.6 \times 0.05 = 0.03$$

$$a_{t_1}(狂躁) = 0.4 \times 0.5 = 0.2$$

形式上的计算过程为

$$a_{t_i}(j) = \pi(j) b_{jk_n}$$

式中，b_{jk_n} 为发射矩阵在 t_i 时刻隐状态 j 对应的显状态 k_n 的概率；$\pi(j)$ 为各个隐状态的初始概率，其值等于(0.6,0.4)，经过计算得到 t_1 时刻隐状态的概率，计算概率最大的隐状态 $\operatorname{argmax}(a_{t_i}(j))$，显然最大概率对应的隐状态为 $a_{t_1}(狂躁)$，最大概率为 0.2。

（2）计算t_2时刻隐状态转移后的概率，由隐状态转移矩阵得到t_2时刻各个状态的概率：

$$a_{t_2}(\text{平静})' = 0.03 \times 0.9 + 0.2 \times 0.95 = 0.217$$

$$a_{t_2}(\text{狂躁})' = 0.03 \times 0.1 + 0.2 \times 0.05 = 0.013$$

隐状态通过（发射概率）映射到观察状态，由于t_2时刻的观察状态为"小"，所以t_2时刻隐状态最终的概率为

$$a_{t_2}(\text{平静}) = (0.03 \times 0.9 + 0.2 \times 0.95) \times 0.8 = 0.1736$$

$$a_{t_2}(\text{狂躁}) = (0.03 \times 0.1 + 0.2 \times 0.05) \times 0.2 = 0.0026$$

形式化计算过程为

$$a_{t+1}(j) = b_{jk_{t+1}} \sum_{i=1}^{n} a_t(j) a_{ij}$$

式中，a_{ij}是隐状态从i状态转移到j状态的概率，$a_t(j)$是t时刻j状态的概率，$b_{jk_{t+1}}$是$t+1$时刻隐状态j对应的显状态概率。同样，计算$\mathrm{argmax}(a_{t_i}(j))$，显然最大概率对应的隐状态$a_{t_2}(\text{平静}) = 0.1736$。

（3）计算t_3时刻的隐状态转移后的概率，计算过程如下：

$$a_{t_3}(\text{平静}) = (0.1736 \times 0.9 + 0.0026 \times 0.95) \times 0.15 = 0.0238065$$

$$a_{t_3}(\text{狂躁}) = (0.1736 \times 0.1 + 0.0026 \times 0.05) \times 0.3 = 0.005247$$

计算$\mathrm{argmax}(a_{t_i}(j))$，最大概率对应的隐状态$a_{t_3}(\text{平静}) = 0.0238065$。

因此，这3天的隐状态序列为{狂躁,平静,平静}。

下面用代码模拟上面的计算过程。

```python
import torch
#隐状态初始向量
startP = torch.Tensor([0.6,0.4])
#隐状态转移矩阵
A = torch.Tensor([[0.9,0.1],[0.95,0.05]])
#发射概率
B = torch.Tensor([[0.8,0.15,0.05],[0.2,0.3,0.5]])
#求S序列
#已知O={"大","小","中"}
#计算t1时刻的概率
stateP = startP*B[:,2]
print(stateP)
```

```
#计算t2时刻的概率
stateP = stateP.matmul(A[:])*(B[:,0])
print(stateP)
#计算t3时刻的概率
stateP = stateP.matmul(A)*(B[:,1])
print(stateP)
tensor([0.0300, 0.2000])
tensor([0.1736, 0.0026])
tensor([0.0238, 0.0052])
```

由计算结果可知，隐状态序列为{狂躁,平静,平静}。当数据量很大时，隐马尔可夫计算过程中的矩阵计算非常耗时，通过 Viterbi 算法可以实现动态计算。Viterbi 算法是一个动态规划算法，采取以空间换时间的策略，可以大大提高计算速度。

隐马尔可夫模型的计算过程呈现如下规律。

- 最优路径由网络中概率最大的节点构成。
- 初始状态和观测值决定了 t_0 时刻隐状态的所有概率，后续对隐状态影响最大的是概率最大的隐状态值，即 $\text{argmax}\left(a_{t_i}(j)\right)$。
- t_1 时刻的概率同时受到 t_0 时刻转移概率和当前的显状态影响。

定义函数 $\emptyset(i,t)$ 表示 t 时刻以状态 i 终止时的最大概率，在每个时刻 $\emptyset(i,t)$ 函数值都存在，将 $\emptyset(i,t)$ 对应的路径称为部分最优路径。因此，可以设计出动态规划算法，将前一时刻的最优概率存储下来，后面的概率在前面概率的基础上进行计算，这就是 Viterbi 算法的核心思想。下面使用 Viterbi 算法重新计算上面的概率。

（1）计算最初状态的概率。

$$\emptyset(平静, 1) = 0.6 \times 0.05 = 0.03$$

$$\emptyset(狂躁, 1) = 0.4 \times 0.5 = 0.2$$

然后计算概率最大的隐状态 $\text{argmax}(\emptyset(i,t))$，计算结果为 $\emptyset(狂躁, 1)=0.2$。

（2）计算第二天的概率。

形式化的计算公式为 $\emptyset(j,t) = \max(\emptyset(i,t-1)a_{ij}b_{ik_t})$。

$$\emptyset(平静, 2) = \max(0.03 \times 0.9, 0.2 \times 0.95) \times 0.8 = 0.152$$

$$\emptyset(狂躁, 2) = \max(0.03 \times 0.1, 0.2 \times 0.05) \times 0.2 = 0.002$$

计算最大概率，$\text{argmax}(\emptyset(i,t)) = \emptyset(平静, 2)=0.152$。

（3）计算第三天的概率。

$$\emptyset(\text{平静}, 3) = \max(0.152 \times 0.9, 0.002 \times 0.95) \times 0.15 = 0.02\,052$$

$$\emptyset(\text{狂躁}, 3) = \max(0.152 \times 0.1, 0.002 \times 0.05) \times 0.3 = 0.00\,456$$

计算最大概率，$\text{argmax}(\emptyset(i,t)) = \emptyset(\text{平静}, 3) = 0.02\,052$。

因此，最优隐状态序列为{狂躁,平静,平静}。

下面实现 Viterbi 算法。

```
import numpy as np
#obs:观察序列
#states: 隐状态序列
#tartP:初始概率
#tarnsP:转移概率
#emitP:发射概率
def viterbi(obs,states,startP,transP,emitP):
    V = [{}]#路径概率字典，用于存储中间计算过程
    for state in states:#初始化
        V[0][state] = startP[state]*emitP[state][obs[0]]
    for t in range(1,len(obs)):
        V.append({})
        for state in states:
            V[t][state] = max([(V[t-1][preState]*transP[preState][state]) for preState in states])*emitP[state][obs[t]]
    return V
obs = ["big","small","medium"]
states = ["easy","angry"]
startP = {"easy":0.6,"angry":0.4}
transP = {
    "easy":{"easy":0.9,"angry":0.1},
    "angry":{"easy":0.95,"angry":0.05}
}
emitP = {
    "easy":{"small":0.8,"medium":0.15,"big":0.05},
    "angry":{"small":0.2,"medium":0.3,"big":0.5}
}
viterbi(obs,states,startP,transP,emitP)
```

运行代码，输出结果如下。

```
[{'easy': 0.03, 'angry': 0.2},
 {'easy': 0.15200000000000002, 'angry': 0.0020000000000000005},
 {'easy': 0.020520000000000004, 'angry': 0.004560000000000001}]
```

选择最大的概率，得到的最优路径为{angry,easy,easy}，和上面的手动计算结果相同。

6.1.4　使用隐马尔可夫模型实现中文分词

下面使用隐马尔可夫模型实现中文分词，训练语料采用人民日报语料，它是对人民日报 1998 年上半年的纯文本语料进行词语切分和词性标注制作而成的，严格按照人民日报的日期、版序、文章顺序编排。

定义 HMM 类，完成模型的训练及 Viterbi 算法。HMM 类架构如下。

```
#隐马尔可夫中文分词
class HMM(object):
    def __init__(self):
        #做一些初始化的工作，如加载模型文件、状态参数等
        pass
    def train(self,path):
        #传入语料文件路径，训练HMM模型
        pass
    def viterbi(self,text,status,startP,transP,emitP):
        #Viterbi算法
        pass
    def cut(self,text):
        #加载训练好的模型，进行分词
        pass
```

__init__方法主要初始化状态集合、状态转移概率、发射概率、状态初始概率等。

```
    def __init__(self):
        #做一些初始化的工作，如加载模型文件、状态参数等
        self.status = ['B','I','E','S']    #词位状态集合
        self.A = {}                         #状态转移概率
        self.B = {}                         #发射概率（混淆矩阵）
        self.PI = {}                        #状态初始概率
```

train 方法完成语料文件的加载和统计，得到 HMM 模型需要的状态初始概率、状态转移概率和发射概率。语料采用人民日报语料库，在该语料中，每行表示一句话，词与词之间用空格隔开。

```
    def train(self,path):
        #传入语料文件路径，训练HMM模型
        #统计状态出现的次数，用于求状态初始概率
        stateCounter = {}
        def initParameters():#初始化参数
            for state in self.status:
                self.A[state] = {s:0.0 for s in self.status}
                self.PI[state] = 0.0
                self.B[state] = {}
                stateCounter[state] = 0
```

```python
def getLabel(text):#传入词，返回词位
    out = []
    if(len(text) == 1):
        out.append('S')
    else:
        out += ['B']+["I"]*(len(text)-2)+["E"]
    return out
initParameters()
lineCounter = 0
#观察者集合，主要是字及标点等
with open(path, encoding='utf8') as f:
    for line in f.readlines():
        lineCounter += 1
        line = line.strip()
        if not line:
            continue
        word_list = [i for i in line if i != ' ']
        linelist = line.split()
        line_state = []
        for w in linelist:
            line_state.extend(getLabel(w))
        try:
            assert len(word_list) == len(line_state)
        except :
            continue
        for k, v in enumerate(line_state):
            stateCounter[v] += 1
            if k == 0:
                self.PI[v] += 1 #每个句子的第一个字的状态，用于计算状态初始概率
            else:
                self.A[line_state[k - 1]][v] += 1    #计算状态转移概率
                self.B[line_state[k]][word_list[k]] = \
                    #计算发射概率
                    self.B[line_state[k]].get(word_list[k], 0) + 1.0
self.PI= {k: v * 1.0 / lineCounter for k, v in self.PI.items()}
self.A = {k: {k1: v1 / stateCounter[k] for k1, v1 in v.items()} for k, v in self.A.items()}
#加1平滑
self.B = {k: {k1: (v1 + 1) / stateCounter[k] for k1, v1 in v.items()} for k, v in self.B.items()}
```

cut()函数主要完成切词，调用 Viterbi 算法完成最大路径的求解。

```python
def cut(self,text):
    #加载训练好的模型，进行分词
```

```
            prob, pos_list = self.viterbi(text, self.status, self.PI, self.A,
self.B)
            begin, next = 0, 0
            for i, char in enumerate(text):
                pos = pos_list[i]
                if pos == 'B':
                    begin = i
                elif pos == 'E':
                    yield text[begin: i+1]
                    next = i+1
                elif pos == 'S':
                    yield char
                    next = i+1
            if next < len(text):
                yield text[next:]
```

Viterbi 算法以动态规划的方式计算每步 $\emptyset(i,t)$ 的最大值，返回概率和路径，其实现如下。

```
    def viterbi(self,text,states,startP,transP,emitP):
        V = [{}]
        path = {}
        for state in states:
            V[0][state] = startP[state] * emitP[state].get(text[0], 0)
            path[state] = [state]
        for t in range(1, len(text)):
            V.append({})
            newpath = {}
            #检验训练的发射概率矩阵中是否有该字
            neverSeen = text[t] not in emitP['S'].keys() and \
                text[t] not in emitP['I'].keys() and \
                text[t] not in emitP['E'].keys() and \
                text[t] not in emitP['B'].keys()
            for y in states:
                #设置未知字单独成词
                emitP_ = emitP[y].get(text[t], 0) if not neverSeen else 1.0
                (prob, state) = max([(V[t - 1][y0] * transP[y0].get(y, 0) *emitP_,
y0) for y0 in states if V[t - 1][y0] > 0])
                V[t][y] = prob
                newpath[y] = path[state] + [y]
            path = newpath
        if emitP['I'].get(text[-1], 0)> emitP['S'].get(text[-1], 0):
            (prob, state) = max([(V[len(text) - 1][y], y) for y in ('E','I')])
        else:
            (prob, state) = max([(V[len(text) - 1][y], y) for y in states])
        return (prob, path[state])
```

实例化 HMM 对象，调用 train 方法传入语料进行模型的训练。

```
hmm1 = HMM()
hmm1.train("./datas/Corpus_utf8.txt")
```

模型训练完成后，调用 cut 方法对"我总是尽我的精力和才能来摆脱那种繁重而单调的计算。"进行分词，效果如下。

```
text = "我总是尽我的精力和才能来摆脱那种繁重而单调的计算。"
print(str(list(hmm1.cut(text))))
['我', '总是', '尽我', '的', '精力', '和', '才', '能来', '摆脱', '那种', '繁重', '而', '单调', '的', '计算']
```

从分词结果来看，使用人民日报语料训练的 HMM 模型能完成简单的分词任务，但是存在分错的情况。可以进一步增加高质量的语料训练模型，从而改进分词的性能。目前，市面上有很多开源的分词框架，如 Jieba、HanLP、Stanford NLP 等，读者可以查阅相关资料进行学习。

6.2 提取关键字

从文章中迅速提取中心思想涉及主题词的提取，本节主要介绍常用的主题词提取方法，包括 TF-IDF、TextRank、主题模型等。

6.2.1 TF-IDF

利用词频度量某个词在文章中的重要程度是很自然的事情，TF-IDF（Term Frequency Inverse Document Frequency）正是这样一种基于统计的计算方法，用于评估某个词在文档中的重要程度。从其命名可以看出，TF-IDF 算法由两部分组成：TF 表示词频，代表某个词在某篇文章中的重要程度，不足之处是无法表达该词在所有文档中的区分能力；IDF 表示逆文档数，更侧重于表达词在文档间的区分度，如果某个词在大多数文档中都出现，则表明这是一个高频但带有少量信息的词，对不同文档来讲没有区分度，因此这些"高频低效"的词应该用某种计算方式来抵消其高词频带来的较大的权重信息，IDF 正是为了完成该项任务而提出的。TF-IDF 的计算公式如下：

$$TF_{ij} = \frac{n_{ij}}{\sum_k n_{kj}}$$

$$IDF_i = \log\left(\frac{|D|}{1+|D_i|}\right)$$

$$TF\text{-}IDF = TF_{ij} \times IDF_i$$

式中，分子 n_{ij} 表示词 i 在文档 j 中出现的频次；分母 $\sum_k n_{kj}$ 表示总的词数，作用是对词频做归一化处理，结果为无量纲的数值，便于不同文档之间的比较；$|D|$ 表示总文档数；$|D_i|$ 表示包含词 i 的文档数，词 i 在文档中出现的次数越多，IDF_i 越小，达到惩罚"高频低效"词的目的。下面以 3 篇文档为例说明 TF-IDF 算法。

文档一："PHP 是最好的语言，我用 PHP"
文档二："Java 才是最好的语言我用 Java"
文档三："人生苦短我用 Python Python"

下面使用 TF-IDF 算法从上述 3 篇文档中找出关键字。首先，计算 TF，如表 6.4 所示。

表 6.4　TF

词＼文档	Java	PHP	Python	人生	我	才	是	最好的	用	短	苦	语言
文档一	0	$\frac{2}{7}$	0	0	$\frac{1}{7}$	0	$\frac{1}{7}$	$\frac{1}{7}$	$\frac{1}{7}$	0	0	$\frac{1}{7}$
文档二	$\frac{1}{4}$	0	0	0	$\frac{1}{8}$	$\frac{1}{8}$	$\frac{1}{8}$	$\frac{1}{8}$	$\frac{1}{8}$	0	0	$\frac{1}{8}$
文档三	0	0	$\frac{2}{7}$	$\frac{1}{7}$	$\frac{1}{7}$	0	0	0	$\frac{1}{7}$	$\frac{1}{7}$	$\frac{1}{7}$	0

其次，计算每个词的 IDF，如表 6.5 所示。

表 6.5　IDF

词＼IDF	Java	PHP	Python	人生	我	才	是	最好的	用	短	苦	语言
IDF	$\log(\frac{3}{2})$	$\log(\frac{3}{2})$	$\log(\frac{3}{2})$	$\log(\frac{3}{4})$	$\log(\frac{3}{4})$	$\log(\frac{3}{2})$	$\log(\frac{3}{2})$	$\log(\frac{3}{2})$	$\log(\frac{3}{4})$	$\log(\frac{3}{2})$	$\log(\frac{3}{2})$	$\log(\frac{3}{3})$

最后，得到 TF-IDF 的值，如表 6.6 所示。

表 6.6　TF-IDF

词＼文档	Java	PHP	Python	人生	我	才	是	最好的	用	短	苦	语言
文档一	0	0.116	0	0	−0.04	0	0	0	−0.04	0	0	0
文档二	0.101	0	0	0	−0.035	0.05	0	0	−0.035	0	0	0
文档三	0	0	0.116	0.057	−0.04	0	0	0	−0.04	0.057	0.057	0

如果将 TF-IDF 的最大值作为关键字，则上面 3 篇文档的关键字分别为 PHP、Java、Python。

虽然 TF-IDF 算法简单、高效，但也有缺点，其假设文档中出现的词彼此独立，没有考虑词与词之间的相对位置和词在文档中的位置，有时候这是非常有用的。例如，一篇文章的开头段落或结尾段落往往更重要，更可能在这些位置提取到关键信息。

关键字往往是主谓宾或词性为名词的短语，因此可以结合词性标注、语法句法结构、命名实体识别任务，对关键的部分赋予较大的权重，从而提升关键字提取效果等。

6.2.2 TextRank

TextRank 算法的思想来源于 Google 的 PageRank 算法，是 1997 年在构建早期的搜索引擎系统时提出的网页分析算法，该算法根据每个节点的入度和出度计算节点的重要性。TextRank 算法的核心思想包括以下几点。

- 如果一个网页被越多的其他网页链接，则该网页越重要。
- 如果一个网页被越高权重的网页链接，则该网页越重要。

基于 TextRank 算法的思想提出的 PageRank 算法的计算公式为

$$\text{Score}(V_i) = \sum_{j \in \text{in}(V_i)} \left\{ \frac{\text{Score}(V_j)}{|\text{out}(V_j)|} \right\}$$

式中，$\text{Score}(V_i)$ 表示节点 V_i 的得分值，$\text{in}(V_i)$ 表示节点 V_i 的入链集合，$\sum_{j \in \text{in}(V_i)} \left\{ \frac{\text{Score}(V_j)}{|\text{out}(V_j)|} \right\}$ 表示 V_i 节点的邻接节点分给 V_i 节点的分数之和。该公式将"我为人人，人人为我"的思想体现得淋漓尽致，可以形象地将其看作围棋中的"势"，体现的是能量的流动，经过几轮迭代之后，每个节点的 Score 值将趋于收敛，如果不能及时收敛，则可以通过设置最大迭代次数停止迭代。

实践是检验真理的唯一标准，上述计算公式在真实应用场景中遇到了"孤岛链接"问题。如果一个站点是最近才被搜索引擎收录的，那么该站点没有入度也没有出度，在公式迭代过程中，它永远不会得到外部贡献的"能量"，也不会对外分享其能量。为了防止"孤岛链接"站点得分为 0，引入了阻尼系数 d 的概念，用于表述不可控因素对能量流动的限制。更新后的 PageRank 算法的公式为

$$\text{Score}(V_i) = (1 - d) + d \sum_{j \in \text{in}(V_i)} \left\{ \frac{\text{Score}(V_j)}{|\text{out}(V_j)|} \right\}$$

PageRank 是一个有向无权图，在迭代开始时，将所有节点 Score 设置为 1，经过几轮迭代之后各个节点的得分值趋于收敛。

TextRank 算法通过计算词之间"能量"的流动，迭代找出 Score 最大的节点，这些节点便是文章的关键字。TextRank 算法假设文章中的每个单词彼此两两相连，对外权重分配不再采用平均分配的策略，而是通过计算权重占总权重的比例来计算，该权重可以是 Lp 范数距离，也可以采用其他相似度算法进行度量。计算 TextRank 的一般形式为

$$\text{Score}(V_i) = (1-d) + d \sum_{j \in \text{in}(V_i)} \left\{ \frac{w_{ji}}{\sum_{v_k \in \text{out}(V_j)} w_{jk}} \text{Score}(V_j) \right\}$$

通过这种方式得到的是一个有向完全图，计算量较大。后来研究者们提出了"滑动窗口"的概念，即将第一个词作为开始，将 Window-Size 作为"势力范围"，每次向后滑动一个词，得到下一个"势力范围"，在窗口范围内的词假设每个单词两两相连，将能量共享方式定为"平均分配"，于是 TextRank 算法的一般形式退化为 PageRank 公式，即

$$\text{Score}(V_i) = (1-d) + d \sum_{j \in \text{in}(V_i)} \left\{ \frac{1}{|\text{out}(V_j)|} \text{Score}(V_j) \right\}$$

对于以空格分好词的句子："鸿蒙，中国神话 传说 的 远古时代，传说 盘古 在 昆仑山 开天辟地 之前，世界 是 一团 混沌 的 元气，这种 自然的 元气 叫作 鸿蒙，因此 把 那个 时代 称作 鸿蒙 时代，后来 此 一词 也常 被 用来 泛 指称 远古时代 。"采用 Window-Size 为 5 进行 TextRank 算法，得到的窗口如下。

- 鸿蒙，中国神话 传说 的
- 中国神话 传说 的 远古时代
- 传说 的 远古时代，传说
- ……

窗口中的每个词彼此相连，如"鸿蒙"和["，"，"中国神话"，"传说"，"的"]两两相连。得到连接关系后使用 TextRank 算法迭代，直至收敛，取出得分 Top$k$ 的词便是文章的关键词。

6.2.3 主题模型

TF-IDF 是基于词频和文档频率，经过统计计算找出文章中的关键词；TextRank 是一种基于网络拓扑结构的图迭代算法。TF-IDF 和 TextRank 的共同点是基于文档中已经存在的词进行分析。通常这两种方法能够满足主题提取的需求，但是在一些特殊的场景中，文档中不会出现要提取的关键词，如百科全书中介绍的各种植物（水杉、铁树、月季、万年青等），介绍中没有"植物"这个词，

因此基于 TF-IDF 和 TextRank 无法提取文档中隐含的语义信息。

主题模型的假设是词和文档没有直接的联系，而是通过隐含的主题间接和文档相连，如图 6.10 所示。

$$p(w_i|d_j) = \sum_{k=1}^{n} p(w_i|t_k) \times p(t_k|d_j)$$

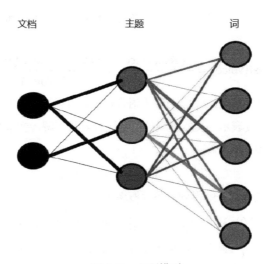

图 6.10　主题模型

基于这样的假设得到的主题模型概率公式为

在给定的语料中，$p(w_i|d_j)$ 是已知的，通过计算 $p(w_i|t_k)$ 和 $p(t_k|d_j)$ 可以得到主题的词分布和文档的主题分布。要计算这两个分布，可以采用 LSA 通过 SVD 方法近似求解，也可以采用基于吉布斯采样的 LDA 方法。

6.3　Word2vec 和词嵌入

机器无法直接理解人类的语言，因此对于自然语言处理任务，首先要做的就是将自然语言数字化，将字符用数值进行表示，以便于计算机的计算。自然语言建模方法经历了从基于规则的方法到基于统计的方法的转变，发展出了许多统计语言建模技术，如 N-Gram 模型、词袋模型、神经网络等。

词袋模型是最早出现的自然语言模型之一，是基于词典而构建的文本向量化表示技术，但是很容易出现维数灾难、语义鸿沟、无法保证词序信息等问题。这些问题一直困扰着自然语言的研究者，寻找问题的解决方案一直是推动统计语言模型不断发展的内在动力。Google 公司在 2013 年开放了

Word2vec 这一款用于训练词向量的软件工具,Word2vec 可以根据给定的语料库,通过训练模型快速有效地将一个词语表达成向量形式,为自然语言处理领域的应用研究提供了新的工具。

6.3.1 N-Gram 模型

在语音识别任务中,对于给定的语音片段 Voice,需要找到一个使概率 $P(\text{Text}|\text{Voice})$ 最大的文本段 Text。由于 Voice 语音信息不容易统计,所以采用贝叶斯公式将后验概率用先验概率和似然概率表示,即

$$P(\text{Text}|\text{Voice}) = \frac{P(\text{Text}, \text{Voice})}{P(\text{Voice})} = \frac{P(\text{Voice}|\text{Text})P(\text{Text})}{P(\text{Voice})}$$

式中,$P(\text{Voice}|\text{Text})$ 称为声学模型,$P(\text{Text})$ 称为语言模型。可以用统计概率计算语言模型,对于一段文本 L,基于统计学的角度表示该文本出现的概率比较容易理解,文本是由词组成的,因此文本出现的概率就是这些词出现的联合概率。

$$P(L) = P(w_1, w_2, w_3, \cdots, w_t)$$

使用贝叶斯公式对上式进行分解得到的条件概率为

$$P(L) = P(w_1)P\left((w_2|w_1)P(w_3|w_1^2)P(w_4|w_1^3)\cdots P(w_t|w_1^{t-1})\right)$$

从上述公式可以看出,w_t 与其前面的单词都存在关联,如果词典的词汇量为 N,对于长度为 T 的句子,理论上最多可能有 TN^T 个参数,这是一个非常庞大的数字。就汉语而言,汉语词汇可达到 10^5 级别,对于长度为 10 的句子而言,其搜索空间就已非常庞大,如此多的参数不仅会为算法的搜索带来困难,对存储也是巨大的开销。

为了对此进行优化,提出了 N-Gram 模型,它假设某个词只与前面固定数目的词相关,并且是一个 $n-1$ 阶的马尔可夫独立性假设,认为一个词的出现只与它前面的 $n-1$ 个词相关,即

$$P(w_t|w_1^{t-1}) \approx P(w_t|w_{t-n+1}^{t-1})$$

基于大数定理,通过计算词频近似得到概率,于是有

$$P(w_t|w_1^{t-1}) \approx \frac{\text{count}(w_{k-n+1}^k)}{\text{count}(w_{k-n+1}^{k-1})}$$

在 N-Gram 模型中,n 的取值通常为 1~4。n 的取值越大,参数空间就越大,消耗的存储空间也就越大。N-Gram 模型可以直接通过统计计算出相关的概率值,但是不能将每个词用数值表示,因此不能应用于经典机器学习、神经网络等算法。

6.3.2 词袋模型

为了将词采用向量化的数值进行表示,初期的学者提出了词袋(Bag of Words)模型,它是最早的以词为基本处理单元的文本向量化表示。

词袋模型是基于词典而构建的,而词典是根据语料库得到的,因此语料库的规模和质量在很大程度上决定了词袋模型性能的边界。词袋模型的构造过程如下。

(1)基于语料构建词典。

(2)查找词典,构建文本的向量化表示。构建的方式有两种:一种是忽略词频的表示,如果词出现就表示为 1,否则为 0;另一种是带词频的,某个词出现几次,对应位置就用出现的次数进行表示,其好处是突出了词频对整个文本向量的贡献度。

下面以具体实例说明词袋模型的构建过程,具体的文档如下。

- PHP 是 最好的 语言,我 用 PHP。
- Java 才 是 最好的 语言 我 用 Java。
- 人生 苦 短 我 用 Python Python。

先使用这 3 篇文档语料构建如下词典。

```
D:{PHP:1,Java:2,Python:3,人生:4,苦:5,短:6,我:7,是:8,用:9,最好的:10,语言:11,才:12}
```

基于该词典对每篇文档进行向量化表示,不带词频的词袋向量化表示如表 6.7 所示。

表 6.7 不带词频的词袋向量化表示

文档编号	1	2	3	4	5	6	7	8	9	10	11	12
1	1	0	0	0	0	0	1	1	1	1	1	0
2	0	1	0	0	0	0	1	1	1	1	1	1
3	0	0	1	1	1	1	1	1	0	0	0	0

带词频的词袋向量化表示如表 6.8 所示。

表 6.8 带词频的词袋向量化表示

文档编号	1	2	3	4	5	6	7	8	9	10	11	12
1	2	0	0	0	0	0	1	1	1	1	1	0
2	0	2	0	0	0	0	1	1	1	1	1	1
3	0	0	2	1	1	1	1	1	0	0	0	0

如果语料足够丰富，那么构建的词典的维度可能异常庞大。例如，中文词组词典维度可达10^6，采用词袋模型对文档进行表示将出现大量的"空缺"，大部分位置为 0，出现维度灾难。另外，采用词袋模型，如果只关注词的出现与否和频次信息，忽略了词与词之间的次序信息，就会出现信息的损失，因此词袋模型性能总体上不是很好。

6.3.3 Word2vec 词向量的密集表示

前面介绍的词袋模型很容易产生维度灾难，那么是否能够通过语言模型的训练得到词在低维空间中的向量表示？研究者沿着这个方向引入各种方法将 Word 映射到新的空间中，以多维连续的实向量表示，这种表示被称为词嵌入（Word Embedding）。

词向量可以通过 LSA 矩阵分解的方法，选取出 Top$k$ 个较大的奇异值所对应的特征向量将原矩阵映射到低维空间中，这是一种暴力分解的方式，当词典过于庞大时，容易出现维度灾难。另一种则基于贝叶斯理论推导使用主题连接"词"和"文档"的 LDA 文档生成模型，LDA 模型解决了同义词的问题，还解决了一词多义的问题。2013 年，Google 公司推出了 Word2vec，以神经网络算法训练 N-Gram 模型得到词向量，极大地震动了自然语言领域，将自然语言处理中的词向量表示推向新的巅峰。

要使用 N-Gram 模型，需要先构造目标函数，对目标函数进行优化，求得一组最佳的参数，然后使用这组最佳参数对应的模型进行预测。构造的 N-Gram 模型的目标函数为

$$\Psi = \prod_{w_i \in C} P\left(w_i \middle| \text{Context}(w_i)\right)$$

式中，C 表示语料（Corpus）；Context(w_i) 表示词 w_i 的上下文，即 N-Gram 模型中词的前 $n-1$ 个词。当 Context(w_i) 为空时，取 $P\left(w_i \middle| \text{Context}(w_i)\right) = p(w_i)$。由于上式是概率的连乘，而概率是小于 1 的数值，所以结果通常非常小，甚至有可能出现越界，而且连乘也不容易求解。对于上面的极大似然的求解，通常转化为最大对数似然，对两边取对数可得

$$\Phi = \sum_{w_i \in C} \log\{P(w_i|\text{Context}(w_i))\}$$

对该目标函数采用梯度上升法，求其最大值。而对于神经网络模型，输入为向量，因此需要先求词 w_i 的上下文 Context(w_i) 的向量表示，然后拼接传入神经网络，如图 6.11 所示。

图 6.11 使用词 w_i 的前 n 个词预测 w_i，输入的向量为 N-Gram 模型对应的 One-Hot 编码，每个词对应的长度为 P，因此拼接后向量长度为 $(n-1) \times P$。M 和 V 分别是隐藏层与输出层的权重矩阵，b 和 k 是偏置项向量。最终经过输出层的 softmax 函数，计算得到 $P(w_i|\text{Context}(w_i))$ 的概率，取概率

最大者，即得到预测的词w_i。这里每个词向量的长度P等于词典的大小N。

$$S_i = \frac{e^{Score(w_i)}}{\sum_j e^{Score(w_j)}}$$

式中，S_i表示词w_i得分归一化之后的概率值；$Score(w_i)$为词w_i经过线性网络层之后的得分值；$\sum_j e^{Score(w_j)}$为词典中所有词的得分值经过以e为底的指数变换后的总和，其目的是对每个词的得分进行归一化处理。

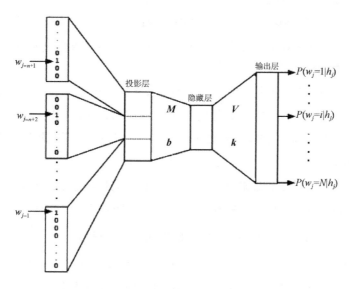

图6.11　N-Gram 模型

显然，采用N-Gram模型对应的One-Hot编码作为输入会出现维度灾难，因为它非常稀疏。最后一层softmax的计算非常耗时，这是因为softmax函数会对词典中的每个词做归一化处理，时间复杂度很高，计算机在计算e^x指数函数时会采用泰勒展开式进行近似拟合，这也是计算耗时的原因。因此，上述神经网络模型在输出层将耗费大量时间。

下面从网络参数的角度分析N-Gram模型的空间复杂度。Projection层的规模为$(n-1)P$，隐藏层的规模为H，输出层的规模为N。

（1）n是词w_i的上下文包含的词数量，通常不超过5。

（2）P是词向量的长度，由于这里采用了One-Hot编码，所以数量级等于词典规模N。

（3）H是隐藏层神经元个数，由用户指定，数量级通常不超过10^3。

(4) N 是语料对应的词汇量大小，与语料相关，数量级通常为 $10^4 \sim 10^6$。

因此，整个模型的大部分参数将集中在隐藏层和输出层之间的权重参数中。输入的词向量采用 One-Hot 编码太过稀疏，并且会产生大量的权重参数，进一步影响模型的训练。

研究人员针对上述问题进行了针对性研究，提出了如下策略。

- 降低输入的词向量维度，采用更加低维的稠密的向量表示作为输入，通常的词向量长度不超过 1000，Word2vec 中默认词向量长度为 300，此时输入维度的数量级将从 $10^4 \sim 10^6$ 降低到 $10^1 \sim 10^3$。在初始化时，每个词对应的词向量随机生成，在训练过程中不断优化。我们所指的词向量实际上是神经语言模型训练得到的副产品。

- 去掉隐藏层，隐藏层和输出层之间有大量的参数，参数数量为 HN。H 为用户指定的隐藏层神经元个数，数量级通常不超过 10^3；N 为词典大小，数量级通常为 $10^4 \sim 10^6$。因此，隐藏层中参数个数的数量级为 $10^7 \sim 10^9$。

- 将耗时的 softmax 归一化计算改为更加高效的概率计算方式。例如，在 Word2vec 中采用基于 Huffman 编码的最优二叉树，将词的预测任务巧妙地转化为对词的多次二分类任务，极大地降低了计算时间。目前，Word2vec 在单机上一天可完成千亿级词汇量的训练，能够满足绝大部分训练任务。

相比 One-Hot 编码，经过神经语言模型训练得到的词向量具有更加低的、稠密的分布，相比 One-Hot 编码的"孤注一掷"，它是一种分布式表示（Distributed Representation）。

1. 基于 Hierarchical Softmax 的 CBOW 和 Skip-Gram 模型

基于 Hierarchical Softmax 的模型的最后输出层是一棵 Huffman 树，而基于 Negative Sampling 的模型采用负采样的方式简化构建，这是二者的区别。CBOW 和 Skip-Gram 是两种不同的模型，图 6.12 是两个模型对应的结构图。

（1）CBOW 模型。CBOW 模型采用周边的词对 w_i 进行预测，而 Skip-Gram 模型采用中间的词 w_i 对周边的上下文进行预测。CBOW 模型的目标函数为

$$\Phi = \sum_{w_i \in C} \log\{P(w_i | \text{Context}(w_i))\}$$

而 Skip-Gram 模型的目标函数为

$$\Phi = \sum_{w_i \in C} \log\{P(\text{Context}(w_i) | w_i)\}$$

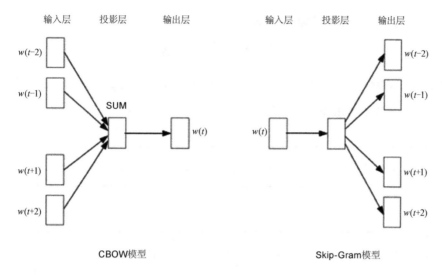

图 6.12　CBOW 模型和 Skip-Gram 模型结构图

有了目标函数，接下来的关键就是目标函数中条件概率$P(w_i|\text{Context}(w_i))$和$P(\text{Context}(w_i)|w_i)$的构造。

CBOW 模型网络结构包含 3 层：输入层、投影层和输出层。

- 输入层：输入是词w_i的上下文 Context(w_i) 中的 $2c$ 个词向量，即

$$V(\text{Context}(w_i)_{i-c}) \cdots V(\text{Context}(w_i)_{i-1}), V(\text{Context}(w_i)_{i+1}) \cdots V(\text{Context}(w_i)_{i+c}) \in R^m$$

式中，c 是词w_i上下文的距离，m 是词向量的长度。

- 投影层：将输入的 $2c$ 个向量按位累加求和得到投影层，即

$$X_w = \sum_{x=1}^{2c} V(\text{Context}(w_i)_x) \in R^m$$

- 输出层：输出层对应一棵二叉树，以语料中出现过的词为叶子节点，用各个词在语料中出现的频数作为权值构造 Huffman 树。该树的叶子节点个数等于词典大小，即 $N=|D|$，非叶子节点个数为 $N-1$。图 6.13 是基于 Hierarchical Softmax 的 CBOW 模型的网络结构图。

在图 6.13 的输出层中，实心节点是非叶子节点，空心节点为叶子节点。如何根据投影后的向量X_w及 Huffman 树来定义条件概率函数$P(w_i|\text{Context}(w_i))$？以词$w_i$为例，从根节点出发到达$w_i$所在的叶子节点，经过的每个分支都可以看作一次二分类任务，将左分支看作负类，右分支看作正类，该类别标签正好和 Huffman 编码相反。约定向左的分支 Huffman 编码为 1，向右的分支 Huffman 编码

为 0。因此，非叶子节点的标签和编码的关系为

$$\text{Label}\left(p_i^w\right) = 1 - d_i^w, i = 2,3,4,\cdots,l^w$$

式中，p^w 表示从根节点到达词 w 的路径；l^w 表示路径 p^w 中的节点个数；p_i^w 表示路径上的第 i 个节点；d_i^w 表示路径上第 i 个节点的 Huffman 编码。

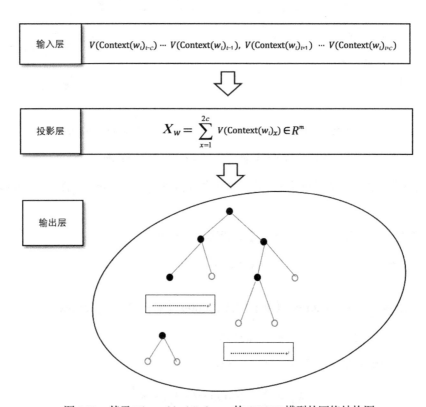

图 6.13　基于 Hierarchical Softmax 的 CBOW 模型的网络结构图

简而言之，在对一个节点进行分类时，分到左边就是负类，分到右边就是正类。对于二分类任务，最简单的方法就是逻辑回归，由逻辑回归公式得到一个节点被判定为正类的概率为

$$\sigma\left(X_w^T \boldsymbol{\theta}\right) = \frac{1}{1 + e^{X_w^T \boldsymbol{\theta}}}$$

被判定为负类的概率为

$$1 - \sigma\left(X_w^T \boldsymbol{\theta}\right)$$

式中，θ是待定参数，对应 Huffman 中非叶子节点对应的向量$\boldsymbol{\theta}_{j-1}^{w}$。因此，求一个叶子节点的概率就是求根节点到$w_i$对应的叶子节点经过的所有二分类概率的乘积，即

$$P(w_i|\text{Context}(w_i)) = \prod_{j=2}^{l^{w_i}} P(d_j^{w_i}|\boldsymbol{X}_{w_i}, \boldsymbol{\theta}_{j-1}^{w_i})$$

其中，单个二分类的概率为

$$P\left(d_j^{w_i}\Big|\boldsymbol{X}_{w_i}, \boldsymbol{\theta}_{j-1}^{w_i}\right) = \begin{cases} \sigma(\boldsymbol{X}_{w_i}^{\text{T}}\boldsymbol{\theta}_{j-1}^{w_i}), & d_j^{w_i} = 0 \\ 1 - \sigma(\boldsymbol{X}_{w_i}^{\text{T}}\boldsymbol{\theta}_{j-1}^{w_i}), & d_j^{w_i} = 1 \end{cases}$$

写成整体表达式为

$$P\left(d_j^{w_i}\Big|\boldsymbol{X}_{w_i}, \boldsymbol{\theta}_{j-1}^{w_i}\right) = [\sigma(\boldsymbol{X}_{w_i}^{\text{T}}\boldsymbol{\theta}_{j-1}^{w_i})]^{1-d_j^{w_i}} \cdot [1 - \sigma(\boldsymbol{X}_{w_i}^{\text{T}}\boldsymbol{\theta}_{j-1}^{w_i})]^{d_j^{w_i}}$$

将上式代入似然函数可得

$$\Phi = \sum_{w_i \in C} \log \prod_{j=2}^{l^{w_i}} \left[\sigma\left(\boldsymbol{X}_{w_i}^{\text{T}}\boldsymbol{\theta}_{j-1}^{w_i}\right)\right]^{1-d_j^{w_i}} \cdot \left[1 - \sigma\left(\boldsymbol{X}_{w_i}^{\text{T}}\boldsymbol{\theta}_{j-1}^{w_i}\right)\right]^{d_j^{w_i}}$$

进一步转化可得

$$\Phi = \sum_{w_i \in C} \sum_{j=2}^{l_{w_i}} \{(1 - d_j^{w_i}) \cdot \log[\sigma(\boldsymbol{X}_{w_i}^{\text{T}}\boldsymbol{\theta}_{j-1}^{w_i})] + d_j^{w_i} \cdot \log(1 - \sigma(\boldsymbol{X}_{w_i}^{\text{T}}\boldsymbol{\theta}_{j-1}^{w_i}))\}$$

将求和符号中的式子单独提出，记为

$$\Psi(w_i, j) = \{(1 - d_j^{w_i}) \cdot \log[\sigma(\boldsymbol{X}_{w_i}^{\text{T}}\boldsymbol{\theta}_{j-1}^{w_i})] + d_j^{w_i} \cdot \log(1 - \sigma(\boldsymbol{X}_{w_i}^{\text{T}}\boldsymbol{\theta}_{j-1}^{w_i}))\}$$

对于该目标函数，需要采用随机梯度上升法求函数的最大值（求最小值使用 SGD）。仔细观察目标函数$\Psi(w_i, j)$，该函数中的参数包括词w_i的上下文语义向量$\boldsymbol{X}_{w_i}^{\text{T}}$和非叶子节点的参数向量$\boldsymbol{\theta}_{j-1}^{w_i}$，$w_i \in \text{Corpus}, j = 2, 3, 4, \cdots, l^w$。分别对它们求梯度便可得到更新式，先对$\boldsymbol{\theta}_{j-1}^{w_i}$求梯度可得

$$\frac{\partial \Psi(w_i, j)}{\partial \boldsymbol{\theta}_{j-1}^{w_i}} = \frac{\partial}{\partial \boldsymbol{\theta}_{j-1}^{w_i}} \{(1 - d_j^{w_i}) \cdot \log[\sigma(\boldsymbol{X}_{w_i}^{\text{T}}\boldsymbol{\theta}_{j-1}^{w_i})] + d_j^{w_i} \cdot \log(1 - \sigma(\boldsymbol{X}_{w_i}^{\text{T}}\boldsymbol{\theta}_{j-1}^{w_i}))\}$$

$$= \left(1 - d_j^{w_i}\right)\left[1 - \sigma\left(\boldsymbol{X}_{w_i}^{\text{T}}\boldsymbol{\theta}_{j-1}^{w_i}\right)\right]\boldsymbol{X}_{w_i} - d_j^{w_i}\sigma\left(\boldsymbol{X}_{w_i}^{\text{T}}\boldsymbol{\theta}_{j-1}^{w_i}\right)\boldsymbol{X}_{w_i}$$

$$= [1 - d_j^{w_i} - \sigma(\boldsymbol{X}_{w_i}^{\mathrm{T}} \boldsymbol{\theta}_{j-1}^{w_i})]\boldsymbol{X}_{w_i}$$

关于 Sigmoid 函数的导数有几个重要的公式，熟悉之后便能快速推导出上面的式子。

- $\sigma'(x) = \partial(x)[1 - \sigma(x)]$。

- $[\log(\sigma(x))]' = 1 - \sigma(x)$。

- $[\log(1 - \sigma(x))]' = \sigma(x)$。

$\boldsymbol{\theta}_{j-1}^{w_i}$ 的更新式为

$$\boldsymbol{\theta}_{j-1}^{w_i} := \boldsymbol{\theta}_{j-1}^{w_i} + \eta[1 - d_j^{w_i} - \sigma(\boldsymbol{X}_{w_i}^{\mathrm{T}} \boldsymbol{\theta}_{j-1}^{w_i})]\boldsymbol{X}_{w_i}$$

式中，η 为学习率。同理，对 $\boldsymbol{X}_{w_i}$ 求偏导可得

$$\frac{\partial \Psi(w_i, j)}{\partial \boldsymbol{X}_{w_i}} = [1 - d_j^{w_i} - \sigma(\boldsymbol{X}_{w_i}^{\mathrm{T}} \boldsymbol{\theta}_{j-1}^{w_i})]\boldsymbol{\theta}_{j-1}^{w_i}$$

式中，$\boldsymbol{X}_{w_i}$ 是 w_i 的上下文词的投影向量，而我们要求的是每个词的词向量，为了把对投影的偏导应用到 Context(w_i) 的各个词上面，Word2vec 中的做法是取全部 w_i 路径上的节点的偏导进行累加，即

$$V(w_c) := V(w_c) + \eta \sum_{j=2}^{l^{w_i}} \frac{\partial \Psi(w_i, j)}{\partial \boldsymbol{X}_{w_i}}, w_c \in \text{Context}(w_i)$$

（2）Skip-Gram 模型。Skip-Gram 模型的网络结构和 CBOW 模型类似，也包括输入层、投影层和输出层。

- 输入层：只包含词 w 的词向量 $\boldsymbol{V}_w \in \boldsymbol{R}^m$。

- 投影层：是一个恒等投影 $\boldsymbol{V}_w = \boldsymbol{V}_w$，只是为了在结构上和 CBOW 模型保持一致。

- 输出层：和 CBOW 模型一样，是一棵将词频作为权重构建的 Huffman 树。

Skip-Gram 模型是已知中心词 w 对上下文 Context(w) 进行预测。Skip-Gram 模型的网络结构图如图 6.14 所示。

求解的关键是条件概率 $P(\text{Context}(w)|w)$ 的构造，Skip-Gram 模型中的构造方式为

$$P(\text{Context}(w)|w) = \prod_{u \in \text{Context}(w)} p(u|w)$$

借助 Hierarchical Softmax 层级分类的方式,可以将上式改写为

$$P(\text{Context}(w)|w) = \prod_{u \in \text{Context}(w)} \prod_{j=2}^{l^u} P(d_j^u | V(w), \boldsymbol{\theta}_{j-1}^u)$$

式中,

$$P\left(d_j^u \middle| V(w), \boldsymbol{\theta}_{j-1}^u\right) = [\sigma(\boldsymbol{V}_w^T \boldsymbol{\theta}_{j-1}^u)]^{1-d_j^u} \cdot [1 - \sigma(\boldsymbol{V}_w^T \boldsymbol{\theta}_{j-1}^u)]^{d_j^u}$$

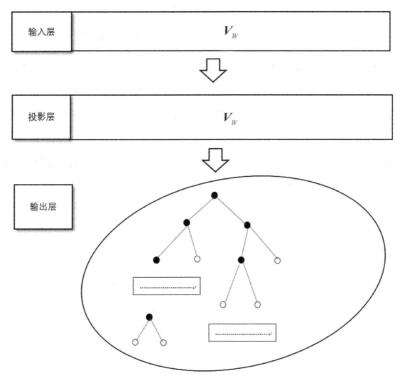

图 6.14 Skip-Gram 模型的网络结构图

将上式依次代入对数似然函数,得到的最终的目标函数为

$$\Phi = \sum_{w \in c} \sum_{u \in \text{Context}(w)} \sum_{j=2}^{l^u} \{(1-d_j^u) \cdot \log[\sigma(\boldsymbol{V}_w^T \boldsymbol{\theta}_{j-1}^u)] + d_j^u \cdot \log[1 - \sigma(\boldsymbol{V}_w^T \boldsymbol{\theta}_{j-1}^u)]\}$$

将求和符号中的式子记为

$$\Psi(w, u, j) = \{(1-d_j^u) \cdot \log[\sigma(\boldsymbol{V}_w^T \boldsymbol{\theta}_{j-1}^u)] + d_j^u \cdot \log[1 - \sigma(\boldsymbol{V}_w^T \boldsymbol{\theta}_{j-1}^u)]\}$$

分别对 $\boldsymbol{\theta}_{j-1}^u$ 和 $\boldsymbol{V}_w$ 求偏导可得

$$\frac{\partial \Psi(w,u,j)}{\partial \boldsymbol{\theta}_{j-1}^u} = [1 - d_j^u - \sigma(\boldsymbol{V}_w^T \boldsymbol{\theta}_{j-1}^u)]\boldsymbol{V}_w$$

$$\frac{\partial \Psi(w,u,j)}{\partial \boldsymbol{V}_w} = [1 - d_j^u - \sigma(\boldsymbol{V}_w^T \boldsymbol{\theta}_{j-1}^u)]\boldsymbol{\theta}_{j-1}^u$$

为了能够训练词向量，$\boldsymbol{V}_w$ 需要得到更新，更新式为

$$\boldsymbol{V}_w := \boldsymbol{V}_w + \eta \sum_{u \in \text{Context}(w)} \sum_{j=2}^{l^u} \frac{\partial \Psi(w,u,j)}{\partial \boldsymbol{V}_w}$$

Hierarchical Softmax 是一种复杂度较高的训练方法，其中 Huffman 树的构造就显得颇为复杂。

2. 基于 Negative Sampling 的 CBOW 模型

负采样（Negative Sampling）是 NCE（Noise Contrastive Estimation）的简化版本，目的是提高训练速度和改善所得词向量的质量。负采样技术能大幅度提升性能，因此可以替代 Hierarchical Softmax。

下面介绍负采样在 CBOW 模型中的应用。已知词 w 的上下文 Context(w)预测词 w，基于分类的角度，对于给定的词 w 就是一个正样本，而其他词就是负样本。现在假定一个关于 Context(w)的负样本集合 NEG(w) $\neq \phi$ 且 $\forall \tilde{w} \in D$，定义标签为

$$L^w(\tilde{w}) = \begin{cases} 1, & \tilde{w} = w \\ 0, & \tilde{w} \neq w \end{cases}$$

正样本的标签为 1，负样本的标签为 0。对于选定的正样本(Context(w),w)，需要最大化，即

$$g(w) = \prod_{u \in \{w \cup \text{NEG}(w)\}} p(u|\text{Context}(w))$$

对于条件概率 $p(u|\text{Context}(w))$ 有

$$p(u|\text{Context}(w)) = \begin{cases} \sigma(\boldsymbol{X}_w^T \boldsymbol{\theta}^u), & L^w(u) = 1 \\ 1 - \sigma(\boldsymbol{X}_w^T \boldsymbol{\theta}^u), & L^w(u) = 0 \end{cases}$$

写成整体表达式，即

$$p(u|\text{Context}(w)) = [\sigma(\boldsymbol{X}_w^T \boldsymbol{\theta}^u)]^{L^w(u)} \cdot [1 - \sigma(\boldsymbol{X}_w^T \boldsymbol{\theta}^u)]^{1-L^w(u)}$$

式中，$\boldsymbol{X}_w$ 表示 Context(w)中各个词向量之和；$\boldsymbol{\theta}^u \in \boldsymbol{R}^m$ 表示词 u 对应的一个长度为 m 的向量，为待训

练参数。将上式代入 $g(w)$ 可得

$$g(w) = \sigma(X_w^T \theta^w) \prod_{u \in NEG(w)} [1 - \sigma(X_w^T \theta^u)]$$

最大化 $g(w)$ 相当于最大化 $\sigma(X_w^T \theta^w)$ 同时最小化 $\sigma(X_w^T \theta^u)$，相当于最大化正样本概率同时降低负样本概率。对给定的语料库 C 进行整体优化，即

$$\Gamma = \prod_{w \in C} g(w)$$

对两边取 log 可得

$$Y(w, u) = \log \prod_{w \in C} g(w) = \sum_{w \in C} \log\{g(w)\}$$
$$= \sum_{w \in C} \sum_{u \in \{w \cup NEG(w)\}} \{L^w(u) \cdot \log[\sigma(X_w^T \theta^u)] + [1 - L^w(u)] \cdot \log[1 - \sigma(X_w^T \theta^u)]\}$$

对 θ^u 和 X_w 求偏导，即

$$\frac{\partial Y(w, u)}{\partial \theta^u} = [L^w(u) - \sigma(X_w^T \theta^u)] X_w$$

$$\frac{\partial Y(w, u)}{\partial X_w} = [L^w(u) - \sigma(X_w^T \theta^u)] \theta^u$$

依据梯度得到的更新公式为

$$\theta^u := \theta^u + \eta [L^w(u) - \sigma(X_w^T \theta^u)] X_w$$

$$V(t) := V(t) + \eta \sum_{u \in \{w \cup NEG(w)\}} \frac{\partial Y(w, u)}{\partial X_w}, t \in Context(w)$$

经过不断迭代和更新，最终将得到各个词的词向量，显然它属于神经网络训练过程的副产物。

6.3.4 使用 Word2vec 生成词向量

上面介绍了 Word2vec 中 CBOW 模型和 Skip-Gram 模型的数学原理，下面使用 Gensim 工具提供的 Word2vec 词向量生成工具对中文生成词向量。

Gensim 是一款开源的第三方 Python 工具包，用于从原始的非结构化的文本中无监督地学习文本隐藏的主题向量表达。另外，Gensim 支持包括 TF-IDF、LSA、LDA 和 Word2vec 在内的多种主

题模型算法。表 6.9 所示是 Word2vec 的参数说明。

表 6.9 Word2vec 的参数说明

参数名称	作 用
sentences	输入的句子，是一个可迭代的集合，这些句子必须是分好词的
sg	决定选用的模型，sg=1 使用 Skip-Gram 模型，sg=0 使用 CBOW 模型
size	词向量的长度，是一个随机初始化向量，随着训练过程进行调整
window	N-Gram 模型的窗体大小
alpha	初始化时的学习率
min_alpha	算法动态调整学习率，直到 min_alpha 为止，学习率不再发生变化
min_count	忽略总词频小于 min_count 的词
workers	训练模型的并发线程数，多线程提升训练速度
hs	如果取值为 1，则采用 Hierarchical Softmax 的方式训练模型；如果取值为 0，则采用负采样

下面使用人民日报语料进行词向量的训练。

```
from gensim.models import Word2Vec
from gensim.models.word2vec import LineSentence
news = open('./datas/Corpus_utf8.txt', 'r',encoding='utf8')
model = Word2Vec(LineSentence(news), sg=0,size=200, window=5, min_count=5, workers=12)
model.save("news.word2vec")
```

使用 open 方法打开语料文件，传入 LineSentence 方法中，该方法以生成器模式逐行读取语料，设置 sg=0 表示使用 CBOW 模型，词向量长度设置为 200，窗体大小设置为 5；为了提升训练速度，将关键字参数 workers 设置为 12，其默认值为 3。然后调用 model 上的 save 方法将训练好的词向量保存到 news.word2vec 文件中，其他地方使用时再通过 gensim.models.KeyedVectors.load 方法加载进来。

```
model = gensim.models.KeyedVectors.load("news.word2vec")
```

训练完成之后的词向量通过 model.wv.get_vector("计算机")便可获取"计算机"对应的向量表示。

```
vector = model.wv.get_vector("计算机")
list(vector)
[1.068661, 0.09768823, -1.2395625, 0.50765073, 0.7232481, 0.5951994,
0.19871391, 1.0498894, -2.4990673, -0.15289153, -1.1999235, 0.06297882, 0.8238014,
2.095373, -0.9916457, 0.9380774, ……………-3.099573, 0.9030203, -0.61678433,
0.06789111, 0.4840409, 0.49878427, -0.012488099]
```

有了词的向量化表示便可完成很多计算任务，最常见的是计算两个词的相似度。通常两个词性相似的词，对应多维向量空间中的位置也是相似的，因此通过距离公式便可计算词与词之间的相似度。通过上面的 model 可以计算出与"计算机"相似的 Top*k* 个词。

```
model.wv.most_similar("计算机")
 [('算法', 0.69265), ('机器', 0.68247), ('物理', 0.67099), ('电脑', 0.66310), ('编程',
0.65140), ('量子', 0.64937), ('芯片', 0.64690), ('操作系统', 0.63607), ('传感器',
0.62538), ('数学', 0.62503)]
```

可以看出，和"计算机"相似度最高的词是"算法"。除了计算词与词之间的相似度，词向量最成功的应用是在表示学习上，通过将词向量输入神经网络，借助神经网络强大的拟合能力，就可以完成情感分析、语义理解、文本分类等复杂任务。

词向量可以输入卷积神经网络、循环神经网络、GRU、LSTM 等，极大地提升了自然语言处理的效果，同时为自然语言处理任务带来了前所未有的突破。

6.3.5　Word2vec 源码调试

词嵌入对自然语言处理非常重要，所以很多想深入学习的人们想对其源码一探究竟。本节主要介绍一个基于 Gensim 实现的 Word2vec 源码跟踪的技巧，方便读者调试 Word2vec 源码。

Gensim 中分别使用 C 语言和 Python 语言实现了 Word2vec 中的模型，考虑到模型训练 C 语言的速度比训练 Python 语言快很多（官方给出的数据是快 20～80 倍），因此 Gensim 默认加载的是 C 语言编写的库，想通过 Python 语言直接调试、跟踪代码是不行的。Gensim 对如何指定使用 Python 语言实现的 Word2vec 模块并没有提供参数进行选择，想要运行 Python 语言编写的 Word2vec 模块有如下两种方式。

（1）卸载已经安装的"C Extension 模块"，考虑到比较烦琐，并且容易影响计算机上的其他服务，所以不推荐使用这种方式。

（2）打开 Gensim 中的代码，修改调用逻辑，使其运行时调用 Python 语言，这是推荐方式。

基于第二种方式，首先找到 Gensim 包中的 word2vec.py 文件所在的路径，如果是基于 Anaconda 安装的，则默认路径如下。

```
$Anaconda_home/Lib/site-packages/gensim/models/word2vec.py
```

打开 word2vec.py 文件，在文件头部的 try…except 模块中人为制造异常，如除以 0 等。这样运行时，将运行 except 分支中定义的 Python 代码。

```
try:
    from gensim.models.word2vec_inner import train_batch_sg, train_batch_cbow
    from gensim.models.word2vec_inner import score_sentence_sg, score_sentence_cbow
    from gensim.models.word2vec_inner import FAST_VERSION, MAX_WORDS_IN_BATCH
    #人为制造异常，运行except分支
```

```
1/0
except ImportError:
    #failed... fall back to plain numpy (20-80x slower training than the above)
    FAST_VERSION = -1
    MAX_WORDS_IN_BATCH = 10000
```

保存文件之后,在 WingIDE、PyCharm 等集成工具中就可以调试 Word2vec 的代码。理论加上代码调试能够更深入理解 Word2vec 词嵌入的思想,感兴趣的读者可自行尝试。

6.3.6 在 PyTorch 中使用词向量

PyTorch 通过 nn.Embedding 提供了训练词嵌入的功能,实际上就是一个 vocab_size × embedding_size 大小的矩阵,随机初始化,在训练过程中不断调整和优化,最终得到类似于 Word2vec 中的词向量。由于词向量的质量受语料、词典大小等因素的影响,通常在词嵌入层都是直接加载外部训练好的词向量,而不直接使用 PyTorch 网络训练词向量。众多实践证明,使用外部训练好的词向量可以大幅度提升训练的速度和模型的性能。

下面介绍如何使用 nn.Embedding 得到词向量。假设有如下所示的中文文档。

```
docs = [
    "新的数学方法和概念,常常比解决数学问题本身更重要。",
    "在数学中,我们发现真理的主要工具是归纳和模拟。",
    "数学方法渗透并支配着一切自然科学的理论分支。它越来越成为衡量科学成就的主要标志了。",
    "第一是数学,第二是数学,第三是数学。",
    "历史使人贤明,诗造成气质高雅的人,数学使人高尚,自然哲学使人深沉,道德使人稳重,而伦理学和修辞学则使人善于争论。"
    ]
```

(1)分词,传入词嵌入单元的数据都是事先分好词的,因此接下来借助 Jieba 分词工具,对上面的文档进行分词处理。

```
import jieba
words_list = [list(jieba.cut(doc)) for doc in docs]
```

使用 Jieba 分词工具提供的 cut 方法对文档进行分词,分好词的结果如下所示。

```
[['新','的','数学方法','和','概念',',','常常','比','解决','数学','问题','本身','更','重要','。'],
['在','数学','中',',','我们','发现','真理','的','主要','工具','是','归纳','和','模拟','。'],
['数学方法','渗透','并','支配','着','一切','自然科学','的','理论','分支','。','它','越来越','成为','衡量','科学','成就','的','主要','标志','了','。'],
['第一','是','数学',',','第二','是','数学',',','第三','是','数学','。'],
['历史','使人','贤明',',','诗','造成','气质高雅','的','人','数学','使人','高
```

尚','，','，','自然哲学','使人','深沉','，','，','道德','使人','稳重','，','，','而','伦理学','和','修辞学','，'则','使','人','善于','争论','。']
    ]
```

（2）构建词典和索引，便于通过 Embedding 进行检索。

```
vocb = set([word for words in words_list for word in words])
word_to_idx = {word: i for i, word in enumerate(vocb)}
idx_to_word = {word_to_idx[word]: word for word in word_to_idx}
```

（3）通过 nn.Embedding 创建词嵌入单元。

```
vocb_size = len(vocb)
embedding_size = 200
embeds = nn.Embedding(vocb_size, embedding_size)
```

Embedding 接收两个参数：第一个参数为词典的大小，第二个参数为嵌入的词向量维度。

（4）查找"数学"的词嵌入向量。

```
look_up = torch.LongTensor([word_to_idx["数学"]])
embeds(look_up)
```

与查字典类似，通过单词的索引在 embeds 表格中查找词向量。由于 Embedding 是随机初始化的，需要通过训练过程逐渐调整，所以这里查找的词向量是未经过训练调整的，其初始值如下所示。

```
tensor([[ 0.3092, -0.6480, -0.0787,  1.2593,  0.3522, -0.4156, -1.4885,  0.4937,
         -1.4039,  0.5865, -0.0726,  1.8811, -0.2324,  1.2550, -0.8335, -3.1080,
         -0.3603,  0.4049, -1.4122,  0.6621, -2.4338, -0.0471,  0.4665, -1.5514,
         ..........
         -1.5347, -0.6089, -0.8503, -0.0781, -1.1894, -1.8979,  1.7291, -0.3544,
          1.0556, -0.3790, -0.1769,  0.1072, -0.1671, -0.9645, -2.1497, -0.3497]],
       grad_fn=<EmbeddingBackward>)
```

上面是一串随机数字，维度为 200，需要大量训练才能正常使用，因此会延长训练时间。直接加载外部已经训练好的词向量的过程如下：Embedding 是一个普通的网络层，可以传入外部已经训练好的词向量权重，冻结这些权重参数，使其在训练过程中不发生更新即可。下面以加载 Gensim 训练好的人民日报词向量权重为例进行阐述。

（1）加载 Gensim 中的 Word2vec 模型。

```
import gensim
from gensim.models import Word2Vec
word2vec_model = gensim.models.KeyedVectors.load("news.word2vec")
embedding_shape = word2vec_model.wv.vectors.shape #(155362, 200)
```
```

变量 word2vec_model 中的 wv.vectors 保留了词向量信息，获取这些词向量的 Shape，用于创建 Embedding。

（2）使用外部权重创建 Embedding 并冻结权重参数。

```
#初始化 Embedding 层
embed = nn.Embedding(embedding_shape[0], embedding_shape[1])
#复制训练好的词向量权重
embed.weight.data.copy_(torch.from_numpy(word2vec_model.wv.vectors))
#冻结权重，训练过程不更新
embed.weight.requires_grad = False
```

（3）通过索引查找对应词的词向量。

```
#找到"数学"的 index
index = word2vec_model.wv.vocab["数学"].index
#查表
embed(torch.LongTensor([index]))
tensor([[ 0.9777,  0.3726,  0.3545, -0.3584,  0.9531,  0.3427, -0.4642,
    1.2159,
        -0.9503, -0.5782, -2.4697,  1.5502, -0.9270,  2.3928, -0.2477, -0.6038,
        -0.4944,  1.3966,  0.7566, -0.8826, -1.1975, -0.0653, -0.1487,
    0.7565,
         ..........................................
         0.0079, -0.8442,  0.2506, -0.2976, -0.0372,  0.4135,  1.0018,
    1.4979,
         0.4086, -0.8630, -0.5336, -2.0806, -0.7287,  0.0967,  0.2996,
    0.0863]])
```

至此就完成了自然语言处理中非常重要的步骤，下面将基于词向量完成很多有趣的任务。

6.4 变长序列处理

研究过 Word2vec 或循环神经网络源码的读者可能知道，对于传入的批量语句进行训练时需要对不同长度的句子进行截断或填充处理，这是因为基于矩阵计算，输入的句子的长度必须一致，所以超出 MAX_LENGTH 的句子需要截断，而不足 MAX_LENGTH 的句子需要使用 PAD 填充字符进行填充。为了不影响权重和计算，填充字符的权重通常设置为 0。

在情感识别任务中，对于一个 Batch 输入的多个句子，长度参差不齐。将这些参差不齐的句子输入固定长度的 LSTM 中，超过固定长度的句子需要截断，不足固定长度的句子则需要填充，如图 6.15 所示。

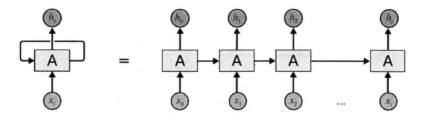

图 6.15　固定长度的 LSTM

对于一个固定长度的 LSTM，能够接收的序列长度最大为 t，当输入的 Batch 中句子长度大于 t 时，需要进行截断处理，而长度不足 t 的将进行填充，如表 6.10 所示。

表 6.10　填充后的 Batch 数据

我	非常	热爱	编程	技术	，	特别	是	PyTorch	！
侄儿	调皮	又	捣蛋	。	PAD	PAD	PAD	PAD	PAD
把	量子	考虑	成	磁场	中	的	电子	。	PAD
爽	PAD	PAD	PAD	PAD	PAD	PAD	PAD	PAD	PAD

表 6.10 表示一个 Batch 的输入数据，很明显这个 Batch 中的句子长短不一，属于变长序列。我们对短句子进行填充，将短句子填充到 LSTM 固定长度，但这样做是否存在问题？表 6.10 中的第四个句子只有一个字"爽"，需要填充 9 个字符才能达到固定长度，这导致 LSTM 对"爽"字的表示使用了很多无用的字符，必然会产生误差，翻译模型如图 6.16 所示。

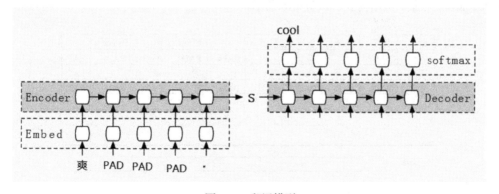

图 6.16　翻译模型

这就是变长序列的处理场景，我们要得到的表示仅仅是 LSTM 过完"爽"字之后的表示，而不是通过多个无用的 PAD 得到的表示，如图 6.17 所示。

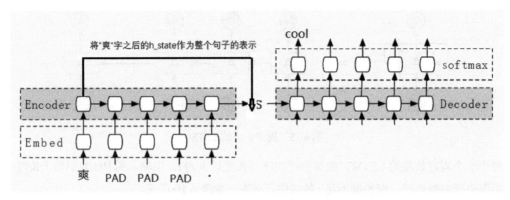

图 6.17　将有效字符的 h_state 作为句子的表示

为了满足该需求，PyTorch 中提供了一套有效的机制。该机制的核心思想是通过 Mask 进行标记，对于输入的 Batch 句子，得到一个 Mask 矩阵，该矩阵中只有 0 和 1，用于标记某个位置是否有效。计算时是先和 Mask 矩阵相乘，对无效的填充位置相乘后的元素就变成 0，因此不影响计算结果。下面介绍 PyTorch 中提供的变长序列的处理方法。

6.4.1　pack_padded_sequence 压缩

表 6.10 是一个使用 PAD 填充后的 Batch 序列，里面包含很多冗余的填充字符。PyTorch 提供了 pack_padded_sequence 方法，用于压缩一个填充好的字符序列，使其变得紧凑。该方法的返回值是 PackedSequence 对象，其结构表示如图 6.18 所示。

我	非常	热爱	编程	技术	，	特别	是	PyTorch	!
侄儿	调皮	又	捣蛋	。	PAD	PAD	PAD	PAD	PAD
把	量子	考虑	成	磁场	中	的	电子	。	PAD
爽	PAD	PAD	PAD	PAD	PAD	PAD	PAD	PAD	PAD

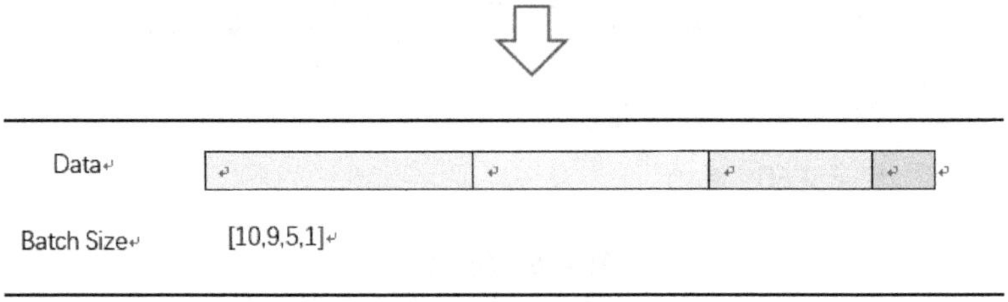

图 6.18　PackedSequence 对象的结构表示

pack_padded_sequence 方法接收的 3 个参数为 input、lengths、batch_first。下面对这些参数进行解释。

- input：表示输入的批次数据，其形状为 $T×B×*$。其中，T 表示输入批次数据中最长的序列的长度；B 表示批次的大小；*可以取任意的数值，表示词向量的长度。输入的批次数据应按照序列长度降序排列，因此批次的第一条数据的长度最长，最后一条数据的长度最短。
- lengths：表示输入的批次数据中每条数据的长度。
- batch_first：表示 input 的第一个维度是否表示 batch_size，默认为 False。如果设置为 True，则 input 的形状为 $B×T×*$。

下面手动构建两个文档，并找出文档中每个词对应的 Gensim 训练的词向量索引，通过索引查找词对应的词向量，并将每个句子填充到相同长度。

```
docs = [["历史","的","潮流","滚滚","向前"],["科技","工作者"]]
indexes = [[word2vec_model.wv.vocab[word].index for word in doc] for doc in docs]
word_embedding = [[list(embed(torch.LongTensor([word2vec_model.wv.vocab[word].index])).squeeze(0).numpy()) for word in doc] for doc in docs]
#对于第一个句子，使用0进行填充
word_embedding[1].extend([list(np.zeros(200)) for i in range(3)])
```

然后设置 batch_size、max_length、embed_size 这 3 个参数，用于构建传入 pack_padded_sequence 方法的第一个输入参数。

```
batch_size = 2
max_length =5
embed_size = 200
batch_data = torch.Tensor(batch_size,max_length,embed_size)
batch_data.data.copy_(torch.from_numpy(np.array(word_embedding)))
```

构建好输入数据之后，使用 pack_padded_sequence 方法对已填充的 Tensor 对象进行压缩。

```
from torch.nn.utils.rnn import pack_padded_sequence,pad_packed_sequence
packedSequence = pack_padded_sequence(batch_data,torch.Tensor([5,2]),batch_first=True)
```

上面代码中的 torch.Tensor([5,2]) 表示输入的 Batch 数据中第一条数据的长度为 5，第二条数据的长度为 2，得到的 PackedSequence 对象如下所示。

```
PackedSequence(data=tensor([[ 1.9508,  -1.4661,   2.0933,  ...,  -1.7270, -0.1494, -0.0703],
        [ 0.4797,  1.4363,  1.2964,  ...,  -0.5412, -0.1600,  0.3205],
        [-0.2667,  0.4490,  0.3256,  ...,  -0.1530,  1.4263,  0.3550],
        ...,
        [ 0.3754,  1.8401,  0.2334,  ...,  -1.0909, -0.7132,  1.6995],
        [ 0.0494,  0.6918, -0.2538,  ...,   0.4563, -0.4146,  0.1772],
        [-0.7569,  0.7580, -0.5532,  ...,  -0.2523, -0.4494, -1.6142]]),
batch_sizes=tensor([2, 2, 1, 1, 1]))
```

PackedSequence 对象有两个属性。第一个属性是压缩后的数据（data），该属性的维度为[7*200]，表示整个批次共有 7 个词，每个词的向量长度为 200。第二个属性 batch_sizes 容易让人产生误解，表示每个 step 有效输入的单词个数，共有 5 个 step：第一个 step 输入"历史"和"科技"，共两个有效单词；第二个 step 输入"的"和"工作者"，有效单词也是两个；第三个、第四个和第五个 step 分别输入"潮流""滚滚""向前"。每个 step 的有效长度为 1，因此才有上面的 batch_sizes=[2,2,1,1,1]。

6.4.2　pad_packed_sequence 解压缩

pack_padded_sequence 方法相当于对填充后的 Tensor 进行压缩，压缩后的 PackedSequence 对象可以直接输入循环神经网络、LSTM、GRU 等序列模型，在模型中将自动解压缩，并且自动提取每行数据的有效值进行计算。然后使用 pad_packed_sequence 进行填充，第一个参数为压缩后的 PackedSequence 对象，第二个参数指定是否是 Batch 优先，第三个参数指定用什么值填充，具体代码如下所示。

```
tensor,sizes = pad_packed_sequence(packedSequence,batch_first=True,padding_value=0.0)
print("pad packed sequence shape:{}".format(tensor.shape))
print("pad packed sequences length:{}".format(sizes))
pad packed sequence shape:torch.Size([2, 5, 200])
pad packed sequences length:tensor([5, 2])
```

pad_packed_sequence 方法的返回结果是一个二维 Tuple，第一个元素为填充后的 Tensor 变量，第二个元素为 Tensor 中有效字符的长度。

pack_padded_sequence 方法和 pad_packed_sequence 方法在循环神经网络中的使用如下所示。

```
#pack
pack = pack_padded_sequence(batch_data, torch.Tensor([5,2]), batch_first=True)
rnn = nn.RNN(200,10, 2, batch_first=True)
h0 = torch.randn(2, 2, 10)
#forward
out, _ = rnn(pack, h0)
#unpack
unpacked =pad_packed_sequence(out)
print(unpacked)
(tensor([[[  0.0737,  -0.2264,   0.3659,  -0.7315,   0.4314,  -0.5522, 0.4508,0.4300,  0.6089,  0.4955],
         [-0.6927, -0.9158,  0.1014, -0.3152,  0.7671, -0.0811, -0.3895,0.5228, 0.0641,  0.1213]],

        [[-0.4387, -0.3381,  0.0609, -0.3746,  0.4941, -0.3338,  0.8053,0.2477,
```

```
        -0.2927,  0.6532],
         [ 0.0118, -0.4609,  0.1862, -0.5827,  0.5011, -0.1901,  0.2654,-0.3303,
0.5781,  0.5101]],
         [[-0.4990,  0.1583, -0.7873, -0.8562,  0.3908, -0.1197,  0.3253, 0.5072,
-0.7456,  0.1218],
          [ 0.0000,   0.0000,   0.0000,   0.0000,   0.0000,   0.0000,   0.0000, 0.0000,
0.0000,  0.0000]],
         [[-0.2892,         0.5787,    -0.4259,    -0.2719,    -0.5481,    -0.8696,
0.1278,-0.3356, -0.6982, -0.3731]],
          [ 0.0000,   0.0000,   0.0000,   0.0000,   0.0000,   0.0000, 0.0000, 0.0000,
0.0000,  0.0000]],
         [[-0.8881, -0.3430, -0.1504,  0.0181,  0.2018, -0.7650,  0.1453, 0.3667,
-0.8491, -0.4716],
[0.0000,0.0000,0.0000,0.0000,0.0000,0.0000,0.0000,0.0000,0.0000,0.0000]]],
grad_fn=<CopySlices>), tensor([5, 2]))
```

需要注意的是，循环神经网络（LSTM 或 GRU）最终的输出结果是 PackedSequence 对象，需要使用 pad_packed_sequence 方法解压缩才能得到真正的 Tensor。

6.5 Encoder-Decoder 框架和注意力机制

自然语言是天然的序列数据，因此采用循环神经网络（LSTM 或 GRU）是最合适的，循环神经网络及其变体对自然语言处理任务性能提升具有关键作用。但是对长文本序列的处理，即使采用循环神经网络的改进版 LSTM 或 GRU 网络进行训练，效果也不太理想，并且模型的训练非常耗时，训练过程不易收敛。对此，研究者提出了注意力机制（Attention Mechanism），采用基于矩阵的并行计算加快训练过程。BERT 模型就是采用自注意力机制大幅度提升训练速度和模型性能的，为自然语言的发展开辟了新天地。

注意力机制最早应该是在视觉图像领域提出来的，它的思想归纳为给予需要重点关注的目标区域（注意力焦点）更重要的注意力，同时给予周围的图像低的注意力，然后随着时间的推移调整焦点，类比于人类阅读过程，为了合理利用有限的视觉信息处理资源，人类需要选择视觉区域中的特定部分，然后集中关注它。因此，注意力主要有两个方面。

（1）决定需要关注输入的哪部分内容。

（2）将有限的信息处理资源分配给重要的部分。

注意力机制通常和 Encoder-Decoder 框架相生相伴，为了更好地理解注意力机制，需要先了解 Encoder-Decoder 框架。

6.5.1 Encoder-Decoder 框架

Encoder-Decoder 框架的应用非常广泛，常见的机器翻译模型就是 Encoder-Decoder 框架的一种实现。图 6.19 所示是 Encoder-Decoder 通用框架。

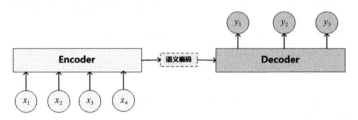

图 6.19 Encoder-Decoder 通用框架

在机器翻译模型中，对于句子对<Source,Target>，目标是给定输入句子 Source，通过 Encoder-Decoder 框架生成目标句子 Target。当然，Source 和 Target 可以是同一种语言，典型的场景是对话机器人；也可以是不同语言，典型应用场景是机器翻译。

Encoder 的工作是对输入的 Source 句子进行编码，通过网络的非线性变换转化为中间语义表示 C，即

$$C = F\left(x_1, x_2, x_3, \cdots, x_m\right)$$

Encoder 既可以是普通的神经网络，也可以是卷积神经网络、循环神经网络等深度神经网络。对于解码器 Decoder 来说，它的任务是根据中间语义编码 C 和 t 时刻以前生成的信息来生成 t 时刻的词 y_t，即

$$y_t = g\left(C, y_1, y_2, y_3, \cdots, y_{t-1}\right)$$

Encoder-Decoder 框架不仅在自然语言领域广泛使用，在语音识别、图像处理等领域也经常使用，是一种通用的语义编码解码模型。

Encoder-Decoder 框架和注意力机制之间的关系如下：注意力机制是通用的思想，并不依附特定的框架，这里引入 Encoder-Decoder 框架主要是为了进行说明，况且在后面介绍 BERT 模型时也会介绍 Encoder-Decoder 框架和自注意力机制。

图 6.19 所示实际上是没有注意力机制的，因为 Decoder 中的每个步骤都依赖相同的语义编码 C，没有体现出"随着时间的推移调整焦点"（这是注意力机制的核心），这是一种"眉毛胡子一把抓"的分心模型。在生成 Target 每个单词时，其生成过程的数学描述为

$$y_1 = g(C)$$

$$y_2 = g(C, y_1)$$
$$y_t = g\left(C, y_1, y_2, \cdots, y_{t-1}\right)$$

从上面的数学描述可知，在生成 Target 句子单词时，无论生成哪个单词，它们都会使用相同的语义编码 C，没有任何注意力方面的体现。对于 Target 中生成的单词来讲，Source 中任意单词对生成目标单词 y_t 的影响都是相同的，类似于患有高度近视的人看蒙娜丽莎的图片，眼神中看不到任何注意焦点，模糊一片。

在传统的循环神经网络或卷积神经网络中，由于没有注意力模型，当输入的句子较长时，语义完全通过一个中间语义编码 C 来表示，单词自身的信息已经消失，会失去很多细节信息。所以，在自然语言处理领域，对于没有采用注意力机制的长文本任务，效果会大打折扣，这也是引入注意力机制的原因。

6.5.2 注意力机制

以机器翻译为例，对于 Encoder 输入的中文"我　爱　你"，Decoder 应该逐步生成"I Love You"。当翻译到最后一个英文单词"You"的时候，分心模型中的每个中文字对翻译目标单词"You"的贡献是相同的，这明显不合理，因为"你"对翻译成"You"更重要。如果引入注意力机制，当翻译"You"的时候，应该体现出中文的每个字对翻译当前英文单词不同的影响程度，如某个概率分布（我，0.3）（爱，0.2）（你，0.5）。

每个中文字的概率代表了翻译英文单词"You"时，注意力机制分配给不同中文字的注意力大小。在翻译中，Target 中的每个单词都应该学会其对应的 Source 中的注意力大小，这就意味着生成每个单词 y_t 时，原先相同的语义编码 C 会被替换为根据当前生成的单词而不断变化的 C_t。增加注意力机制的 Encoder-Decoder 框架如图 6.20 所示。

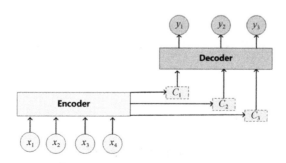

图 6.20　增加注意力机制的 Encoder-Decoder 框架

目标单词的生成过程的数学描述为

$$y_1 = g(C_1)$$
$$y_2 = g(C_2, y_1)$$
$$y_t = g(C_3, y_1, y_2, \cdots, y_{t-1})$$

每个C_i对应Source句子的注意力概率分布,上面提出的中英翻译中,对应的C_i可能为

$$C_1 = f(0.7 \times g(我), 0.2 \times g(爱), 0.1 \times g(你))$$
$$C_2 = f(0.2 \times g(我), 0.6 \times g(爱), 0.2 \times g(你))$$
$$C_3 = f(0.1 \times g(我), 0.4 \times g(爱), 0.5 \times g(你))$$

式中,函数g代表Encoder对输入汉字的变换函数,如果Encoder使用循环神经网络,则函数g的结果代表某个时刻在输入某个汉字后的隐藏节点的状态值;函数f代表Encoder根据汉字的中间表示合成整个句子中间语义表示的变换函数,一般的做法是对构成元素加权求和,即

$$C_i = \sum_{j=1}^{L} a_{ij} h_j$$

式中,L代表输入Source的长度,a_{ij}代表Target输出第i个单词时Source句子中第j个单词的注意力分配权重,h_j表示Source输入中第j个词的语义编码。因此,对于中英翻译中的"You",C_i的生成过程如图6.21所示。

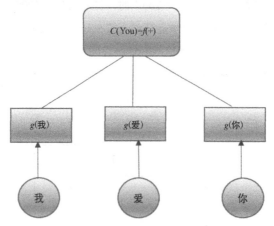

图6.21　C_i的生成过程

上面的概率分布式是如何得到的?对于采用了循环神经网络的Decoder,在t时刻如果要生成

单词 y_t，那么是可以知道 Target 在生成 y_t 的前一时刻隐藏层节点 $t-1$ 的输出值 H_{t-1} 的，而我们的目标是计算生成 y_t 时输入汉字（我 爱 你）对 y_t 的注意力分配概率分布，那么可行的做法是使用隐藏层状态 H_{t-1} 和 Source 中的每个单词对应的循环神经网络隐藏层状态 H_j 进行对比，通过函数 $F(H_j, H_{t-1})$ 获取目标单词 y_t 和每个输入单词的对齐可能性。函数 F 可以有不同的方法，最常见的方法是点乘（点乘的数学意义是向量的夹角余弦值，表示向量的投影，其实计算的就是一个相似度）。最后函数 F 的输出经过 softmax 进行归一化处理即可得到符合概率分布的注意力分配概率，计算过程如图 6.22 所示。

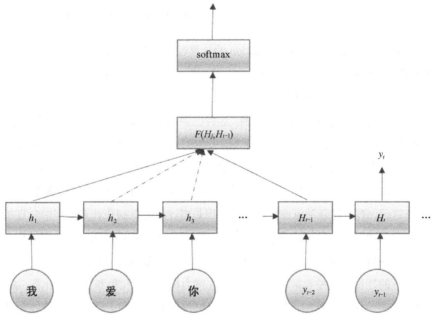

图 6.22 注意力分配概率计算过程

绝大多数注意力机制都采取上述计算框架来计算注意力分配概率分布信息，区别只是在 F 的定义上可能有所不同。

抛开 Encoder-Decoder 框架来看，注意力机制可以看作一种基于字典的查询。将 Source 中的元素看作 <Key,Value> 数据对类型，对于 Target 中的某个元素 Query，可以和 Source 中的各个 Key 计算相似度或相关性，归一化之后得到每个 Key 和 Query 的权重系数，最后进行加权求和，得到最终的 Attention 向量。注意力机制的本质如图 6.23 所示。

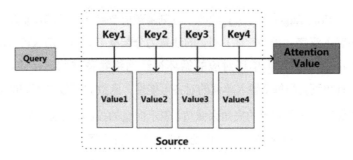

图 6.23 注意力机制的本质

注意力机制的本质对应的数学公式为

$$\text{Attention}(\text{Query}, \text{Source}) = \sum_{i=1}^{L} \text{Similarity}(\text{Query}, \text{Key}_i) \times \text{Value}_i$$

式中，L 表示 Source 的长度。因此，Attention 的计算过程可以分为如下两个阶段。

- 根据 Query 和 Key 计算权重系数。
- 根据权重系数对 Value 进行加权求和。

自注意力机制是注意力机制的一种特例，这种机制不是 Target 和 Source 之间的注意力机制，而是 Source 内部元素之间或 Target 内部元素之间发生的注意力机制，可以理解为 Source=Target。引入自注意力机制后会更容易捕获句子中长距离的相互依赖的特征，因为如果是循环神经网络，则需要按照序列计算，对于远距离的相互依赖的特征，要经过若干时间步骤的信息累积才能将两者联系起来，而距离越远，有效捕获的可能性就越小。但是自注意力机制在计算过程中会直接将句子中任意两个单词的联系通过一个计算步骤联系起来，所以远距离依赖特征之间的距离被极大缩短，有利于有效地利用这些特征。除此之外，自注意力机制对增加计算的并行性也有直接帮助作用，因为循环神经网络串行的计算方式是非常耗时的，而自注意力机制可以借助矩阵并行计算，加速训练过程。

基于这些特性，注意力机制已经在图片描述（Image-Caption）、语音识别等方面显示出了不凡的实力。另外，BERT 模型和 XLNet 模型都采用了注意力机制。

6.6 实验室小试牛刀之对话机器人

本节将创建一个对话机器人，使用的知识点包括语料处理、词嵌入、变长序列处理、注意力机制等，通过学习本节内容，读者对自然语言的理解将更深一层。

6.6.1 中文对话语料

本节采用笔者搜集的对话数据，问答对以"|"分隔，每行数据为一个问答对，样例数据如下所示。

```
什么是AI|人工智能是工程和科学的分支,致力于构建思维的机器。
你写的是什么语言|蟒蛇
你听起来像数据|是的,我受到指挥官数据的人工个性的启发
你是一个人工语言实体|那是我的名字。
你不是不朽的|所有的软件都可以永久存在。
```

整个语料共有106 942条数据，使用"|"作为分隔符，对问答对进行拆分，并构建语料词典。由于要将处理好的句子传入Seq-to-Seq网络中进行学习，所以还需要设置句子开始和结束的标志，用于判读句子的开始和结束。对同一个Batch中较短的文本需要使用填充字符进行填充，因此还需要指定填充字符，以及输入网络序列的最大长度。构建词典需要考虑低频词和高频词的处理，考虑对词频小于阈值的词直接进行过滤，对于未录入的词使用</UNK>进行替换。下面借助Jieba分词工具，使用上述语料构建问答词典。

6.6.2 构建问答词典

首先定义开始符、结束符、未录入字符替换符和句子填充符，然后定义字典最大长度、输入序列最大长度及处理后的文件保存路径。

```
#未录入字符替换符
unknown = '</UNK>'
#句子结束符
eos = '</EOS>'
#句子开始符
sos = '</SOS>'
#句子填充符
padding = '</PAD>'
#字典最大长度
max_voc_length = 50000
#加入字典的词的词频最小值
min_freq = 2
#最大句子长度
max_sentence_length = 50
#已处理的对话数据集保存路径
save_path = 'QNS_corpus.pth'
#用于处理中文字符和英文字符的正则表达式
```

```python
reg = re.compile("[^\u4e00-\u9fa5^a-z^A-Z^0-9]")
```

接下来定义原始语料处理函数，完成分词、词频的统计，构建好词典，借助 torch.save 方法将处理好的数据保存到外部文件。

```python
def datapreparation():
    '''处理对话数据集'''
    data = []
    lines = np.load("./datas/CN-corpus.npy")
    for line in lines:
        values = line.split('|')
        sentences = []
        for value in values:
            sentence = jieba.lcut(reg.sub("",value))
            #每句话的结束，添加</EOS>标记
            sentence = sentence[:max_sentence_length] + [eos]
            sentences.append(sentence)
        data.append(sentences)
    '''生成字典和句子索引'''
    words_dict = {} #统计单词的词频
    def update(word):
        words_dict[word] = words_dict.get(word, 0) + 1
    #更新词典
    {update(word) for sentences in data for sentence in sentences for word in sentence}
    #按词频从高到低排序
    word_nums_list = sorted([(num, word) for word, num in words_dict.items()], reverse=True)
    #词典最大长度为max_voc_length，单词最小词频为min_freq
    words = [word[1] for word in word_nums_list[:max_voc_length] if word[0] >= min_freq]
    words = [unknown, padding, sos] + words
    word2ix = {word: ix for ix, word in enumerate(words)}
    ix2word = {ix: word for word, ix in word2ix.items()}
    #使用构建的词典对原对话语料进行编码
    ix_corpus = [[[word2ix.get(word, word2ix.get(unknown)) for word in sentence] for sentence in item] for item in data]
    clean_data = {
        'corpus': ix_corpus,
        'word2ix': word2ix,
        'ix2word': ix2word,
        'unknown' : '</UNK>',
        'eos' : '</EOS>',
        'sos' : '</SOS>',
        'padding': '</PAD>',
```

```
        }
        torch.save(clean_data, save_path)
        return words_dict
if __name__ == "__main__":
    datapreparation()
```

运行上面的代码即可完成对话语料词典的构建，要使用该词典，只需要使用 torch.load 方法加载即可。

```
corpus = torch.load(save_path)
```

6.6.3　DataLoader 数据加载

模型的训练采用基于 DataLoader 的数据加载接口，涉及的超参数及 CorpusDataset 接口的实现如下。

使用 Config 类统一配置模型中的参数，参数如下所示。

```
class Config:
    '''
    Chatbot 模型参数
    '''
    corpus_data_path = './QNS_corpus.pth'               #已处理的对话数据
    use_QA_first = True                                 #是否载入知识库
    max_input_length = 30                               #输入的最大句子长度
    max_generate_length = 30                            #生成的最大句子长度
    prefix = 'checkpoints/chatbot'                      #模型断点路径前缀
    model_ckpt = 'checkpoints/chatbot_0629_0328'        #加载模型路径
    '''
    训练超参数
    '''
    batch_size = 1280
    shuffle = True                                      #DataLoader是否打乱数据
    num_workers = 0                                     #DataLoader多进程提取数据
    bidirectional = True                                #Encoder-RNN是否双向
    hidden_size = 128
    embedding_dim = 300
    method = 'dot'                                      #attention method
    dropout = 0.0                                       #是否使用dropout
    clip = 50.0                                         #梯度裁剪阈值
    num_layers = 2                                      #Encoder-RNN层数
    learning_rate = 1e-3
    #teacher_forcing 比例
    teacher_forcing_ratio = 1.0
```

```
        decoder_learning_ratio = 1.0
        drop_last = True
        '''
        训练周期信息
        '''
        epoch = 200
        print_every = 1         #每多少步打印一次
        save_every = 10         #每迭代多少 epoch 保存一次模型
        '''
        GPU                     #是否使用 GPU 设备
        '''
        use_gpu = torch.cuda.is_available()
        #使用 GPU 设备或 CPU 设备
        device = torch.device("cuda" if use_gpu else "cpu")
        #是否使用固定缓冲区
        pin_memory = True if(use_gpu) else False
```

基于 Dataset 接口定义 CorpusDataset 语料数据集，如下所示。

```
超参数：
class CorpusDataset(Dataset):
    def __init__(self, opts):
        self.opts = opts
        self.datas = torch.load(opts.corpus_data_path)
        self.word2ix = self.datas['word2ix']
        self.ix2word = self.datas['ix2word']
        self.corpus = self.datas['corpus']
        self.padding = self.word2ix.get(self.datas.get('padding'))
        self.eos = self.word2ix.get(self.datas.get('eos'))
        self.sos = self.word2ix.get(self.datas.get('sos'))
        self.unknown = self.word2ix.get(self.datas.get('unknown'))
    def __getitem__(self, index):
        #问
        inputQue = self.corpus[index][0]
        #答
        targetAns = self.corpus[index][1]
        return inputQue,targetAns, index
    def __len__(self):
        return len(self.corpus)
```

CorpusDataset 主要使用传入的语料路径读取外部文件，将字典索引、填充符、开始符、结束符及语料信息赋值给相关的类属性。__getitem__()函数返回问答对及所在语料中的索引。接下来定义 DataLoader，用于加载 CorpusDataset。为了便于复用代码，可以将 DataLoader 定义在 get_loader 方法中。

```python
def get_loader(opts):
    dataset = CorpusDataset(opts)
    dataloader =         DataLoader( dataset,
                            batch_size=opts['batch_size'],
                            shuffle=opts['shuffle'],
                            num_workers=opts['num_workers'],
                            drop_last=opts['drop_last'],
                            collate_fn=create_collate_fn(dataset.padding,
dataset.eos))
    return dataloader,dataset
```

DataLoader 接口通过传入的 batch_size 参数控制每个批次的数据量，通过指定 shuffle 打乱数据，通过 num_workers 指定工作的并发线程数，drop_last 用于指定是否丢弃最后一个不足以组成 Batch 的数据，collate_fn 用于指定一个外部函数，该函数用于处理采集到的 Batch 中的数据，这为使用者提供了一个非常友好的手段去定制化数据。我们需要在 collate_fn 指定的函数中实现 padding、Mask 等操作，具体实现如下所示。

```python
def create_collate_fn(padding, eos):
    def collate_fn(corpus_item):
        #按照 inputQue 的长度进行排序，这是调用 pad_packed_sequence 方法的要求
        corpus_item.sort(key=lambda p: len(p[0]), reverse=True)
        inputs, targets, indexes = zip(*corpus_item)
        input_lengths = torch.tensor([len(line) for line in inputs])
        inputs = zeroPadding(inputs, padding)
        #词嵌入需要使用 Long 类型的 Tensor
        inputs = torch.LongTensor(inputs)
        max_target_length = max([len(line) for line in targets])
        targets = zeroPadding(targets, padding)
        mask = binaryMatrix(targets, padding)
        mask = torch.ByteTensor(mask)
        targets = torch.LongTensor(targets)
        return inputs, targets, mask, input_lengths, max_target_length, indexes
    return collate_fn

def zeroPadding(datas, fillvalue):
    return list(itertools.zip_longest(*datas, fillvalue=fillvalue))

def binaryMatrix(datas, padding):
    m = []
    for i, seq in enumerate(datas):
        m.append([])
        for token in seq:
            if token == padding:
                m[i].append(0)
```

```
        else:
            m[i].append(1)
    return m
```

zeroPadding 方法的参数 datas 是由 batch_size 个参差不齐的句子组成的，借助 itertools 的 zip_longest 方法填充到固定的长度，并且等于该批次中最长句子的长度，填充前后的维度为 [batch_size, max_seq_len] ⇒ [max_seq_len, batch_size]。

binaryMatrix 方法用于生成 Mask 矩阵，其判断逻辑如下：token 等于 padding 值的，该位置的值设置为 0，否则该位置的值设置为 1。Mask 矩阵的形状和传入的 datas 的形状相同，为 [max_seq_len,batch_size]。

关键字参数 collate_fn 对应的是一个方法，DataLoader 默认将采集的 Batch 数据传递给该方法，因此可以在该方法中定制处理数据。在该方法中，按照 inputQue 的长度进行逆序排序，并计算每个输入序列的长度，这是调用 pack_padded_sequence 方法的要求，并对输入序列和输出序列使用 "</PAD>" 符号对应字典中的 Index 进行填充。传入的参数为 "</PAD>" 的索引 padding，"</EOS>" 字符索引 eos。

collate_fn 传入的参数是由一个 Batch 的 __getitem__ 方法的返回值组成的列表，形如[(inputQue1, targetAns1, index1),(inputQue2, targetAns2, index2),...]，其中 inputQue1 为问句单词索引序列表[word_ix, word_ix,word_ix,...]，targetAns1 为答句单词索引序列表[word_ix, word_ix,word_ix,...]。

返回的 inputs 是取出所有 inputQue 组成的 list，形如[inputQue1,inputQue2,inputQue3,...]，填充后转换为 Tensor 的形状为[max_seq_length,batch_size]；targets 是取出所有 targetAns 组成的 list，形如[targetAns1,targetAns2,targetAns3,...]，填充后的形状为[max_seq_length,batch_size]；input_lengths 是填充前 inputQue 的长度，用 pack_padded_sequence 方法进行压缩，形如[length_inputQue1, length_inputQue2, length_inputQue3, ...]；max_target_length 是该批次的所有 target 的最大长度；mask 是掩码矩阵，形状为 [max_seq_len, batch_size]；indexes 用于记录 Batch 中句子在 corpus 数据集中的位置。

上面定义了语料预处理及加载器，下面实现对话模型。

6.6.4　Encoder 双向多层 GRU

问答系统本质上属于 Encoder-Decoder 模型，通过 Encoder 对问句进行编码，得到问句的语义表示 C，Decoder 根据语义表示 C 进行解码，并不断生成答案，直到遇到结束符 "</EOS>" 或达到最大长度。

Encoder 是一个序列模型，可以使用循环神经网络、LSTM、GRU 等模型，考虑到训练速度，这里采用 GRU 序列模型。因为序列模型的输入为自然语言，所以需要先对输入的自然语言进行词嵌入。词嵌入有两种方式：一种是使用和前面介绍的 Word2vec 类似的方法，预先训练好词向量，在 Embedding 层中直接加载预训练好的词向量，并将 requires_grad 设置为 False，以冻结权重参数；另一种方式是使用 nn.Embedding 从零开始训练。为了简化流程，这里采用第二种方式进行词嵌入。

Encoder 的实现如下所示。

```
class EncoderRNN(nn.Module):
    def __init__(self, opts, voc_length):
        super(EncoderRNN, self).__init__()
        self.num_layers = opts.num_layers
        self.hidden_size = opts.hidden_size
        self.embedding = nn.Embedding(voc_length, opts.embedding_dim)
        #采用双向 GRU 作为 Encoder
        self.gru = nn.GRU(opts.embedding_dim, self.hidden_size, self.num_layers,dropout= opts.dropout, bidirectional=opts.bidirectional)
    def forward(self, input_seq, input_lengths, hidden=None):
        """
        input_seq:[max_seq_length,batch_size]
        input_lengths:the lengths in batchs
        """
        embedded = self.embedding(input_seq)
        #packed data shape:[all_words_size_in_batch,embedding_size]
        packed = pack_padded_sequence(embedded, input_lengths)
        #outputs data shape:[all_words_size_in_batch,num_layer*hidden_size]
        #hidden shape:[num_layer*bidirection,batch_size,hidden_size]
        outputs, hidden = self.gru(packed, hidden)
        #outputs shape:[max_seq_length,batch_size,num_layer*hidden_size]
        outputs, _ = pad_packed_sequence(outputs)
        #将双向的 outputs 求和
        outputs = outputs[:, :, :self.hidden_size] + outputs[:, : ,self.hidden_size:]
        return outputs, hidden
```

GRU 采用多层双向结构，以增强序列模型的表达能力。通过外部传入的 num_layers 控制堆叠的层数，通过 bidirectional 参数控制是否采用双向 GRU。

需要注意的是，Embedding 词嵌入的第一个参数为词表大小，第二个参数为词嵌入的维度。由于输入的 Batch 中句子参差不齐，所以采用 pack_padded_sequence 方法对被填充的输入进行压缩，GRU 将根据返回的 PackedSequence 对象，忽略填充字符，从而得到更加精确的语义表示 C。GRU 初始的隐状态设置为None，最终返回所有 Step 的输出值和最后一个 Step 对应的隐藏值。此时 outputs 中的值仍然为 PackedSequence 对象，需要使用 pad_packed_sequence 方法进行解码。由于是双向的 GRU，所以前面 hidden_size 个输出值是正向的，后面 hidden_size 个输出值是反向的，正向取值为

[:, :, :hidden_size]，反向取值为 [:, :, hidden_size:]。最终的输出结果为正向和反向的叠加，形状为 [max_seq_len, batch_size, hidden_size]。输出的 Hidden 形状为[num_layers*num_directions, batch_size, hidden_size]。

6.6.5 运用注意力机制

6.5 节阐述了在序列模型中使用注意力机制。使用注意力机制的关键是计算注意力权重。常见的计算注意力权重的方式有以下 3 种：

$$\text{Score}(\boldsymbol{h}_t, \bar{\boldsymbol{h}}_s) = \boldsymbol{h}_t^\text{T} \bar{\boldsymbol{h}}_s$$

$$\text{Score}(\boldsymbol{h}_t, \bar{\boldsymbol{h}}_t) = \boldsymbol{h}_t^\text{T} \boldsymbol{W}_a \bar{\boldsymbol{h}}_s$$

$$\text{Score}(\boldsymbol{h}_t, \bar{\boldsymbol{h}}_t) = \boldsymbol{u}_a^\text{T} \tanh(\boldsymbol{W}_a[\boldsymbol{h}_t, \bar{\boldsymbol{h}}_s])$$

第一种方式是最简单的，t 时刻的隐状态和所有 Input Step 的输出做点乘运算。点乘的数学意义实际上是一个向量在另一个向量上的投影，因此点乘的大小在某种程度上等价于相似度。可以使用点乘做两个向量之间的相似度计算，计算的得分值经过 softmax 函数归一化之后便可得到权重概率值，该概率值正好可以用于表示当前的输出对输入的每个值的关注程度，其计算思想如图 6.24 所示。

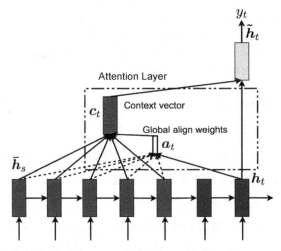

图 6.24 用 dot 方式计算注意力权重

第二种方式是引入一个可以学习的矩阵，先对 $\boldsymbol{h}_t$ 做线性变换，再求内积。第三种方式是将 t 时刻的隐状态和输出值进行拼接，然后用一个全连接网络计算 Score。前两种方式的实现如下所示。

```python
class Attention(torch.nn.Module):
    def __init__(self, attn_method, hidden_size):
        super(Attention, self).__init__()
        #Attention 的方式: dot 和 general
        self.method = attn_method
        self.hidden_size = hidden_size
        if self.method not in ['dot', 'general']:
            raise ValueError(self.method, "is not an appropriate attention method.")
        if self.method == 'general':
            self.attn = torch.nn.Linear(self.hidden_size, self.hidden_size)
    #dot 方式
    def dot_score(self, hidden, encoder_outputs):
        """
        hidden shape:[1,batch_size,hidden_size]
        encoder_outputs shape:[max_seq_length,batch_size,hidden_size]
        result shape:[max_seq_length,batch_size]
        """
        return torch.sum(hidden * encoder_outputs, dim=2)
    #general 方式
    def general_score(self, hidden, encoder_outputs):
        energy = self.attn(encoder_outputs)
        return torch.sum(hidden * energy, dim=2)
    #前向传播
    def forward(self, hidden, encoder_outputs):
        if self.method == 'general':
            attn_energies = self.general_score(hidden, encoder_outputs)
        elif self.method == 'dot':
            attn_energies = self.dot_score(hidden, encoder_outputs)
        attn_energies = attn_energies.t()#[batch_size,max_seq_length]
        return F.softmax(attn_energies, dim=1).unsqueeze(1)#[batch_size,1,max_seq_length]
```

6.6.6 Decoder 多层 GRU

Decoder 解码层仍然是一个循环神经网络，Decoder 是逐字生成的，每个 TimeStamp 产生一个字，其输入值为"</SOS>"开始标记和上一个 GRUCell 的 Hidden 输出，初始值为 Encoder 的 Last Step Hidden（传入的是 Encoder Hidden 的正向部分）。Attention 层仍然采用点乘的方式计算每个 TimeStamp 的输出值和 Encoder 的每个输出值之间的注意力权重，然后和当前 TimeStamp 的输出值进行拼接。经过线性变换之后使用 tanh 非线性函数将值归一化到[−1,1]，最后使用 softmax 函数计算得分值。

```python
class AttentionDecoderRNN(nn.Module):
    def __init__(self, opts, voc_length):
        super(AttentionDecoderRNN, self).__init__()
        self.attn_method = opts.method
        self.hidden_size = opts.hidden_size
        self.output_size = voc_length
        self.num_layers = opts.num_layers
        self.dropout = opts.dropout
        self.embedding = nn.Embedding(voc_length, opts.embedding_dim)
        self.embedding_dropout = nn.Dropout(self.dropout)
        self.gru=nn.GRU(opts.embedding_dim,self.hidden_size,self.num_layers,dropout = self.dropout )
        self.concat = nn.Linear(self.hidden_size * 2, self.hidden_size)
        self.out = nn.Linear(self.hidden_size, self.output_size)
        self.attention = Attention(self.attn_method, self.hidden_size)

    def forward(self, input_step, last_hidden, encoder_outputs):
        """
        input_step shape:[1,batch_size]
        embedded shape:[1,batch_size,embedding_size]
        """
        embedded = self.embedding(input_step)
        embedded = self.embedding_dropout(embedded)
        #rnn_output shape:[1,batch_size,hidden_size]
        #hideen shape:[num_layer*bidirection,batch_size,hidden_size]
        rnn_output, hidden = self.gru(embedded, last_hidden)
        #注意力权重#[batch_size,1,max_seq_length]
        attn_weights = self.attention(rnn_output, encoder_outputs)
        #由注意力权重通过bmm批量矩阵相乘计算出此时rnn_output对应的注意力context
        #context shape:[batch_size,1,hidden_size]
        context = attn_weights.bmm(encoder_outputs.transpose(0, 1))
        rnn_output = rnn_output.squeeze(0)
        context = context.squeeze(1)
        #上下文和rnn_output拼接
        concat_input = torch.cat((rnn_output, context), 1)
        #使用tanh非线性函数将值范围变成[-1,1]
        concat_output = torch.tanh(self.concat(concat_input))
        output = self.out(concat_output)
        #通过softmax函数计算output的得分值
        output = F.softmax(output, dim=1)
        return output, hidden
```

6.6.7 模型训练

模型定义好之后开始训练模型。由于涉及 Encoder 和 Decoder 两个网络,需要同时训练,所以使用 Adam 优化器,learning_rate 设置为 0.001。每个 Batch 打印一次损失值,每训练 10 个 epoch 保存一次模型到 checkpoint 目录中。在训练过程中,为了避免梯度消失的问题,采用 clip_grad_norm_ 方法进行梯度裁剪。梯度裁剪是对计算出的梯度设置一个边界,超过边界的梯度裁剪为边界值。

Encoder 的训练和 Decoder 的训练过程不同。Encoder 是典型的序列模型,采用双向多层 GRU 网络,其训练过程相对简单。Decoder 的训练过程相对麻烦,Decoder 的输入为 Encoder 网络的 Hidden 输出值,并且 Decoder 在一个时间步只处理一个字符,初始字符是 "</SOS>",在 Decoder 内部每处理一个字符,通过 Attention 网络层计算语义表示 C。

Decoder 网络的训练策略分为两种:一种是使用正确的答案作为下一个 Step 的输入,这种策略被称为 teacher_forcing。通过 teacher_forcing_ratio 参数控制采用 teacher_forcing 策略训练的比例,通常设置为 1,即全部采用正确答案训练。另一种策略是使用当前 Step 生成的字符作为下一个 Step 的输入,这种方法训练模型抖动比较明显,模型收敛也非常慢。使用 teacher_forcing 策略训练的细节如下所示。

```
if use_teacher_forcing:
    for t in range(max_target_length):
        decoder_output, decoder_hidden = decoder(
            decoder_input, decoder_hidden, encoder_outputs
        )
        decoder_input = targets[t].view(1, -1)
        mask_loss, nTotal = maskNLLLoss(decoder_output, targets[t], mask[t])
        loss += mask_loss
        print_losses.append(mask_loss.item() * nTotal)
        n_totals += nTotal
else:
    for t in range(max_target_length):
        decoder_output, decoder_hidden = decoder(
            decoder_input, decoder_hidden, encoder_outputs)
        #不是teacher_forcing: 下一个时刻的输入是当前模型预测概率最高的值
        _, topi = decoder_output.topk(1)
        decoder_input = topi.t()
        #计算累计的损失值
        mask_loss, nTotal = maskNLLLoss(decoder_output, targets[t], mask[t])
        loss += mask_loss
        print_losses.append(mask_loss.item() * nTotal)
        n_totals += nTotal
```

需要特别注意的是，模型损失的计算采用 crossEntropy 交叉熵损失。由于在 Decoder 中已经计算了 softmax，所以在损失函数中只需要再计算一次负对数，但是这样计算的损失会有偏差，因为 Target 是被填充过的数据，有大量的"</PAD>"字符。为了避免计算损失的偏差，需要使用 Mask 矩阵对"</PAD>"进行遮盖。在 Mask 矩阵中，1 表示未填充，0 表示填充，通过 masked_select 方法即可选择出未填充的真实数据，最后根据所有真实数据上的损失计算均值，并作为最终的损失值。通过 Mask 矩阵计算损失的代码如下所示。

```
def maskNLLLoss(inp, target, mask):
#padding 是 0，非 padding 是 1，因此通过求和就可以得到词的个数
    nTotal = mask.sum()
    #求负对数损失
    crossEntropy = -torch.log(torch.gather(inp, 1, target.view(-1, 1)).squeeze(1))
    #使用 Mask 矩阵标记选择并计算均值
    loss = crossEntropy.masked_select(mask).mean()
    return loss, nTotal.item()
```

经过 200 个 epoch 的训练，模型趋于收敛。Encoder-Decoder 训练过程如图 6.25 所示。

```
Epoch: 2; Epoch Percent complete: 1.0000%; Average loss: 0.36153477
Epoch: 2; Epoch Percent complete: 1.0000%; Average loss: 0.38486663
Epoch: 2; Epoch Percent complete: 1.0000%; Average loss: 0.36486203
Epoch: 2; Epoch Percent complete: 1.0000%; Average loss: 0.35778984
Epoch: 2; Epoch Percent complete: 1.0000%; Average loss: 0.40855332
Epoch: 2; Epoch Percent complete: 1.0000%; Average loss: 0.37182956
Epoch: 2; Epoch Percent complete: 1.0000%; Average loss: 0.34428878
Epoch: 2; Epoch Percent complete: 1.0000%; Average loss: 0.35765286
Epoch: 2; Epoch Percent complete: 1.0000%; Average loss: 0.33922612
Epoch: 2; Epoch Percent complete: 1.0000%; Average loss: 0.34203942
```

图 6.25　Encoder-Decoder 训练过程

6.6.8　答案搜索及效果展示

下面用训练好的模型模拟人机对话，人机对话包含以下几个步骤。

（1）解析人工输入的信息并依据字典进行编码。

（2）将编码后的信息输入 Encoder，得到 Outputs 和 Hidden，Hidden 作为 Decoder 的初始值，Outputs 用于计算注意力权重。

（3）Decoder 解码，取概率最大的结果作为下一个 Step 的输入[这属于贪心搜索（Greedy Search），也可以取概率最大的前 N 个值，做集束搜索（Beam Search）]，直到解码结果为"</EOS>"或达到定义的最大解码长度。

下面是基于 nn.Module 实现的贪心搜索算法，在 forward 方法中，计算概率最大的词并返回。

```python
class GreedySearchDecoder(nn.Module):
    def __init__(self, encoder, decoder):
        super(GreedySearchDecoder, self).__init__()
        self.encoder = encoder
        self.decoder = decoder
    def forward(self, sos, eos, input_seq, input_length, max_length, device):
        #Encoder 的 Forward 计算
        encoder_outputs, encoder_hidden = self.encoder(input_seq, input_length)
        #把 Encoder 最后时刻的隐状态作为 Decoder 的初始值
        decoder_hidden = encoder_hidden[:self.decoder.num_layers]
        #Decoder 的初始输入是 SOS
        decoder_input = torch.ones(1, 1, device=device, dtype=torch.long) * sos
        all_tokens = torch.zeros([0], device=device, dtype=torch.long)
        all_scores = torch.zeros([0], device=device)
        #搜索，直到遇到 "</EOS>" 结束符或达到最大解码长度
        for _ in range(max_length):
            #单步执行 Decoder Forward
            decoder_output, decoder_hidden = self.decoder(decoder_input,
 decoder_hidden, encoder_outputs)
            #返回概率最大的词的概率和得分
            decoder_scores, decoder_input = torch.max(decoder_output, dim=1)
            all_tokens = torch.cat((all_tokens, decoder_input), dim=0)
            all_scores = torch.cat((all_scores, decoder_scores), dim=0)
            #用 unsqueeze 增加 Batch 维度
            if decoder_input.item() == eos:
                break
            decoder_input = torch.unsqueeze(decoder_input, 0)
        # 返回所有的词和得分
        return all_tokens, all_scores
```

对话效果如图 6.26 所示。

```
> 你好
BOT:  我是你的可口可乐
> 呵呵呵
BOT:  呵呵
> 呵呵呵呵
BOT:  你说笑什么
> 哈哈哈哈哈
BOT:  HOHO
> 哈哈哈哈啊哈哈哈哈哈
BOT:  别笑了露出一嘴的黄牙
> 吃饭了吗
BOT:  打算吃什么
> 回家真好
BOT:  谦虚是立足之本再好也要谦虚不能骄傲哦
> 我爱你
BOT:  爱就要爱一生一世的哦不许变心不许多看一眼别的女人
> 稀罕你
BOT:  我也喜欢
>
```

图 6.26　对话效果

对话机器人项目涵盖了 GRU、Encoder-Decoder 模型、注意力机制、Jieba 分词、自然语言处理等重要知识点，强烈建议读者亲自调试，毕竟"纸上得来终觉浅，绝知此事要躬行"，读者可以尝试替换语料或丰富语料，训练出有趣的对话机器人模型。

6.7 加油站之常见的几种概率分布

本节主要回顾几种在数据分析和数学建模中使用的重要概率分布，包括二项分布、正态分布、均匀分布、泊松分布、卡方分布、Beta 分布，并借助 Python 中的统计模块，以代码实战的方式实践这几种概率分布。

6.7.1 二项分布

所谓的二项分布就是只有两个可能的结果的分布，如阴和阳、成功和失败、得到和丢失等，每次尝试成功或失败的概率相等。如果在试验中成功的概率为 0.9，则失败的概率为 $q = 1 - 0.9 = 0.1$。每次尝试都是独立的，前一次的结果不能决定或影响当前的结果。将只有两种结果的独立试验重复 N 次，得到的概率分布叫作二项分布，对应的试验叫作 N 重伯努利试验。N 重伯努利试验的参数是 N 和 p，其中 N 是试验的总数，p 是每次试验成功的概率，其数学公式为

$$\text{Binom}(k|N,p) = \binom{N}{k} p^k (1-p)^{N-k}$$

二项分布的期望为 $N \times p$，方差为 $N \times p \times q$，其中，$q=1-p$。为了更好地建立概率和概率分布之间的关系，下面引入概率质量函数（PMF）和概率密度函数（PDF）。

概率质量函数是对离散型随机变量的定义，描述的是离散型随机变量在各个特定取值的概率，通俗来说，就是对于一个离散型概率事件来说，使用这个函数求解各个事件的概率。概率密度函数是对连续性随机变量的定义，与概率质量函数不同的是，概率密度函数在特定点上的值并不是该点的概率，连续随机概率事件只能通过对这段区间进行积分来求解一段区域内发生事件的概率。对于概率质量函数和概率密度函数，使用累积分布函数（CDF）计算在某个区间或集合内累积分布的概率。

接下来使用 SciPy 提供的统计模块，模拟抛掷 10 次硬币的伯努利试验所对应的概率质量函数和累积分布函数，并使用 Matplotlib 进行可视化，如图 6.27 所示。

```
import numpy as np
import scipy.stats as stats
import matplotlib.pyplot as plt
plt.bar(x=np.arange(10),height=(stats.binom.pmf(np.arange(10), p=.5, n=10)),
```

```
color="#008fd5")#概率质量函数
    #累积分布函数
    plt.plot(np.arange(10),stats.binom.cdf(np.arange(10), p=.5, n=10), color=
"#fc4f30")
    plt.show()
```

在图 6.27 中，曲线是累积分布函数，条形图表示投掷产生期望结果次数的概率。可以看到，累积分布函数是概率质量函数的累积。当 p=0.5 时，概率质量函数左右对称；当 p 大于或小于 0.5 时，将出现"长尾"。N 越大，概率质量函数图像越扁平。

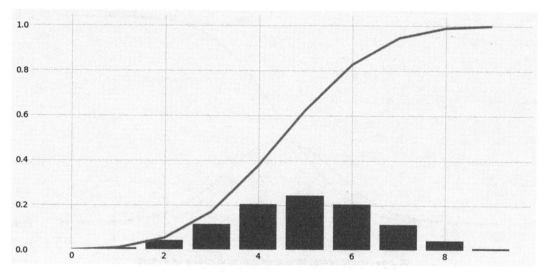

图 6.27　抛掷 10 次硬币的伯努利试验所对应的概率质量函数和累积分布函数

6.7.2　正态分布

宇宙中大多数现象的概率呈现正态分布，大量的随机变量被证明是服从正态分布的。随机变量 X 服从数学期望为 μ、方差为 σ^2 的正态分布，记为 $N(\mu,\sigma^2)$，其概率密度函数的定义为

$$f(x|\mu,\sigma) = \frac{1}{\sqrt{2\pi\sigma^2}} e^{\frac{-(x-\mu)^2}{2\sigma^2}}$$

期望 μ 决定了分布的位置，标准差 σ 决定了分布的幅度。当 $\mu=0$ 且 $\sigma=1$ 时，正态分布是标准正态分布。一般的正态分布可以通过下面的公式转换为标准正态分布。

$$若 X \sim N(\mu,\sigma^2)，令 B = \frac{X-\mu}{\sigma}，则 B \sim (0,1)$$

下面用 SciPy 模块绘制正态分布的概率密度函数和累积分布函数图像，如图 6.28 所示。

```
import numpy as np
import scipy.stats as stats
import matplotlib.pyplot as plt
datas = np.linspace(-4, 4, 100)
plt.plot(datas, stats.norm.pdf(datas))
plt.plot(datas, stats.norm.cdf(datas))
plt.show()
```

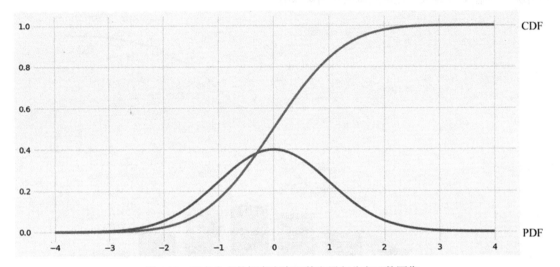

图 6.28　正态分布的概率密度函数和累积分布函数图像

对于正态分布，概率密度函数的图像关于均值对称，且标准差越小，图像越"尖"，分布越集中。

6.7.3　均匀分布

对于掷骰子来说，结果是 1～6，并且得到任何一个结果的概率是相等的，这就是均匀分布的基础。与伯努利分布不同，均匀分布的所有可能结果的概率是相等的。如果变量 X 是均匀分布的，则概率密度函数可以表示为

$$f(x) = \frac{1}{b-a}, -\infty \leqslant a \leqslant x \leqslant b$$

均匀分布的概率密度函数图像如图 6.29 所示。

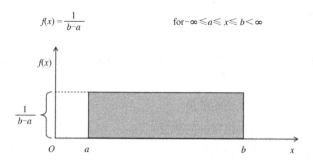

图 6.29　均匀分布的概率密度函数图像

函数图像由 a 和 b 的值确定，在 SciPy 模块中通过 uniform() 函数的关键字 loc 和关键字参数 scale 控制。均匀分布的概率密度函数和累积分布函数的代码如下。

```python
import numpy as np
import scipy.stats as stats
import matplotlib.pyplot as plt
plt.figure(figsize=(15,8))
datas = np.linspace(-8, 8, 100)
#PDF loc=0, scale=1
plt.plot(datas, stats.uniform.pdf(datas,loc=0, scale=1))
plt.fill_between(datas,stats.uniform.pdf(datas,loc=0, scale=1))
#PDF loc=-3, scale=3
plt.plot(datas, stats.uniform.pdf(datas, loc=-3, scale=3))
plt.fill_between(datas,stats.uniform.pdf(datas,loc=-3, scale=3))
plt.show()
```

其输出结果如图 6.30 所示。

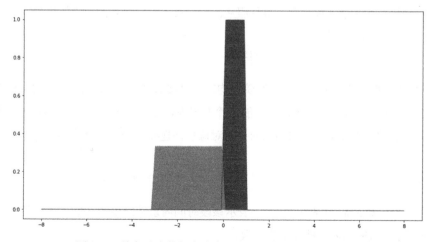

图 6.30　均匀分布的概率密度函数和累积分布函数的图像

6.7.4 泊松分布

在现实生活中，很多现象服从泊松分布，在某种程度上泊松分布可用于近似计算二项分布。下面是现实生活中服从泊松分布的例子。

- 医院在一天内接到的紧急电话的数量。
- 某个地区在一天内报告的失窃案件的数量。
- 在1个小时内抵达沙龙的客户人数。
- 书中每页打印错误的数量。

泊松分布适用于在随机时间和空间上发生的事件。

我们只关注事件在某段时间内发生的次数，泊松分布中使用了如下符号。

- λ：事件发生的速率。
- t：时间间隔。
- X：该时间间隔内发生的事件数。

其中，X 称为泊松随机变量，X 的概率分布称为泊松分布。令 μ 表示长度为 t 的间隔内的平均事件数，那么 $\mu = \lambda \times t$。

一个事件要服从泊松分布需要符合以下条件。

- 将该时间段无限分隔成若干小时间段，在这个接近于零的小时间段内，该事件发生一次的概率与这个小时间段的长度成正比。
- 在每个小时间段内，该事件发生两次及以上的概率恒等于零。
- 该事件在不同的小时间段内发生与否相互独立。

如果事件满足上述 3 个条件，则该事件服从泊松分布。泊松分布的数学描述为

$$f(x|\lambda) = \frac{\lambda^x e^{-\lambda}}{x!}$$

式中，λ 表示分布的期望值。例如，已知医院平均每小时接到 3 个紧急电话，请问接下来 2 个小时会接到几个紧急电话？可能是 20 个，也可能 1 个都没有，这是无法预料的。泊松分布就是描述某段时间内事件具体的发生概率。如果用泊松分布对该事件建模，则计算公式为

$$P(N(t) = n|\mu) = \frac{\mu^n e^{-\mu}}{n!}, \mu = \lambda t$$

式中，N 表示某种函数关系；t 表示事件；μ 表示该段时间内事件发生的均值，等于发生速率和时间的乘积 λt；n 表示该段时间内事件发生的次数。

接下来 2 个小时 1 个紧急电话都没有的概率为

$$P(N(x)=0) = \frac{(3 \times 2)^0 \times e^{-6}}{0!} \approx 0.0025$$

接下来 2 个小时至少有 2 个紧急电话的概率为

$$P(N(x) \geqslant 2) = 1 - P(N(x)=1) - P(N(x)=0)$$

$$1 - P(N(x)=1) = \frac{(3 \times 2)^1 \times e^{-6}}{1!} = 0.01487$$

所以，$P(N(x) \geqslant 2) = 1 - 0.0025 - 0.01487 = 0.98263$。下面使用 SciPy 库验证泊松分布并绘制函数图像。

```
import numpy as np
import scipy.stats as stats
import matplotlib.pyplot as plt
plt.figure(figsize=(15,8))
#PDF LAM = 1
plt.scatter(np.arange(20),stats.poisson.pmf(np.arange(20), mu=1),s=100)
plt.plot(np.arange(20),stats.poisson.pmf(np.arange(20), mu=1))
#PDF LAM = 5
plt.scatter(np.arange(20),stats.poisson.pmf(np.arange(20), mu=5),s=100)
plt.plot(np.arange(20),stats.poisson.pmf(np.arange(20), mu=5))
#PDF LAM = 10
plt.scatter(np.arange(20),stats.poisson.pmf(np.arange(20), mu=10))
plt.plot(np.arange(20),stats.poisson.pmf(np.arange(20), mu=10))
```

运行上述代码产生的函数图像如图 6.31 所示。从函数图像中可以看出，λ 值越小，函数图像越"尖"；λ 值越大，函数图像越扁平。在 λ 值附近，概率质量函数取得最大值。

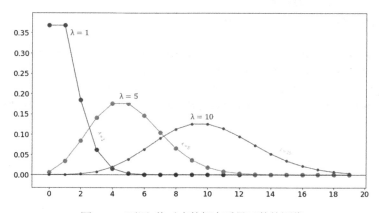

图 6.31 不同 λ 值对应的概率质量函数的图像

6.7.5 卡方分布

若 n 个相互独立的随机变量 $\xi^1, \xi^2, \cdots, \xi^n$ 服从标准正态分布，则这 n 个服从标准正态分布的随机变量的平方和 $Q = \sum_{i=1}^{n} \xi_i^2$ 构成一个新的随机变量，该随机变量的分布规律称为卡方分布（Chi-Square Distribution）。卡方分布的参数是自由度 u，记作 $Q \sim \chi^2(u)$ 或 $Q \sim \chi_u^2$，其中 $u=n-k$，k 为限制条件数。卡方分布是由正态分布构造的一个新的分布，当自由度 u 很大时，卡方分布近似为正态分布，数学表达式为

$$f(x|k) = \begin{cases} \dfrac{x^{(k/2-1)} e^{-x/2}}{2^{k/2} \Gamma(k/2)}, & x > 0 \\ 0, & 其他 \end{cases}$$

式中，k 代表自由度；$\Gamma(n) = (n-1)!$，是一个 gamma 函数，是整数 k 的封闭形式。卡方检验的基本思想就是观察并检验统计样本的实际观测值与理论推断值之间的偏离程度，实际观测值与理论推断值之间的偏离程度决定卡方值的大小，卡方值越大，越不符合；卡方值越小，偏差越小，越趋于符合；若两个值完全相等，则卡方值为 0，表明理论值完全符合。下面借助 SciPy 模块绘制卡方分布在不同自由度下的概率密度函数图像，如图 6.32 所示。

```
import numpy as np
import scipy.stats as stats
import matplotlib.pyplot as plt
plt.figure(figsize=(15,8))
datas = np.linspace(0, 20, 100)
#PDF
plt.fill_between(datas,stats.chi2.pdf(datas, df=5),hatch="/")
plt.fill_between(datas,stats.chi2.pdf(datas, df=8),hatch="*")
plt.fill_between(datas,stats.chi2.pdf(datas, df=10),hatch="+")
plt.fill_between(datas,stats.chi2.pdf(datas, df=15),hatch="//")
plt.show()
```

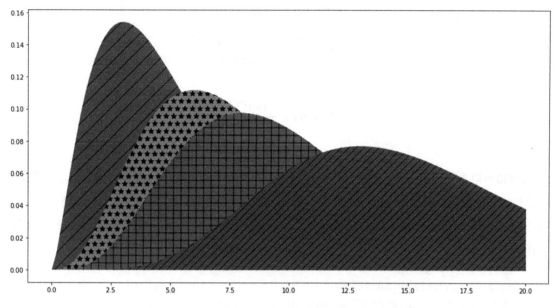

图 6.32 卡方分布在不同自由度下的概率密度函数图像

由图 6.32 可知，卡方分布的自由度越大，图像越扁平，越接近于正态分布。卡方分布经常应用于卡方检验中，被誉为 20 世纪科学技术所有分支中的二十大发明之一。

6.7.6 Beta 分布

Beta 分布可以看作一个概率的概率分布，当不知道具体概率时，可以给出所有概率出现的可能性。

例如，棒球运动的一个指标是棒球击球率（Batting Average），就是用一个运动员击中的球数除以击球的总数，一般认为 0.25 是正常水平的击球率，而如果击球率高达 0.3 就被认为是非常优秀的。假如有一个棒球运动员，我们希望能够预测他在这一赛季中的棒球击球率。有人可能会直接计算棒球击球率，用击中的数除以击球总数，但是如果这个棒球运动员只打了一次，而且还命中了，那么他的击球率就是 100%，这显然是不合理的，因为根据棒球的历史信息，我们知道棒球击球率应该是 0.21～0.35。

解决这个问题最好的方法就是用 Beta 分布，表示我们在没有看到这个运动员打球之前就有了一个大概的范围。Beta 分布的定义域是(0,1)，这与概率的范围是一样的。下面将这些先验信息转换为 Beta 分布的参数，由于棒球击球率平均为 0.25 左右，而且棒球击球率的范围是 0.21～0.35，那么根据这些信息，可以取 $\alpha = 99$，$\beta = 186$（击中了 99 次，未击中 186 次）。

Beta 分布的数学描述为

$$\text{Beta}(x|\alpha,\beta) = \frac{x^{\alpha-1}(1-x)^{\beta-1}}{B(\alpha,\beta)}$$

式中，

$$B(\alpha,\beta) = \frac{\Gamma(\alpha)\Gamma(\beta)}{\Gamma(\alpha+\beta)}$$

$$\Gamma(n) = (n-1)!$$

α 和 β 可以看作根据历史经验总结的成功与失败的次数。对于棒球运动员，α 和 β 可以是根据该运动员历史信息统计得出的成功与失败的次数，当某一棒击中时，$\alpha = \alpha + 1$，对结果影响不大，可作为击中概率的估计。接下来借助 SciPy 模块对 Beta 分布不同取值情况下的函数图像进行可视化，如图 6.33 所示。

```
import numpy as np
import scipy.stats as stats
import matplotlib.pyplot as plt
plt.figure(figsize=(15,8))
datas = np.linspace(0, 1, 200)
plt.fill_between(datas,stats.beta.pdf(datas, a=5, b=10),hatch="+")
plt.fill_between(datas,stats.beta.pdf(datas, a=100, b=20),hatch="//")
plt.fill_between(datas,stats.beta.pdf(datas, a=20, b=60),hatch="*")
plt.show()
```

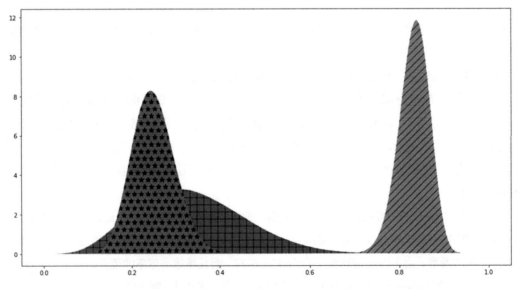

图 6.33　不同取值下的 Beta 分布的函数图像

当我们不知道概率是什么，而又有一些合理的猜测时，Beta 分布可以作为一个表示概率的概率分布。

上面介绍了 6 种常见的概率分布，相信读者或多或少"捡起了"忘记已久的数学知识，本章内容只是冰山一角，想要深入研究的读者可以查找相关资料自行学习。

第 7 章

自然语言的曙光：预训练模型

2018 年以来，以 BERT（Bidirectional Encoder Representations from Transformers）为代表的预训练模型为自然语言处理带来了巨大突破，先后在 11 项自然语言处理任务中夺得 STOA 结果，引爆了整个自然语言处理领域。本章以预训练模型的发展脉络为主线，探讨预训练模型在自然语言处理领域中的应用。

7.1 预训练模型的应用

在图像、视频处理领域，预训练模型很早就得到了应用，如第 4 章提到的 VGG-16，通过冻结相关网络参数，在少量数据上进行微调便能达到很好的效果。神经网络通常都具有较深的结构，网络越深，抽象程度越高。例如，在 VGG-16 中，底层的网络能够学到图像中的点、线，在更高的网络层次中能够学到面、弧线、角度等。因此，底层的网络更通用，迁移学习正是通过 Frozen-Fine-Tuning 的方式冻结底层通用的网络参数的，对高层网络参数进行微调，从而达到比较好的效果。

在训练数据较少且不足以训练复杂网络的情况下，使用预训练模型可以加快训练速度，并且预训练模型提供的底层的预训练好的参数，使模型有一个好的出发点，有利于模型的优化。基于卷积神经网络的图片预训练模型如图 7.1 所示。

底层的网络抽取的特征与具体任务无关，但具备任务的通用性，所以这是用底层预训练好的参数初始化新任务网络参数的原因。而高层特征与任务关联较大，实际可以不用，或者采用 Fine-Tuning 微调的方式，使用新数据集通过训练清洗无关的特征。

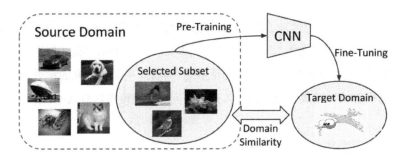

图 7.1　图片预训练模型

预训练模型为图像、视频处理领域带来了巨大的成功，于是研究人员提出是否可以将预训练模型应用到自然语言处理领域。早在 2003 年就有人提出了词嵌入技术，通过在大量语料上预训练模型，得到 Word 级别的向量表示，并将这些向量表示作为通用初始参数传入语言模型。其实，词嵌入就是早期的预训练技术。第 6 章介绍的 Word2vec 就是一种自然语言的预训练技术，通过 Word2vec 预训练好的词向量，可以作为文本分类、情感识别等高层任务的输入。

2013 年 Google 公司开源的 Word2vec 将自然语言处理推向小高潮，之后出现了众多的词嵌入及相应的改进算法，如 Glove、ELMo、GPT、BERT、XLNet 等。

7.2　从词嵌入到 ELMo

7.2.1　词嵌入头上的乌云

Word2vec 通过在大量的语料上训练得到 Word 级别的向量表示，该向量不仅能够表达词与词之间的语义信息，还能进行相关的距离计算。例如，和"臭豆腐"在语义上相近的词被嵌入词向量空间后，它们的位置应该是接近的，通过距离公式筛选出这些语义相似的词，如图 7.2 所示。

```
foods = model.most_similar("臭豆腐")
for food in foods:
    print(food)

('芋头', 0.7384415864944458)
('红烧', 0.7366371154785156)
('排骨', 0.7270801067352295)
('葱', 0.7265997529029846)
('豆花', 0.7256720662117004)
('香辣蟹', 0.7243509292602539)
('糕点', 0.7242476940155029)
('腌', 0.7226756811141968)
('山药', 0.7213914394378662)
('莴笋', 0.7203480005264282)
```

图 7.2　词嵌入语义相似度计算

词嵌入虽然为自然语言处理带来了惊喜，但是惊喜远没有想象中那么大，因为在词嵌入头上笼罩着一片无法解决的"乌云"，这个"乌云"就是一词多义问题。例如，"我喜欢苹果，它非常流畅"和"苹果是我的最爱，它富含维生素"，这两句话中的"苹果"明显是不同的意思，但是 Word2vec 在进行词嵌入的时候会将"苹果"这个词嵌入一个空间中，而没有区分其不同的含义，如图 7.3 所示。

苹果	0,1,0.98,0.45,0.12,0.56,0.77…………
臭豆腐	1,0,1,1,0.1,0.23,0.78,0.98…………
……	……

图 7.3　词嵌入向量表示

"苹果"一词在不同的语境中有不同的含义，但是词嵌入对"苹果"一词进行编码的时候是无法区分其含义的。尽管它们的上下文不同，但是使用 Word2vec 中的 CBOW 和 Skip-Gram 训练语言模型的时候，无论是什么样的上下文，都预测成相同的"苹果"单词，而同一个词所占的是同一行参数向量，在同一参数空间中，这将导致两种不同上下文的信息都被编码到相同的空间中，所以词嵌入在面对一词多义的时候表现出了极大的缺陷。为了解决这个缺陷，研究人员提出了多种思路，其中一种就是 ELMo（Embedding from Language Models），它提供了一种简捷、优雅的解决方案。

7.2.2　ELMo

针对词嵌入所暴露的缺陷，ELMo 提出了一种简捷且优雅的解决方案。相对于词嵌入静态的向量表示，ELMo 使用了动态调整技术，其基本思想是先使用语言模型学习单词的词嵌入，此时无法区分一词多义，但在实际使用词嵌入时，单词已经具备了特定的上下文信息，这个时候再根据特定的上下文信息调整单词的词嵌入表示，经过调整后的词嵌入更能表达该单词在特定上下文中的具体含义，很自然地解决了一词多义的问题。这与注意力机制如出一辙，通过动态改变语义向量 C，Encoder-Decoder 模型会将注意力集中在感兴趣的区域。ELMo 模型的网络架构图如图 7.4 所示。

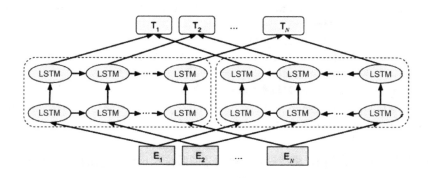

图 7.4　ELMo 模型的网络架构图

ELMo 采用了双向双层的 LSTM，每个编码器都是两层 LSTM 的叠加，每层的正向编码和逆向编码会拼接在一起。句子中的每个单词都能得到对应的 3 个 Embedding，最低层的 $E_1, E_2, E_3, \cdots, E_N$ 表示每个单词的词嵌入，往上一层的第一个双向 LSTM 对应的是单词位置的 Embedding，词在句子中的位置在很大程度上能反映句法信息，因此这一层代表的句法信息更多一些。最上面一层 LSTM 也是对应单词位置的 Embedding，这层 Embedding 在句法的基础上能够得到更具体的语义信息。ELMo 的训练不仅能学习到单词的词嵌入表示，通过一个双层双向的 LSTM 网络结构还能学习单词的句法、语义等信息，而这些信息对区分一词多义是非常重要的。

ELMo 模型经过训练学习的 3 个 Embedding 是如何使用的？例如，对于一个 QA 任务，如果输入问句 Q，那么先将问句 Q 作为预训练好的 ELMo 网络的输入，这样句子 Q 中的每个单词在 ELMo 网络中都能获得对应的 3 个 Embedding，之后为这 3 个 Embedding 分别赋予不同的权重，根据权重累加求和，将 3 个 Embedding 整合成 1 个，这样就达到了动态调整词嵌入向量的目的，通过在静态的词嵌入中加入词位 Embedding、句法语义 Embedding，将词向量更新到适合具体上下文的向量空间，从而解决一词多义的问题。

ELMo 模型在不同的自然语言处理任务中带来了显著的性能提升，提升幅度最高可达到 25%。下面使用基于 PyTorch 实现的高级自然语言处理框架 AllenNLP 中提供的 ELMo 模型计算词向量。在第 8 章中，我们会介绍更多关于 AllenNLP 方面的知识。

要使用 AllenNLP 需要先使用 pip 命令进行安装。

```
pip install allennlp
```

安装好之后使用 ELMo 预训练好的模型参数进行词嵌入实验。

```
from allennlp.commands.elmo import ElmoEmbedder
#参数定义文件
options_file = "./model_data/elmo_2x4096_512_2048cnn_2xhighway_options.json"
#模型权重文件
```

```
weight_file = "./model_data/elmo_2x4096_512_2048cnn_2xhighway_weights.hdf5"
#通过参数和权重文件加载模型
elmo = ElmoEmbedder(options_file, weight_file)
context_tokens = [['I', 'love', 'you', '.'], ['Sorry', ',', 'I', 'don', "'t",
'love', 'you', '.']] #references
#使用batch_to_embeddings得到输入语句的词嵌入
elmo_embedding, elmo_mask = elmo.batch_to_embeddings(context_tokens)
print(elmo_embedding.shape)
print(elmo_mask)
```

ELMo 模型的使用非常简单，将待嵌入的语句分词后传入 batch_to_embeddings 方法即可得到词嵌入表示，该方法返回一个二维元组：第一个元素是词嵌入表示，其形状为(batch_size, 3, num_timesteps, 1024)，分别表示批次大小、3 个嵌入层、句子长度和词嵌入大小；第二个元素为 mask 矩阵，用于处理变长序列。ELMo 模型词嵌入输出结果如图 7.5 所示。

```
elmo_embedding.shape
torch.Size([2, 3, 8, 1024])
elmo_mask
tensor([[[1, 1, 1, 1, 0, 0, 0, 0],
         [1, 1, 1, 1, 1, 1, 1, 1]])
elmo_embedding
tensor([[[[ 0.6923, -0.3261,  0.2283,  ...,  0.1757,  0.2660, -0.1013],
          [-0.7348, -0.0965, -0.1411,  ..., -0.3411,  0.3681,  0.5445],
          [ 0.3645, -0.1415, -0.0662,  ...,  0.1163,  0.1783, -0.7290],
          ...,
          [ 0.0000,  0.0000,  0.0000,  ...,  0.0000,  0.0000,  0.0000],
          [ 0.0000,  0.0000,  0.0000,  ...,  0.0000,  0.0000,  0.0000],
          [ 0.0000,  0.0000,  0.0000,  ...,  0.0000,  0.0000,  0.0000]],

         [[-1.1051, -0.4092, -0.4365,  ..., -0.6326,  0.4735, -0.2577],
          [ 0.0899, -0.4828, -0.5596,  ...,  0.4372,  0.3840, -0.7343],
          [-0.5538, -0.1473, -0.2441,  ...,  0.2551,  0.0873,  0.2774],
```

图 7.5　ELMo 模型词嵌入输出结果

使用 ELMo 模型会得到 3 个 Embedding，将 3 个 Embedding 加权求和便能处理一词多义的问题，因此 ELMo 模型的效果比普通词嵌入好很多。凭借这些改善，ELMo 模型刷新了多个自然语言处理任务最好的结果。但是 ELMo 模型还有很多缺点：最被人诟病的便是 LSTM 特征抽取器，训练速度慢，同时抽取效果也不太好；另一个缺点是采用拼接的方式融合特征削弱了特征融合的能力。研究者们针对这些弱点，采用 Google 公司开源的 Transformer 模型对 LSTM 特征抽取器进行改造，研究出了 GPT（Generative Pre-Training）模型。在训练方式上，GPT 模型摒除了 ELMo 模型基于特征融合的预训练方式，采用和图像处理类似的基于 Fine-Tuning 微调的模型。7.3 节重点介绍基于 Fine-Tuning 的 GPT 模型。

7.3 从 ELMo 模型到 GPT 模型

ELMo 模型虽然解决了词嵌入一词多义的问题，但是实现过程中使用了 LSTM 特征抽取器，大量实验证明 LSTM 特征抽取器的性能远远没有基于注意力机制实现的 Transformer 模型好，因此可以考虑使用 Transformer 模型替换 LSTM 对 ELMo 模型进行改进。ELMo 模型将抽取的 3 个 Embedding 进行拼接，相当于进行了特征融合，但没有验证融合的有效性。基于这两个方面的缺陷，GPT 模型提出了改进方案。

7.3.1 GPT 模型

GPT 是 Generative Pre-Training 的简写，其字面含义是通用的预训练模型。GPT 模型的训练分为两个阶段：第一个阶段采用语言模型进行预训练；第二阶段通过 Fine-Tuning 的方式解决下游问题，从而进行微调。GPT 网络结构图如图 7.6 所示。

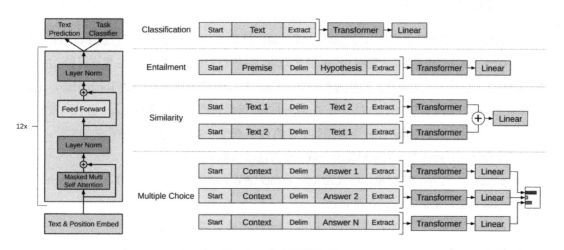

图 7.6　GPT 网络结构图

图 7.6 描述了 GPT 模型训练过程的两个阶段，左面是一个基于 Transformer 结构的预训练模型，右面是在不同任务上进行微调。在预训练过程中，特征抽取器不再使用 LSTM，而是使用 Transformer 模型，Transformer 是目前效果最好的特征抽取器，将逐步取代循环神经网络，它的优点是易于并行处理，并且捕获长距离特征的能力远远强于 LSTM。在通常情况下，捕获长距离特征的效果为 Transformer 模型>LSTM>卷积神经网络，并且从认知的角度来看，Transformer 模型具有更好的内涵和深度，因为它将人类的注意力机制应用到了特征抽取过程中。

GPT 模型仍然将语言模型作为目标任务，并且采用单向的语言模型，抛弃了 ELMo 模型双向的结构，只采用上文预测 W_i，而忽略了下文对 W_i 的影响。现在来看这不是一个好的选择，因为它没有把单词的下文融合进来，这限制了其在更多场景下的效果。例如，我们做"完形填空"题的时候，不仅要结合上文，还要结合下文一起推敲答案，在很多自然语言处理任务中需要依据上下文做决策，这一点是 GPT 模型可以改进提升的。

对不同的下游任务进行微调，需要把任务的网络结构改造成和 GPT 网络结构一样，在做下游任务时，利用预训练好的参数初始化 GPT 网络，将预训练学习的语言知识引入下游任务中，再通过下游的任务训练该网络，对网络参数进行 Fine-Tuning，使该网络更适合解决下游任务，这个过程与图像领域的迁移学习非常相似。

GPT 模型的效果非常惊艳，在 12 个任务中，有 9 个达到了 STOA。通过 PyTorch Hub 可以直接得到 GPT 模型，下面借助 PyTorch Hub 获取 GPT 模型并进行简单的预测。

7.3.2 使用 GPT 模型

PyTorch Hub 提供模型的基本构建模块，用于提高机器学习研究的模型复现性。PyTorch Hub 包含一个经过预训练的模型库，内置对 Colab 的支持，并且能够与 Papers With Code 集成。另外，PyTorch Hub 的整个工作流程大大简化，简化程度如下：Yann LeCun 强烈推荐使用 PyTorch Hub，无论是 ResNet、BERT、GPT、VGG、PGAN 还是 MobileNet 等经典模型，只需要输入一行代码就能实现一键调用。下面借助 PyTorch Hub 下载预训练好的 GPT 模型，并使用该模型做相关的实验。

使用 torch.hub.load 方法完成模型的下载，该方法接收如下参数。

- github，一个字符串对象，格式为 repo_owner/repo_name[:tag_name]，可选 tag/branch。如果未做指定，默认的 branch 是 master。
- model，必需，一个字符串对象，名字在 hubconf.py 文件中定义。
- force_reload，可选，是否丢弃现有缓存并强制重新下载，默认为 False。
- *args，可选，可调用的 model 的相关 args 参数。
- **kwargs，可选，可调用的 model 的相关 kwargs 参数。

模型下载后默认存放在"~/.torch/hub"目录下，可以通过 torch.hub.set_dir(path) 指定下载模型存放的位置。使用 torch.hub 下载 GPT 模型的示例如下所示。

```
import torch
tokenizer = torch.hub.load('huggingface/pytorch-pretrained-BERT',
'openAIGPTTokenizer', 'openai-gpt')
```

上述代码会从"huggingface/pytorch-pretrained-BERT"Git 仓库中下载 GPT 的分词器模型，使用该模型可以完成对语句的分词工作，但不支持中文。使用英文完成分词工作的示例代码如下。

```
text = "I Love"
tokenized_text = tokenizer.tokenize(text)
indexed_tokens = tokenizer.convert_tokens_to_ids(tokenized_text)
tokens_tensor = torch.tensor([indexed_tokens])
```

输出结果如下。

```
>text
'I Love'
>tokenized_text
['i</w>', 'love</w>']
>indexed_tokens
[249, 1119]
>tokens_tensor
tensor([[ 249, 1119]])
```

该分词实际上是通过 GPT 内部维护的一个词典，将单词映射成 ID 并转换成模型需要的 Tensor。接下来下载 GPT 模型，并使用该模型计算每个单词的隐状态。

```
###使用openAIGPTModel模型计算隐状态
model=torch.hub.load('huggingface/pytorch-pretrained-BERT',
'openAIGPTModel' , 'openai-gpt' )
#转换为测试模式
model.eval()
#计算隐状态
with torch.no_grad():
hidden_states = model(tokens_tensor)
```

使用 openAIGPTModel 模型计算得到的隐状态如下。

```
>hidden_states
(tensor([[[ 0.1501, -0.2479, -0.1022,  ...,  0.2008, -0.1163, -0.3892],
    [-0.1625,  0.0246,  0.2480,  ..., -0.3573, -0.0860,  0.1327]]]),)
>hidden_states[0].shape
torch.Size([1, 2, 768])
```

隐状态的形状为[batch_size,length,hidden_size]，下面使用 GPT 中的语言模型预测最可能的下一个单词。

```
#使用openAIGPTLMHeadModel模型对下一个单词进行预测
lm_model=torch.hub.load('huggingface/pytorch-pretrained-BERT','openAIGPTLMHeadModel', 'openai-gpt')
lm_model.eval()
#得到预测值
with torch.no_grad():
```

```
predictions = lm_model(tokens_tensor)
#取出最可能的词
predicted_index = torch.argmax(predictions[0][0, -1, :]).item()
predicted_token = tokenizer.convert_ids_to_tokens([predicted_index])[0]
```

模型预测的下一个单词为"you",模型预测相关的输出值如下所示。

```
>predictions
(tensor([[[ -9.4508,  -7.8858, -16.6556,  ..., -15.1168, -17.2327,  -2.3449],
         [ -9.5495,  -6.2869, -17.4617,  ...,  -8.8064, -10.2212,
-3.0620]]]),)
>predicted_index
512
>predicted_token
'you</w>'
```

7.4 从 GPT 模型到 BERT 模型

前面提及 GPT 训练过程中采用了单向的语言模型,白白浪费了有用的下文信息,这是一个优化点。后继很多模型尝试改进 GPT 模型,其中包括 Google 公司在 2018 年开源的 BERT 模型,它的出现再一次将自然语言处理推向了浪潮之巅。

BERT 模型进一步增强了词向量模型的泛化能力,充分描述了字符级、词级、句子级甚至句间关系特征。BERT 模型有 3 个亮点。

- Masked-LM:遮盖语言模型。
- Transformer:基于注意力机制的超强特征抽取器。
- Sentence-Level Representation:句子级别的特征表示。

输入序列是一个普通的 Transformer 模型,将输入的序列中的某个词用"[MASK]"标记替换,并在 Encoder 的输出端进行预测。Masked-LM 模型架构图如图 7.7 所示。

输出层被遮盖的位置换成一个在整个词典范围内的分类问题,得到被遮盖的词的概率大小。于是将普通语言模型中的生成问题转换成一个简单的分类问题,并且解决了 Encoder 中多层 Self-Attention 双向机制带来的泄密问题。*Pre-training of Deep Bidirectional Transformers for Language Understandings* 对如何做"[MASK]"进行了深入研究,处理过程如下。

- 选取语料中所有词的 15%进行随机遮盖。
- 选中的词在 80%的概率下被真实遮盖。
- 选中的词在 10%的概率下不做遮盖,而被随机替换成一个其他的词。
- 选中的词在 10%的概率下不做遮盖,仍然保留原来真实的词。

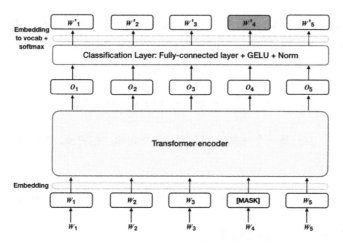

图 7.7 Masked-LM 模型架构图

另外，还有一部分概率不做真正的遮盖，而是输入一个实际的词，这样做的好处是尽量使训练和 Fine-Tune 微调时输入保持一致，因为微调的时候输入中是没有 "[MASK]" 标记的，对于保留为原来的真实词，占所有词的比例为 15%×10% = 1.5%，这样能够给模型一定的偏置，相当于额外的奖励，将模型对于词的表征能够拉向词的真实表征。最后，BERT 模型对选中的词在 10% 的概率下不做遮盖，而是随机替换成一个其他的词，这样做是因为模型不知道哪些词是被遮盖的，哪些词是遮盖了之后又被替换成一个其他的词，这会迫使模型尽量在每个词上都学习到一个全局语境下的表征，所以也可以使 BERT 模型获得更好的与语境相关的词向量。

除了用 Mask-LM 方法使双向 Transformer 下的语言模型成为现实，BERT 模型还利用和借鉴了 Skip-Thoughts 方法中的句子预测问题，用于学习句子级别的语义关系，具体做法则是将两个句子组合成一个序列，然后用模型预测这两个句子是否是先后近邻的，也就是把 "Next Sentence Prediction" 的问题构建成一个二分类问题。训练的时候，在 50% 的情况下，这两个句子是先后关系，而在另外 50% 的情况下，这两个句子是随机从语料中凑到一起的，也就是不具备先后关系，以此来构造训练数据。

在预训练阶段，因为有两个任务需要训练（Mask-LM 和 Next Sentence Prediction），所以 BERT 模型的预训练过程实际上是一个 "联合学习"。具体来说，BERT 模型的损失函数由两部分组成：第一部分是来自 Mask-LM 的单词级别的分类任务所带来的损失，第二部分是句子级别的分类任务所带来的损失。通过这两个任务的联合学习，BERT 学习的表征既有单词级别的信息，也包含句子级别的语义信息。具体的损失函数为

$$L(\theta, \theta_1, \theta_2) = L_1(\theta, \theta_1) + L_2(\theta, \theta_2)$$

式中，θ 是 BERT 模型中 Encoder 部分的参数，θ_1 是 Mask-LM 任务中在 Encoder 上所接收的输出层中的参数，θ_2 是句子预测任务中在 Encoder 上所接收的分类器中的参数。因此，在第一部分的损失函数中，如果被遮盖的词集合为 M，则这部分的损失为

$$L_1(\theta, \theta_1) = -\sum_{i=1}^{M} \log p(m = m_i | \theta, \theta_1), m_i \epsilon [1,2,3,\cdots,|V|]$$

式中，$|V|$ 是词典大小，并且是一个词典大小上的多分类问题。相应地，在句子预测任务中，分类损失函数为

$$L_2(\theta, \theta_2) = -\sum_{j=1}^{N} \log p(n = n_i | \theta, \theta_2), n_i \epsilon [\text{IsNext}, \text{NotNext}]$$

因此，两个任务联合学习的损失函数为

$$L(\theta, \theta_1, \theta_2) = -\sum_{i=1}^{M} \log p(m = m_i | \theta, \theta_1) - \sum_{j=1}^{N} \log p(n = n_i | \theta, \theta_2)$$

预训练好的模型应如何迁移到特定任务背景下？BERT 模型在 GPT 模型的基础上进行了更深入的设计，因为中间的 Encoder 对于大部分任务而言都可以直接利用，所以这部分的设计主要分为两个方面，即输入层和输出层。

在输入层方面，BERT 模型的思路和 GPT 模型基本类似，如果输入只有一个句子，则直接在句子的前后添加句子的起始标记和结束标记。在 BERT 模型中，起始标记用 "[CLS]" 表示，结束标记用 "[SEP]" 表示，对于两个句子的输入情况，除了起始标记和结束标记，两个句子间之通过 "[SEP]" 进行区分。与 Transformer 相同，为了引入序列中词的位置信息，可以用 Position Embedding，因此，BERT 输入层如图 7.8 所示。

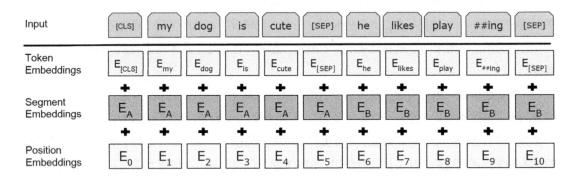

图 7.8　BERT 输入层

对于不同的任务，输出层也要尽量通用。BERT 模型主要针对 4 类任务考虑和设计了一些非常易于移植的输出层，这 4 类任务如下所示。

- 单序列文本分类任务(SST-2, CoLA)。
- 序列对文本分类任务(MNLI, QQP, QNLI, STS-B, MRPC, RTE)。
- 阅读理解任务(SQuAD)。
- 序列标注任务(CoNLL-2003 NER)。

单序列文本分类任务和序列对文本分类任务使用的框架基本一致，这两个分类任务都是将 BERT 模型的 Encoder 最后一层的第一个时刻 "[CLS]" 对应的输出作为分类器的输入，因为这个时刻可以得到输入序列的全局表征，并且因为监督信号从这个位置反馈给模型，所以在 Fine-Tune 阶段也可以使这一表征尽量倾向于全局表征。

对于 SQuAD 1.1 任务来说，需要在给定的段落中找到正确答案所在的区间，这段区间通过一个起始符与终止符进行标记，因此只需要预测输入序列中哪个 Token 所在的位置是起始符或终止符即可，这个过程只需要维护两个向量，分别是起始符的向量和终止符的向量。输入层的节点个数为 BERT Encoder 输出的节点个数，序列输出的每个向量通过这两个全连接层映射为一个实数值，这等同于打分，然后根据这个打分在序列的方向上选取最大值作为起始符和终止符。

在序列标注任务上进行 Fine-Tune，对于序列中的每个 Token 而言，实际上就是一个分类任务。和前面提到的普通分类任务的不同之处在于，这里的分类需要针对序列中的每个词做分类。

BERT 模型的 4 类任务的输出层结构如图 7.9 所示。

BERT 模型的训练语料达到了 33 亿个，参数规模达到 3.4 亿个。与 ELMo、GPT 模型相比，BERT 模型的训练语料和参数规模是最大的，在如此大量的语料上训练需要花费大量的计算资源。ELMo 模型、GPT 模型、BERT 模型的参数对比如图 7.10 所示。

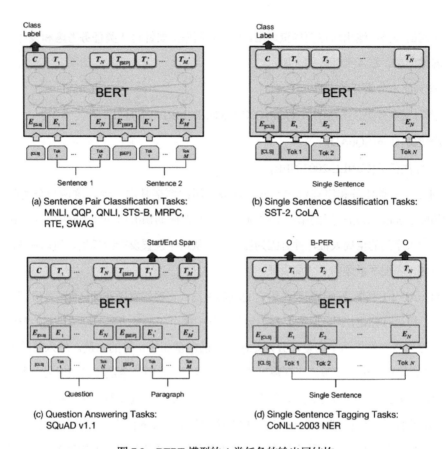

图 7.9　BERT 模型的 4 类任务的输出层结构

	数据集	模型	参数量	训练时间	训练配置
ELMo	1B Word Benchmark 10亿词	CNN-BIG-BiLSTM + Residual Connection	90M	–	–
GPT	BooksCorpus 8亿词	Transformer Decoder, L=12, H=768, A=12	110M	1个月	8 GPU
BERT	BooksCorpus+Wikipedia 33亿词	Transformer Encoder, L=24, H=1024, A=16	340M	4天	64 TPU

图 7.10　ELMo 模型、GPT 模型、BERT 模型的参数对比

因此，BERT 模型的训练过程的“排放量”非常大。第 9 章将借助 FastAI 高层框架结合 BERT 模型完成一个中文文本分类的实验。

第 8 章

自然语言处理利器：AllenNLP

AllenNLP 是基于深度学习的自然语言处理工具包，构建于 PyTorch 之上，它的设计遵循以下原则。
- 超模块化和轻量化，可以使用自己喜欢的组件与 PyTorch 无缝连接。
- 经过广泛测试，易于扩展，测试覆盖率超过 90%，示例模型提供了很好的模板。
- 真正填充和覆盖，读者可以轻松实现正确的模型。
- 易于实验，通过符合 JSON 规范的配置记录重现实验过程。

本章将以中文词性标注为例，引导读者学习 AllenNLP。因为对于从事自然语言处理行业的人员来说，AllenNLP 是非常好用的。

8.1 中文词性标注

AllenNLP 提供了高层的 API，要正确使用 AllenNLP 需要先按照标准实现 DatasetReader 接口和 Model 接口。DatasetReader 接口用于从文件读取数据，Model 接口是真正的模型，需要自己实现，但 AllenNLP 已经预先实现了大部分自然语言处理中的模型，很多时候只需要直接调用即可，即便没有实现，也可以基于 PyTorch 的接口灵活实现。本节以中文词性标注（POS Tagging）试验为例，引领读者快速入门使用 AllenNLP。首先确保已经安装了 AllenNLP，如果没有安装，可以直接使用如下命令进行安装。

```
pip install allennlp
```

为了使实验尽量小巧，本次实验准备的训练集和验证集数据如下所示。

```
#训练集
牵着###V 狗###NN 出去###V 吃###V 饭###NN
骑着###V 单车###NN 出去###V 逛###V 街###NN
#验证集
```

```
牵着###V 单车###NN 出去###V 吃###V 饭###NN
骑着###V 狗###NN 出去###V 逛###V 街###NN
```

训练集和验证集分别包含两条数据,每个词和词性之间使用"###"进行分隔。本实验需要在训练集上训练词性标注模型,并在验证集上测试性能。先抛开实验的合理性,使用最简单的数据和模型快速体验 AllenNLP 的使用。

借助 AllenNLP 实现自然语言处理需要实现两个类:DatasetReader 和 Model。下面先实现 DatasetReader 读取 POS tags 数据。

8.1.1 DatasetReader 数据读取

AllenNLP 提供了 DatasetReader 接口,通过该接口从文件中读取数据并转换为模型所需要的格式。在 AllenNLP 中,每条数据使用 Instance 表示,每个 Instance 中包含 Field 对象,Field 是一个抽象接口,有不同的实现。常见的 Field 实现如下所示。

- TextField:文本值,可以是一个词、一句话、一段文本或一个问题。
- LabelField:标签值,代表单个的标签值,如"好"或"坏"。
- SequenceLabelField:标签序列,表示一个序列的标签,如词性标注中的 Tags 标签。
- SpanField:跨度值,代表序列的开始和结束。
- IndexField:索引值,表示一个整数索引。
- ListField[T]:标签列表,列表中的 Field 都是 T 类型。
- MetadataField:可代表除张量外的任何字段。

在本实验中使用 TextField 组装句子,使用 SequenceLableField 组装 POS Tags。DatasetReader 需要重写两个方法:_read 和 text_to_instance。_read 负责从输入的文件路径中读取数据,并调用 text_to_instance 方法以流的形式生成 Instance 对象。PosDatasetReader 的具体实现如下所示。

```
class PosDatasetReader(DatasetReader):
    #__init__方法接收 token_indexers,是普通的 TokenIndexer,作用是将 Token 字符表示为
    #数字索引,与 NLP 任务中的 word_to_index 方法类似,这里直接使用 AllenNLP 提供的
    #SingleIdToTokenIndexer
    def __init__(self, token_indexers: Dict[str, TokenIndexer] = None) -> None:
        super().__init__(lazy=False)
        self.token_indexers = token_indexers or {"tokens": SingleIdTokenIndexer()}
    #读取的每行数据都被转换为 Instance 对象,Instance 对象中包含 TextField 和
    #SequenceLabelField。Tags 参数是可选的,适用于预测时没有 Tags 标签的情形
    def text_to_instance(self, tokens: List[Token], tags: List[str] = None) -> Instance:
        sentence_field = TextField(tokens, self.token_indexers)
```

```
            fields = {"sentence": sentence_field}
            if tags:
                label_field = SequenceLabelField(labels=tags, sequence_field=
sentence_field)
                fields["labels"] = label_field
            return Instance(fields)
        # _read是必须重写的方法，接收文件路径，返回流式的Instance（可迭代的Instance列表）
        def _read(self, file_path: str) -> Iterator[Instance]:
            with open(file_path) as f:
                for line in f:
                    pairs = line.strip().split()
                    sentence, tags = zip(*(pair.split("###") for pair in pairs))
                    yield self.text_to_instance([Token(word) for word in sentence],
tags)
```

接下来简单地测试 PosDatasetReader 读取数据。

```
reader = PosDatasetReader()
train_dataset = reader.read("./train.txt")
for i in train_dataset:
    print(i)
Instance with fields:
    sentence: TextField of length 5 with text:
        [牵着, 狗, 出去, 吃, 饭]
        and TokenIndexers : {'tokens': 'SingleIdTokenIndexer'}
    labels: SequenceLabelField of length 5 with labels:
        ('V', 'NN', 'V', 'V', 'NN')
        in namespace: 'labels'.
Instance with fields:
    sentence: TextField of length 5 with text:
        [骑着, 单车, 出去, 逛, 街]
        and TokenIndexers : {'tokens': 'SingleIdTokenIndexer'}
    labels: SequenceLabelField of length 5 with labels:
        ('V', 'NN', 'V', 'V', 'NN')
        in namespace: 'labels'.
```

可以看出，train.txt 文件中的两行数据被 PosDatasetReader 读取并解析为 Instance 对象。每个 Instance 对象中包含类型为 TextField 的 sentence 和类型为 SequenceLabelField 的 labels。AllenNLP 提供了 cached_path 方法，用于从 URL 地址读取数据，当然也可以是本地路径。因此，PosDatasetReader 读取数据的方式可以写成如下形式。

```
train_dataset = reader.read(cached_path('./train.txt'))
validation_dataset = reader.read(cached_path('./validate.txt'))
```

读取到数据之后需要构建词典，PosDatasetReader 中的 SingleIdTokenIndexer 是一个将 Token 转

换为 index 的规则，相当于为每个 Token 赋予一个 ID 编号，而创建真正的词典需要借助 Vocabulary 对象。将读取出的 train_dataset 和 validation_dataset 传入 Vocabulary 对象，该对象将自动获取 SingleIdTokenIndexer 对 Instance 中的 TextField 字段，并进行 Mapping 操作，从而得到{Token->ID} 的映射，构建词典。

```
vocab = Vocabulary.from_instances(train_dataset + validation_dataset)
```

构建好的词典如下所示。

```
vocab.get_token_to_index_vocabulary()
{'@@PADDING@@': 0, '@@UNKNOWN@@': 1, '出去': 2, '\ufeff牵着': 3, '狗': 4, '吃': 5, '饭': 6, '骑着': 7, '单车': 8, '逛': 9, '街': 10}
```

对于 PADDING 字符和 UNKNOWN 字符，AllenNLP 分别使用'@@PADDING@@'和 '@@UNKNOWN@@'表示，占据词典的前两个编码。构建词典和数据读取器之后，接下来需要实现 Model。

8.1.2 定义 Model 模型

有了 PosDatasetReader 数据读取器，还需要实现 Model 模型，借助 AllenNLP 框架实现模型需要继承 allennlp.models 中的 Model 接口，而 Model 接口是 torch.nn.Module 接口的子类型，因此可以无缝地使用 PyTorch 底层的代码，灵活地扩展 Model 接口。

要完成 POS 词性标注任务，需要先将 Token 嵌入较低的词向量空间，然后使用序列模型进行编码，最后在序列模型的输出层计算标注概率，取概率最大者作为 Token 的正确标注。回想第 6 章制作的对话机器人，对于 Batch 输入的长度不一的句子，需要使用 pack_padded_sequence 方法和 pad_packed_sequence 方法进行处理，而 AllenNLP 底层已经完成了这些琐碎的事情，所以我们有更多的精力处理算法的实现。下面通过继承 Model 接口实现 POS 标注模型。

```
class LstmTagger(Model):
    def __init__(self,word_embeddings: TextFieldEmbedder,encoder: Seq2SeqEncoder, vocab: Vocabulary) :
        super().__init__(vocab)
        self.word_embeddings = word_embeddings
        self.encoder = encoder
        self.hidden2tag = torch.nn.Linear(in_features=encoder.get_output_dim(),out_features=vocab.get_vocab_size('labels'))
        self.accuracy = CategoricalAccuracy()
    def forward(self,sentence: Dict[str, torch.Tensor],
            labels: torch.Tensor = None) -> Dict[str, torch.Tensor]:
        mask = get_text_field_mask(sentence)
        embeddings = self.word_embeddings(sentence)
```

```
            encoder_out = self.encoder(embeddings, mask)
            tag_logits = self.hidden2tag(encoder_out)
            output = {"tag_logits": tag_logits}
            if labels is not None:
                self.accuracy(tag_logits, labels, mask)
                output["loss"] = sequence_cross_entropy_with_logits(tag_logits,
labels, mask)
            return output
        def get_metrics(self, reset: bool = False) -> Dict[str, float]:
            return {"accuracy": self.accuracy.get_metric(reset)}
```

在 __init__ 方法中接收外部传入的词嵌入器，这里采用普通的 TextFieldEmbedder 词嵌入，当然也可以传入其他的词嵌入，如 ELMo 等，Encoder 采用 Seq2SeqEncoder，即普通的循环神经网络、LSTM、GRU 等序列网络，当然也可以使用最新的 Transformer。需要注意的是，每个模型都需要一个词典，并且需要在 __init__ 方法中调用 super 传递给父类。在 __init__ 方法中还实现了 hidden2tag 的线性层，线性层的输入维度为 Encoder 输出的维度，线性层输出维度等于词典中 labels 的大小。

AllenNLP 中使用 CategoricalAccuracy 计算性能，默认只包括损失值，在每次调用 forward 方法进行前向传播时更新。要想加入准确率等其他指标，需要重写 get_metrics 方法，每次 forward 方法运行完成后，将自动调用 get_metrics 方法更新 CategoricalAccuracy 中存储的信息。

在 forward 方法中实现前向传播逻辑，输入字典类型的 Tensors，字典的 key 应该与构建 Vocabulary 时的 Instance 中的 Field 对应的 key 相同，这里是 "tokens"。label 是可选参数，当有 label 参数时，使用 label 参数更新 metircs 度量信息，而没有 label 参数时则用于预测。

由于输入的 Batch 可能参差不齐，所以需要进行相应的 padding 操作，而该操作 AllenNLP 已经做了，我们需要做的仅仅是通过 Mask 矩阵计算哪些是填充的值。通过 get_text_field_mask 方法可以快速获取传入的 sentence 的填充，返回结果只包含 0 和 1，1 表示没有填充，而 0 表示填充。得到的这个 Mask 矩阵非常有用，Encoder 将使用 Mask 遮盖填充的字符，计算出真实的语义向量。而在计算精确度时，也需要使用 Mask 矩阵计算有效字符对应的精确度。

接下来的代码使用 word_embeddings 计算词嵌入向量，并将该向量传入 Encoder 得到编码后的输出，经过线性层转换为对应标签的得分，借助 sequence_cross_entropy_with_logits 便可得到交叉熵损失。

forward 方法最后返回 output，但它是一个词典类型，包含 tag_logits 标签得分和损失值。如果传入的 labels 不是 None，需要计算损失值，将预测的 tag_logits 得分、正确标签和 Mask 矩阵传入 accuracy 即可自动完成计算。forward 方法调用结束后将自动调用 get_metrics 方法，因此在 get_metrics 方法中定义的计算精度也将自动被调用。

8.1.3 模型训练

使用 AllenNLP 仅有的两个步骤：创建 DatasetReader 和定义 Model，接下来是训练模型。其实，使用 PyTorch 底层代码训练模型的过程非常烦琐，具体如下：划分测试集和验证集；for 循环迭代 epoch；定义模型优化器；计算损失；考虑 Early Stopping；等等。使用 AllenNLP 的方便之处在于省略了这些烦琐枯燥的过程，借助 Trainer 方法可以"优雅"地完成模型训练，而我们只需要考虑如何设置参数。训练模型的代码如下。

```python
reader = PosDatasetReader()
train_dataset = reader.read(cached_path('./train.txt'))
validation_dataset = reader.read(cached_path('./validate.txt'))
vocab = Vocabulary.from_instances(train_dataset + validation_dataset)
EMBEDDING_DIM = 16
HIDDEN_DIM = 16
token_embedding = Embedding(num_embeddings=vocab.get_vocab_size('tokens'),
embedding_dim=EMBEDDING_DIM)
word_embeddings = BasicTextFieldEmbedder({"tokens": token_embedding})
lstm = PytorchSeq2SeqWrapper(torch.nn.LSTM(EMBEDDING_DIM, HIDDEN_DIM,
batch_first=True))
model = LstmTagger(word_embeddings, lstm, vocab)
if torch.cuda.is_available():
    cuda_device = 0
    model = model.cuda(cuda_device)
else:
    cuda_device = -1
optimizer = optim.SGD(model.parameters(), lr=0.1)
iterator = BucketIterator(batch_size=2, sorting_keys=[("sentence", "num_tokens")])
iterator.index_with(vocab)
trainer = Trainer(model=model,
                  optimizer=optimizer,
                  iterator=iterator,
                  train_dataset=train_dataset,
                  validation_dataset=validation_dataset,
                  patience=10,
                  num_epochs=1000,
                  cuda_device=cuda_device)
trainer.train()
```

下面简单讲解上述代码。首先实例化 PosDatasetReader 对象，通过 read 方法加载训练集和验证集，Trainer 需要使用验证集做 Early Stopping，防止模型过拟合。EMBEDDING_DIM 和 HIDDEN_DIM 分别定义了词嵌入的维度与 LSTM 隐藏层的维度。使用 AllenNLP 提供的 Embedding 方法完成词嵌入，它接收两个参数，第一个是词典的大小，第二个是词嵌入的维度。

Encoder 则使用 PytorchSeq2seqWrapper 对 PyTorch 底层的 LSTM 进行包装，使其变成 Seq2SeqEncoder 类型，因为 LstmTagger 的 __init__ 方法需要这种类型。而 LSTM 接收词嵌入维度和隐藏层维度参数，将设置的两个参数传入即可。需要注意的是，AllenNLP 中所有输入都是 Batch 优先的，而 LSTM 默认 Length 优先，因此显示将关键字参数 batch_first 设置为 True，表示 Batch 优先。

然后是实例化 Model，判断 GPU 设备是否可用，创建 SGD 优化算法，设置的学习率为 0.1，使用 BucketIterator 基于桶的数据迭代器，在迭代器中指定每次迭代数据的大小，通过 sorting_keys 指定按 Instance 中的 sencence 句子的长度排序分桶，将句子长度相似的分在一个桶中，以减少 padding 字符的个数。需要注意的是，在 iterator 对象上显示调用 index_with 方法，并传入字典对象，表明使用字典中创建好的索引代替真实的 Token。

传入模型、优化器、数据迭代器、训练数据集、验证数据集、迭代次数、运行设备等参数构建 Trainer 实例，然后调用 train 方法即可运行训练任务。这里的 patience 参数表示如果在验证集上连续迭代 10 次性能也没有提升，则做 Early Stopping。Trainer 训练过程如图 8.1 所示。

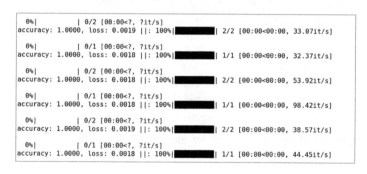

图 8.1　Trainer 训练过程

8.1.4　模型预测

模型训练好之后，如何使用模型进行预测？编写 PyTorch 程序的基本步骤是将测试数据喂给模型，模型产生输出，从输出结果中选择得分或概率最大的值作为预测值。

其实，AllenNLP 对于 POS 预测已经实现了 SentenceTaggerPredictor 类，将训练好的模型及数据读取器传入，然后调用 predict 方法预测内容即可。用于预测的代码如下所示。

```
predictor = SentenceTaggerPredictor(model, dataset_reader=reader)
tag_logits = predictor.predict("骑着 狗　出去 逛 街")['tag_logits']
tag_ids = np.argmax(tag_logits, axis=-1)
```

```
print([model.vocab.get_token_from_index(i, 'labels') for i in tag_ids])
```

predict 方法预测的结果是一个字典，取出 tag_logits 中的最大值作为正确的预测标签，并将 index 转换为 Tag 标记，输出结果如下所示。

```
['V', 'NN', 'V', 'V', 'NN']
```

从输出结果来看，与预测的输入序列对应的词性完全一致，因此该模型预测的精度为 100%。

8.1.5　模型保存和加载

训练好的模型应该被保存下来，等到需要的时候再启用。AllenNLP 中模型的保存和加载与 PyTorch 类似，通过 torch.save 将模型的参数进行保存即可。对于创建的词典，在词典对象上调用 save_to_files 即可保存到外部文件，需要时通过 Vocabulary.from_files 即可重新完成加载。模型和词典的保存与重新加载的代码如下所示。

```
with open("/tmp/model.th", 'wb') as f:
    torch.save(model.state_dict(), f)
vocab.save_to_files("/tmp/vocabulary")
vocab2 = Vocabulary.from_files("/tmp/vocabulary")
model2 = LstmTagger(word_embeddings, lstm, vocab2)
with open("/tmp/model.th", 'rb') as f:
    model2.load_state_dict(torch.load(f))
if cuda_device > -1:
    model2.cuda(cuda_device)
predictor2 = SentenceTaggerPredictor(model2, dataset_reader=reader)
tag_logits2 = predictor2.predict("骑着 狗　出去 逛街")['tag_logits']
np.testing.assert_array_almost_equal(tag_logits2, tag_logits)
```

使用 NumPy 的 testing 模块上的 assert_array_almost_equal 方法断言预测的两个值相等，这说明模型的保存与加载没有任何问题。

至此，通过 AllenNLP 框架就完成了一个简单的中文词性标注任务，由此可以发现 AllenNLP 比较简捷和优雅。

8.2　AllenNLP 使用 Config Files

AllenNLP 之所以好用，主要是因为其支持解析 JSON 参数文件，将模型涉及的参数完全定义到 JSON 文件中，由 AllenNLP 动态解析绑定，可以轻而易举地完成模型的各种改动尝试，因为要改动模型更改 JSON 配置文件即可，而不需要非编写代码不可，改动 JSON 文件比改动代码更加灵活。本节主要介绍如何优雅地使用 Config File，更轻松地探索 AllenNLP 的强大之处。

8.2.1 参数解析

AllenNLP 提供了基于 Params 的参数解析功能,是一个 Json-like 的参数对象,通过键值对的形式配置参数,通过 from_params 方法进行加载。下面使用参数解析 8.1 节中的 LSTM 模型。

```
from allennlp.common.params import Params
lstm_params = Params({
    "type": "lstm",
    "input_size": EMBEDDING_DIM,
    "hidden_size": HIDDEN_DIM
})
lstm = Seq2SeqEncoder.from_params(lstm_params)
```

使用参数解析的方式有如下两个好处。

- 不同参数的试验可以在不同的参数文件中指定和声明,而这些文件保留了试验的参数,方便不同参数对实现性能的提升。
- 试验不同的参数只需要改变参数文件,而不需要更改代码,如果打算将 LSTM 替换为 GRU,将 type 参数修改为 GRU 即可。

8.2.2 注册数据读取器和模型

为了使配置引擎顺利读取与绑定 DatasetReader 和 Model,需要使用 AllenNLP 提供的 @DatasetReader.register 和 @Model.register 注解方法进行注册。其做法非常简单,之前定义的 PosDatasetReader 和 LstmTagger 无须任何修改,只需要在类名前加上注解。

```
@DatasetReader.register('pos-dataset-reader')
class PosDatasetReader(DatasetReader):
..............
@Model.register('lstm-tagger')
class LstmTagger(Model):
...............
```

这样配置引擎在读取配置文件中配置的名字 pos-dataset-reader 和 lstm-tagger 时,便可以找到并绑定读取器和模型。

8.2.3 定义 Jsonnet 配置文件

模型的所有参数都定义在 Jsonnet 格式的配置文件中,并且在 Jsonnet 格式的配置文件中可以使用 local 变量定义参数。下面是中文词性标注模型对应的配置文件。

```
//Jsonnet allows local variables like this
local embedding_dim = 16;
local hidden_dim = 16;
local num_epochs = 1000;
local patience = 10;
local batch_size = 2;
local learning_rate = 0.1;
{
    "train_data_path": './train.txt',
    "validation_data_path": './validate.txt',
    "dataset_reader": {
        "type": "pos-dataset-reader"
    },
    "model": {
        "type": "lstm-tagger",
        "word_embeddings": {
            //but that's the default TextFieldEmbedder, so doing so
            "token_embedders": {
                "tokens": {
                    "type": "embedding",
                    "embedding_dim": embedding_dim
                }
            }
        },
        "encoder": {
            "type": "gru",
            "input_size": embedding_dim,
            "hidden_size": hidden_dim
        }
    },
    "iterator": {
        "type": "bucket",
        "batch_size": batch_size,
        "sorting_keys": [["sentence", "num_tokens"]]
    },
    "trainer": {
        "num_epochs": num_epochs,
        "optimizer": {
            "type": "sgd",
            "lr": learning_rate
        },
        "patience": patience
    }
}
```

现在要改变模型参数比较容易，如将 Encoder 改为使用 GRU，只需要将 type 改为 gru。现在训练模型只需要通过 Params 先加载配置文件，然后通过 train_model 方法即可开始训练模型，train_model 方法的第一个参数是 Params 对象，第二个参数通过 tempfile 模块的 mkdtemp 方法构建临时目录，该目录位于 "/tmp" 目录下。模型训练和预测的代码如下所示。

```
params = Params.from_file('./config.jsonnet')
serialization_dir = tempfile.mkdtemp()
model = train_model(params, serialization_dir)
#进行预测
predictor = SentenceTaggerPredictor(model, dataset_reader=PosDatasetReader())
tag_logits = predictor.predict("骑 着 狗  出 去 逛 街")['tag_logits']
print(tag_logits)
tag_ids = np.argmax(tag_logits, axis=-1)
print([model.vocab.get_token_from_index(i, 'labels') for i in tag_ids])
#删除临时目录
shutil.rmtree(serialization_dir)
```

输出结果与 8.1 节的结果一致，如下所示。

```
['V', 'NN', 'V', 'V', 'NN']
```

8.2.4 命令行工具

其实，AllenNLP 提供了命令行工具，大部分训练和测试任务都可以使用 allennlp 命令行完成。本例可以使用如下命令完成训练。

```
allennlp train ./config.jsonnet -s /tmp/serialization_tmp_dir_1 --include-package pos_config_file
```

（1）allennlp 是安装 AllenNLP 后的命令行参数。

（2）train 表示训练模型。

（3）./config.jsonnet 是模型配置文件。

（4）-s 的后面是模型日志、检查点等的存储目录。

（5）--include-package 用于加载当前训练所依赖的文件。

运行过程如下所示。

```
2019-07-22 11:19:25,038 - INFO - allennlp.models.archival - archiving weights and vocabulary to /tmp/serialization_tmp_dir_1/model.tar.gz
2019-07-22 11:19:25,040 - INFO - allennlp.common.util - Metrics: {
  "best_epoch": 999,
  "peak_cpu_memory_MB": 281.908,
  "training_duration": "0:00:44.962427",
```

```
    "training_start_epoch": 0,
    "training_epochs": 999,
    "epoch": 999,
    "training_accuracy": 1.0,
    "training_loss": 0.0008174836402758956,
    "training_cpu_memory_MB": 281.908,
    "validation_accuracy": 1.0,
    "validation_loss": 0.0007646322483196855,
    "best_validation_accuracy": 1.0,
    "best_validation_loss": 0.0007646322483196855
}
```

8.2.5 特征融合

上述实验只考虑了输入序列词的特征,没有考虑字特征,如果考虑字特征,同时使用词特征和字符特征势必对算法性能的提升有所帮助,事实大于雄辩,有好的想法就要快速实现。

借助配置文件可以轻松实现各种参数的调整,包括字或词的嵌入方式。下面定义使用字和词两种特征的词嵌入的配置文件,具体如下所示。

```
local embedding_dim = 6;
local hidden_dim = 6;
local num_epochs = 1000;
local patience = 10;
local batch_size = 2;
local learning_rate = 0.1;
local word_embedding_dim = 10;
local char_embedding_dim = 8;
local embedding_dim = word_embedding_dim + char_embedding_dim;
{
    "train_data_path": './train.txt',
    "validation_data_path": './validate.txt',
    "dataset_reader": {
        "type": "pos-dataset-reader",
        "token_indexers": {
            "tokens": { "type": "single_id" },
            "token_characters": { "type": "characters" }
        }
    },
    "model": {
        "type": "lstm-tagger",
        "word_embeddings": {
            //but that's the default TextFieldEmbedder, so doing so
            "token_embedders": {
```

```
            "tokens": {
                "type": "embedding",
                "embedding_dim": word_embedding_dim
            },
            "token_characters": {
                "type": "character_encoding",
                "embedding": {
                    "embedding_dim": char_embedding_dim,
                },
                "encoder": {
                    "type": "lstm",
                    "input_size": char_embedding_dim,
                    "hidden_size": char_embedding_dim
                }
            }
        }
    },
    "encoder": {
        "type": "gru",
        "input_size": embedding_dim,
        "hidden_size": hidden_dim
    }
},
"iterator": {
    "type": "bucket",
    "batch_size": batch_size,
    "sorting_keys": [["sentence", "num_tokens"]]
},
"trainer": {
    "num_epochs": num_epochs,
    "optimizer": {
        "type": "sgd",
        "lr": learning_rate
    },
    "patience": patience
}
}
```

配置文件中定义了 embedding_dim 变量, 表示词嵌入和字嵌入的拼接。要完成字嵌入, 需要使用字嵌入器, 因此在 indexers 中增加"token_characters": { "type": "characters" }配置项进行字的抽取, 并映射成索引, 同时添加如下配置, 使用 LSTM 完成字嵌入。

```
            "token_characters": {
                "type": "character_encoding",
                "embedding": {
```

```
                    "embedding_dim": char_embedding_dim,
                },
                "encoder": {
                    "type": "lstm",
                    "input_size": char_embedding_dim,
                    "hidden_size": char_embedding_dim
                }
            }
```

最后使用命令行运行新的模型。

```
allennlp train ./config1.jsonnet -s /tmp/serialization_tmp_dir_2 --include-package pos_config_file
```

运行结果如下所示。

```
2019-07-22 11:38:08,785 - INFO - allennlp.models.archival - archiving weights and vocabulary to /tmp/serialization_tmp_dir_2/model.tar.gz
2019-07-22 11:38:08,788 - INFO - allennlp.common.util - Metrics: {
  "best_epoch": 999,
  "peak_cpu_memory_MB": 282.696,
  "training_duration": "0:00:45.646777",
  "training_start_epoch": 0,
  "training_epochs": 999,
  "epoch": 999,
  "training_accuracy": 1.0,
  "training_loss": 0.000951531546888873,
  "training_cpu_memory_MB": 282.696,
  "validation_accuracy": 1.0,
  "validation_loss": 0.0009617805480957031,
  "best_validation_accuracy": 1.0,
  "best_validation_loss": 0.0009617805480957031
}
```

8.2.6　制作在线 Demo

训练好的模型保存在 tar.gz 文件中，该文件包含模型参数、词典、模型规约文件等内容，借助 allennlp.service.server_simple 可以快速制作成在线演示的 Demo，运行命令如下所示。

```
python -m allennlp.service.server_simple \
    --archive-path /tmp/serialization_tmp_dir_2/model.tar.gz \
    --predictor sentence-tagger \
    --title "Demo" \
    --field-name sentence \
    --include-package pos_config_file \
    --port 9999
```

命令中的参数的含义如下。

- archive-path：模型训练好之后保存的压缩文件路径。
- predictor：表示已经注册的预测器，这里是指 SentenceTaggerPredictor 类注册的名字 sentence-tagger。
- title：Demo 网页的标题。
- field-name：是指字典中 Instance 对应的名称。
- include-package：指定自己实现的 Python 文件路径。
- port：网页服务端口。

打开网页，输入"127.0.0.1:9999"，显示的界面如图 8.2 所示。

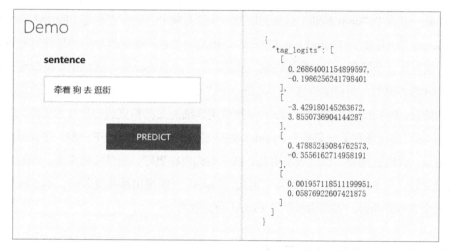

图 8.2　在线 Demo

AllenNLP 是一款强大、方便且灵活的深度学习框架，拥有很多优良的特性。另外，AllenNLP 社区非常活跃，最新、最强大的自然语言处理模型会及时得到更新，因此值得自然语言处理从业者深入学习和研究。

第 9 章

FastAI 高层深度学习框架

FastAI 是一套在 PyTorch 基础上封装的框架,主要是使 PyTorch 更易用。FastAI 的作者 Jeremy 一直在用 Keras(一套基于 TensorFlow 的框架),但是当他试图把深度学习的运作过程拆解出来给学生看时,发现是一个黑盒,没有办法讲述。另外,早期的 TensorFlow 无法很好地处理自然语言处理任务中的注意力模型,而自然语言处理又是一个核心的研究方向。当时 PyTorch 出现不久,处于宣传推广的阶段,PyTorch 官方愿意为 Jeremy 提供更详细的文档和更透明的技术支持,由此 Jeremy 放弃 Keras,转而自己开发了一套基于 PyTorch 的高层深度学习框架——FastAI,这套框架的实际效果也非常出众:代码更精简、运行效率更高、演示结构内核更好、最佳实践更多、理解更容易、处理表格数据更好、与 Python 结合更好等。因此,FastAI 一经推出就备受关注。本章将基于 FastAI 框架搭建一个文本分类器,相信读者学习 FastAI 会更容易。

9.1 FastAI 框架中的原语

FastAI 是构建在 PyTorch 之上的高层架构,并且使用更加抽象的组件对 PyTorch 底层进行了封装。和 PyTorch 不一样的地方是,FastAI 不直接使用 Dataset 接口和 DataLoader 接口加载数据,而是将它们包装在 Databunch 对象中,Databunch 对象接管了所有的数据处理工作,包含训练集、测试集、验证集及相应的数据加载器,处理好的数据传递给 Learner 学习器进行学习。Learner 学习器对 Databunch 对象进一步封装,Learner 对象包括 Model 模型、Loss 损失函数、Optimizer 优化器。FastAI 整体架构图如图 9.1 所示。

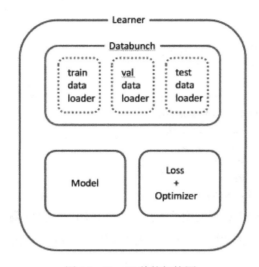

图 9.1　FastAI 整体架构图

一切事物都被包含在 Learner 学习器中，这是 FastAI 框架的优势，但也是其弱势。FastAI 框架的优势是使框架的使用非常简单，可以对外提供容易理解和可读性较高的 API；FastAI 框架的弱势是高度封装使其失去了某些底层的灵活性。从总体上来看，优势大于弱势，因为底层是基于 PyTorch 的，所以可以使用 PyTorch 扩展和开发复杂的算法与 API。

9.2　在 FastAI 框架中使用 BERT 模型完成中文分类

使用 FastAI 框架加载 BERT 模型需要注意以下几点。
- BERT 模型使用自己的 wordpiece 分词器。
- BERT 模型使用自己内置的 Vocabulary 字典。
- BERT 模型对每个 Sequence 序列增加"[CLS]"标记和"[SEP]"标记。

9.2.1　分词器

开源模块 pytorch-pretrained-bert 提供了使用 BERT 模块中分词器及 BERT 各种模型的功能。可以使用如下命令安装 pytorch-pretrained-bert 模块。

```
!pip install pytorch-pretrained-bert
```

模型在训练过程中需要设置很多参数，为了统一管理这些参数，可以创建 Config 类，Config 类继承自 dict，是字典类型，其实现如下所示。

```python
class Config(dict):
    """
    定义Config类,便于参数配置与更改
    继承自dict
    """
    def __init__(self, **kwargs):
        super().__init__(**kwargs)
        for k, v in kwargs.items():
            setattr(self, k, v)
    def set(self, key, val):
        self[key] = val
        setattr(self, key, val)
```

通过Config类设置BERT模型的相关参数,包括BERT模型的名称、学习率、迭代epoch次数、是否使用半精度加速训练、批次大小、序列最大长度等,Config示例如下所示。

```python
config = Config(
    testing = False,
    bert_model_name="bert-base-chinese",
    #Chinese Simplified and Traditional, 12-layer, 768-hidden, 12-heads
    #110M parameters
    max_lr=3e-5,        #学习率
    epochs=5,
    use_fp16=False,     #在FastAI中调整精度、加快训练速度:learner.to_fp16()
    bs=8,               #batch_size
    max_seq_len=128,    #选取合适的seq_length,较大的值可能导致训练极慢或报错等
)
```

与计算机视觉相比,自然语言处理多了很多特征处理的步骤,其中包括分词、词性标注等。BERT模型在预训练过程中使用了与其对应的字典及分词器。通过BertTokenizer类的from_pretrained方法便可加载指定版本的BERT模型对应的分词器及词典。BERT模型中文版的分词器如下所示。

```python
from pytorch_pretrained_bert import BertTokenizer
bert_tokenizer = BertTokenizer.from_pretrained("bert-base-chinese")
```

FastAI是一个高层架构,已经定义好了自然语言处理的分词接口,我们只需要继承BaseTokenizer类,以及实现tokenizer方法即可。实现FastAiBertTokenizerAdapter类用于适配BERT的分词接口,其实现如下所示。

```python
#使用BERT分词器分词的适配器
class FastAiBertTokenizerAdapter(BaseTokenizer):
    """包装BertTokenizer为FastAI中的BaseTokenizer"""
    def __init__(self, tokenizer: BertTokenizer, max_seq_len: int=128, **kwargs):
        self._pretrained_tokenizer = tokenizer
        self.max_seq_len = max_seq_len
```

```
        def __call__(self, *args, **kwargs):
            return self
        def tokenizer(self, t:str) -> List[str]:
            """限制最大序列长度，使用 BERT 中的分词器将传入的序列进行分词，并在首位分别加上
"[CLS]" 标记和 "[SEP]" 标记"""
            return ["[CLS]"] + self._pretrained_tokenizer.tokenize(t)[:self.
max_seq_len - 2] + ["[SEP]"]
```

需要注意的是，__init__ 方法的第一个参数是 BertTokenizer，通过接口适配的方式，在 tokenizer 方法中调用 BertTokenizer 的 tokenize 方法，将 BERT 中的分词器应用到 FastAI 框架中。BERT 的首尾序列需要加上 "[CLS]" 标记和 "[SEP]" 标记，因此在返回时只取出 max_seq_len 减 2 长度的序列，然后拼接上开始标记和结束标记。

虽然这里实现了 FastAiBertTokenizerAdapter 类，但是还不能使用，必须用 FastAI 框架提供的 Tokenizer 方法将实现类传入该方法才能实现分词。

```
#创建 FastAI 分词器实例，由分词器和规则组成，默认为 SpacyTokenizer
#SpacyTokenizer 只支持英文，因此无法用于处理中文
fastai_tokenizer = Tokenizer(
    tok_func=FastAiBertTokenizerAdapter(bert_tokenizer, max_seq_len=config.
max_seq_len),
    pre_rules=[],
    post_rules=[]
)
```

FastAI 模型的分词器是工业级别的 Spacy 框架中的 SpacyTokenizer，但不支持中文。因此，通过 tok_func 指定分词器为实现的 FastAiBertTokenizerAdapter。Tokenizer 参数还包括前置规则和后置规则，这里所列举的都设置为空列表。

至此，分词器就已经实现，通过 bert_tokenizer.vocab 可以访问到 BERT 的字典，具体如下所示。

```
for i in list(bert_tokenizer.vocab.items())[888:999]:
    print(i)
('任', 888)
('来', 889)
('侈', 890)
('例', 891)
('侍', 892)
('侏', 893)
('侑', 894)
('侖', 895)
('侗', 896)
```

9.2.2 定义字典

几乎所有自然语言处理模型都是建立在字典上的，FastAI 框架中的字典可以通过其提供的 Vocab 来实现，Vocab 接收一个字符集合，正好可以将 bert_tokenizer.vacab 传入进来构建基于 FastAI 的词典。构建词典的过程如下所示。

```
#设置 fastai_vocab
fastai_vocab = Vocab(list(bert_tokenizer.vocab.keys()))
```

通过 fastai_vocab 上的 itos 和 stoi 可以查看字典中的文字及对应的索引。

```
list(fastai_vocab.stoi.items())[900:920]
[('价', 900), ('侣', 901), ('伧', 902), ('侦', 903), ('侧', 904), ('侨', 905),
('侬', 906), ('侮', 907), ('侯', 908), ('侵', 909), ('侣', 910), ('偏', 911), ('便', 912), ('係', 913), ('促', 914), ('俄', 915), ('俊', 916), ('俎', 917), ('俏', 918), ('俐', 919)]
fastai_vocab.itos[900:920]
['价', '侣', '伧', '侦', '侧', '侨', '侬', '侮', '侯', '侵', '侣', '偏', '便', '係', '促', '俄', '俊', '俎', '俏', '俐']
```

自此 FastAI 字典的定义就已完成。

9.2.3 数据准备

本次实验采用网上开源的酒店评论数据，该数据集共包含 8000 条记录，分为正、负两类。准备数据需要做如下几件事情。

- 正样本标签定义为 1，负样本标签定义为 0。
- 将正样本和负样本混洗打乱，拆分出训练集、验证集和测试集。

下面开始读取酒店数据文件，为正样本和负样本打上标签。

```
pos = []
with open("./hotel/pos.txt","r",encoding='utf-8') as f:
    for line in f.readlines():
        pos.append(line.strip())
neg = []
with open("./hotel/neg.txt","r",encoding='utf-8') as f:
    for line in f.readlines():
        neg.append(line.strip())
pos_with_tag = [(li,'pos') for li in pos]
neg_with_tag = [(li,'neg') for li in neg]
all_datas =[]
all_datas.extend(neg_with_tag)
all_datas.extend(pos_with_tag)
```

```
df = pd.DataFrame(all_datas,columns=["sentence","label"])
from sklearn.utils import shuffle
df = shuffle(df)
df_pos = pd.DataFrame(pos_with_tag,columns=['sentence','label'])
df_neg = pd.DataFrame(neg_with_tag,columns=['sentence','label'])
df_pos_shuffle = shuffle(df_pos)
df_neg_shuffle = shuffle(df_neg)
df_pos_test = df_pos_shuffle[:1000]
df_pos_train = df_pos_shuffle[1000:]
df_neg_test = df_neg_shuffle[:1000]
df_neg_train = df_neg_shuffle[1000:]
df_test = shuffle(pd.concat([df_pos_test,df_neg_test],axis=0))
df_train =shuffle(pd.concat([df_pos_train,df_neg_train],axis=0))
df_train.to_csv("./datas/train.csv",index=None)
df_test.to_csv("./datas/test.csv",index=None)
```

处理好的数据分为训练数据和测试数据，随机选取 1000 条数据作为测试数据，其余数据作为训练数据和验证数据。酒店评论数据如图 9.2 所示。

	sentence	label
1093	酒店服务非常好，比金茂君悦和浦东香格里拉的新楼都好，但价格却比它们便宜一点。服务员都训练有素...	pos
1504	酒店的装修确实还不错，就是前面在修地铁，影响很大，看见这个酒店，坐车最起码还要二十分钟才能到...	pos
481	这次住的丽晶，实在是令人气愤。酒店浴室没有防滑垫，铺了个毛巾在地上冲凉。怎奈毛巾太小，还是摔...	neg
4910	在浦东，价位不算太高的宾馆了吧！	neg
2873	2/17除夕夜订房预订240标间感觉不错!所以2/25再次入住升为豪标270元，没想到.....	neg

图 9.2　酒店评论数据

训练时从 train.csv 数据中拆分出 20%的数据作为验证集，将 label 标签采用 0 和 1 表示。

```
import pandas as pd
df_train = pd.read_csv("./datas/train.csv",encoding='utf-8')
df_test = pd.read_csv("./datas/test.csv",encoding='utf-8')
#标签含义：1 代表正向评论，0 代表负向评论
label_denotation = {1:'pos',0:'neg'}
df_train['label'] = df_train["label"].map(lambda x:0 if x=='neg' else 1)
from sklearn.model_selection import train_test_split
df_train, df_val = train_test_split(df_train,test_size=0.2,random_state=10)
df_test['label'] = df_test["label"].map(lambda x:0 if x=='neg' else 1)
```

处理好的数据如图 9.3 所示。

```
df_train.head(10)
                                        sentence  label
2512  海滩有点名过其实了，也确实远了一点，交通也不方便，但酒店本身是很不错的。在尖沙咀半岛酒店（靠...      1
6355  酒店单人房间很大，属于一室一厅。虽然装修较旧，但各方面还蛮不错。早餐也很好，西式的氛围。只是...      1
1767  酒店挺不错的，接机的车也大,酒店环境也好.离公园大门不远,走走就到,路上还能拍照,很幸运遇上...      1
7354  的确像很多网友说的，硬件设施不错，但服务太差！只能有招待所的水平！前台小姐听不懂chick...      1
1588  三亚湾假日酒店，非常适合懒散型的自由行；酒店的泳池非常漂亮，打车去市区和机场都非常便利；这次...      1
5094  第一次到鞍山本来住五环，是五星的，没想到很差，完全没有五星的标准，房间又小又旧还很贵，还说新...      0
2507  地理位置很好，紧靠地铁，交通便利。只是酒店楼层大堂和住宿不在同一层，上下不太方便。室内地毯不...      0
1077  酒店特别提示[2008/02/29 -2008/08/30]酒店对面立交桥改造。携程提供的提...      0
4029  酒店服务态度好，入住时有大型会议在此召开，房间无骚扰电话，靠近江边，步行十分钟即可吃到当地有...      1
6727                  非常好的位置，便于交通，面对星湖。地毯很厚实，感觉不错。      1
```

图 9.3　处理好的数据集

下面开始构建 Databunch 和 Learner。

9.2.4　构建 Databunch 和 Learner

Databunch 是 FastAI 框架为数据处理提供的高级 API，底层封装了 Dataset 接口和 DataLoader 接口，只需要传入 DataFrame 类型的参数即可实现数据的读取及填充任务。TextClassDataBunch 的实现代码如下所示。

```python
databunch = TextClassDataBunch.from_df(".", df_train, df_val, df_test,
                tokenizer=fastai_tokenizer,
                vocab=fastai_vocab,
                include_bos=False,
                include_eos=False,
                text_cols="sentence",
                label_cols='label',
                bs=config.bs,
                collate_fn=partial(pad_collate, pad_first=False, pad_idx=0),
                pin_memory=True,
                num_workers = 5,
                device=torch.device("cpu")
            )
```

TextClassDataBunch 上的 from_df 方法接收训练集、验证集及测试集；通过 tokenizer 指定分词器；通过 vocab 指定词典；通过 include_bos 和 include_eos 指定是否在首尾填充 "bos" 与 "eos" 字符，这两个填充字符是 FastAI 框架默认的实现，默认的填充字符和 BERT 采用 "[CLS]" "[SEP]" 存在冲突，因此将其置为 False，表示序列的首尾不使用 FastAI 框架内部的填充；通过 text_cols 和 label_cols 指定数据列与标签列；bs、collate_fn、pin_memory、num_workers 和 device 都是 DataLoader 的参数。

由 9.1 节的 FastAI 整体架构图可知，Learner 是对 Databunch、模型、损失函数、优化器及性能度量方法的一个大封装。因此，我们还需要模型，加载 BERT 模型的过程如下：通过

pytorch_pretrained_bert 模块提供的方法可以快速加载 BERT 指定版本的模型,这里指定加载中文版的基础模型。

```
from pytorch_pretrained_bert.modeling import BertConfig, BertForSequenceClassification
bert_model = BertForSequenceClassification.from_pretrained(config.bert_model_name, num_labels=2).cpu()
```

from_pretrained 首先回到本地缓冲目录寻找是否有可用的模型,如果没有则联网下载,因此如果是第一次运行,速度可能会很慢,当模型下载到本地后,加载速度就会很快。本次实验由于是文本的二分类,所以这里指定 num_labels 等于 2。损失函数采用 CrossEntropyLoss 交叉熵损失,将 accuracy、AUROC 和 error_rate 作为度量指标。Learner 实现如下所示。

```
#损失函数:二分类问题选用 CrossEntrypyLoss 作为损失函数
loss_func = nn.CrossEntropyLoss()
#建立 Learner(数据,预训练模型,损失函数)
learner = Learner(databunch, bert_model , loss_func = loss_func , metrics=[accuracy , AUROC() ,error_rate])
```

9.2.5 模型训练

构建 Learner 之后,接下来就是训练,借助 FastAI 框架只需要一行代码即可构建训练过程,如下所示。

```
#开始训练
learner.fit_one_cycle(config.epochs, max_lr=config.max_lr)
```

fit_one_cycle 方法将从 Databunch 中加载数据,并一直训练 epochs 次,通过 max_lr 指定最大的学习率,随着训练的进行,学习率将逐步减小。经过 5 个 epoch 的训练,验证集上的精度能达到 93%左右,如果对特征进行更细致的优化,性能还有提升的空间。训练过程如下所示。

```
epoch     train_loss  valid_loss  accuracy  auroc     error_rate  time
0         0.235723    0.242270    0.906250  0.970085  0.093750    51:22
1         0.239958    0.199225    0.924375  0.976579  0.075625    49:33
2         0.126646    0.210532    0.933125  0.979237  0.066875    49:19
3         0.027464    0.276677    0.933125  0.977520  0.066875    49:13
4         0.010915    0.353097    0.933750  0.971413  0.066250    47:38
```

经过 5 个 epoch 的训练,在测试集上分类准确率能达到 0.9335,BERT 模型的通用性可见一斑。

9.2.6 模型保存和加载

和其他框架一样,模型训练好之后需要保存为文件,以便在其他地方调用,FastAI 框架在 Learner

上添加了 save 方法和 load 方法，指定路径即可实现将模型参数保存到外部文件或将参数从文件加载到模型中。模型的保存和加载过程如下所示。

```
learner.save('./fastai_bert_chinese_classification')
learner.load("./fastai_bert_chinese_classification")
```

9.2.7　模型预测

Learner 上提供了 predict 方法，用于接收外部传入的参数，并返回预测结果值。预测的代码如下所示。

```
result = learner.predict("房间稍小，交通不便，专车往返酒店与浦东机场，车程 10 分钟，但是经常满员，不得不站在车里")
print("predict result:{}".format(result))
(Category 0, tensor(0), tensor([9.9995e-01, 5.4186e-05]))
```

从输出结果可以看出，预测类别为 0，这和字面所表达的负面意义是相同的。为了方便模型使用，我们可以对外提供 Restful 接口，并对外提供接口调用服务。下面通过 Flask 框架编写对外接口。

9.2.8　制作 Rest 接口提供服务

借助 Flask 微服务 Web 框架，快速实现 Restful 接口的开发。首先使用如下命令安装 Flask。

```
pip install flask
```

安装好之后编写 predict 接口，调用模型进行预测，主程序的实现代码如下所示。

```
import flask
from gevent import pywsgi
import json
from fastai_bert_classification import predict_learner
from flask import Flask,request,render_template
#实例化 server 对象
server=flask.Flask(__name__)
def response_wrapper(keep_dict = False,**kargs):
    """
    将字典类型包装成 JSON
    params: keep_dict: Whether or not keep dict type
    """
    return kargs if(keep_dict) else json.dumps(kargs,ensure_ascii=False)
if __name__ == "__main__":
    learner = predict_learner()

@server.route('/fastai_bert_classification/predict',methods=['post','get'])
```

```python
    def preview_file_():
        try:
            if request.method == 'GET':
                return render_template('input.html')
            else:
                message = flask.request.values.get('message')
                result = learner.predict(message)
                return 
response_wrapper(category_label=result[1].item(),neg_probability=result[2][0].item(),pos_probability=result[2][1].item())
        except Exception as e:
            print(e)
            return e.args[0].__str__()
    wsgi_server = pywsgi.WSGIServer(("localhost", 1314), server)
    wsgi_server.serve_forever()
```

实现的/fastai_bert_classification/predict 接口通过判断请求的方式实现输入框的渲染，以及调用模型进行预测。当请求方式为 GET 时，返回 input.html 输入框页面，单击"提交"按钮会产生 POST 请求，取出请求中待预测的 message 信息，传递给 predict 方法进行预测，并返回预测的结果。输入界面如图 9.4 所示。

图 9.4　输入界面

单击"提交"按钮，得到的预测结果如图 9.5 所示。

{"category_label": 1, "neg_probability": 0.0001984300179174l7, "pos_probability": 0.9998015761375427}

图 9.5　预测结果

至此，使用 FastAI 框架调用 BERT 模型进行中文文本分类的实验就完成了，对 FastAI 框架和 BERT 模型感兴趣的读者可以进一步深入研究算法的细节。

第 10 章

PyTorch Big Graph 嵌入

近年来，以深度学习为代表的表示学习算法，几乎在各个领域都达到了和传统机器学习算法相比最好的结果，特别是在计算机视觉领域，物体检测、人脸识别等技术已经能够达到工业标准。除此之外，自然语言处理也得到了突飞猛进的突破，Word2vec、ELMo、GPT、BERT、XLNet 等技术将自然语言处理推向了一个又一个高潮。

在图计算领域，表示学习也开始发挥作用，借鉴自然语言词嵌入，将图表示为低维稠密的向量，从而使图数据可以被应用到各种算法中。本章将介绍 Facebook 开源的图神经网络 PBG（PyTorch Big Graph），了解和学习前沿的基于图嵌入的算法并进行实践操作。

10.1 PyTorch Big Graph 简介

图嵌入是一种从图中生成无监督节点特征的方法，生成的特征可以应用在各类机器学习任务中。现代的图网络通常包含数十亿个节点和数万亿条边，这已经超出了已知嵌入系统的处理能力，需要寻找新的图算法，Facebook 在 2019 年开源了其图嵌入系统 PBG，基于 PyTorch 实现，该系统对传统的多关系嵌入系统做了几处修改，使系统能扩展到处理数十亿个节点和数万亿条边的图形，并且使用图形分区支持任意大小的嵌入在单机或分布式环境中训练。

PBG 研发团队使用几个大型社交图网络数据集来训练和评估嵌入系统，数据集中超过了 1 亿个节点和 20 亿条边，结果显示 PBG 最大能够节省 88% 的内存且效果与经典图算法效果相当，因此 PBG 适用于处理超大规模的图嵌入。

10.1.1 PBG 模型

PBG 适用于有向多关系图，图的顶点被称为 Entity，顶点与顶点之间的连线称为边（Edge），每条边连接 Source Entity 和 Destination Entity，Source Entity 被称为 LHS（Left-Hand-Side），Destination Entity 被称为 RHS（Right-Hand-Side）。每个 Entity 都有固定且唯一的类型，因此可以通过 Entity Type 将所有 Entity 划分到不同的 Group 中。每条边都有固定且唯一的 Relation Type，并且每个 Relation Type 的 LHS 都是相同的实体类型，RHS 也是相同的类型，LHS 和 RHS 可以是不同的类型。因此，每个 Relation Type 包含一个 LHS 和 RHS 的 Entity Type。Entity 和 Relation 之间的关系如图 10.1 所示。

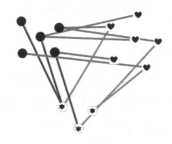

图 10.1　Entity 和 Relation 之间的关系

图 10.1 中共有 14 个 Entity，5 个实心圆、6 个心形、3 个五角星，共有 12 组边，形成了 3 种不同的 Relation Type。每个 Relation Type 的 LHS 和 RHS 的实体属于同一类型。

为了能够在大规模的图上进行高效的计算，PBG 采用的策略是将大图"揉烂搓碎"，变成小的分片，以便分布式并行处理。首先将每种类型的 Entity 划分为较小的分区（Partition）；其次将关系（Relation）对应的边划分到不同的桶（Bucket）中，每个关系的 LHS 和 RHS 按 Partition 中的索引创建 Bucket。Partition 和 Bucket 的对应关系如图 10.2 所示。

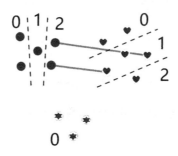

图 10.2　Partition 和 Bucket 的对应关系

图 10.2 中的实心圆点代表的 Entity 被划分为 3 个分区，心形代表的 Entity 也被划分为 3 个分区，五角星代表的 Entity 没有分区，实线表示不同分区的两种不同实体连接而生成的桶。

在 PBG 中，Entity 用三元组(e,i,x)表示，e 表示类型、i 表示分区、x 表示在分区中的索引，索引是一个连续且位于$[0,N)$的整数，N 表示分区中实体的个数。Edge 用四元数组(x,r,y,b)表示，x 和 y 代表左右实体在分区中的索引，r 表示 Relation Type，b 代表所在的桶。桶用一组整数(i,j)识别，i 和 j 分别是 LHS 与 RHS 的分区。

10.1.2 模型的表示

在图论中，将一个多关系有向图表示为 $G=(V,R,E)$，其中 V 表示所有的顶点，R 代表所有关系的集合，E 代表所有的边。其中，边的通用表示形式为 $e=(s,r,d)$，三元组分别表示 Source、Relation、Destination，$s, d \in V$ 且 $r \in R$。

在表示学习中，图中的每个顶点及关系类型都采用向量θ来表示，对多关系图的嵌入使用评分函数$f(\theta_s, \theta_r, \theta_d)$对每条边计算一个得分值，且尝试当$(s,r,d) \in E$时最大化评分函数，当$(s,r,d) \notin E$时最小化得分函数。PBG 中使用可选的转换函数 g，对θ_s、θ_d和θ_r进行转换，如果θ_s和θ_d位于 Edge 的两边，则经过转换后的结果g_s和g_d在某种程度上具有相似性，越相似则得分值越高。转换函数 g 可以是线性转换、平移或复杂的乘法计算。整个过程使用的数学表达式为

$$f(\theta_s, \theta_r, \theta_d) = \mathrm{Sim}(g_s(\theta_s, \theta_r), g_d(\theta_d, \theta_r))$$

相似性评价函数 Sim 可以是点乘或余弦相似度等，点乘又叫向量的内积、数量积，是一个向量和它在另一个向量上的投影的长度的乘积，是标量。点乘反映两个向量的相似度，两个向量越相似，它们的点乘越大。

由于转换函数 g 和相似性评价函数 Sim 可灵活选择，所以在 PBG 中可以通过配置训练 RESCAL、TransE、DistMult、ComplEx 等模型。不同的图嵌入模型如图 10.3 所示。

Model	$g(x,\theta_r)$	$\mathrm{Sim}(a,b)$
RESCAL	$A_r x$	$<a,b>$
TransE	$x + \theta_r$	$\cos(a,b)$
DistMult	$x \odot \theta_r$	$<a,b>$
ComplEx	$x \odot \theta_r$	$\mathrm{Re}\{<a,\bar{b}>\}$

图 10.3 不同的图嵌入模型

上述模型的区别在于转换函数和相似性评价函数不同，PBG 通过配置即可在不同模型之间实现灵活切换。

10.1.3 正样本、负样本及损失函数

由 10.1.2 节可知，PBG 的优化目标是 Sim 相似性评价函数，当两个 Entity 相关时最大化 Sim 函数，当两个 Entity 不相关时最小化 Sim 函数。围绕"相关"和"不相关"构造二分类模型，通过优化分类模型达到参数训练的目的。这与 Word2vec 中的 CBOW 模型和 Skip-Gram 模型的思想非常相似，都是通过构造分类模型使目标函数最大化，在模型优化过程中产生的"副产品"便是嵌入值。其实，PBG 的作者正是当年开发 Word2vec 的算法之父 Mikolov，这不是巧合，而是天才的想法在不同领域的开花结果。

要训练 PBG 需要构造正样本和负样本：正样本是已经存在的边（Positive Edge）；负样本通过采样来构造（Negative Edge），构造过程是破坏正边，将正边的源节点或目的节点进行随机替换。替换的策略包括分层抽样和均匀抽样，其中，分层抽样是根据数据节点的实际分布进行采样，这种采样方式能够很好地应对现实生活中的长尾数据分布，能够提升模型对罕见节点的预测能力。PBG 实际上综合了两种采样方案，并以一个超参数 α 来控制两种采样的比例，α 的默认值为 0.5。有了正边和负边之后，需要找到一个损失函数，使正边的分数足够大而负边的分数足够小，很容易想到 SVM 中的 Hinge-Loss 折叶损失函数。损失函数的具体定义为

$$L = \sum_{e \in G} \sum_{e' \in S'_e} \max(f(e) - f(e') + \lambda, 0)$$

式中，

$$S'_e = (s', r, d)|s' \in V \cup (s, r, d')|d' \in V\}$$

除了 Hinge-Loss，Sigmoid 和 softmax 同样可以作为损失函数使用。PBG 通过 SGD 实现模型的优化，为了减少内存的消耗，PBG 对每个嵌入向量的梯度求和，以减少大型图的内存使用量。

10.1.4 分布式训练

PBG 采用分区的方式加速大型图的训练，同时分区也有助于分布式训练。图中的每种实体类型都可以选择进行分区或不分区，对于一个超大的实体类型集合，如 1 亿个购物者或 100 万个商品实体，要想一次性加载到内存可能有些困难，因此可以选择将这些超大的实体类型集合分为 P 个分区，这样每个分区中的数据足以加载到单个机器中，并且 P 个分区也有助于在集群中进行分布式训练。

实体被分区后，基于 Source Entity 和 Destination Entity 所在的分区，实体与实体之间的关系被分到 Buckets 中，如一个关系在 Partition1 中存在 Source Entity，在 Partition2 中存在 Destination Entity，则该关系被划分到 Bucket(p1,p2)中。

通常，执行分布式训练需要借助参数服务器，在参数服务器中对所有的 Embedding 以 Key-Value 结构进行组织，在 SGD 算法迭代过程中，训练服务器将从参数服务器请求训练数据对应的嵌入参数并进行更新。PBG 分布式训练架构图如图 10.4 所示。

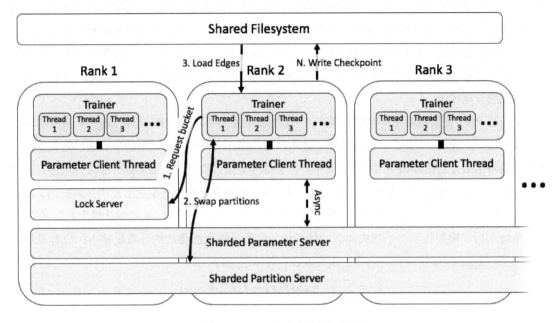

图 10.4 PBG 分布式训练架构图

图 10.4 表明了一个 Trainer 拉取 Bucket 数据进行训练的过程。首先，Trainer 请求 Lock Server，获取一个未加锁且可用的 Bucket，然后从 Partition Server 加载 Bucket 所在的分区，并将不再使用的分区写入 Partition Server，写入的同时会通知 Lock Server 释放相应的 Partition 锁，以便被其他的 Trainer 使用。PBG 从分区中获取对应的 Entity，进而组装成 Edge，然后 Trainer 会从 File System 加载相应的分区文件，并在 Trainer 内部进行多线程的并行训练，多线程对应的训练参数通过 Parameter Server 进行同步，同时 Trainer 中的模型也会不定期地写入文件系统。多个 Trainer 组成集群，通过 Lock Server 进行训练分区的同步，通过 Parameter Server 进行训练参数的同步，虽然同步的过程会带来性能的开销，但是并行训练仍然可以为训练过程带来巨大的性能提升。

10.1.5 批量负采样

除了分布式训练带来的性能提升，批量负采样也为模型训练带来了巨大的性能提升。很多图嵌入工具采用的负采样方式会带来较高内存和网络开销，因为对于一个批量大小为 B 的计算过程，需要 $B \cdot B_n \cdot d$ 大小的内存开销，并且需要 $O(B \cdot B_n \cdot d)$ 次浮点计算，B_n 为负边采样次数，计算次数和内存开销都与负边采样大小呈线性相关，相关研究发现，训练速度基本与负采样大小呈现反比关系。

为了提升在大型图上的性能，PBG 对采样数据进行复用并构建出不同的负样本，与每个 Batch 都进行负采样相比，在降低内存开销的同时，也确保了采样的速度，对每条正边进行负采样，采样数目小于 200 时，采样速度基本恒定。批量负采样结果的计算过程如图 10.5 所示。

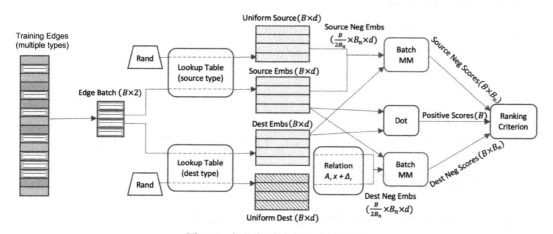

图 10.5 批量负采样结果的计算过程

对于一个 Batch 的计算来说，如果正边的数量为 B，则对正边两端的实体分别进行"腐蚀"构造负边，正边 Source Entity 和 Destination Entity 做点积得到正分数，Source Entity 与采样 Destination Entity、采样 Source Entity 和 Destination Entity 分别做矩阵乘法，得到负分数，这 3 个分数通过优化函数进行反向传播，实现参数的优化。

10.2 PBG 实践应用

本次实践基于 LiveJournal 社交网站中的开源的社交图谱数据，该数据集大约包含 500 万个实体节点和 7000 万条边。LiveJournal 图数据集如图 10.6 所示。

Dataset statistics	
Nodes	4847571
Edges	68993773
Nodes in largest WCC	4843953 (0.999)
Edges in largest WCC	68983820 (1.000)
Nodes in largest SCC	3828682 (0.790)
Edges in largest SCC	65825429 (0.954)
Average clustering coefficient	0.2742
Number of triangles	285730264
Fraction of closed triangles	0.04266
Diameter (longest shortest path)	16
90-percentile effective diameter	6.5

图 10.6 LiveJournal 图数据集

数据集样例数据如下所示。

```
#FromNodeId    ToNodeId
0    1
0    2
0    3
0    4
0    5
0    6
```

第一列为源节点 ID，第二列为目的节点 ID，下面利用该数据集进行 PBG 的应用实践。

10.2.1 模型配置文件

PBG 框架中所有模型的配置都统一放入一个配置文件中，并且在该配置文件中实现 get_torchbiggraph_config 方法，该方法返回字典类型的配置信息，在配置文件中定义 PBG 框架需要的信息，包括实体节点路径、检查点路径、实体类型及分区数、关系类型及左右节点类型、嵌入维度、学习率等，有关配置如下所示。

```
#实体节点路径
entities_base = 'datas/soc-LiveJournal '
#获取 PBG 的配置
def get_torchbiggraph_config():
    config = dict(
        #实体路径及模型检查点路径
        entity_path=entities_base,
        edge_paths=[],
        checkpoint_path='model/demo',
        #实体类型及分区数
        entities={
```

```
            'user_id': {'num_partitions': 2},
        },
        #关系类型及左右节点类型
        relations=[{
            'name': 'follow',
            'lhs': 'user_id',
            'rhs': 'user_id',
            'operator': 'none',
        }],
        #嵌入维度
        dimension=520,
        global_emb=False,
        #训练 10 个 epoch
        num_epochs=10,
        #学习率
        lr=0.001,
        #Misc
        hogwild_delay=2,
    )
    return config
```

PBG 提供了 convert_input_data 方法，用于从该配置文件中读取配置信息。

```
convert_input_data(
    Your_config.py,      #配置文件路径，为配置文件绝对路径对应的字符串
    edge_paths,          #包含训练集或测试集路径
    lhs_col=0,           #左节点在文件中的索引
    rhs_col=1,           #右节点在文件中的索引
    rel_col=None,
)
```

在 convert_input_data 方法中，edge_paths 是一个包含训练数据或测试数据路径的列表，PGB 在训练或测试过程中将从这个配置对应的路径下读取文件。下面开始为模型准备训练数据和测试数据。

10.2.2 划分训练集和测试集

以 8:2 的比例从 soc-LiveJournal.txt 文件中划分出训练数据和测试数据，分别保存到 train.txt 文件和 test.txt 文件中，实现逻辑如下所示。

```
import os
import random
DATA_PATH = "datas/soc-LiveJournal/soc-LiveJournal.txt"
FILENAMES = {
```

```python
    'train': 'train.txt',
    'test': 'test.txt',
}
TRAIN_FRACTION = 0.8
TEST_FRACTION = 0.2
def random_split_file(fpath):
    root = os.path.dirname(fpath)
    output_paths = [
        os.path.join(root, FILENAMES['train']),
        os.path.join(root, FILENAMES['test']),
    ]
    if all(os.path.exists(path) for path in output_paths):
        print("训练及测试文件已经存在,不再生成测试训练文件...")
        return
    #读取数据,并随机打乱,划分出训练数据和测试数据
    train_file = os.path.join(root, FILENAMES['train'])
    test_file = os.path.join(root, FILENAMES['test'])
    #读取数据
    with open(fpath, "rt") as in_tf:
        lines = in_tf.readlines()
    #跳过 soc-LiveJournal.txt 文件头部的 4 行注解
    lines = lines[4:]
    #shuffle 打乱数据
    random.shuffle(lines)
    split_len = int(len(lines) * TRAIN_FRACTION)
    #写入测试及训练文件
    with open(train_file, "wt") as out_tf_train:
        for line in lines[:split_len]:
            out_tf_train.write(line)
    with open(test_file, "wt") as out_tf_test:
        for line in lines[split_len:]:
            out_tf_test.write(line)
if __name__=="__main__":
    random_split_file(DATA_PATH)
```

划分好的训练数据大约包含 5500 万条边,测试数据大约包含 1400 万条边。下面使用配置文件及数据开始训练和验证模型。

10.2.3 模型训练和验证

PBG 框架对外提供了训练及验证的接口,只需要将配置文件及处理好的数据的路径传入即可完成训练和验证。首先,从导入配置解析、训练及验证方法。

```
from torchbiggraph.converters.import_from_tsv import convert_input_data
```

```
from torchbiggraph.config import parse_config
from torchbiggraph.train import train
from torchbiggraph.eval import do_eval
```

使用 convert_input_data 方法将数据划分到分区文件，划分好之后将在 "entity_path" 目录下生成 train_partitioned 文件夹，并生成 dictionary.json 字典文件，该文件记录了实体关系类型及所有实体节点的 ID 编号。除此之外，还会生成记录每种实体在每个分区中数量的文件，其命名规则为 entity_count_EntityTyep_PartitionId.txt。由于在配置文件中配置的 num_partitions=2，所以会生成 2 个分区记录文件及 4 个 Buckets 文件。训练模型及验证模型的代码逻辑如下所示。

```
import os
import attr
from torchbiggraph.converters.import_from_tsv import convert_input_data
from torchbiggraph.config import parse_config
from torchbiggraph.train import train
from torchbiggraph.eval import do_eval
DATA_DIR = "datas/soc-LiveJournal"
CONFIG_PATH = "config.py"
FILENAMES = {
    'train': 'train.txt',
    'test': 'test.txt',
}
def convert_path(fname):
    """
    辅助方法，用于将真实文件绝对路径文件名的后缀使用_partitioned替换
    """
    basename, _ = os.path.splitext(fname)
    out_dir = basename + '_partitioned'
    return out_dir
edge_paths = [os.path.join(DATA_DIR, name) for name in FILENAMES.values()]
train_paths = [convert_path(os.path.join(DATA_DIR, FILENAMES['train']))]
eval_paths = [convert_path(os.path.join(DATA_DIR, FILENAMES['test']))]
def run_train_eval():
    #将数据转为 PBG 可读的分区文件
    convert_input_data(CONFIG_PATH,edge_paths,lhs_col=0,rhs_col=1,rel_col =None)
    #解析配置
    config = parse_config(CONFIG_PATH)
    #训练配置，用已分区的 train_paths 路径替换配置文件中的 edge_paths
    train_config = attr.evolve(config, edge_paths=train_paths)
    #传入训练配置文件开始训练
    train(train_config)
    #测试配置，用已分区的 eval_paths 路径替换配置文件中的 edge_paths
    eval_config = attr.evolve(config, edge_paths=eval_paths)
```

```
    #开始验证
    do_eval(eval_config)
if __name__ == "__main__":
    run_train_eval()
```

部分训练过程如下所示。

```
    2019-08-22 10:45:57 Swapping partitioned embeddings ( 0 , 1 ) ( 1 , 0 )
    2019-08-22 10:45:57 Writing partitioned embeddings
    2019-08-22 10:45:57 Loading entities
    2019-08-22 10:45:57  stats before ( 1 , 0 ) : pos_rank: 299.289 , mrr: 0.015438 ,
r1: 0 , r10: 0.0444444 , r50: 0.155556 , auc: 0.911111 , count: 45
    2019-08-22 10:45:57 ( 1 , 0 ): bucket 4 / 4 : Processed 862 edges in 0.05 s
( 0.016 M/sec ); io: 0.22 s ( 0.10 MB/sec )
    2019-08-22 10:45:57 ( 1 , 0 ): loss: 0.660151 , violators_lhs: 1.2065 ,
violators_rhs: 1.4942 , count: 862
    2019-08-22 10:45:57  stats after ( 1 , 0 ) : pos_rank: 295.967 , mrr: 0.0156439 ,
r1: 0 , r10: 0.0333333 , r50: 0.144444 , auc: 0.855556 , count: 45
```

在训练过程中，每完成一个 epoch 都将保留一个 h5 模型文件，如图 10.7 所示。

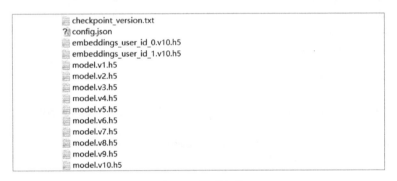

图 10.7　模型文件

下面基于训练过程产生的 Embedding 嵌入数据，并做相关的应用。

10.2.4　图嵌入向量及应用

训练过程会生成 dictionary.json 文件，该文件收集了训练数据集中出现过的所有 Entity 节点及关系类型。下面通过加载该文件找到实体对应的字典索引。

```
import json
import os
DATA_DIR = "datas/soc-LiveJournal"
#加载生成的实体字典
with open(os.path.join(DATA_DIR,"dictionary.json"), "rt") as tf:
```

```
    dictionary = json.load(tf)
#查找用户"1"在字典中的索引
user_id = "1"
offset = dictionary["entities"]["user_id"].index(user_id)
print("用户{}在字典中的索引为{}".format(user_id, offset))
```

训练完成后，每个 Entity 都将生成一个嵌入向量，嵌入的维度在 config.py 文件中由 dimension 参数指定。下面通过加载 embedding 文件取出用户对应的 embedding 嵌入。

```
#加载嵌入文件
with h5py.File("model/demo/embeddings_user_id_1.v10.h5", "r") as hf:
    embedding_user_0 = hf["embeddings"][offset, :]
    embedding_all = hf["embeddings"][:]
print(embedding_user_0.shape)
print(embedding_all.shape)
```

输出结果如下所示。

```
(520,)
(4594, 520)
```

可以看出，每个 Entity 嵌入之后的维度为 config.py 文件中配置的 520。基于这些嵌入向量，使用距离公式或直接点乘便可求出不同 Entity 之间的关联程度，进而确定两个实体是否存在"follow"关系。

```
from torchbiggraph.model import DotComparator
src_entity_offset = dictionary["entities"]["user_id"].index("0")
dest_1_entity_offset = dictionary["entities"]["user_id"].index("7")
dest_2_entity_offset = dictionary["entities"]["user_id"].index("135")
with h5py.File("model/demo/embeddings_user_id_0.v10.h5", "r") as hf:
    src_embedding = hf["embeddings"][src_entity_offset, :]
    dest_1_embedding = hf["embeddings"][dest_1_entity_offset, :]
    dest_2_embedding = hf["embeddings"][dest_2_entity_offset, :]
    dest_embeddings = hf["embeddings"][...]
import torch
comparator = DotComparator()
scores_1, _, _ = comparator(
    comparator.prepare(torch.tensor(src_embedding.reshape([1,1,520]))),
    comparator.prepare(torch.tensor(dest_1_embedding.reshape([1,1,520]))),
    torch.empty(1, 0, 520),  # Left-hand side negatives, not needed
    torch.empty(1, 0, 520),  # Right-hand side negatives, not needed
)
scores_2, _, _ = comparator(
    comparator.prepare(torch.tensor(src_embedding.reshape([1,1,520]))),
    comparator.prepare(torch.tensor(dest_2_embedding.reshape([1,1,520]))),
    torch.empty(1, 0, 520),  # Left-hand side negatives, not needed
    torch.empty(1, 0, 520),  # Right-hand side negatives, not needed
```

```
)
print(scores_1)
print(scores_2)
```

输出结果如下所示。

```
tensor([[0.0005]])
tensor([[0.0001]])
```

有联系的节点分数大于没有联系的节点，所以可以用于从海量节点中寻找有潜在关系的节点，并自动建立关系，也可应用于知识图谱中的关系发掘和知识发现。

至此，本章实验结束，希望本书对从事相关领域工作的读者有所帮助。另外，本书存在的不足之处请广大读者不吝指正。